高等职业教育"十四五"规划教材

"十三五"江苏省高等学校重点教材(2017-1-103)

饲料分析与检测

第 3 版

任善茂　陈桂银　主编

U0219452

中国农业大学出版社

·北京·

内 容 简 介

本书主要内容包括一般溶液及标准溶液的配制与标定、饲料原料现场品质控制与采样制样、实验室物理法测定及化学定性测定、饲料中常规营养成分测定、矿物质饲料的检验、维生素及氨基酸饲料添加剂的检验、饲料卫生指标的测定、配合饲料加工质量的检测、应用现代仪器进行饲料分析、饲料检验设计及检验报告。本书在编写过程中,注重提高学生的职业素质和实践能力,密切联系饲料生产实际,突出实用性、适用性和实效性,注重选取饲料分析与检测方法的最新国家标准,以适应饲料分析与检测技术的更新与发展需要。

本书适用于高等职业技术学院畜牧兽医类专业及相关专业,也可作为饲料分析与检测生产一线技术人员的参考书。

图书在版编目(CIP)数据

饲料分析与检测 / 任善茂,陈桂银主编. —3 版. —北京:中国农业大学出版社,2020.9
ISBN 978-7-5655-2329-8

Ⅰ.①饲… Ⅱ.①任…②陈… Ⅲ.①饲料分析-高等职业教育-教材②饲料-检测-高等职业教育-教材 Ⅳ.①S816.17

中国版本图书馆 CIP 数据核字(2019)第 280868 号

书　名	饲料分析与检测　第3版			
作　者	任善茂　陈桂银　主编			
策划编辑	康昊婷	责任编辑	刘耀华　邢永丽	
封面设计	郑　川			
出版发行	中国农业大学出版社			
社　址	北京市海淀区圆明园西路2号	邮政编码	100193	
电　话	发行部 010-62733489,1190	读者服务部 010-62732336		
	编辑部 010-62732617,2618	出　版　部 010-62733440		
网　址	http://www.caupress.cn	**E-mail** cbsszs@cau.edu.cn		
经　销	新华书店			
印　刷	北京时代华都印刷有限公司			
版　次	2020 年 9 月第 3 版　2020 年 9 月第 1 次印刷			
规　格	787×1 092　16 开本　23.25 印张　580 千字　彩插 1			
定　价	69.00 元			

图书如有质量问题本社发行部负责调换

第 3 版编写人员

主　编　任善茂（江苏农牧科技职业学院）
　　　　陈桂银（江苏农牧科技职业学院）

副主编　陶　勇（江苏农牧科技职业学院）
　　　　赵国先（河北农业大学）
　　　　李素芬（河北科技师范学院）
　　　　陈现伟（山东临沂师范学院）

参　编　（按姓氏笔画排序）
　　　　王俊萍（河北沧州职业技术学院）
　　　　孙　蕾（辽宁锦州医学院）
　　　　张洪文（淮安生物工程高等职业学校）
　　　　杨　慧（福建农业职业技术学院）
　　　　杨晓志（江苏农牧科技职业学院）
　　　　陈　明（江苏农林职业技术学院）
　　　　骆春兰（江苏泰州正大饲料有限公司）
　　　　董　静（江苏财经职业技术学院）

第 2 版编写人员

主　编　陈桂银（江苏畜牧兽医职业技术学院）
　　　　任善茂（江苏畜牧兽医职业技术学院）

副主编　陶　勇（江苏畜牧兽医职业技术学院）
　　　　赵国先（河北农业大学）
　　　　李素芬（河北科技师范学院）
　　　　陈现伟（山东临沂师范学院）

参　编　（按姓氏笔画排序）
　　　　王俊萍（河北沧州职业技术学院）
　　　　刘　丹（江苏畜牧兽医职业技术学院）
　　　　孙　蕾（辽宁锦州医学院）
　　　　张洪文（淮安生物工程高等职业学校）
　　　　杨　慧（福建农业职业技术学院）
　　　　杨晓志（江苏畜牧兽医职业技术学院）
　　　　陈　明（江苏农业职业技术学院）
　　　　骆春兰（江苏泰州正大饲料有限公司）
　　　　董　静（江苏财经职业技术学院）

主　审　张丽英（中国农业大学）
　　　　林家栋（中国农业大学）

第1版编写人员

主　编　陈桂银（江苏畜牧兽医职业技术学院）

副主编　赵国先（河北农业大学）
　　　　李素芬（河北科技师范学院）
　　　　陈现伟（山东临沂师范学院）

参　编　（按姓氏笔画排序）
　　　　王俊萍（河北沧州职业技术学院）
　　　　孙　蕾（辽宁锦州医学院）
　　　　任善茂（江苏畜牧兽医职业技术学院）
　　　　李素芬（河北科技师范学院）
　　　　杨　慧（福建农业职业技术学院）
　　　　杨晓志（江苏畜牧兽医职业技术学院）
　　　　陈　明（江苏农林职业技术学院）
　　　　陈现伟（山东临沂师范学院）
　　　　陈桂银（江苏畜牧兽医职业技术学院）
　　　　赵国先（河北农业大学）

主　审　张丽英（中国农业大学）
　　　　林家栋（中国农业大学）

第3版前言

我国的饲料行业伴随着改革开放起步成长。1980年我国饲料工业产量仅110万t,经过近40年的发展,取得了令人瞩目的成绩,形成了较为完整的现代化饲料工业体系。2018年我国饲料工业总产量连续4年产量破2亿t,连续8年位居世界第一。全国有配合饲料、浓缩饲料、精料补充料、添加剂预混合饲料等加工企业近10 000家,饲料添加剂生产企业约1 800家。随着我国向规模化、集约化的养殖方式转变,饲料结构也发生了调整,自配料和浓缩料减少,配合饲料在饲料产品总量中的比例不断提高,2018年达90.1%。饲料工业的快速发展为农业结构调整、农民增收以及养殖业的持续发展做出了积极的贡献。畜产品产量的快速增长,大大满足了人们对畜产品"量"的需求,也使得人们对畜产品"量"的关注更多地转向对畜产品安全性的关注。动物产品安全的源头在饲料,饲料产品安全则取决于饲料原料和饲料加工。为确保饲料产品质量,维护人类健康、提高畜产品出口量,饲料工业的发展由偏重产量增加向产量、质量并重的方向转变。加强饲料质量和饲料安全的监管,维护食品安全,将是今后一项长期和重要的工作。

饲料分析与检测是控制饲料生产质量和保证饲料安全的重要环节之一,也是一项重要的技术措施。因而,饲料分析与检测是畜牧兽医类专业的主干课程。通过本课程的学习,要求学生掌握饲料分析与检测的基本知识和技能,具备一定的创新能力,提高职业素养,为未来成为饲料行业优秀的饲料检验化验员做好知识和能力上的准备。

本教材的特点如下:紧扣高等职业教育培养"应用型高级技术专门人才"的目标,以能力培养为本位,注重提高学生的职业素质和实践能力;密切联系饲料生产实际,突出实用性、适用性和实效性;注重选取饲料分析与检测方法的最新国家标准,以适应饲料分析与检测技术的更新与发展需要。

本教材的编写团队由富有教学和实践经验的教师及企业相关人员组成。全书共分九个项目(另有附录),编写分工如下:项目一由任善茂编写,项目二由王俊萍、董静编写,项目三由孙蕾、骆春兰编写,项目四由赵国先、张洪文编写,项目五由李素芬、任善茂编写,项目六由陈现伟、杨慧编写,项目七由陈明、杨晓志编写,项目八由陈桂银、任善茂编写,项目九由陶勇编写,项目十由陈桂银编写。附录分工如下:附录一、附录二、附录三、附录四由陈桂银编写,附录五、附录六、附录七由任善茂编写。编者在进行企业岗位工作任务及岗位能力的调研时,得到了许多企业的大力支持,并提出了许多宝贵意见。编写过程中引用了同行的文献资料及图表,并得到同行们的大力支持。在此一并表示由衷的感谢。

由于编者水平有限,不足之处在所难免,恳请读者批评指正。

编　者

2020 年 10 月

第2版前言

我国的饲料工业起步于 20 世纪 70 年代末期,是一个新兴的行业。经过 30 多年的发展,取得了令人瞩目的成绩,形成了一个相对完整的饲料工业体系,在技术上大大缩短了与发达国家的差距,为农业结构调整、农民增收以及养殖业的持续发展做出了积极的贡献。目前饲料工业已经成为国民经济中的一个重要产业,中国的饲料生产规模也跃居世界第二位。

我国养殖业正处在以农养、散养为主导的传统养殖方式向规模化、集约化、专业化、现代化养殖方式转变的关键时期。广大农区积极推行适度规模化、集约化饲养,牧区和半农半牧区推广舍饲和半舍饲养殖。商品饲料产量和质量不断提高,据统计,2011 年商品饲料总产量达到 1.81 亿 t,实现工业总产值 6 348 亿元,饲料产品总体合格率达到 95.5%,饲料行业发展基础得到巩固加强。

进入 21 世纪以来,"饲料安全即食品安全"已经在世界范围内达成共识。我国已经进入全面建设小康社会的新阶段,城乡居民正向更加富裕的生活迈进,人民对食品的需求,已从量的保障转为质的提高,营养、保健型食品成为发展趋势,相应地对饲料需求更加着重营养、安全、可靠等。为确保饲料产品质量,维护人类健康、提高畜产品出口量,饲料工业的发展将由偏重产量增加向产量、质量并重的方向转变。加强饲料质量和饲料安全的监管,维护食品安全,将是今后长期重要的工作。

饲料分析与检测是控制饲料生产质量和保证饲料安全的重要环节之一,也是一项重要的技术措施。因而,饲料分析与检测是畜牧兽医类专业的主干课程。通过本课程的学习,要求学生掌握饲料分析与检测的基本知识和技能,具备一定的创新能力,提高职业素养,为未来成为饲料行业优秀的饲料检验化验员做好知识和能力上的准备。

本教材的特点是:紧扣高等职业教育培养"应用型高级技术专门人才"的目标,以能力培养为本位,注重提高学生的职业素质和实践能力;密切联系饲料生产实际,注意与国家制定的饲料检验化验员职业资格标准相适应,突出实用性、适用性和实效性;注重选取饲料分析与检测方法的最新国家标准,以适应饲料分析与检测技术的更新与发展需要。

　　本教材的编写团队由富有教学和实践经验的教师及企业相关人员组成。全书共分 10 个项目(另有附录),分工如下:项目一由任善茂编写,项目二由王俊萍、董静编写,项目三由孙蕾、骆春兰编写,项目四由赵国先、张洪文编写,项目五由李素芬、刘丹编写,项目六由陈现伟、杨慧编写,项目七由陈明、杨晓志编写,项目八由陈桂银、任善茂编写,项目九由陶勇编写,项目十由陈桂银编写。

　　本教材由中国农业大学张丽英和林家栋审稿。在教材编写过程中,引用了同行的文献资料及图表。编者在进行企业岗位工作任务及岗位能力的调研时,得到许多企业的大力支持,并提出了许多宝贵意见,在编写过程中也得到了同行们的大力支持。在此,一并表示由衷的感谢。

　　由于编者水平有限,不足之处在所难免,恳请读者批评指正。

编　者

2012 年 8 月

第1版前言

我国的饲料工业起步于 20 世纪 70 年代末期,是一个新兴行业。经过 20 多年的发展,取得了令人瞩目的成绩,形成了一个相对完整的饲料工业体系,在技术上大大缩短了与发达国家的差距,为农业结构调整、农民增收以及养殖业的持续发展做出了积极贡献。目前饲料工业已经成为国民经济中的一个重要产业,中国的饲料生产规模也跃居世界第二位。

我国养殖业正处在以农家散养为主导的传统养殖方式向规模化、集约化、专业化、现代化养殖方式转变的关键时期。广大农区积极推行适度规模化、集约化饲养,牧区和半农半牧区推广舍饲和半舍饲养殖。根据《饲料工业"十一五"规划》,2010 年我国配合饲料产量将达到 9 500 万 t,浓缩饲料产量 3 000 万 t,添加剂预混合饲料产量 600 万 t。这些为饲料业的发展创造了更为广阔的市场空间。

进入 21 世纪以来,"饲料安全即食品安全"已在世界范围达成共识。我国已经进入全面建设小康社会的新阶段,城乡居民正向更加富裕的生活迈进,人民对食品的需求,已从量的保障转为质的提高,营养、保健型食品成为发展趋势,相应地对饲料需求更加着重营养、安全、可靠等。为确保饲料产品质量,维护人类健康、提高畜产品出口量,饲料工业的发展将由偏重产量增长向产量、质量并重的方向转变。加强饲料质量和饲料安全的监管,维护食品安全,将是今后长期重要的工作。

饲料分析与检测是控制饲料生产质量和保证饲料安全的重要环节之一,也是一项重要的技术措施。因而,饲料分析与检测是畜牧兽医类专业的主干课程。通过本课程的学习,要求学生掌握饲料分析与检测的基本知识和技能,具备一定的创新能力,提高职业素养,为未来成为饲料行业优秀的饲料检验化验员做好知识和能力上的准备。

本教材的特点是:紧扣高等职业教育培养"应用型高级技术专门人才"的目标,以能力培养为本位,注重提高学生的职业素质和实践能力;密切联系饲料生产实际,注意与国家制定的饲料检验化验员职业资格标准相适应,突出实用性、适用性和实效性;注重选取饲料分析与检测方法的最新国家标准,以适应饲料分析与检测技术的更新与发展需要。

　　本教材编写由十位富有教学和实践经验的教师组成。全书共分十二章(另有附录),分工如下:第一、十一、十二章、附录,陈桂银;第二章,王俊萍、任善茂;第三章,孙蕾;第四章,赵国先;第五章,任善茂;第六章,李素芬;第七章,陈现伟;第八章,杨慧、陈桂银;第九章,陈明;第十章,杨晓志。

　　本教材在编写过程中,引用了全国同行们的许多文献资料及图表;承蒙中国农业大学张丽英教授、林家栋教授审阅了全稿,并提出许多宝贵意见;江苏省农林厅畜牧兽医局严建刚高级畜牧师、白群安畜牧师从饲料生产企业实际出发,对教材提出了许多建设性的意见;江苏畜牧兽医职业技术学院畜牧系张力研究员、任善茂讲师给予了大力支持,在此一并表示感谢!

　　由于编者水平有限,不足之处在所难免,恳请读者批评指正。

编　者

2007 年 11 月

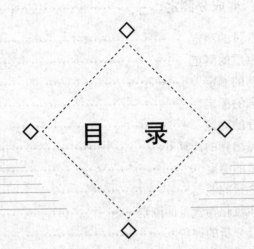

目　录

项目一　一般溶液及标准溶液的配制与标定 ………………………………………… 1

　任务一　一般溶液的配制 ………………………………………………………… 2

　　子任务一　常用玻璃仪器的洗涤与使用 …………………………………… 2

　　子任务二　电子天平的使用 ………………………………………………… 5

　　子任务三　一般溶液的配制 ………………………………………………… 7

　任务二　标准溶液的配制与标定 ……………………………………………… 13

　项目能力测试 ……………………………………………………………………… 19

项目二　饲料原料现场品质控制与采样制样 …………………………………… 22

　任务一　常用饲料原料识别 …………………………………………………… 23

　任务二　饲料原料现场验收 …………………………………………………… 33

　任务三　饲料样本的采集与分析试样的制备 ……………………………… 39

　　子任务一　饲料样本的采集及留样 ………………………………………… 39

　　子任务二　动物饲料试样的制备 …………………………………………… 50

　项目能力测试 ……………………………………………………………………… 54

项目三　实验室物理法测定及化学定性测定 …………………………………… 56

　任务一　谷物籽实容重、杂质及不完善粒测定 ……………………………… 56

　任务二　饲料体视显微镜检测 ………………………………………………… 63

　任务三　饲料成分的定性检测 ………………………………………………… 71

　项目能力测试 ……………………………………………………………………… 76

项目四　饲料中常规营养成分测定 ………………………… 77

 任务一　饲料中水分含量的测定 ………………………………… 79

 任务二　饲料中粗蛋白质的测定 ………………………………… 83

 任务三　饲料中粗脂肪的测定 …………………………………… 89

 任务四　饲料中粗纤维的测定 …………………………………… 94

 任务五　饲料中粗灰分的测定 …………………………………… 99

 任务六　饲料中无氮浸出物的计算 ……………………………… 102

 任务七　饲料中钙含量的测定 …………………………………… 103

 任务八　饲料中总磷含量的测定 ………………………………… 109

 任务九　饲料中水溶性氯化物含量的测定 ……………………… 114

 任务十　饲料概略养分分析的评价 ……………………………… 118

 项目能力测试 …………………………………………………… 118

项目五　矿物质饲料的检验 ………………………………… 121

 任务一　磷酸氢钙中总磷、枸溶磷、水溶磷的测定 …………… 122

 任务二　饲料级石粉的测定(选做) …………………………… 129

 任务三　含铜饲料级添加剂的测定 ……………………………… 132

  子任务一　饲料级添加剂硫酸铜的测定 ……………………… 132

  子任务二　饲料级添加剂蛋氨酸铜络(螯)合物的测定 ……… 136

 任务四　饲料级添加剂硫酸锌的测定(选做) ………………… 140

 任务五　饲料级添加剂硫酸亚铁的测定(选做) ……………… 144

 任务六　饲料级添加剂硫酸锰含量的测定(选做) …………… 147

 任务七　饲料级添加剂碘酸钙的测定(选做) ………………… 151

 任务八　饲料级添加剂硫酸钴测定(选做) …………………… 154

 项目能力测试 …………………………………………………… 156

项目六　维生素及氨基酸饲料添加剂的检验 …………… 158

 任务一　氯化胆碱含量的测定 …………………………………… 159

 任务二　饲料级 L-赖氨酸盐酸盐含量的测定(选做) ……… 164

 任务三　饲料级 DL-蛋氨酸的测定(选做) …………………… 167

 项目能力测试 …………………………………………………… 171

项目七　饲料卫生指标的测定 ……………………………… 172

 任务一　大豆制品加工生熟度测定 ……………………………… 173

  子任务一　大豆制品中脲酶活性的定性及定量测定 ………… 173

  子任务二　大豆制品蛋白质溶解度测定 ……………………… 177

任务二　油脂新鲜度测定 ………………………………………………… 179

　　子任务一　油脂酸值测定 …………………………………………… 180

　　子任务二　油脂过氧化值测定 ……………………………………… 184

　　子任务三　油脂丙二醛(TBA)测定(选做) ………………………… 188

任务三　鱼粉新鲜度测定 ………………………………………………… 190

　　子任务一　鱼粉酸价的测定 ………………………………………… 191

　　子任务二　鱼粉挥发性盐基氮测定 ………………………………… 192

　　子任务三　鱼粉生物胺的测定(选做) ……………………………… 196

任务四　饲料中氟的测定 ………………………………………………… 199

任务五　饲料中亚硝酸盐含量的测定——重氮偶合比色法(选做) …… 204

任务六　饲料中游离棉酚的测定(选做) ………………………………… 207

任务七　饲料中微生物含量的测定 ……………………………………… 210

　　子任务一　饲料中霉菌总数的测定 ………………………………… 210

　　子任务二　饲料中细菌总数测定(选做) …………………………… 216

项目能力测试 ……………………………………………………………… 220

项目八　配合饲料加工质量的检测 …………………………………… 223

任务一　粉状配合饲料加工质量检测 …………………………………… 224

　　子任务一　配合饲料粉碎粒度测定 ………………………………… 224

　　子任务二　饲料产品混合均匀度测定 ……………………………… 227

任务二　颗粒状配合饲料加工质量检测(选做) ………………………… 231

　　子任务一　颗粒饲料含粉率和粉化率测定 ………………………… 232

　　子任务二　颗粒饲料硬度测定 ……………………………………… 234

　　子任务三　颗粒饲料淀粉糊化度的测定方法 ……………………… 235

任务三　添加剂预混料混合均匀度测定(选做) ………………………… 238

任务四　渔用配合饲料水中稳定性的测定(选做) ……………………… 240

项目能力测试 ……………………………………………………………… 243

项目九　应用现代仪器进行饲料分析 ………………………………… 245

任务一　原子光谱分析技术用于饲料中矿物质元素含量的测定(选做) … 246

　　子任务一　火焰化法原子吸收光谱技术用于饲料中钙、铜、铁、镁、锰、钾、
　　　　　　　钠和锌含量的测定 …………………………………………… 246

　　子任务二　原子荧光光谱技术用于饲料中总砷含量的测定 ……… 257

任务二　高效液相色谱技术用于饲料中组分的分析(选做) …………… 264

　　子任务一　高效液相色谱技术用于饲料中维生素E含量的测定 … 267

　　子任务二　高效液相色谱技术用于饲料中三聚氰胺的测定 ……… 271

任务三　离子交换树脂法用于饲料中氨基酸的自动分析(选做) ……… 276

任务四　应用酶联免疫吸附法测定饲料中黄曲霉毒素 B_1（选做） ……………………… 289

任务五　近红外光谱分析技术用于饲料中水分、粗蛋白质、粗纤维、粗脂肪、
　　　　赖氨酸、蛋氨酸快速测定（选做） ……………………………………………… 296

项目能力测试 ………………………………………………………………………………… 306

项目十　饲料检验设计及检验报告 ………………………………………………………… 307

任务一　饲料检验设计 ……………………………………………………………………… 307

任务二　饲料检验原始记录及饲料检验报告的设计及书写 ……………………………… 312

附录 ………………………………………………………………………………………… 321

附录一　国际相对原子质量表 ……………………………………………………………… 321

附录二　酸碱指示剂 ………………………………………………………………………… 322

附录三　容量分析基准物质的干燥条件 …………………………………………………… 323

附录四　筛号与筛孔直径对照表 …………………………………………………………… 323

附录五　滴定分析（容量分析）用标准溶液的制备 ……………………………………… 324

附录六　微量元素饲料添加剂原料质量标准 ……………………………………………… 347

附录七　饲料检测结果判定的允许误差 …………………………………………………… 348

参考文献 …………………………………………………………………………………… 354

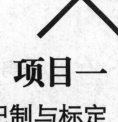

项目一
一般溶液及标准溶液的配制与标定

知识目标

1. 了解常用洗液及其应用情况。
2. 掌握溶液浓度的不同表示方法。
3. 掌握作为基准物的要求及常用基准物的种类。
4. 掌握一般溶液及标准溶液配制的一般规定。

技能目标

1. 掌握移液管、滴定管、容量瓶等常用玻璃器皿的使用方法。
2. 能根据仪器污染情况进行正确洗涤。
3. 能根据物品的情况选用正确的称量方法,并能正确熟练地使用电子天平。
4. 能熟练地进行一般溶液的配制。
5. 能熟练地进行标准溶液的配制与标定。

素质目标

1. 能够遵守操作规程,注意实验安全。
2. 加强职业道德意识,具有爱岗敬业、勇于奉献、吃苦耐劳的职业素质。
3. 具有科学严谨、实事求是的工作作风,具备开拓进取、勇于创新、团队协作的素质。
4. 具有新标准及新方法的学习及运用能力。

项目任务导读

任务一 一般溶液的配制
任务二 标准溶液的配制与标定

▶ 任务一　一般溶液的配制 ◀

子任务一　常用玻璃仪器的洗涤与使用

一、任务描述

请将饲料分析中常用的玻璃仪器洗涤干净：1 000 mL 烧杯、500 mL 量筒、50 mL 量筒、50 mL 滴定管、100 mL 容量瓶、10 mL 移液管。根据任务描述准备任务相关知识，并制订任务计划。

二、任务相关知识

1. 常用玻璃仪器及作用

(1) 烧杯类

①烧杯：烧杯有低型烧杯、高型烧杯之分。体积最小的 10 mL，最大的 5 000 mL。主要用于试液的加热、试样的配制等工作。

②三角烧瓶：又叫锥形瓶，其体积一般最小的 50 mL，最大的 5 000 mL，主要用于试液的加热、试样的分解等工作。

③具塞三角瓶和碘量瓶：这两种瓶子都带有固定的磨口塞，主要用于防止固体的升华和液体的挥发。如需加热，应将塞子打开，防止瓶子炸裂或液体冲开塞子溅出。常用的有 100、125、150、250、500 mL 5 种。

④烧瓶：烧瓶分平底烧瓶和圆底烧瓶。圆底烧瓶又分厚口短颈圆底烧瓶和薄口长颈圆底烧瓶。平底烧瓶不宜直接加热，圆底烧瓶则可以，但不宜骤冷、骤热。这类烧瓶体积最小的 50 mL，最大的 10 000 mL。其他还有蒸馏烧瓶、曲颈烧瓶等。

(2) 量具类

①滴定管：又分为酸式和碱式 2 种，酸式滴定管的下端是一个磨口塞，主要用于滴定液是酸性溶液、氧化还原溶液和稀盐溶液的定量分析中。碱式滴定管的下端是一段橡皮管，内管有一个比橡皮管内径稍大的玻璃球，主要用于滴定液是碱性溶液的容量分析中。根据不同用途，滴定管又分为普通滴定管、微量滴定管、自动加液滴定管等。在颜色上有棕色和白色 2 种。

②量筒和量杯：主要用于量取体积要求不太精确的液体，其主要区别在于量筒是圆柱体，量杯是倒立的圆锥体。对于同体积的量筒和量杯来说，量筒的精度优于量杯。常见的规格有 5、10、20、25、50、100、250、500、1 000、2 000 mL。其容量允许误差大致和其最小分度值相当。

③容量瓶：最常见的定容量器具，常用于标准溶液的试样溶液的定容。常见的容量瓶有 10、20、25、50、100、250、500、1 000、2 000 mL 9 种，100 mL 以下的容量瓶常用于试样溶液的

定容,250 mL 以上的容量瓶常用于配制标准溶液。容量瓶有白色和棕色 2 种,对于光易分解的溶液应用棕色容量瓶来盛装。

④移液管:又称吸液管,它分刻度移液管和胖肚移液管 2 种,对于同体积的移液管,胖肚移液管的精度优于刻度移液管。刻度移液管常见规格有 1、2、5、10、15、20、25、50 mL 8 种,胖肚移液管常见规格有 1、2、5、10、15、20、25、50 mL 8 种。在使用移液管分取液体时,应注意将管口靠在瓶口约 15 s,使溶液完全流出后再去进行另外溶液的分取。有的移液管上刻有"吹"的字样,则在溶液流完后还要将管内最后一滴溶液吹出。

(3)试剂瓶类

①广口瓶和小口瓶:主要用来存放试剂,其颜色有无色和棕色 2 种,棕色试剂瓶主要用来装见光易分解的试剂,规格最小的 30 mL,最大的 20 000 mL。其瓶口有磨口的,有不磨口的,不磨口的试剂瓶多用来盛碱性和易结晶的液体,瓶塞多用橡皮塞或软木塞。试剂瓶不能加热,也不能骤冷、骤热,以免破裂。

②滴瓶:滴瓶是一个带磨口玻璃滴管和橡皮头的小口瓶,多用来存放少量试剂。其颜色有无色和棕色 2 种,棕色多用来存放对光不稳定的物质。常见规格有 30、60、125 mL 3 种。

(4)试管类

①普通试管:有平口和卷口 2 种,主要用于定性试验中,可直接在酒精灯上加热,在加热时要用试管夹夹住,管身稍倾斜,但要注意管口不要对准人,以防液体沸腾冲出造成烫伤。试管的规格一般用"外径×长度"表示,最小的试管一般为 10 mm×75 mm,最大的为41 mm×225 mm。

②离心管:离心管是一种尖底卷口的试管,有的还带有刻度,主要用于沉淀的离心分离。常见的有 5、10、15、25、50 mL 6 种。

③比色管:有带塞和不带塞 2 种,一般常见的是前者,主要用于微量组分的目视比色分析中,常用的比色管有 10、25、50 mL 3 种。在进行目视比色分析时,要选用一组玻璃厚度、试管粗细、容积刻度线高度都一致的比色管来进行比色。以降低比色分析时的分析误差。

(5)其他

①表面皿:多用于定性分析和烧杯加热溶液时作烧杯盖。它的规格由其直径的大小决定,常见的有 45、50、60、70、80、90、100 mm 等。

②干燥器:干燥器是一个下面放有干燥剂,中间用带孔的瓷板隔开,上面放有须干燥物品的玻璃器皿。干燥器分为普通干燥器和真空干燥器,真空干燥器的盖上带有一个活塞,供抽真空时用。干燥器常用重量分析和平时存放基准试剂。它的规格一般用其外径的大小表示,常见的有 100、150、180、210、240 mm 等。新干燥器使用前要在其口上涂上一层凡士林,然后盖上盖子来回推几次,使凡士林涂抹均匀。在开启干燥器时,应固定干燥器的下部,然后朝前用力推盖子。干燥器内干燥剂一般是变色硅胶和无水氯化钙,也有用浓硫酸的,但由于浓硫酸不安全,因此除非有特殊需要的一般都采用前两者。但在长期使用过程中,需注意更换干燥剂。

③漏斗:常见的有普通玻璃漏斗、分液漏斗、砂芯漏斗和布氏漏斗 4 类,前 3 类由玻璃制

成,后一类则是瓷质的。普通玻璃漏斗有长颈和短颈之分,长颈的过滤速度比短颈快,常用于重量分析中。它的型号是用其口径的大小表示的,普通玻璃漏斗常见的型号有40、50、60、75、90 mm 等。砂芯漏斗是一种不放滤纸的漏斗,由玻璃制成,通常也称耐酸漏斗。根据砂芯的孔径不同分为G1、G2、G3、G4、G5、G6 几个等级,也有用其直径或体积来进行分类的。要注意的是这种漏斗不能用于碱性溶液的过滤。分液漏斗主要用于不同比重液体的分离,常用于溶液的萃取。根据其外形可分为梨形分液漏斗和球形分液漏斗 2 种,其体积常见的有 60、125、250 mL 等。

2.洁净器皿的标准

内壁应能被水均匀的湿润而无条纹及不挂水珠。

3.一般容量器皿的洗涤

如烧杯、试管、锥形瓶、量筒、试剂瓶等。洗涤方法是:先用自来水反复冲洗去除污物,将洗衣粉配成0.1%~0.5%的溶液,用毛刷蘸取此溶液,刷其内壁,刷洗后用自来水反复冲洗,再用蒸馏水润洗 3 次即可使用。

4.滴定管、容量瓶、移液管等具有精确刻度的量器

滴定管、容量瓶先试漏,方法是装入一定容量的水,保持滴定管活塞关闭,对于容量瓶则倒置一段时间,确定不漏方可使用。注意不能用毛刷刷洗。用过后放在凉水中浸泡,用水反复冲去遗液、污物后,晾干,浸泡在洗液中。浸泡的时间视洗液的好坏而定,一般来说,新配制的洗液浸泡 2 h 即可,用过一段时间已经不好且氧化能力很差的洗液,浸泡时间应相应延长。必要时先把洗涤液加热,待洗涤容器中浸泡一段时间,若要使用铬酸洗液,必须注意配制和洗涤方法。

5.常用洗液的配制方法

常用洗液的配制方法见表1-1,但必须指出的是,洗液并不是万能的,对不同的污物应采用不同的洗涤方法。如被氯化银沾污的器皿,用洗液洗涤是无效的,可用氨水或亚硫酸钠洗涤。被二氧化锰沾污的器皿,应用盐酸—亚硝酸钠的酸性溶液洗涤。

表 1-1　常用洗液的配制方法

名称	配制方法	用途及注意事项
铬酸洗液（浓）	将浓硫酸 320 mL 慢慢倒入重铬酸钾饱和溶液中(20 g 重铬酸钾加 40 mL 水中)	清洗有机物质和油污;因具有强腐蚀性,防止腐蚀皮肤、衣服;用后盖紧,防止吸水失效
铬酸洗液（稀）	将浓硫酸 100 mL 慢慢倒入重铬酸钾稀溶液中(100 g 重铬酸钾溶于 1 000 mL 水中)	
碱性乙醇洗液	将 60 g 氢氧化钠溶于 60 g 水中,再加入 500 mL 95%的乙醇	去除油污;注意防止挥发
碱性高锰酸钾	将 20 g 高锰酸钾溶于少量的水中,再加入 500 mL 10%氢氧化钠	清洗有机物质和油污

三、任务实施

1.准备好所用物品

所用物品包括洗衣粉、盆、毛刷

2.烧杯和量筒的洗涤

在烧杯和量筒中倒入肥皂粉，加入适量水，用毛刷刷洗内壁与外壁。用自来水冲洗干净后再用蒸馏水冲洗干净。

3.铬酸洗液的配制

用托盘天平称取 20 g 重铬酸钾倒入 1 000 mL 烧杯中，用 50 mL 量筒量取 40 mL 蒸馏水倒入烧杯中，用 500 mL 量筒量取 320 mL 浓硫酸慢慢倒入烧杯中，用玻璃棒慢慢搅拌。冷却后倒入试剂瓶，并写上标签（注意：铬酸洗液为强氧化剂，腐蚀性很强，使用时应特别小心，不要溅到身上，以免烧坏衣服，烫伤皮肤）。

4.移液管洗涤

用移液管吸取铬酸洗液，浸泡片刻后将铬酸洗液放回原瓶，用自来水冲洗去铬酸洗液，并用蒸馏水冲洗干净。

5.容量瓶和滴定管的洗涤

将待洗的容器内的水倾干，将铬酸洗液倒入容量瓶和滴定管中，浸泡片刻后倒回原瓶，以备下次使用。当洗液变为绿色失效时，倒入废液缸中，另行处理（不能倒入水槽）。用自来水将仪器冲洗干净，再用蒸馏水润洗内壁 3 次。对滴定管、移液管等用来取用标准溶液的使用前还需用溶液荡洗 3 次。

四、任务小结

仪器洗涤是饲料分析的基本功，对一般仪器只需要肥皂粉配成溶液用毛刷刷洗，准确量器不允许用毛刷刷洗，不脏的可浸泡在肥皂水中，特别脏的量器需用洗液洗涤，但应根据量器污染情况选择正确洗液。

子任务二　电子天平的使用

一、任务描述

用称样皿准确称取 2～5 g 的配合饲料样。根据任务描述准备任务相关知识，并制定任务计划。

二、任务相关知识

(一)试样称量方法

1.直接称样法

从干燥器取出盛有无水 Na_2CO_3 粉末的称量瓶和干燥的小烧杯，在电子天平上准确称出称量瓶与试样的总质量和空烧杯的质量（准确至 0.1 mg）。记录读数，分别为 m_1、m_0。

2. 差减称样法

将称量瓶中的试样慢慢倾入按上法已准确称出质量的空烧杯中。倾样时,由于初次称量,缺乏经验,根据此质量估计不足的量(为倾出量的份数),继续倾出此量,然后再准确称重,设为 m_2,则 $(m_1 - m_2)$ 为倾出试样的质量。

称出(小烧杯＋试样)的质量,记为 m_3。检查 $m_1 - m_2$ 是否等于小烧杯增加的质量 $(m_3 - m_0)$,如不相等,求出差值。要求每份试样质量在 $0.2 \sim 0.4$ g,称量的绝对差值小于 0.5 mg。如不符合要求,分析原因并继续再称。

3. 指定质量称样法

对于空气中稳定的试样如金属、矿石样,常称取某一固定质量的试样,可先在天平上放一块洁净的称量纸,重新"调零"后,用药匙将试样加在称量纸上。开始时加入少量试样,然后慢慢将试样敲入称量纸上,直到天平显示读数为所需称量的质量为止(误差±0.2 mg)。

(二)电子天平使用注意事项

(1)电子天平需要隔段时间进行校准,以保证其称量的准确性。校准方法为:取下秤盘上被称物,轻按 TAR 清零,按住 CAL 键,显示器出现 CAL-100(天平不同时此数据可不同),用厂方提供的校准砝码,经较长时间显示器出现 100.000 0 g(天平不同时此数据可不同),拿去砝码,显示器应出现 0.000 0 g,否则,再清零,重复校准操作。

(2)在电子天平内一侧应放置干燥剂(氯化钙或变色硅胶)以去湿。

(3)待称物的温度与天平箱内的温度要相同,待称物的外部要干燥和清洁。

(4)化学试剂、饲料等不能直接放在托盘上,需要借助其他称量器皿。

(5)每次试验应固定使用同一台电子天平,以减少试验误差。

(6)天平室温湿度应符合该电子天平存放要求,称量时无气流干扰。

三、任务实施

1. 调试天平

(1)调整水平仪　使用前调整水平调节脚,使水泡位于水平仪中心。

(2)开机预热　插上电源,打开开关,预热。

2. 调零

按下去皮键,将天平读数设置为 0。

3. 称量物品

从干燥器中取出称样皿放在天平中央,关上两侧玻璃门,待出现"g"后读数。记录下空称样皿的质量 m_0。用药勺加入配合饲料样直至质量在 $2 \sim 5$ g 范围,记录下称样皿与饲料总质量 m_1。则饲料质量为 $m_1 - m_0$。

4. 关闭天平

称量结束,拿出物品,用刷子清理,关上两侧玻璃门。关闭电源,将天平归位。

四、任务小结

电子天平的使用也是饲料分析的基本操作,其关键步骤为调水平、调零、称量。为了消除仪器误差,同一测定项目需使用同一台电子天平。

子任务三 一般溶液的配制

一、任务描述

请配制下列 2 种试剂：42 g/L 的草酸铵溶液、1∶3 的盐酸溶液。

根据任务描述准备任务相关知识，并制定任务计划。

二、任务相关知识

（一）一般溶液的概念

一般溶液是指非标准溶液。它在精细化学品检验中常作为溶解样品、调节 pH、分离或掩饰离子、显色等使用。配制一般溶液精度要求不高，只需保持 1～2 位有效数字。试剂的质量由架盘天平称量，体积用量筒量取即可。

（二）化学试剂的级别

对于试剂质量我国有国家标准或部颁标准，规定了各级化学试剂的纯度及杂质含量，并规定了标准分析方法。我国生产的试剂质量分为 4 级，表 1-2 列出了我国化学试剂的分级。

表 1-2 化学试剂的分级

级别	习惯等级与代号	标签颜色	附注
一级	保证试剂 优级纯（GR）	绿色	纯度很高，适用于精确分析和研究工作，有的可作为基准物质
二级	分析试剂 分析纯（AR）	红色	纯度较高，适用于一般分析及科研
三级	化学试剂 化学纯（CP）	蓝色	适用于工业分析与化学试验
四级	实验试剂（LR）	棕色	只适用于一般化学实验

现以化学试剂重铬酸钾的国家标准为例加以说明。

（1）优级纯、分析纯的重铬酸钾含量不少于 99.8%，化学纯含量不少于 99.5%。

（2）杂质最高含量（以百分含量计），重铬酸钾试剂中杂质最高含量如表 1-3 所示。

表 1-3 重铬酸钾试剂中杂质最高含量 ％

名称	优级纯	分析纯	化学纯	名称	优级纯	分析纯	化学纯
水不溶物	0.003	0.005	0.01	钠	0.02	0.05	0.1
干燥失重	0.05	0.05	—	钙	0.002	0.002	0.001
氯化物（Cl^-）	0.001	0.002	0.005	铁	0.001	0.002	0.005
硫酸盐（SO_4^{-2}）	0.005	0.01	0.02	铜	0.001	—	—
铅	0.005	—	—				

（三）一般溶液配制的一般规定

（1）分析过程与配制试剂的用水，一律为蒸馏水或去离子水。

（2）除非检验方法中另有说明或规定，所用试剂的纯度，一般均为分析纯。

（3）凡未指明浓度的液体试剂均为市售浓度，一般用比重表示。例如，浓盐酸，浓度为36％。

（4）溶液以（％）表示的均指质量分数。只有95％乙醇中的（％）为体积分数。

（5）碘量法的反应温度在 15～20℃。

（6）溶液要用带塞的试剂瓶盛装。见光易分解的溶液要装于棕色瓶中。挥发性试剂、见空气易变质及放出腐蚀性气体的溶液，瓶塞要严密。浓碱液应用塑料瓶装，如装在玻璃瓶中，要用橡皮塞塞紧，不能用玻璃磨口塞。

（7）每瓶试剂溶液必须贴有标签，标签上标明名称、浓度和配制日期，标准溶液的标签还应标明标定日期、标定者。

（8）配制硫酸、磷酸、硝酸、盐酸等溶液时，都应把酸倒入水中。对于溶解时放热较多的试剂，不可在试剂瓶中配制，以免炸裂。

（9）用有机溶剂配制溶液时（如配制指示剂溶液），有时有机物溶解较慢，应不时搅拌，可以在热水浴中温热溶液，不可直接加热。易燃溶剂要远离明火使用，有毒有机溶剂应在通风柜内操作，配制溶液的烧杯应加盖，以防有机溶剂的蒸发。

（10）要熟悉一些常用溶液的配制方法。如配制碘溶液应加入适量的碘化钾；配制易水解的盐类溶液应先加酸溶解后，再以一定浓度的稀酸稀释，如 $SnCl_2$ 溶液的配制。

（11）不能用手接触腐蚀性及有剧毒的溶液。剧毒溶液应作解毒处理，不可直接倒入下水道。

（12）当溶液出现浑浊、沉淀或颜色变化等现象时，应重新制备。

（四）分析实验室用水规格及检验

在精细化学品检验中，水的用量最大。除配制溶液外，分析操作、洗涤仪器和水浴加热等都要用水，而天然水或自来水中含有氯化物、碳酸盐、泥沙等有机物和无机物杂质，不能直接用于精细化学品检验，必须将水纯化，通常把未经纯化的水称之为原水。根据国家标准规定，分析实验室用水的原水应为饮用水或适度纯度的水，饲料分析检验用水为"蒸馏水或相应纯度的去离子水"，某些超纯分析及痕量分析需要使用纯度更高的水。

1.分析实验室用水的规格

我国国家标准 GB/T 6682—2008 规定，分析实验室用水分 3 个级别（不包括医药用水）。一级水用于有严格要求的分析实验，包括对颗粒有要求的实验，如高效液相色谱分析用水。一级水可用二级水经过石英设备蒸馏或离子交换混合床处理后，再经 0.2 μm 微孔滤膜过滤来制取。二级水用于无机痕量分析等实验，如原子吸收光谱分析用水。二级水可用多次蒸馏或离子交换等方法制取。三级水用于一般化学分析试验。三级水可用蒸馏或离子交换等方法制取。分析实验室用水的技术指标见表 1-4 所示。

表 1-4　分析实验室用水的规格

技术名称	一级	二级	三级	技术名称	一级	二级	三级
pH 范围(25℃)	—	—	5.0～7.5	可氧化物质含量(以 O 计)/(mg/L)	—	≤0.08	≤0.4
蒸发残渣含量 [(105±2)℃]/(mg/L)	—	≤1.0	≤2.0	吸光度(254 nm, 1 cm 光程)	≤0.001	≤0.01	—
电导率(25℃)/ (mS/m)	≤0.01	≤0.10	≤0.50	可溶性硅含量(以二氧化硅计)/(mg/L)	≤0.01	≤0.02	—

注：由于在一级水、二级水的纯度下难于测定其真实的 pH，因此对一级水、二级水的 pH 范围不做规定。

由于在一级水的纯度下，难于测定可氧化物质和蒸发残渣，对其限量不做规定，可用其他条件和制备方法来保证一级水的质量。

为了保证分析用水的纯度，对其贮存的容器和方法有一定的要求。各级用水均应使用密闭的专用聚乙烯容器。三级水也可用密闭的专用玻璃容器。新容器在使用前需用盐酸溶液(质量分数为 20%)浸泡 2～3 d，再用待测水反复冲洗，并注满待测水浸泡 6 h 以上。各级水的贮存期间，其沾污的主要来源是容器可溶性成分的溶解、空气中二氧化碳和其他杂质，因此一级水不可贮存。二级水、三级水可适量制备，分别贮存于预先经同级水清洗过的相应容器中。

2.分析用水的检验

目前，许多企业有纯水生产装置，一般能达到 GB/T 6682—2008 中二级水和三级水的要求，满足一般化学分析的需要。无论是自制的或购买的纯水应按 GB/T 6682—2008 规定的试验方法检验合格后方能使用。通常，三级水即可满足一般精细化学品分析检验的用水要求，在此主要介绍三级水的检验方法。在检验前至少应取 3 L 有代表性的水样。

(1)pH 范围　量取 100 mL(精确至 0.1 mL)水样，用 pH 计测定 pH。

(2)电导率　水的电导率是水质纯度的一个重要指标。用电导率仪测定水的电导率是水质分析和检测的最佳方法之一。用于三级水测定的电导仪，配备电极常数为 0.1～1 cm^{-1} 的电导池，并具有温度自动补偿功能。若电导仪不具备温度补偿功能，可装恒温水浴槽，使待测水样温度控制在(25±1)℃。按电导仪说明书安装调试仪器，取 400 mL 水样于锥形瓶中，插入电导池后即可进行测量。

(3)可氧化物质　量取 200 mL 三级水置于烧杯中，加入 1 mL 20% 硫酸(质量分数)，混匀。加入 1 mL 高锰酸钾标准滴定溶液 $c(1/5KMnO_4)=0.01$ mol/L，混匀，盖上表面皿，加热至沸并保持 5 min，溶液的粉红色不得完全消失，则可判断水的可氧化物质含量合格。

(4)吸光度　将水样分别注入 1 cm 和 2 cm 的石英吸收池中，于 254 nm 处，以 1 cm 吸收池中水样为参比，测定 2 cm 吸收池中水样的吸光度。

若仪器的灵敏度不够时，可适当增加测量吸收池的厚度。

(5)蒸发残渣　量取 500 mL 三级水，分几次加入旋转蒸发器的 500 mL 蒸馏瓶中，于水浴上减压蒸发至剩约 50 mL 时转移至一个已于(105±2)℃烘箱中至质量恒定的玻璃蒸发皿中，用 5～10 mL 水样分 2～3 次冲洗蒸馏瓶，洗液合并至蒸发皿，于水浴上蒸干，并在

（105±2）℃的烘箱中干燥至质量恒定。残渣质量不得大于 2 mg。

标准检验方法严格但很费时，一般生产企业检验用水可仅测定电导率来判定水的质量，或用化学方法检验水中的阳离子、氯离子，同时用指示剂测 pH，也可大致判定纯水是否合格。

（五）溶液浓度的常用表示方法

在饲料分析工作中，随时都要用到各种浓度的溶液，溶液的浓度是指一定量的溶液（或溶剂）中所含溶质的量。在国际标准和国家标准中，一般用 A 代表溶剂，用 B 代表溶质。饲料分析中常用的溶液浓度的表示方法有以下 5 种：

1. B 的质量分数

定义为：B 的质量与混合物的质量之比，即：

$$B 的质量分数 = m_B/m_{AB}$$

式中：m_B 为 B 的质量；m_{AB} 为混合物的质量。

由于质量分数是相同物理量之比，在量值表达上是以纯小数表示。例如，市售的浓盐酸的浓度可表示为 $w(HCl) = 0.38$ 或 $w(HCl) = 38\%$。

在微量和痕量分析中，过去常用 ppm 和 ppb 表示含量，ppm 含义为 10^{-6}，现在这种表示方法已废止，应改用法定计量单位表示。例如，某化工产品中含铁 5 ppm，现应表示为 $w(Fe) = 5 \times 10^{-6}$。

2. B 的质量浓度

定义为：B 的质量 m_B 除以混合物的体积 V，常用单位为 g/L。例如 $\rho(NH_4Cl) = 10$ g/L 氯化铵溶液，表示的是 1 L 氯化铵溶液中含有 10 g 氯化铵。当溶液的浓度很稀时，也可用 mg/L，μg/L 来表示。

在一些较早的检验方法标准中，习惯使用质量体积百分浓度来表示溶液的浓度，如 0.5% 的淀粉溶液，现质量体积百分浓度已不再使用，0.5% 的淀粉溶液的质量浓度应表示为 5 g/L。

3. 体积比

定义为：溶质 B 的体积 V_B 与溶剂 A 的体积 V_A 之比。体积比的用法举例如下：

$$稀硫酸溶液：\psi(H_2SO_4) = 1：4$$

约定俗成地，比式中的"4"是指水。

4. B 的物质的量浓度

常简称为 B 的浓度，符号为 c_B，常用 mol/L 来表示。定义为：B 的物质的量除以混合物的体积。

5. 滴定度

广泛使用于容量分析，定义为：被滴定物质的质量除以标准滴定溶液的体积。一般用 $T_{S/X}$ 表示，单位为 g/mL，其中 S 代表滴定剂的化学式，X 代表被测组分的化学式。滴定剂写在前面，被测组分写在后面，中间的斜线表示"相当于"，并不代表分数关系。

同一种标准溶液对不同的被滴定物质有不同的滴定度,所以在给出滴定度时必须指出被滴定物质。

例:用重铬酸钾标准溶液滴定样品的铁,$T_{K_2Cr_2O_7/Fe}=0.050\ 00$ g/mL,表示 1 mL 重铬酸钾标准溶液相当于分析样品中有 0.050 00 g 铁。若消耗了此重铬酸钾标准溶液量为 15mL,则铁含量为 0.050 00 g/mL×15mL=0.75 g。

(六)溶液标签书写格式

1.一般溶液标签书写格式

一般溶液标签的书写内容包括:名称、浓度、介质、配制日期和配制人。如图 1-1 所示。

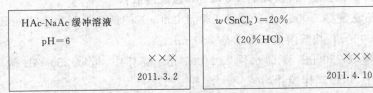

图 1-1　一般溶液标签书写格式

2.标准溶液标签书写格式

标准溶液的盛装容器应粘贴书写内容齐全、字迹清晰、符号准确的标签。

标准溶液标签书写内容包括:溶液名称、浓度类型、浓度值、介质、配制日期、配制温度、瓶号、校核周期和配制人。图 1-2 和图 1-3 列举 2 种书写格式供参考。

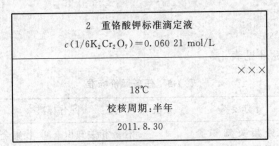

图 1-2　标准溶液标签书写格式(一)

标签中:2 为瓶号;18℃为配制时室温;×××为配制者姓名;2004.8.21 为配制时间。

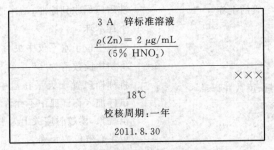

图 1-3　标准溶液标签书写格式(二)

标签中:3 为容器编号;A 为相同浓度溶液的顺序号;5% HNO₃ 为介质。

三、任务实施

(一)配制 42 g/L 的草酸铵溶液(配制 1 L 草酸铵溶液)

(1)按正确方法洗涤 1 000 mL 的烧杯 1 个,1 000 mL 的试剂瓶 1 个。

(2)按配制 1 L 草酸铵溶液需称量 42 g 草酸铵。

(3)用托盘天平称量 42 g 草酸铵,倒入洗干净的 1 000 mL 烧杯中,加入蒸馏水至 1 000 mL,用玻璃棒搅拌溶解。若不溶解在电炉上加热溶解。

(4)将配制好的溶液倒入 1 000 mL 的试剂瓶中,贴上标签。

(二)配制 1∶3 的盐酸溶液(配制 1 000 mL 盐酸溶液)

(1)按正确方法洗涤 1 000 mL 的烧杯 1 个,1 000 mL 的试剂瓶 1 个,1 000 mL 量筒 1 个。

(2)配制 1 000 mL 盐酸溶液需要盐酸 250 mL。

(3)用量筒量取 750 mL 蒸馏水倒入 1 000 mL 烧杯中,量取 250 mL 盐酸溶液倒入 1 000 mL 烧杯中,用玻璃棒搅拌均匀。

(4)将配好的盐酸溶液倒入 1 000 mL 的试剂瓶中,并贴上标签。

四、任务小结

一般溶液配制常用质量体积比、体积比、质量百分比 3 种浓度表示法配制。一般购买的原试剂为固体的,常用质量体积比表示法配制,若购买的原试剂为液体的常用体积比配制。一般溶液配制中试剂的质量由架盘天平称量,体积用量筒量取即可。

五、任务评价

项目任务的评价标准见表 1-5。

表 1-5　任务评价标准

评价环节	评分要素	分值	评分标准	得分	备注
相关知识准备	任务相关知识查阅、收集	15	任务相关知识查阅、收集全面、充分		
常用玻璃器皿的洗涤与使用	烧杯和量筒的洗涤	6	洁净透明,不挂水珠		
	移液管、容量瓶和滴定管的洗涤	10	不允许使用毛刷,铬酸洗液润洗后应回收到原瓶,洁净透明,不挂水珠		
电子天平的使用	水平调节	6	气泡应位于水平仪中央		
	清零	6	将初始读数清为"0"		
	称量、读数并记录	11	将称样皿置于天平托盘中央,试样加入称样皿中不允许有撒出现象,读数时应关上天平门,记录有效位数正确		
	天平归位	6	天平称量完后,应打扫干净并关上门		

续表 1-5

评价环节	评分要素	分值	评分标准	得分	备注
一般溶液的配制	称量	8	选用粗天平称量		
	溶解	10	溶解过程中无外溢		
	装瓶	12	装好瓶后应写上标签并贴上		
其他	小组合作、态度等	10	小组合作配合好、认真准备、积极参加		
总分		100			

▶ 任务二　标准溶液的配制与标定 ◀

一、任务描述

请进行 2 种标准溶液的配制与标定：0.05 mol/L 盐酸标准溶液、0.05 mol/L 高锰酸钾标准溶液。

根据任务描述准备任务相关知识，并制定任务计划。

二、任务相关知识

(一)标准溶液的概念

标准溶液是已知准确浓度的溶液。在滴定分析中常用作滴定剂。在其他的分析方法中用标准溶液绘制工作曲线或做计算标准。

(二)标准溶液配制的一般规定

①除另有规定外，所用试剂的级别应在分析纯（含分析纯）以上，所用制剂及制品，应按 GB/T 603 的规定制备，实验用水应符合 GB/T 6682 中的三级水的规格。

②制备的标准滴定溶液浓度，除高氯酸标准滴定溶液、盐酸、乙醇标准滴定溶液、亚硝酸钠标准溶液[$c(NaNO_2)=0.5$ mol/L]外，均指 20℃时的浓度。在标准滴定溶液标定、直接配制和使用时若温度不为 20℃时，应根据规定进行补正。规定"临用前标定"的标准滴定溶液，若标定和使用时的温度差异不大时，可以不进行补正。标准滴定溶液标定、直接配制和使用时所用分析天平、滴定管、单标线容量瓶、单标线吸管等按相关检定规程定期进行检定。

③标定和使用标准滴定溶液时，滴定速度一般应保持在 6～8 mL/min。

④称量工作基准试剂的质量数值≤0.5 g 时，按精确至 0.01 mg 称量；数值大于 0.5 g 时，按精确至 0.1 mg 称量。

⑤制备标准滴定溶液的浓度值应在规定浓度值±5％范围以内。

⑥除另有规定外，标定标准滴定溶液的浓度时，需有两人进行试验，分别做四平行，每人

的四平行测定结果相对极差不得大于相对重复性临界极差[CR0.95(4)＝0.15％],两人共八平行测定结果相对极差不得大于相对重复性临界极差[CR0.95(8)＝0.18％]。在运算过程中保留5位有效数字,取两人八平行测定结果的平均值为测定结果,报告结果取4位有效数字。需要时,可采用比较法对部分标准滴定溶液的浓度进行验证。

⑦标准滴定溶液浓度的相对扩展不确定度不大于0.2％(k＝2)。其评定方法参见GB/T 601—2016化学试剂标准滴定溶液的制备附录D。

⑧使用工作基准试剂标定标准滴定溶液的浓度。当对标准滴定溶液浓度的准确度有更高要求时,可使用标准物质(扩展不确定度应小于0.05％)代替工作基准试剂进行标定或直接制备,并在计算标准滴定溶液的浓度时,将其质量分数带入计算式中。

⑨标准滴定溶液的浓度≤0.02 mol/L时(除0.02 mol/L乙二胺四乙酸二钠、氯化锌标准滴定溶液外),应于临用前将浓度高的标准滴定溶液用煮沸并冷却的水稀释,必要时重新标定。

⑩贮存

除另有规定外,标准滴定溶液在10～30℃,密闭保存时间一般不超过6个月;碘标准滴定溶液、亚硝酸钠标准滴定溶液[$c(NaNO_2)$＝0.1 mol/L]密封保存时间为4个月;高氯酸标准滴定溶液、亚硝酸钠标准滴定溶液、硫酸铁(Ⅲ)铵标准滴定溶液密封保存时间为2个月。超过保存时间的标准滴定溶液进行复标后可以继续使用。

标准滴定溶液在10～30℃,开封使用过的标准滴定溶液保存时间一般不超过2个月(倾出溶液后立即盖紧);碘标准滴定溶液、氢氧化钾-乙醇标准滴定溶液一般不超过1个月;亚硝酸钠标准滴定溶液[$c(NaNO_2)$＝0.1 mol/L]一般不超过15天;高氯酸标准滴定溶液开封后当天使用。

当标准滴定溶液出现浑浊、沉淀、颜色变化等现象时,应重新制备。

⑪贮存标准滴定溶液的容器,其材料不应与溶液起理化作用,壁厚最薄处不小于0.5 mm。

⑫本标准中所用溶液以"％"表示的除"乙醇(95％)"外其他均为质量分数。

(三)作为基准物质的要求

分析化学中用于直接配制标准溶液或标定滴定分析中操作溶液浓度的物质称为基准物质。

基准物质应符合五项要求:一是纯度(质量分数)应≥99.9％;二是组成与它的化学式完全相符,如含有结晶水,其结晶水的含量均应符合化学式;三是性质稳定,一般情况下不易失水、吸水或变质,不与空气中的氧气及二氧化碳反应;四是参加反应时,应按反应式定量地进行,没有副反应;五是要有较大的摩尔质量,以减小称量时的相对误差。

常用的基准物质有银、铜、锌、铝、铁等纯金属及氧化物、重铬酸钾、碳酸钾、氯化钠、邻苯二甲酸氢钾、草酸、硼砂等纯化合物。

(四)标准溶液配制方法

标准溶液的制备有直接配制法和间接法两种。

1. 直接配制法

在分析天平上准确称取一定量的已干燥的基准物(基准试剂),溶于纯水后,转入已校正的容量瓶中,用纯水稀释至刻度,摇匀即可。

2.间接法

很多试剂并不符合基准物的条件,例如市售的浓盐酸中 HCl 很易挥发,固体氢氧化钠很易吸收空气中的水分和 CO_2,高锰酸钾不易提纯而易分解等。因此它们都不能直接配制标准溶液。一般是先将这些物质配成近似所需浓度的溶液,再用基准物测定其准确浓度。这一操作称为标定。

(五)标准溶液的标定方法

标准溶液有三种标定方法。

1.直接标定法

准确称取一定量的基准物,溶于纯水后用待标定溶液滴定,至反应完全,根据所消耗待标定溶液的体积和基准物的质量,计算出待标定溶液的基准浓度。如用基准物无水碳酸钠标定盐酸或硫酸溶液,就属于这种标定方法。

2.间接标定法

有一部分标准溶液没有合适的用以标定的基准试剂,只能用另一已知浓度的标准溶液来标定。当然,间接标定的系统误差比直接标定的要大些。如用氢氧化钠标准溶液标定乙酸溶液,用高锰酸钾标准溶液标定草酸溶液等都属于这种标定方法。

3.比较法

用基准物直接标定标准溶液后,为了保证其浓度更准确,采用比较法验证。例如,盐酸标准溶液用基准物无水碳酸钠标定后,再用氢氧化钠标准溶液进行比较,既可以检验盐酸标准溶液浓度是否准确,又可考查氢氧化钠标准溶液的浓度是否可靠。

(六)指示剂介绍

指示剂为化学试剂中的一类。在一定介质条件下,其颜色能发生变化、能产生浑浊或沉淀,以及有荧光现象等。常用它检验溶液的酸碱性;滴定分析中用来指示滴定终点;环境检测中检验有害物。一般分为酸碱指示剂、氧化还原指示剂、金属指示剂、吸附指示剂等。

1.酸碱指示剂

指示溶液中 H^+ 浓度的变化,是一种有机弱酸或有机弱碱,其酸性和碱性具有不同的颜色。以甲基橙为例,溶液的 pH<3.1 时,呈酸性,具红色;pH>4.4 时,呈碱性,具黄色;而在 pH 3.1~4.4,则出现红黄的混合色橙色,称之为指示剂的变色范围。不同的酸碱指示剂有不同的变色范围。

2.金属指示剂

络合滴定法所用的指示剂大多是染料,它在一定 pH 下能与金属离子络合呈现一种与游离指示剂完全不同的颜色而指示终点。

3.氧化还原指示剂

为氧化剂或还原剂,它的氧化形与还原形具有不同的颜色,在滴定中被氧化(或还原)时即变色,指示出溶液电位的变化。

4.沉淀滴定指示剂

主要是 Ag^+ 与卤素离子的滴定,以铬酸钾、铁铵矾或荧光黄作指示剂。

三、任务实施

(一)0.05 mol/L 盐酸标准溶液的配制与标定(配制 5 000 mL)

1. 配制

①按正确方法洗涤 25 mL 量筒、1 000 mL 烧杯、5 000 mL 试剂瓶。

②量取 1 000 mL 蒸馏水 2 次倒入 5 000 mL 试剂瓶中,用量筒量取 22.5 mL 盐酸缓慢注入 5 000 mL 试剂瓶中,用玻璃棒搅拌均匀。量取剩余 3 000 mL 蒸馏水倒入 5 000 mL 试剂瓶中。

③混匀,即配制 5 000 mL 盐酸溶液。

2. 标定

①仪器准备:分析天平,瓷坩埚,50 mL 酸式滴定管,250 mL 锥形瓶,量筒。

②试剂准备:无水碳酸钠(分析纯),甲基红-溴甲酚绿混合指示剂(配制方法见饲料粗蛋白的测定)。

③将瓷坩埚烘干后,装入无水碳酸钠,将瓷坩埚放入 270~300℃ 高温炉中灼烧至恒重。取出放入干燥皿中冷却至室温。

④用差减法称量 0.1 g 无水碳酸钠(称至小数点后 4 位),置于锥形瓶中,加 40 mL 蒸馏水使之溶解,滴入甲基红−溴甲酚绿指示剂 8~10 滴,用 0.05 mol/L 溶液滴定至溶液近终点,然后加热煮沸 5 min,再滴定至溶液为暗紫色为终点。同时做空白试验。记录数据,计算盐酸溶液的准确浓度。

3. 数据处理

盐酸标准溶液浓度[$c(\text{HCl})$],以摩尔每升(mol/L)表示,按下式计算:

$$c(\text{HCl}) = \frac{m \times 1\,000}{(V_1 - V_2) \times M}$$

式中:m 为无水碳酸钠的质量,g;V_1 为盐酸溶液的体积,mL;V_2 为空白试验盐酸溶液的体积,mL;M 为无水碳酸钠的摩尔质量,g/mol,[$M(\frac{1}{2}\text{Na}_2\text{CO}_3) = 52.994$]

盐酸标准溶液标定数据处理方式见表1-6。

表 1-6　盐酸标准溶液标定数据处理方式

测 定 次 数	第一人四平行				第二人四平行			
	第一次	第二次	第三次	第四次	第一次	第二次	第三次	第四次
Na$_2$CO$_3$＋坩埚质量/g								
倾倒后 Na$_2$CO$_3$＋坩埚质量/g								
Na$_2$CO$_3$ 质量/g								
HCl 溶液终读数/mL								
HCl 溶液初读数/mL								

续表1-6

测 定 次 数	第一人四平行				第二人四平行			
	第一次	第二次	第三次	第四次	第一次	第二次	第三次	第四次
$V(HCl)/mL$								
$c(HCl)/(mol/L)$								
四平行相对极差*								
八平行相对极差*								
$c(HCl)$平均值$/(mol/L)$								

＊注:表中相对极差＝极差/平均数＝(最大值－最小值)/平均数

(二)0.05 mol/L 高锰酸钾标准溶液的配制与标定(配制 1 000 mL)

1. 配制

①仪器准备:托盘天平、1 000 mL 烧杯、电炉、玻璃棉滤器。

②用托盘天平称取高锰酸钾 1.6 g,置于 1 000 mL 烧杯中,加 1 000 mL 蒸馏水,缓缓煮沸 10 min,于暗处放置 1～2 天,用已处理过(将玻璃滤锅在同样浓度的高锰酸钾溶液中缓缓煮沸 5 min)的 4 号玻璃棉滤器过滤,保存于棕色瓶中,以备标定。

注:过滤高锰酸钾溶液所使用的 4 号玻璃滤埚先应以同样的高锰酸钾溶液缓缓煮沸 5 min,收集瓶也要用此高锰酸钾溶液洗涤 2～3 次。

2. 标定

①仪器准备:分析天平、称样皿、50 mL 酸式滴定管、250 mL 锥形瓶、100 mL 量筒。

②试剂准备:草酸钠(基准级),硫酸溶液(8＋92)。

③将称样皿烘干后,装入草酸钠,将称样皿放入 105℃烘箱中干燥 2 h,干燥器中冷却至室温。

④用差减法称量 0.1 g 草酸钠(精确至小数点后 4 位),置于锥形瓶中,在锥形瓶中加入 100 mL 硫酸溶液(8＋92)溶解,用配制好的高锰酸钾溶液滴定,近终点时加热至 65℃,继续滴定至溶液呈微玫瑰红色能保持 30 s 即为终点,滴定结束时,溶液温度在 60℃以上。同时做空白试验。

3. 计算

$$c(1/5KMnO_4) = \frac{m}{(V_1 - V_2) \times 0.067\,00}$$

式中:$c(1/5KMnO_4)$为高锰酸钾标准溶液的物质的量浓度,mol/L;V_1 为高锰酸钾溶液的用量,mL;V_2 为空白试验消耗高锰酸钾溶液的量,mL;m 为草酸钠的质量,g;0.067 00 为与 0.1 mol/L 高锰酸钾标准溶液相当的以克表示的草酸钠的质量。

4. 数据处理

高锰酸钾标准溶液标定数据处理方式见表1-7。

表 1-7　高锰酸钾标准溶液标定数据处理方式

测 定 次 数	第一人四平行				第二人四平行			
	第一次	第二次	第三次	第四次	第一次	第二次	第三次	第四次
$Na_2C_2O_4$＋称样皿质量/g								
倾倒后 $Na_2C_2O_4$＋称样皿质量/g								
$Na_2C_2O_4$ 质量/g								
$KMnO_4$ 溶液终读数/mL								
$KMnO_4$ 溶液初读数/mL								
$V(KMnO_4)$/mL								
$c(KMnO_4)$/（mol/L）								
四平行相对极差								
八平行相对极差								
$c(KMnO_4)$平均值/（mol/L）								

四、任务小结

盐酸和高锰酸钾均不符合作为基准物的条件,因而盐酸标准溶液和高锰酸钾标准溶液的配制均采用间接法,即配制后进行标定。

五、任务评价

项目任务的评价标准见表 1-8。

表 1-8　任务评价标准

评价环节	评分要素	分值	评分标准	得分	备注
相关知识准备	任务相关知识查阅、收集	15	任务相关知识查阅、收集全面、充分		
盐酸标准溶液配制	仪器的洗涤	4	洁净透明、不挂水珠		
	移入与稀释	6	量器选用正确、使用规范		
	装瓶	3	装好瓶后应写上标签并贴上		
盐酸标准溶液标定	仪器及试剂准备	5	仪器及试剂准备齐全、摆放整齐		
	基准物处理及称量	6	基准物处理正确、称量正确、记录规范		
	滴加指示剂并滴定	7	指示剂滴加正确、滴定速度控制适宜、终点判断正确		

续表1-8

评价环节	评分要素	分值	评分标准	得分	备注
高锰酸钾标准溶液的配制	仪器的洗涤	4	洁净透明、不挂水珠		
	称量、溶解、稀释、煮沸、滤过	8	天平选择正确、称量规范、溶解、稀释操作规范		
	装瓶	3	装好瓶后应写上标签并贴上		
高锰酸钾标准溶液的标定	仪器及试剂准备	5	仪器及试剂准备齐全、摆放整齐		
	基准物处理及称量、溶解	6	基准物处理正确、称量正确、记录规范		
	加热及滴定	7	加热温度适宜、滴定速度控制适宜、滴点终点正确		
数据处理	结果计算及重复性评价	11	公式代入正确、结果计算及有效位数表示正确、重复性评价正确且符合要求		
其他	小组合作、态度等	10	小组合作配合好、认真准备、积极参加		
总分		100			

项目能力测试

一、填空题

1.玻璃器皿洗涤干净的判断标准是_____。

2.我国对化学试剂的分级分为4级,分别是_____、_____、_____、_____。

3.饲料分析检验用水为_____。

4.滴定分析所用的准确量取液体体积的玻璃量器有_____、_____、_____等。

5.甲基橙的变色范围是 pH=_____~_____,当溶液的 pH 小于这个范围的下限时,指示剂呈现_____色,当溶液的 pH 大于这个范围的上限时则呈现_____色,当溶液的 pH 处在这个范围之内时,指示剂呈现_____色。

二、选择题

1.对无水碳酸钠的称量应采用(   )称量法。

A.直接   B.差减   C.指定质量

2.下面玻璃器皿中可以使用毛刷刷洗的是(   )。

A.烧杯   B.滴定管   C.移液管   D.容量瓶

3.电子天平使用调零前的操作是(   )。

A.用毛刷刷拭天平室内   B.调水平   C.校准   D.称量

4. 被称量物的温度应（　　　）天平所处的室湿。

　　A. 高于　　　　　　　　　B. 等于　　　　　　　　C. 低于

5. 下列试剂不需装入棕色瓶保存的是（　　　）。

　　A. 高锰酸钾　　　　　　B. 硝酸银　　　　　C. 浓硝酸　　　　　　　D. 盐酸

　　E. 硫代硫酸钠

6. 1∶3 HCl 表示法是（　　　）。

　　A. 质量分数　　　　　　B. 质量浓度　　　　C. 体积比　　　　　　　D. 物质的量浓度

7. 在滴定分析中，一般用指示剂颜色的突变来判断化学计量点的到达，在指示剂变色时停止滴定。这一点称为（　　　）。

　　A. 化学计量点　　　　　B. 滴定误差　　　　C. 滴定终点　　　　D. 滴定分析

8. 滴定管可估读到±0.01 mL，若要求滴定的相对误差小于 0.1%，至少应耗用体积（　　　）mL。

　　A. 10　　　　　　　　　B. 20　　　　　　　　C. 30　　　　　　　　D. 40

9. 酸碱滴定中选择指示剂的原则是（　　　）

　　A. 指示剂应在 pH＝7 时变色

　　B. 指示剂的变色范围应全部或部分落入滴定 pH 突跃范围之内

　　C. 指示剂变色范围应全部落在滴定 pH 突跃范围之内

　　D. 指示剂变色范围与化学计量点完全符合

10. 间接碘量法中加入淀粉指示剂的适宜时间是（　　　）

　　A. 滴定开始前　　　　　　　　　　　　　B. 滴定至近终点时

　　C. 滴定开始后　　　　　　　　　　　　　D. 滴定至红棕色褪尽至无色时

11. 式：1.12×0.002 7＋10.21×1.023 计算结果的有效数字位数应取（　　　）

　　A. 2 位　　　　　　　　B. 3 位　　　　　　　C. 4 位　　　　　　D. 5 位

12. 直接用于配制标准溶液的试剂则必须是（　　　）。

　　A. 高纯或基准物　　　　B. 分析纯　　　　　C. 化学纯　　　　　D. 实验试剂

13. 制备标准滴定溶液的浓度值应在规定浓度值（　　　）范围以内。

　　A. ±5%　　　　　　　　B. ±10%　　　　　　C. ±2%　　　　　　D. ±6%

14. 以下（　　　）不是作为基准物质的要求。

　　A. 纯度　　　　　　　　　　　　　　B. 组成与化学式完全相符

　　C. 性质稳定　　　　　　　　　　　　D. 有较大的摩尔质量

　　E. 参加反应时允许有副反应

15. 以下（　　　）不是常用基准物。

　　A. 重铬酸钾　　　　　　B. 碳酸钾　　　　　C. 氯化钠　　　　　D. 氢氧化钠

三、判断题

1. 一般溶液的配制，应使用较高精度的分析天平来称量。（　　　）

2. 一般溶液的配制，应使用容量瓶来溶解。（　　　）

3. 对于较脏的移液管，可使用洗液浸泡后再用自来水冲洗干净。（　　　）

4.饲料的称量一般采用直接称量法。（　　）

5.电子天平应放置于向阳、通风的室内。（　　）

6.硫酸溶液的配制是将水加入浓硫酸中。（　　）

7.碘化钾见光易分解，需在棕色瓶中放置。（　　）

8.化学纯或分析纯的重铬酸钾、硝酸银、氯化钠、溴酸钾都可以直接配成标准溶液。（　　）

9.终点误差的大小只与被测物质的浓度有关。（　　）

10.标准溶液浓度标定结果取 4 位有效数字。（　　）

11.标准滴定溶液在常温下可无限期保存。（　　）

12.高锰酸钾标准滴定液见光易分解需用棕色瓶贮存。（　　）

四、思考题

1.标准溶液配制有什么要求？

2.电子天平的使用步骤及使用注意事项有哪些？

3.酸式滴定管的使用步骤是什么？

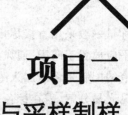

项目二
饲料原料现场品质控制与采样制样

知识目标

1. 熟悉饲料厂常用原料名称。
2. 掌握常用原料的分类。
3. 掌握采样的基本原则与常用方法。

技能目标

1. 能识别常用原料。
2. 能通过感官鉴定对原料实施现场品控。
3. 能根据不同的饲料及其装载形式实施正确采样。
4. 能采用正确方法对原始样品进行缩分并进一步制备分析试样。

素质目标

1. 能够遵守操作规程,注意实验安全。
2. 加强职业道德意识,具有爱岗敬业、勇于奉献、吃苦耐劳的职业素质。
3. 具有科学严谨、实事求是的工作作风,具备开拓进取、勇于创新、团队协作的素质。
4. 具有新标准及新方法的学习及运用能力。

项目任务导读

任务一 常用饲料原料识别
任务二 饲料原料现场验收
任务三 饲料样本的采集与分析试样的制备

▶ 任务一 常用饲料原料识别 ◀

一、任务描述

假设你是饲料厂品控部的工作人员,在实施原料现场验收之前首先需要识别饲料厂常用原料并了解其营养特性。根据任务描述准备任务相关知识,并制定任务计划。

二、任务相关知识

(一)饲料原料分类

1. 国际饲料分类

目前,国际对饲料原料的分类以美国人 Harris 的饲料原料命名与分类法,根据饲料原料的营养特性,将饲料原料分为八大类,并对每类饲料冠以相应的国际饲料编号(international feeds number, IFN)(表 2-1),编码为 6 位数,分为 3 节,表示成△ △△ △△△,代表每种饲料原料的全名称。

表 2-1 国际饲料分类 %

饲料类别	饲料编码	划分饲料依据		
		自然含水量	干物质中粗纤维含量	干物质中粗蛋白含量
粗饲料	1-00-000	<45.0	≥18.0	—
青绿饲料	2-00-000	≥45.0	—	—
青贮饲料	3-00-000	≥45.0	—	—
能量饲料	4-00-000	<45.0	<18.0	<20.0
蛋白质饲料	5-00-000	<45.0	<18.0	≥20.0
矿物质饲料	6-00-000	—	—	—
维生素饲料	7-00-000	—	—	—
饲料添加剂	8-00-000	—	—	—

粗饲料是指饲料干物质中粗纤维含量大于或等于 18%,以风干物为饲喂形式的饲料,如干草类、农作物秸秆等。

青绿饲料是指天然水分含量在 60% 以上的青绿牧草、饲用作物、树叶类及非淀粉质的根茎、瓜果类。

青贮饲料是指以天然新鲜青绿植物性饲料为原料,在厌氧条件下,经过以乳酸菌为主的微生物发酵后制成的饲料,具有青绿多汁的特点,如玉米青贮。

能量饲料是指饲料干物质中粗纤维含量小于 18%,同时粗蛋白质含量小于 20% 的饲料称为能量饲料,如谷实类、麸皮、淀粉质的根茎、瓜果类。

　　蛋白质补充料是指饲料干物质中粗纤维含量小于 18%,而粗蛋白质含量大于或等于 20% 的饲料,如鱼粉、豆饼(粕)等。

　　矿物质饲料是指以可供饲用的天然矿物质、化工合成无机盐类和有机配位体与金属离子的螯合物。

　　维生素饲料是指由工业合成或提取的单一种或复合维生素称为维生素饲料,但不包括富含维生素的天然青绿饲料。

　　饲料添加剂是指为了利于营养物质的消化吸收,改善饲料品质,促进动物生长和繁殖,保障动物健康而掺入饲料中的少量或微量物质称为饲料添加剂,但不包括矿物质元素、维生素、氨基酸等营养物质添加剂。

　　2.我国饲料分类法

　　我国饲料分类法按国际饲料分类原则将饲料分成八大类,而后结合中国传统分类习惯分为 17 亚类,对每类饲料冠以相应的饲料编号(feeds number of China,缩略语 CFN),第一位为 IFN,第 2 和第 3 位为 CFN 亚类编号,第 4 至第 6 位为顺序号(表 2-2)。如:01-青绿饲料类 201000。

表 2-2　中国饲料分类

第 2、3 位码	饲料种类名称	前 3 位分类码的可能形式	分类依据条件
01	青绿植物	2-01	自然含水
02	树叶	1-02,2-02	自然含水、干物质中粗纤维
03	青贮饲料	3-03,4-03	自然含水、加工方法
04	块根、块茎、瓜果	2-04,4-04	自然含水、干物质中粗纤维、粗蛋白质
05	干草	1-05,5-05,4-05	自然含水、干物质中粗纤维、粗蛋白质
06	农副产品	1-06,4-06,5-06	干物质中粗纤维、粗蛋白质
07	谷实	4-07	干物质中粗纤维、粗蛋白质
08	糠麸	4-08,1-08	干物质中粗纤维、粗蛋白质
09	豆类	5-09,4-09	干物质中粗纤维、粗蛋白质
10	饼粕	5-10,4-8,1-10	干物质中粗纤维、粗蛋白质
11	糟渣	1-11,4-11,5-11	干物质中粗纤维、粗蛋白质
12	草籽树实	1-12,4-12,5-12	干物质中粗纤维、粗蛋白质
13	动物性饲料	5-13,4-13,6-13	来源
14	矿物质饲料	6-14	来源、性质
15	维生素饲料	7-15	来源、性质
16	饲料添加剂	8-16	性质
17	油脂类饲料及其他	8-17	性质

(二)饲料厂常用饲料原料及归类

饲料厂常用饲料原料及归类见表 2-3。

表 2-3 饲料厂常用饲料原料及归类

主要蛋白质原料	动物性原料	水产品:鱼粉、虾粉、虾壳粉、蟹粉、蟹壳粉、鱼溶浆粉、乌贼粉、鱿鱼肝粉
		禽畜屠后副产物粉:肉骨粉、肉粉、血粉、水解羽毛粉、肝脏粉
		乳制品:全脂奶粉、脱脂奶粉、乳清粉、蛋粉
	豆类与植物油粕类	全脂大豆粉、豆粕、花生粕、菜籽粕、双低油菜籽(粕)、棉籽粕、亚麻仁粕、豌豆、芝麻粕、甜鲁冰豆
	加工副产品	玉米 DDGS、玉米蛋白粉
	其他单味原料	苜蓿粉、酵母粉、绿藻与蓝藻、大型海藻粉
能量原料及其他副产品	油脂类	水产动物油:鱼油、乌贼油、鱼肝油
		饲料级动物油:牛油、猪油、禽油
		植物油:豆油、花生油、玉米油、棕榈油、菜籽油
		其他:动植物混合油、大豆卵磷脂、粉末油脂
	谷类与块根类	大麦、玉米、糙米、高粱、小麦、燕麦、裸麦、木薯、马铃薯
	谷物加工副产品与淀粉加工产品	全脂米糠、脱脂米糠、面粉、麸皮、次粉、小麦胚芽粉、麦芽根、统糠、玉米筋粉、玉米麸、玉米胚芽粕、α-淀粉、淀粉(生粉)、淀粉粕
	食品工业副产品	糖蜜、啤酒糟、啤酒酵母、酒糟、酒糟粉、酱油糟、豆渣
添加剂	营养性添加剂	维生素添加剂、矿物质、氨基酸
	非营养性添加剂	防霉剂、抗氧化剂、黏合剂、着色剂、诱食剂、抗菌剂、消化促进剂及生长促进剂

(三)常用饲料原料代码

常用饲料原料代码见表 2-4。

表 2-4 常用饲料原料代码

原料名称	原料代码	原料名称	原料代码
玉米胚芽粕	CGEMS	玉米蛋白粉	CGM
玉米	YC	小麦	Wheat
国产鱼粉	FM(CHI)	进口鱼粉	FM(SA)
鱿鱼干粉	SLP	水解羽毛粉	FTM IIYD
肉骨粉	MBM	豆粕	SOM S(MIX)
哈姆雷特蛋白	HP300	菜粕	RSM S
棉粕	CSM S	芝麻粕	SEM S
啤酒糟	DBG	玉米酒精糟	DDGS(YC)
玉米胚芽粕	CGEM S	柠檬酸渣	CIT BP
次粉	WMD	米糠	RBF
麸皮	WB	鸡肉粉	CBM
猪毛粉	PHm	乌贼粉	SQm

续表 2-4

原料名称	原料代码	原料名称	原料代码
猪肉粉	PM	肉骨粉	Mbm
血粉	Blood	虾壳粉	SHm
骨粉	Bone	羽毛粉	HFEm
豆油	SBO	鸡油	CHIO
米糠油	RBAO	磷酸二氢钙	MCP
磷酸氢钙	DCP	磷酸氢钙（粒）	DCP C
石粉（粒）	LS（LS C）	食盐	SALT
液体蛋氨酸羟基类似物	MHA	液体氯化胆碱	CHCL LIQ
固体氯化胆碱	CHCL	L-赖氨酸	LLYS
膨润土	BENTONITE		

（四）常用饲料原料及饲料添加剂的感官特征

1. 能量类饲料原料

（1）玉米（图 2-1）　玉米种皮分为黄色、金黄色和白色 3 种。形状似牙齿状，籽粒整齐、均匀，略具玉米特有的甜味，初粉碎后有生谷的味道，无霉变、虫蛀及异味异臭。

（2）高粱（图 2-2）　高粱依品种分为褐色、黄色和白色，但内部淀粉质均为白色。外壳有较强的光泽，圆形或椭圆形。因高粱含有单宁，嚼之有苦涩感，粉碎后略有甜味。籽粒整齐，色泽新鲜一致，无发霉，无结块，无异味异臭。

图 2-1　玉米

图 2-2　高粱

（3）小麦（图 2-3）　椭圆形，色泽新鲜一致，颜色有白色、淡黄色、黄褐色和红色 4 种。小麦腹面有一条较深的腹沟，背部有许多波形皱纹，顶端有色簇，具有新鲜甜的麦香味。颗粒整齐，色泽新鲜一致，无发霉，无结块，无异味异臭。

（4）小麦麸（图 2-4）　颜色为淡褐色直至红褐色，依小麦品种等级、品质而异。具有特殊的香甜味，形状为粗细不等的碎屑状。色泽新鲜一致，无发霉，无结块，无异味异臭，无虫害等。

图 2-3　小麦

图 2-4　小麦麸

（5）次粉　淡白色至淡褐色，受小麦品种、处理方法及其他因素的影响，粉末状，具有香甜味及面粉味，色泽新鲜一致，无霉变，无结块，无虫害，无发热现象。

（6）稻谷　长椭圆形，淡黄色，具壳及芒，由稻壳、种皮、糠层、胚芽和胚乳组成，有新鲜米味。籽粒整齐一致，色泽新鲜一致、无霉变、无结块、无异味异臭。

（7）米糠（图 2-5）　米白色或浅黄白色，碎粉状，色泽新鲜、无发酵酸败、无异味异嗅，无结块、无发热、无掺杂（参见彩插）。

（8）木薯（图 2-6）　外皮为黑褐色，其内淀粉为白色，木薯粉为灰白色，略具甜味。色泽新鲜一致，无霉变。

图 2-5　米糠

图 2-6　木薯

（9）甘薯　饲用甘薯均先制丝后晒干。削皮制丝为特白丝，未削皮制丝为普通丝。色泽及气味应具有甘薯的特异味，无尘土及黏结物，无异臭及虫蛀。水分含量不超过 12.5%。

2. 蛋白质类饲料原料

（1）大豆　在形状、大小、颜色等方面差异较多，有椭圆形、圆形；大豆以黄色居多，颜色有黄色、绿色、褐色和黑色等，有的同一粒大豆上有几种颜色。齿碎时有明显的豆腥味。籽粒整齐，色泽新鲜一致，无霉变，无团块，无异味。

（2）豆粕（图 2-7）　浅黄色或淡黄色不规则的碎片状，具有烤黄豆的香味。膨化豆粕为颗粒状，有团块。色泽新鲜一致，无霉变，无异味异臭（参见彩插）。

（3）葵花籽饼粕　淡褐色或浅褐黄色，粗粉状或不规则碎片状，具有新鲜的烧烤香味，色泽新鲜一致，无霉变，无结块，无异味。

(4)菜籽饼(粕)(图2-8)   颜色因品种而异,有黑褐色,黑红色或黄褐色,呈小碎片状,种皮和种仁是相互分离的,种皮较薄,有些种皮外表光滑,有网状结构。菜籽饼(粕)质脆易碎,外观新鲜,无霉变,无异味,味酸,具有淡淡的菜籽压榨后特有的味道(参见彩插)。

图2-7   大豆粕

图2-8   菜籽粕

(5)棉籽饼(粕)(图2-9)   黄褐色,暗褐色至黑色的块状和粉状,有坚果味,略带棉籽油味道,但采用溶剂提取油后的棉籽饼(粕)无坚果味。色泽新鲜一致,无霉变,无异味。棉籽饼(粕)上都黏附棉纤维(参见彩插)。

(6)花生饼(粕)(图2-10)   淡褐色或深褐色,压榨饼色深,溶剂萃取饼粕色浅。压榨饼有烤过的花生香气,而萃取饼只有淡淡的花生香气,形状为小瓦状或圆扁块状,含有少量的壳。色泽新鲜一致,无霉变,无哈喇味。

图2-9   棉籽粕

图2-10   花生粕

(7)芝麻粕   黄色、淡褐色至黑色,有令人愉快的香甜味。一般为粉状,也有片状和碎片状。色泽新鲜一致,无霉变,无酸味,无哈喇味。

(8)啤酒酵母   黄褐色、灰色或乳酪色,干燥过度呈灰黑色。有令人愉快的酵母味,尝之有苦味。用圆筒干燥的呈细片状或细粉状;喷雾干燥的似棉絮状的粉末。无霉变,无焦化气味。

(9)饲料酵母   浅黄色,具酵母香味,色泽新鲜一致,呈粉末状,无霉变、无臭味。

(10)鱼粉(图2-11)   纯鱼粉为黄棕色或黄褐色,也有少量的白鱼粉和灰白鱼粉,依鱼品种而异。具有烹烤过的鱼香味,稍带鱼油味。鱼粉呈粉状,含鳞片和鱼骨等。处理良好的鱼粉均有可见的肉丝。色泽新鲜一致,无酸味,无氨臭等腐败味。一般新鲜鱼粉黏性很好(参见彩插)。

(11)肉粉和肉骨粉(图 2-12) 油状,金黄色至淡褐色或深褐色,含脂肪高时颜色较深,过热处理时颜色较深。肉粉和肉骨粉具有新鲜的肉味,并具有烤肉的香味及牛油或猪油味,粉状,肉骨粉内含有粗骨碎片。色味均匀一致,不含毛、角和血等成分,不得有腐臭味(参见彩插)。

图 2-11 鱼粉

图 2-12 肉粉和肉骨粉

(12)血粉(图 2-13) 红褐色至黑色,色泽新鲜。滚筒干燥的血粉呈沥青状,黑里透红;喷雾干燥的血粉为亮红色小球;蒸煮干燥的血粉为红褐色或黑色,随着干燥温度的增加颜色加深。血粉有特殊的气味,呈粉末状,滚筒干燥的血粉为细末状,蒸煮干燥的血粉为小圆粒或细粉状。无霉变,无腐败,无结块,无异味异臭。

(13)水解羽毛粉(图 2-14) 浅色羽毛所制成的产品呈金黄色,深色羽毛制成的产品呈深褐色至黑色。加温越高颜色越深,有时呈暗色,这是屠宰作业时混入血液所致。新鲜羽毛粉有羽毛的臊臭味,色泽应一致,无霉变,无腐败恶臭味(参见彩插)。

图 2-13 膨化血粉

图 2-14 水解羽毛粉

(14)玉米蛋白粉(图 2-15) 橘黄、金黄或浅褐色细粉微粒状,具发酵气味,色泽新鲜一致,无酸败,无霉变,无结块及异味异嗅,无掺杂(参见彩插)。

(15)玉米 DDGS(图 2-16、图 2-17) 黄褐色,碎粉状或颗粒状,具酒糟香味,发酵、无发热结块,无霉变,无掺杂(参见彩插)。

图 2-15　玉米蛋白粉

图 2-16　玉米 DDGS(国产)

图 2-17　玉米 DDGS(进口)

（16）啤酒糟粕　色泽为浅褐色至褐色，具有谷物发酵后的味道。一般为粉状，无结块，无霉变，无焦臭味。

3.矿物质类饲料原料

（1）骨粉（图 2-18）　粉状或细小颗粒状，一般为浅灰色或灰白色，具固有的肉骨熏蒸过的味道，无不良气味及腐败气味，具扬尘性。手用力握不成团，不发滑，放下即散。无霉变，无异臭味。

（2）石粉（图 2-19）　天然的碳酸钙，为白色或灰白色，无味，无吸湿性，表面有光泽，呈半透明的颗粒状或粉状（参见彩插）。

图 2-18　骨粉

（3）磷酸氢钙（图 2-20）　白色或灰白色粉末，无味无臭，不吸水，不结块，在水中溶解度较小。手搓时感觉柔软而不滑，粉粒均匀（参见彩插）。

图 2-19　饲用石粉

图 2-20　磷酸氢钙

（4）磷酸二氢钙　白色或略带微黄色粉末或颗粒，无味无臭，不吸水，不结块，在水中溶解度较小。手搓时感觉柔软而不滑，粉粒均匀。

（5）盐、碘化盐　白色细粉状，有光泽，呈透明或半透明状，无气味，口尝有咸味。

（6）硫酸钙　二水合硫酸钙为粗碎状或细末状。粗碎状为灰黄色至灰色，无臭；细末状为灰白色至灰色，无臭。无水硫酸钙为淡灰黄色，无臭，色泽、气味均匀一致。

4.饲料添加剂

(1)硫酸铜 五水合硫酸铜为浅蓝色结晶粉末,几乎无味,易溶于水。一水合硫酸铜为蓝白色,几乎无味。

(2)硫酸亚铁 七水合硫酸亚铁为浅绿色直至黄色结晶,微酸,易溶于水。一水合硫酸亚铁为浅灰色至淡褐色粉末,微酸或无味,易溶于水。

(3)硫酸锰 一水合硫酸锰为白色或略带粉红色的结晶粉末,无臭,可溶于水,具有中等潮解性,稳定性高。

(4)硫酸锌 一水合硫酸锌为乳白色至粉白色粉末,稍有药味。七水合硫酸锌为无色结晶或白色粉末,5%水溶液 pH 为 3.5~6。硫酸锌越纯,水中溶解性越高。

(5)亚硒酸钠 白色结晶或稍带粉红色的结晶粉末,不溶于水。

(6)氯化钴 红色或紫红色结晶,易溶于水。

(7)碘化钾 白色结晶或粉末状,无臭,具有苦味及碱味,易潮解,易溶于水。

(8)维生素 A 又称视黄醇,是高度不饱和脂肪醇,通常为灰黄色或淡褐色颗粒,易吸潮,遇热、遇酸性气体或吸潮后易分解,并使含量下降。

(9)维生素 D$_3$ 又称钙化醇,是类固醇的衍生物,通常为淡黄色或黄棕色微粒,几乎无臭,遇热、见光或吸潮后易分解降解,使含量下降,在 40℃水中成乳化状。

(10)维生素 E 又称生育酚,是一组有生物活性、化学结构相似的酚类化合物,一般为黄白色或淡黄色粉末。易吸潮,不溶于水,近于无臭,遇空气和光加速分解。

(11)维生素 K$_3$ 是一类甲萘醌衍生物,一般为白色或灰黄褐色结晶性粉末。无臭或稍有臭味,有吸潮性,遇光分解,易溶于水,微溶于乙醇,几乎不溶于苯。

(12)维生素 B$_1$ 又称硫胺素,为白色结晶或结晶性粉末。无臭或略具异臭味,味苦。易溶于水,略溶于乙醇,不溶于乙醚,易吸潮。

(13)维生素 B$_2$ 又称核黄素,为黄色或橙黄色结晶性粉末,微臭,味微苦。溶液易变质,在碱性溶液中或遇光变质更快。易溶于碱溶液,微溶于水,几乎不溶于乙醇、乙醚和氯仿。

(14)维生素 B$_6$ 是吡哆醇、吡哆醛和吡哆胺的总称,为白色或微黄色结晶性粉末。无臭,味酸苦,遇光渐变质,易溶于水,微溶于乙醇,不溶于乙醚和氯仿。

(15)维生素 B$_{12}$ 又称钴胺素或氰钴胺素,为浅红色或棕色细微粉末,具有吸潮性。

(16)烟酸 又称维生素 B$_5$,白色或微黄色结晶性粉末。无臭或微臭,味微酸,水溶液显酸性反应,在沸水中或沸乙醇中溶解,几乎不溶于乙醚,易溶于碱性溶液或碳酸盐溶液中。

(17)生物素 又称维生素 B$_7$ 或维生素 H。通常为白色结晶粉末,易溶于稀碱溶液,略溶于水和乙醇,不溶于乙醚和氯仿。

(18)70%氯化胆碱 胆碱被称为维生素 B$_4$,但饲料添加剂为氯化胆碱形式。70%氯化胆碱水剂为无色、味苦的水溶性黏性液体,稍有特殊臭味,有吸水性,能从空气中吸收大量的水分。可与甲醇、乙醇任意混合,几乎不溶于乙醚、氯仿和苯。有吸湿性,吸收二氧化碳,放出氨臭味。

(19)50%氯化胆碱 为白色或黄褐色干燥的流动性粉末或颗粒,具吸湿性,有特殊臭味。

(20)DL-蛋氨酸(图 2-21)　又称甲硫氨酸,为白色或淡黄色结晶粉末。呈半透明细小颗粒,有的呈长菱形,具有反光性,手感滑腻,无粗糙感,有腥臭味,近闻刺鼻,潮解性低。

(21)L-赖氨酸盐酸盐(图 2-22)　灰白色或淡褐色粉末状或颗粒状,较均匀。无味或稍有特殊气味,口感有甜味,溶于水,难溶于乙醇或乙醚。温度高时易结块,吸湿性强。

图 2-21　蛋氨酸

图 2-22　赖氨酸

(22)DL-色氨酸　一般为白色或淡黄色粉末,无臭、无味或略有特殊臭味,溶于稀盐酸和稀氢氧化钠溶液,略溶于水,难溶于乙醇,不溶于乙醚。

(23)丙酸钠　为白色结晶,颗粒或粉末状,略有酸臭味,易溶于水,微溶于乙醇。

5.粗饲料

以苜蓿粉为例,脱水苜蓿粉,呈浓绿色,植株越嫩,绿色越强烈,具有新鲜牧草风味,稍带焦糖味,粉状或粒状;日晒苜蓿粉为褐色至淡绿色,颜色越深,品质越佳,具有干草味,稍带土味,呈粉状或粒状。呈淡白色的品质较差。

三、任务实施

1.收集以下饲料厂常用饲料原料的实物、图片

玉米、小麦、麸皮、米糠、次粉、豆粕、鱼粉、棉籽粕、菜籽粕、花生粕、肉粉、肉骨粉、水解羽毛粉、玉米 DDGS、玉米蛋白粉、石粉、磷酸氢钙、骨粉、L-赖氨酸、蛋氨酸羟基类似物、氯化胆碱、豆油。

2.识别以上各种饲料原料,并描述其典型特征

主要从原料的颜色、形态、气味、触感等方面识别,必需时可使用放大镜或体视显微镜。

3.了解上述各原料主要营养特性并分类

饲料是可以给动物提供营养物质的介质。动物所需要的营养物质种类包括水分、蛋白质、脂肪、碳水化合物、维生素、矿物质,其中蛋白质、脂肪、碳水化合物又可以给动物提供能量。不同的饲料所含有的营养物质各具特色。通过查阅相关资料了解上述原料的主要营养特性,即饲料中主要提供的营养物质种类,并对原料正确分类。

四、任务小结

识别常用饲料原料是饲料厂原料现场品质控制必须掌握的基本技能。另外,还需了解每种原料主要的营养特性。

五、任务评价

项目任务的评价标准见表2-5。

表 2-5 任务评价标准

评价环节	评分要素	分值	评分标准	得分	备注
相关知识准备	任务相关知识查阅、收集	15	任务相关知识查阅、收集全面、充分		
原料典型特征描述	原料品种	15	原料名称描述规范、原料品种较齐全		
	典型特征描述	25	典型特征描述准确、无误		
原料主要营养特征描述	原料主要营养特征描述	25	营养特征描述准确、相符		
	原料分类	10	原料分类正确		
其他	小组合作、态度等	10	小组合作配合好、认真准备、积极参加		
总分		100			

▶▶ 任务二 饲料原料现场验收 ◀◀

一、任务描述

假设你是饲料厂品控部工作人员,现接到通知明天会有一车袋装豆粕原料,请你实施现场验收。根据任务描述准备任务相关知识,并制定验收计划,拟定原料现场验收单。

二、任务相关知识

(一)常用原料现场验收标准

常用饲料原料现场验收标准见表2-6。

表 2-6 常用原料现场验收标准

原料	正常原料感官性状	拒收原料感官性状
玉米	色泽气味正常,籽粒整齐,无异味,无结块,无活虫,无农药残留	色杂,籽粒不均,有异味异臭
小麦	黄褐色、籽粒整齐,色泽新鲜一致,无发酵霉变、结块及异味异臭,无活虫及发热	色泽灰红,籽粒不均,发热,发酸,虫蛀较多,口感酸木

续表 2-6

原料	正常原料感官性状	拒收原料感官性状
次粉	细粉状,粉白色至浅褐色,气味新鲜,无霉变结块,无发酵,无活虫,无掺假	非细粉状,色泽不一致,有结块、霉变、异味异臭或掺杂
小麦麸	细碎屑状,新鲜一致的浅褐色或浅黄色,气味新鲜,无霉味,无发酵、无活虫、无掺杂、无酸败	色泽灰暗,发热,结块像有丝相连,发酸、掺杂
玉米 DDGS	黄褐色,碎粉状或颗粒状,具酒糟香味,发酵,无发热结块,无霉变,无掺杂	黑褐色,粒度不一,霉变及异味异臭,有掺杂掺假现象
米糠	米白色或浅黄白色,碎粉状,色泽新鲜,无发酵酸败,异味异臭,无结块,无发热,无掺杂	粒度不一,有酸败及异味异臭,有结块、掺杂掺假现象
玉米胚芽粕	黄或浅褐色不规则片状,略带机榨黑色,具玉米香味,无杂质,无霉变	有哈喇味,有霉变
喷浆玉米皮	黄褐色片状或碎片状,具特有香味,无杂质,无霉变	色杂,有异味,有杂质、霉变
膨化玉米	浅黄色或浅褐色,粗粉状或碎屑状,具特有香味,无杂质,无霉变	色杂,有部分霉变,有异味异臭
大豆粕	淡黄色、金黄色或浅褐色不规则碎片,色泽一致,具有豆粕的新鲜香味,无发酵、霉变、结块、虫蛀及异味异臭,无掺杂,无发热	色泽不一致,有霉变、结块及异味异臭,有掺杂掺假及发热现象
高蛋白大豆粕	淡黄色、金黄色或浅褐色不规则碎片或有颗粒及小团块,色泽一致,具有豆粕的新鲜香味,无发酵、霉变、结块、虫蛀及异味异臭,无掺杂,无发热	色泽不一致,有霉变、结块及异味异臭,有掺杂掺假现象
菜籽粕	黄色或黄褐色、黑褐色、黑红色碎片或粗粉状,具菜籽油香味,无发酵、霉变、结块、发热及异味异臭,无掺杂	色泽不均匀一致,有霉变、结块及发热、湿块,有掺杂掺假现象
菜籽饼	褐色,小瓦片或饼状,有菜籽饼香味,无掺假、霉变、异味	深褐色,有霉变、结块及异味异臭,有掺杂掺假现象
高蛋白棉籽粕	浅黄或黄褐色,碎屑或片状,具棉籽油香味,无发酵、霉变、结块、发热及异味异臭,棉绒棉壳少,无掺杂	形状不一,色深褐,有霉变、结块及异味异臭,有较多壳绒
棉籽粕	浅黄或黄褐色,灰红色碎屑或片状,具棉籽油香味,无发酵、霉变、结块、虫蛀及异味异臭,无掺杂	形状不一,色深褐,有霉变、结块及异味异臭,有较多壳绒
低蛋白棉籽粕	浅黄或黄褐色,灰红色碎屑或片状,具棉籽油香味,无发酵、霉变、结块、虫蛀及异味异臭,无掺杂	形状不一,色深褐,有霉变、结块及异味异臭,有较多壳绒
棉籽蛋白	浅黄、黄褐色或灰红色,碎屑或粗粉状,具棉籽油香味,无发酵、霉变、结块、虫蛀及异味异臭,无掺杂掺假	色深褐,有霉变、结块及异味异臭,有较多壳绒

续表 2-6

原料	正常原料感官性状	拒收原料感官性状
花生粕	新鲜一致的黄褐色或浅褐色,不规则小块状或碎屑状,无发酵、霉变、结块,无油哈喇味,无掺杂	色泽不一致,有霉变、大块及异味异臭,有掺杂掺假现象
高蛋白玉米蛋白粉	橘黄、金黄或浅褐色细粉微粒状,有发酵气味,色泽新鲜一致,无酸败、霉变、结块及异味异臭,无掺杂	色浅黄不一致,有霉变、结块及异味异臭,有掺杂掺假现象
玉米蛋白粉	橘黄、金黄或浅褐色细粉微粒状,有发酵气味,色泽新鲜一致,无酸败、霉变、结块及异味异臭,无掺杂	色浅黄不一致,有霉变、结块及异味异臭,有掺杂掺假现象
啤酒酵母	浅黄色,具酵母的特殊香味,无掺杂掺假,无霉变、结块及异味异臭	有结块及异味异臭,有掺杂掺假现象
膨化大豆	黄色,碎粒状,具大豆油香味,无发酵、霉变、结块及异味异臭,无掺杂及污染	深褐色,有霉变、结块及异味异臭,有掺杂掺假现象
啤酒糟	新鲜一致的浅灰色粉状物,具有谷物发酵的香味,无霉变,无发热结块,无掺假	灰褐色,有腐败味,有霉变、结块及掺假现象等
肉粉	黄褐色,肉松状,具肉香味,无发酵,无烧焦结块、虫蛀及异味异臭,无掺杂	黑褐色,有霉变、结块及异味异臭,有掺杂掺假现象
水解羽毛粉	浅褐色或深褐色粉状,具肉香味,无发酵、酸败及异味异臭,无掺杂	黑褐色,有霉变及异味异臭,有掺杂掺假现象
血粉	暗红色或褐色,粉状,具血腥特殊味,无发酵、霉变、结块,无腐败变质气味,无掺杂	黑褐色,有霉变、结块及异味异臭,有掺杂掺假现象
鱼粉(进口)	新鲜一致的浅茶褐色、深茶褐色、浅茶色、浅黄色或灰白色(依鱼种),鱼粉正常气味不可有酸味、霉味、腐味、焦糊味、臭味,无霉变、结块,无发热、掺杂	深褐,有霉变、结块及异味异臭,有掺杂掺假现象
鱼粉(国产)	新鲜一致的浅茶褐色、深茶褐色、浅茶色、浅黄色或灰白色(依鱼种),鱼粉正常气味不可有酸味、霉味、腐味、焦糊味、臭味,无霉变、结块,无发热、掺杂	深褐,有霉变、结块及异味异臭,有掺杂掺假现象
高蛋白肉骨粉	新鲜一致的浅褐色或深褐色粉状,具肉味或烤肉香味,无酸味、霉味、腐味、焦糊味、臭味,无掺杂掺假,无霉变、结块	色泽不一致,有不良气味(哈喇味),结块及异味异臭,有掺杂掺假现象
肉骨粉	新鲜一致的浅褐色或深褐色粉状,具肉味或烤肉香味,无酸味、霉味、腐味、焦糊味、臭味,无掺杂掺假,无霉变、结块	色泽不一致,有不良气味(哈喇味),结块及异味异臭,有掺杂掺假现象
稻糠	米白色或浅黄白色,粉或面状,色泽新鲜,无发酵酸败,异味异臭,无结块,无发热,无掺杂	有霉变、酸败及异味异臭,有结块、掺杂掺假现象

续表 2-6

原料	正常原料感官性状	拒收原料感官性状
鱼油	加温到 40℃ 时油色橙黄色或橙红色,稍微浑浊,有微量或少量沉淀物存在,正常的鱼腥味,无掺假	色深红,有腐败鱼腥味,严重浑浊,掺假
豆油	油色橙黄至棕黄,气味正常,有微量或少量沉淀物存在,无掺假	色泽、气味、滋味发生异常,有哈喇味,浑浊,有明显悬浮物存在,掺假
磷酸氢钙	全部通过 12 目筛,白色粉末或粒状,流动性好,粉状细度在 60 目以上,粒状细度在 30~60 目	色泽不一致,粒度不均匀,有掺杂掺假
磷酸二氢钙	全部通过 12 目筛,白色粉末/粒状,流动性好	色泽不一致,粒度不均匀,有掺杂掺假现象
石粉	白/灰白色粉末状或细粒状,流动性好,无杂物;颗粒状:粒度 12~14 目(产蛋鸡浓缩料和全价粉料)和 18 目(雏鸡、青年鸡、肉鸡浓缩料和全价粉料);细粉状:细度 40~80 目(猪浓缩料、颗粒料、预混料),40 目筛上物 ≤5%,80 目筛上物 ≥55%	色泽不一致,流动性不好,粒度不均
食盐	白色结晶,无潮解、结块,流动性好	白色结晶,潮解、结块,流动性差
脱脂米糠粕	新鲜一致,无哈喇味,浅白色或浅黄色,颜色均一,有淡淡的甜味,无发霉现象	色泽不一致,有哈喇味等现象

(二)影响饲料原料品质的因素

1.饲料原料品种、产地等

以玉米为例,作为饲料的玉米品种有普通玉米、高油玉米、高赖氨酸玉米。高油玉米中油脂含量一般达到 7%~10%,高于普通玉米品种的 4%~5%;而高赖氨酸玉米中赖氨酸水平可达到 0.4% 以上,高于普通玉米品种的 0.3% 以下的赖氨酸含量。

2.饲料原料加工工艺

以豆粕为例,去皮豆粕与带皮豆粕粗蛋白质含量存在较大差距,一般去皮豆粕要求粗蛋白≥47.5%~49%,而带皮豆粕一般要求粗蛋白≥43%。

3.是否存在人为的掺杂掺假等情况

人为的掺杂掺假尤其是对于价格较高的原料在接收时需要重点判断,如鱼粉中常见的掺假物包括蛋白精、生物蛋白精、三聚氰胺等高含氮物质及植物蛋白等。

4.运输、贮存不良

由于运输或贮存过程中条受潮、高温等恶劣的条件,造成饲料原料发霉、酸败、生虫等。影响其营养价值及饲用价值。

(三)某饲料厂原料到厂验收流程及原料现场验收记录

1.某饲料厂原料到厂验收流程(图 2-23)

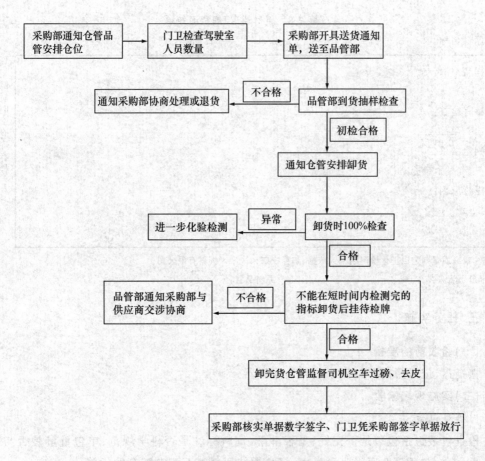

图 2-23　某饲料厂原料到厂验收流程

2.饲料厂原料现场验收记录

以下是某饲料厂的原料查验记录(表 2-7)和原材料退/卸货通知单(表 2-8)。

表 2-7　原料查验记录

原料通用名称		供应商/生产厂家		
生产日期		感官检查		
原料类别	□行政许可国产原料	□进口单一饲料		□不需行政许可饲料
查验内容				
许可证明文件编号		产品质量检验合格证		
进口登记证号		原料质量检验报告		
查验结果				
查验日期		查验人		

注:原料类别在相应"□"内打"√"。

表 2-8　原材料退/卸货通知单

原料名称：　　　　　　车号：　　　　　　日期：

<table>
<tr><td>
1.样品来源：

2.感官检查：

3.判定结果：
　　　□ 卸货　　　　　□ 退货

退货原因：
</td><td>白联由原料品管存档、红联由运货司机卸货时交仓库存档</td></tr>
</table>

注：最终质量判定以理化检测结果为依据,解释权归××××饲料有限公司。

品管负责人：　　　　　　　　　原料品管：

三、任务实施

(一)验收前的准备

搪瓷盘、记录簿、剪刀、镊子、料铲、采样器。

(二)实施现场验收

1.检查包装

检查包装包括包装是否完好、是否淋雨、饲料标签是否科学规范、单包重量是否与提供的信息一致、与所订购原料品种是否一致、散装原料是否配有随车发货单。

2.抽样后感官检查

使用抽样工具对批次饲料实施抽样,初检时可按 30% 比例抽样,对所抽试样实施感官检查。

看：观察饲料外观、形状、颜色、颗粒大小、杂质情况、均匀度、虫蛀情况、霉变情况、对于谷物籽实还要观察其颗粒饱满度、碎粒、发芽等。

嗅：嗅气味,鉴别饲料有无异常,是否有发霉、脂肪水解、酸败、焦味、糊味、腐臭、氨味等异味。

触：用手抓饲料,感觉是否有刺手感,将手插入饲料中或用手指捻,通过感触判断饲料温度、粒度的大小、硬度、黏稠度、滑腻感、水分含量等情况,可掐谷物籽实,查看是否容易掐动及脐部出水情况。

尝：通过舌舔和牙咬检查饲料的味道、硬度、口感、响声情况。但应注意不要误尝对人体有毒、有害的物质。

3.接收或拒收

现场验收没有问题的可通知卸货,在卸货时再进行 100% 抽样检查。若经现场验收不符所制订原料验收标准的可分两种情况进行处理,若对整体质量不产生影响的,可降价收购,若对整体质量产生影响的可拒收。

四、任务小结

原料现场验收主要采取感官检验方法,通过一看二嗅三触摸,还可进一步品尝对原料的品质进行初步鉴定,这需要现场验收人员熟悉影响原料品质的因素,并熟知正常饲料原料的情况。

五、任务评价

项目任务的评价标准见表2-9。

表2-9 任务评价标准

评价环节	评分要素	分值	评分标准	得分	备注
相关知识准备	任务相关知识查阅收集	15	任务相关知识查阅、收集全面、充分		
现场验收前准备	采样工具	10	采样工具选择正确		
	其他物件准备	10	其他物件准备齐全		
现场验收实施	包装检查	15	包装检查环节齐全,并有相应记录		
	感官鉴定	20	感官鉴定方法及步骤正确		
现场验收结果及原料处理	现场验收结果	10	能根据各方面情况综合判断结果		
	原料处理	10	对原料处理正确		
其他	小组合作、态度等	10	小组合作配合好、认真准备、积极参加		
总分		100			

▶ 任务三 饲料样本的采集与分析试样的制备 ◀

子任务一 饲料样本的采集及留样

一、任务描述

假设你是饲料厂品控部工作人员,现接到通知厂外有一车袋装豆粕原料,请你对原料实施采样,要求留样2份。豆粕测定项目为水分、粗蛋白质、脲酶活性。已获知此批豆粕总计60袋,每袋70 kg。根据任务描述准备任务相关知识,并制定任务计划。

二、任务相关知识

(一)样本采集相关术语和定义

(1)交付物　一次给予、发送或收到的某个特定量的饲料的总称。可能由一批或多批饲料组成。

(2)批次　假定特性一致的某个确定量的交付物的总称。

(3)份样　一次从一批产品的一个点所取的样品。

(4)总份样　通过合并和混合来自同一批次产品的所有份样得到的样品。

(5)缩分样　总分样通过连续分样和缩减过程得到的数量或体积近似于试样的样品,具有代表总份样的特征。

(6)实验室样品　由缩分样分取的部分样品,用于分析和其他检测用,并且能够代表该批次产品的质量和状况。要注意的是,所取每种样品,一般分3份或4份实验室样品,一份提交检验,至少一份保存用于复核,如果要求超过4份实验室样品,需要增加缩分样,以满足最小实验室样品量的要求。

(二)样本采集通则

(1)代表性采样　代表性采样的目的是从一批产品中获得小部分样品,而测定这小部分样品的任何特性均可代表该批产品的平均值。

(2)选择性采样　如果被采样的一批(批次)样品的某部分在质量上明显不同于其他部分,则这部分产品应区别对待,单独作为一批产品进行采样,并在采样报告中加以说明。

(三)采样工具

一般要求:选择适合产品颗粒大小、采样量、容器大小和产品物理状态等特征的采样设备。

1.手工散装饲料采样工具

普通料铲(图2-24)、手柄勺、柱状取样器[如取样钎、管状取样器、套管取样器(图2-25)]和圆锥取样器。取样钎可有一个或更多的分隔室。流速比较慢的流动产品的采样可以手工完成。

图2-24　料铲

图2-25　双套管取样器

2.手工袋装饲料采样工具

手柄勺、麻袋取样钎或取样器、管状取样器(图2-26)、圆锥取样器和分割式取样器、探针采样器(图 2-27)。

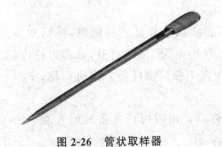

图 2-26　管状取样器

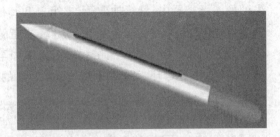

图 2-27　探针采样器

3.液体或半液体产品采样工具

适当大小的搅拌器、取样瓶、取样管(图 2-28)、瓶式抽样器(图 2-29)、抽样探子(图 2-30)、带状取样器和长柄勺、底部取样器(图 2-31)。

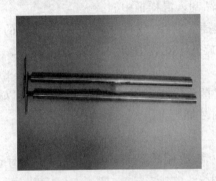

图 2-28　取样管

图 2-29　瓶式抽样器

图 2-30　抽样探子

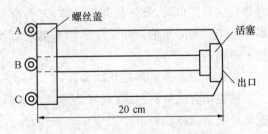

图 2-31　底部取样器示意图

4.常用采样工具的使用方法

(1)双套管抽样器　手持双套管抽样器,关闭流样口,保持流样口向上,用力将抽样器与货物表面垂直的方向插入,旋转抽样器手柄约 180°,打开流样口,紧握探管上下转动几次,然后回旋手柄关闭流样口,从货层中拔出抽样器,旋开流样口,将抽取的样品无损失地倒入槽形承受器中。最后,再关闭流样口,继续抽取第二、第三和其他采样点的样品。槽形承受器用铁皮或铝皮制,长 100 cm,呈半圆柱形,开口宽 10 cm。或者使用足够长度的帆布收集样品。

(2)料铲　从各个抽样点货物表面10 cm以下铲取一定数量的样品,将抽取的样品无损失的倒入承受器内,继续抽取第二、第三和其他抽样点的样品。

(3)底部抽样器　适合从罐(舱)装油脂等液态样品底部抽取样品。使用时,将活塞关闭,以系于A、B环上的金属链缓缓沉入油中至抽样部位,拉动C环,活塞打开,油即可注入。待充满后,放下C环,活塞关闭。以A、B环的金属链缓缓向上提拉抽样器。拉动C环,将样品放入盛样桶。

(4)瓶式抽样器　适合从罐(舱)中抽取油脂等液态样品。用时可任意将其放入油中的不同深度,急速提动,移开塞子或盖,油即充满容器。

(5)抽样管　由厚壁玻璃管或不锈钢制成,适用于油脂等液体类货物抽样。使用时先将抽样管用拇指堵住上口插入油桶底部,检查底部有无明水、杂质,然后将桶中的油脂充分混合均匀,将抽样管斜插入桶底,堵住上口,缓缓取出,将样品注入混样桶中。

(6)套管式抽样器　先将套管式抽样器关闭,斜插入桶底,开启抽样器,使其转动,待样品充满后转动内管,将抽样器关闭,缓缓取出,将样品刮入混样桶中。

(7)探针采样器　将探针取样器从上到下垂直插入料袋,或将料袋放平,从料袋的头到底,斜对角地插入,插入时应使取样器槽向下,然后旋转180°再取出。

(四)装样品容器

一般要求:装样品的容器应确保样品特性不变直至检测完成。样品容器的大小以样品完全充满容器为宜,容器应当始终封口,只有检测时才能打开。

1.清洁

样品容器应清洁干燥、不受外界气味的影响。制造样品容器的材料应不影响样品的品质。

2.固体产品的样品容器

固体产品的样品容器及盖子应是防水和防脂材料制成的(如玻璃、不锈钢、锡或合适的塑料等),应是广口的,最好是圆柱形的,并与所装样品多少相配套。合适的塑料袋也可以。容器应是牢固和防水的。如果样品用来测定对光敏感的物质和对光轻微敏感的物质,容器应是不透明的。

3.液体和半液体产品的样品容器

容器应由合适材料制成(最好是玻璃或塑料),并要求容量合适、密闭、深色。注意对光敏感物质测定的样品要求。

(五)不同产品采样的具体步骤

1.谷物、种子、豆类、颗粒状产品

谷物:玉米、小麦、大麦、燕麦、水稻和高粱等;油料籽食:向日籽食、花生、油菜籽、大豆、棉籽和亚麻籽等;片状物:豆类等;颗粒产品:颗粒形态的饲料。

(1)批次产品量　对于袋装的产品批次量是由包装袋的数量和包装袋的容量确定。对于散装的产品,批次量是由盛该散样的容器数量决定的,或由满装该产品的容器的最小数量。如果一个容器内装的产品量已超过一个批次产品的最大量时,该容器内产品即为一个批次。如果一批次散装产品形态上出现明显的分级,则需要分成不同的批次。

（2）份样数量　要得到能代表整个批次产品的样品,就必须设置足够的份样数量。根据批次产品数量和实际采样的特点制定采样计划,在采样计划中确定需采的份样数量和重量。对于贮存于罐或类似容器的产品,随机选择份样的最小数量见表2-10。

表 2-10　随机选择份样的最小数量

批次的质量/(m/t)	份样的最小数量	批次的质量/(m/t)	份样的最小数量
≤2.5	7	>2.5	$\sqrt{20\,m}$,不超过100

如果产品包装于袋中,随机选择份样的最小数量见表2-9和表2-10。

①如果总量小于1 kg,见表2-11。

表 2-11　随机选择份样的最小数量($m<1$ kg)

批次的包装袋数(n)	份样的最小数量	批次的包装袋数(n)	份样的最小数量
1～6	每袋取样	>24	$\sqrt{2\,n}$,不超过100
7～24	6		

②如果总量大于1 kg,见表2-12。

表 2-12　随机选择份样的最小数量($m>1$ kg)

批次的包装袋数(n)	份样的最小数量	批次的包装袋数(n)	份样的最小数量
1～4	每袋取样	>16	$\sqrt{2\,n}$,不超过100
5～16	4		

③样品量:最小的样品量见表2-13。

表 2-13　最小样品量

批次产品总量/t	最小的总份样量/kg	最小的缩分样量[*]/kg	最小的实验室样品量/kg
1	4	2	0.5
2～5	8	2	0.5
6～50	16	2	0.5
51～100	32	2	0.5
101～500	64	2	0.5

注:[*]最小量应可供4个实验室样品。

（3）采样程序　在条件许可的情况下,采样应在不受诸如潮湿空气、灰尘或煤烟等外来污染危害影响的地方进行。条件许可时,采样应在装货或卸货中进行。如果流动中的饲料不能进行采样,被采样的饲料应安排在能使每一部分都容易接触到,以便取到有代表性的实验室样品。

①从散装产品中采样:如果是从堆状等散装产品中取样,根据以上(1)中的最少份样数,

决定本次取样的份样数。然后随机选取每份样的位置,这些位置既覆盖产品的表面,又包括产品的内部,使该批次的产品的每个部分都被覆盖。

在产品流水线上取样时,根据流动的速度,在一定的时间间隔内人工或机械地在流水线的某一截面取样。根据流动速度和本批次产品的量,计算产品通过采样点的时间,该时间除以所需采样的份样数,即得到采样的时间间隔。

②从袋装产品中采样:随机选择需采样的包装袋,采样的包装袋总数量根据以上(1)的最小份样数来确定。打开包装袋,用相应的器具采取每个份样。

如果是在密闭的包装袋中取样,则需要取样器。采样时不管是水平还是垂直,都必须经过包装物的对角线。份样可以是包装物的整个深度,或是表面、中间、底部这3个水平。在采样完成后,将包装袋上的采样孔封闭。

(4)实验室样品的制备　在采样完成后应尽快处理,以避免样品质量发生变化或污染,将所得到的每个份样进行充分混合后得到总份样,总份样经过"四分法"逐步分取获得重量不小于2 kg的缩分样。

充分将缩分样混合分成3个或4个实验室样品放入适当的容器中,供实验室分析用,每个实验室样品重量最好相近,但不能小于0.5 kg。

2.粉状产品的采样

这些产品是对下列物料进行加工(如粉碎、碾磨或干燥)获得的,其粒度远小于未加工处理的单种物料或混合物。具体包括以下样品:

植物源性的粉状物:整粒或部分谷物、未加工、加工或浸提的油料籽食、未加工、加工或浸提的豆科籽食、干苜蓿或干草、植物蛋白浓缩物、淀粉和酵母等。

动物源性的粉状物:鱼粉、血粉、肉粉、肉骨粉、骨粉、奶粉和乳清粉。

饲料添加剂:预混合饲料、矿物质饲料和配合饲料。

有机物:维生素和维生素制剂、药物和药物制剂、抗氧化剂、氨基酸和香味剂等。

还有无机化合物。

(1)批次产品量的大小　不论交付量有多少,一个批次内产品量不宜超过100 t。

(2)最小的份样数量　同谷物、种子、豆类和颗粒产品的采样规定。

(3)样品量　同谷物、种子、豆类和颗粒产品的采样规定。

(4)采样时的注意事项　由于干的粉状饲料中粉尘的一致性高,采样时应防止其爆炸。由于产品是经加工处理的,因此受微生物侵害腐败的可能性增加。在预先检查整个批次产品时,应特别注意有无异常。如有异常,应将这部分与其他部分分开。

粉状物易于结块,有时需要添加抗结块剂。当发生结块时,应进行额外的处理或分开采样。如果产品产生较严重的分级,则应分步采样。散装或袋装中采粉样的步骤参照谷物、种子、豆类和颗粒产品的相应的采样规定。

(5)实验室样品的制备　见谷物、种子、豆类和颗粒产品的采样相应部分。

3.粗饲料的采样

这类产品具体包括鲜青绿饲料(苜蓿、牧草、玉米等)、青贮青绿饲料(苜蓿、牧草、玉米等)、干草(苜蓿、牧草等)、秸秆、饲用甜菜、干糖蜜、块根和块茎(马铃薯等)。

(1)批次产品量　由于产品遗传因素变化大,加上贮存方式上的不同,粗饲料产品的特性变化很大,量大时更是如此。在量大的一批次粗饲料产品间,要求其均匀性是非常困难的。

(2)采样时份样数的确定　通常粗饲料在贮存和搬运时为散装的,采样时的最小份样数规定见表2-14。

表 2-14　最小采样份数

批次的质量(m)/t	份样的最小数量	批次的质量(m)/t	份样的最小数量
≤5	10	>5	$\sqrt{40m}$,不超过 50

(3)样品的质量　如表2-15所示。

表 2-15　样品质量　　　　　　　　　　　　　　　　kg

产品种类	最小的总份样量	最小的缩分样量	最小的实验室样品量
青绿饲料、甜菜、块根、块茎、青贮粗饲料	16	4	1
干燥的粗饲料、块根、块茎	8	4	1

(4)采样程序　粗饲料采样时通常是靠手工获得每一个份样。

①田间采样:对于田间生长的产品或收获后仍放置于田间的产品,其采样程序根据土质不同参见 ISO 10381—6。

②堆积产品、青贮窖、青贮堆内产品的采样:进行堆积产品、青贮窖、青贮堆内产品的采样时,可按颗粒饲料计算需采样的份样数,随机布置各份样点,但应保证产品的各层均被覆盖。青贮塔内产品的采样应注意安全,最好在搬运过程中采样。

③捆状产品的采样:按颗粒饲料计算需采样的份样数,随机布置各份样点,每一捆取一个份样,应采集一个完整的截面。

④流动中的产品采样:参照颗粒饲料从散装产品中采样的方法。

⑤实验室样品的制备:在采样完成后应尽快处理,以避免样品质量发生变化或被污染。在混合总份样时应注重其可操作性,通常应将样品切成小块。总份样经过逐步分取获得重量不小于 4 kg 的缩分样。对于大块块状产品,将总份样的块数减半,随机选择其中的块构建成缩分样。除非必须,不要在缩分阶段将总份样切短。

充分将缩分样混合后分成 3 个或 4 个实验室样品放入适当的容器中,供实验室分析用。每个实验室样品重量最好相近,但不能小于 0.5 kg。置每个实验室样品于合适容器中。

4. 块状、砖状产品的采样

如矿物质的舔砖、舔块等。

(1)批次产品量　该类产品一个批次量不应超过 10 t。

(2)采样时份样数的确定　采样时以该类产品的单位数计算最小份样数,规定见表2-16。

表 2-16 最小采样份数

最小的份样数 （产品单位数）	批次内含的产品 单位数（n）	最小的份样数 （产品单位数）	批次内含的产品 单位数（n）
4	≤25	$\sqrt{n}$，不超过 40	>100
7	26～100		

（3）样品的重量 样品的重量见表 2-17。

表 2-17 样品重量   kg

最小的总份样量	最小的缩分样量*	最小的实验室样品量
4	2	0.5

注：* 最小量应可供取 4 个实验室样品。

（4）采样程序 按上述（2）计算所需的最少采样的份样数。如果舔砖、舔块较小，则整个舔砖或舔块作为一个份样。

（5）实验室样品的制备 如果用整个或大部分舔砖（块）作为份样，则需打碎。

将所得到的每个份样进行充分混合后得到总份样，将总份样重复缩分获得适当的缩分样，其重量不应小于 2 kg。

充分将缩分样混合后分成 3 个或 4 个实验室样品放入适当的容器中。每个实验室样品重量最好相近，不能小于 0.5 kg。

5.液体产品

液体产品包括两类：一类是低黏度产品，该类产品易于搅拌混合；另一类是高黏度产品，该类产品不易搅拌混合。

（1）批次产品量 该类产品一批次通常在 60 t 或 60 000 L 以内。如果一个容器含量超过 10t 或 10 000 L 时，这一容器产品即为一个批次。

（2）份样数的确定 随机选择份样时，最小份样的数量规定如下：

①散装产品最小采样份数见表 2-18。如果不能保证产品的均匀性，则应该增加份样数量以保证实验室样品的代表性。

表 2-18 散装产品最小采样份数

最小份样数	批次产品量		最小份样数	批次产品量	
	重量/t	体积/L		重量/t	体积/L
4	≤2.5	2 500	7	>2.5	2 500

②对于贮存容器体积不超过 200 L 的产品，采样时抽取容器的数量计算如下：

a.如果容器的体积不超过 1 L（含 1 L），则最小抽取容器数参见表 2-19。

b.如果容器的体积超过 1 L，最小抽取容器数参见表 2-20。

（3）样品的重量 采样样品的重量见表 2-21。

表 2-19　最小抽样容器数($V\leqslant 1\ L$)

批次内含的容器数(n)	最小的抽取容器数	批次内含的容器数(n)	最小的抽取容器数
$\leqslant 16$	4	>16	$\sqrt{n}$，不超过 50

表 2-20　最小抽样容器数($V>1\ L$)

批次内含的容器数(n)	最小的抽取容器数	批次内含的容器数(n)	最小的抽取容器数
1～4	逐个	>16	$\sqrt{n}$，不超过 50
5～16	4		

表 2-21　采样样品重量

最小的总份样量		最小的缩分样量[*]		最小的实验室样品量	
8/kg	8/L	2/kg	2/L	0.5/kg	0.5/L

注：[*] 最小量应可供取 4 个实验室样品。

(4)采样程序

①如果产品贮存于罐中,则可能不均匀:采样前需要搅动混合,用适当的器具从表面至内部采样。如果采样前不可能搅动,则在产品装罐或卸罐过程中采样。如果在产品流动过程中不能采样,则整个批次产品都取份样,以保证获得有代表性的实验室样品。

在产品特性不变的前提下,有时加热会提高样品的一致性。

②桶装产品的采样:采样前需对随机选取产品进行振动、搅动等,使其混合,混合后再采样。如果采样前不能进行混合,则每个桶至少在不同的方向,两个层面取 2 个份样。

③小容器装产品的采样:随机选择容器,混合后进行采样;如果容器很小,则每一个容器内的产品可作为一个份样。

(5)实验室样品的制备　将所有份样放入适当的容器内即获得总份样,充分混合后取其中部分形成缩分样,每个缩分样不应小于 2 kg 或 2 L,对于不容易混合的产品,使用下列的缩分样程序。

①将总份样分成 2 部分,分别为 A 和 B;

②再将 A 分成 2 部分,分别为 C 和 D;

③对 B 重复上述过程,形成 E 和 F;

④随机选择 C 和 D,E 和 F 中的之一;

⑤将两者放在一起,充分混合;

⑥重复该过程,直至获得 2～4 kg(L)的缩分样;

⑦尽可能充分地混合缩分样,将其分成 3～4 个部分(即为实验室样品),每个实验室样品不应少于 0.5 kg 或 0.5 L。

⑧置每份实验室样品于适当容器内。

如果需制备的实验室样品超过 4 份,则缩分样的数量做适当的增加。

6. 半液体(半固体)产品的采样

此类产品如脂肪、脂类产品、加氢油脂、皂角等。

(1)批次产品量　同液体产品的采样。

(2)采样时份样数的确定　同液体产品的采样。

(3)样品的重量　同液体产品的采样。

(4)采样　如有可能,产品应在液态下进行采样。

①液态产品的采样:可参照液体产品采样(4)进行。

②半液体(半固体)产品的采样:在产品装入或搬运过程中,使用可对角线插入罐底部的适当设备,至少在3个深度取样,有可能的情况下,取整个截面。采样后,将采样孔填补好。

如果不可能混合,也不可能在产品的流动中采样,则根据容器对角线的长度,每隔30 cm采样作为一个份样。

③实验室样品的制备:将获得的总份样充分混合。将总份样放入可加热的容器中,采用加热或其他方法使其融化。如果加热对样品有不良影响,则使用其他方法。

缩分样和实验室样品的制备可参见液体产品(4)。

三、任务实施

(一)采样

1. 准备采样用具

袋装取样器、样品袋、记号笔、大张牛皮纸1张,十字分样板。

2. 采样前对产品的确认和全面检查

采样前应适当比较货物的数量、重量或货物的体积及容器上的标记和标签,以及有关资料。采样报告记录包括相关代表性样品的采样和涉及货物及其周围条件的所有特征。

3. 确定取样量

根据批次总量为60袋×70 kg/袋=4 200 kg,确定总共取11袋。

4. 采样

从不同方位选取11袋,每袋按以下步骤操作:取袋装取样器,将袋装取样器的槽口向下沿对角线方向插入,将槽口旋转180°,使槽口向上,将袋装取样器抽出,将取样器中试样倒入样品袋。

5. 缩分试样

(1)用"四分法"缩分试样或分样器,具体操作如下:

①将取得的份样倒在大张牛皮纸上,拎起纸的一角,再拎起纸的另一角,重复以上操作将饲料混合均匀得总份样。

②将总份样摊平,使之呈长方形或圆形,用分样板(图2-32)或药铲从中划一对角线连接,将总份样分成4分,取对角2份,弃去对角2份。

③将留下的2份,按以上①~②步骤操作,直至最终留下约2 000 g。充分混合后,将之分成4个实验室样品,每份约500 g。

(2)用分样器缩分试样　采用槽式分样器(横格式分样器)(图2-33)进行缩分,可省去混匀的手续。槽式分样器的内部并排焊接着一些隔板,这些隔板形成几个一左一右交替开口的隔槽,试样倒入后,分别由槽底两侧的开口流出,从而形成 2 等份试样。分样器的槽口越窄,缩分的准确性越高,但要保证试样不堵塞隔槽。

图 2-32 十字分样板

图 2-33 横格式分样器

6. **样品分装**

将样品装袋,并封口、盖章。写上标签并贴在样品袋上。标签上应标识以下项目:采样人和采样单位名称;采样人和采样单位的身份标志;采样的地点、日期和时间;样品材料的标示(名称、等级、规格);样品材料的明示成分;样品材料的商品代码、批号、追踪代码或被抽检样品交付物的确认。

7. **送检样品**

将 2 份实验室样品与测定所需信息一起尽快送至分析实验室。

8. **填写采样报告**

采样报告至少应包含以下信息:

(1)实验室样品标签所要求的信息;

(2)被采样人的姓名和地址;

(3)制造商、进口商、分装商和销售商的名称;

(4)货物的多少(重量和体积)。可能的情况下,还应包括采样目的;交付给认可实验室分析的实验室样品数量;采样过程中可能出现的任何偏差的详情。

(二)留样及留样观察

1. **样品保留量**

样品保留量要根据样品全分析用量而定,不少于两次全分析量。一般固体成品或原料保留 500 g 左右。

2. **留样**

将另外 2 份实验室样品送留样室保存,要按批次或先后顺序摆放整齐以便查找。

3. **留样观察**

对留样样品,应按照保质期要求,在达到保质期后再保存 2 个月,并进行产品留样观察,记录要求保存 2 年。配合饲料在 20 天后,浓缩料在 30 天后,预混料在 45 天后,第二次做比较观察。饲料产品留样观察记录见表 2-22。

表 2-22 　饲料产品留样观察记录

样品名称	生产日期	留样编号	采样日期	采样人	样品产地	检验结果	观察日期	观察情况	观察人	处理日期

四、任务小结

样品的取样要保证代表性,采样基本的原则是在生产流水线上取样,若流水线上无法取样,需根据不同样本的情况选择取样器并根据总体量确定取样点数并将各点取样混合即为总份样。将总份样混匀、缩分即得实验室样品。

子任务二　动物饲料试样的制备

一、任务描述

假设你是饲料厂品控部工作人员,现收到豆粕实验室样品 2 份,按本厂要求豆粕测定项目为水分、粗蛋白质、脲酶活性。请对送来的实验室样品制备试样。根据任务描述准备任务相关知识,并制定任务计划。

二、任务相关知识

(一)试样制备原理

对于固体,实验室样品需经特定的步骤充分混合及分样,直至获得适当粒度的试样。使用粉碎、研磨、绞碎或均质等方法以使试样及试料真实代表实验室样品。对于液体饲料,实验室样品经机械混合,混匀后就得到具有代表性的试样。

(二)不同性质实验室样品分析试样制备步骤

1. 磨样

(1)通则　研磨样品可能导致失水或吸水,应制定一个限度(见"2.易于失水或吸水的样品"及"(三)校正因子"部分)。研磨应尽可能快,并尽可能少暴露在空气中。如需要可先将料块打碎或碾碎成适当大小。每一步都应将样品充分混合。

(2)良好的样品　如果实验室样品能够完全通过 1 mm 的筛,则将之充分混合。用分样器或四分装置逐次分样直至得到需要量的试样。

(3)粗样一

①如果实验室样品完全不能通过 1 mm 的筛,而且能全部通过 2.8 mm 的筛,将其充分混合,用分样器或 4 份装置逐次分样以制成适量的样品。

②小心地在已清洁干净的磨中研磨样品,直至能全部通过 1 mm 的筛。

(4)粗样二

①如果实验室样品不能完全通过 2.8 mm 的筛,仔细地在已清洁干净的磨中研磨样品,直至能全部通过 2.8 mm 的筛。充分混合。

②将研磨过的实验室样品用分样器依次分样得到检测所需的试样(见下"9.试样的用量和储存")。再将此样品用已清洁的磨研磨,直至能全部通过 1 mm 的筛。

2.易于失水或吸水的样品

如果研磨操作导致失水或吸水,采用国标水分测定方法测定水分含量,使用此方法测定充分混匀的实验室样品和制备的试样,从而对原样水分含量进行校正。

3.难研磨的样品

如果实验室样品不能通过 1 mm 的筛从而使研磨困难,在按上述 1.磨样(3)粗样一,①所述初混后或按(4)粗样二,①所述预磨后立即取一部分样品。

按照国标水分测定方法测定水分含量。用杵和研钵研磨样品或用其他方法使其能完全通过 1 mm 的筛后干燥样品,再次测定制备的试样的水分从而将分析结果校正为原样的水分含量。

4.湿饲料如罐装或冷冻宠物食品

用机械搅拌器或均质器将实验室样品(可以是整份罐装或其他包装)均质,将均质化的样品充分混合,装入清洁干燥的样品容器中密封。应尽快进行实验,最好立即进行。否则应将试样储存于 0～4℃条件下。

5.冷冻饲料

用适当的工具将实验室样品切或打碎成块,立即将其放入绞肉机,将切碎的样品混合直至渗出的液体完全均匀地混入样品。将样品装入清洁干燥的样品容器中,密封。应尽快进行实验,最好立即进行,否则应将试样储存于 0～4℃条件下。

6.中等水分含量饲料

将实验室样品缓慢地通过绞肉机,充分混合切碎的样品,立即将之通过 4 mm 的筛,装入清洁干燥的样品容器中密封。

如果实验室样品无法切碎,则用手工尽量混合和研磨好。

7.青贮饲料和液体样品

(1)草料或谷类青贮饲料　如可能将全部的实验室样品通过机械磨,或尽可能将其切碎,将其充分混合后将至少 100 g 试样转入样品容器内。

如果此实验室样品无法通过机械磨或不能被充分切碎,则使其尽可能充分混合,然后按国标水分及其他挥发物含量的测定方法测定水分含量。将此实验室样品干燥(例如在 60～70℃带鼓风的电热烘箱中过夜),然后将样品通过机械磨。将样品充分混合后将至少 100 g 样品放入样品容器内。按照国标水分含量的测定提供的方法测定制备的试样中的水分并对结果进行校正(见校正因子部分)。

(2)液体样品(包括鱼饲料)　用一台机械搅拌器或均质器混合实验室样品,以使所有的独立物质(骨粉、油等)能完全分散开。边摇边用勺、烧杯或大口吸管转移 50～100 mL 样品到样品容器中。

8.有特殊要求的样品

注 1：有些测定需对试样特殊制备，这些特殊步骤见试验方法的有关章节。

对于需要特殊细度的试样的测定需进一步研磨。在这种情况下，按上述 1.磨样、2.易于失水或吸水的样品和 3.难研磨的样品所述制备试样，但需达到要求的细度。在有些情况下，应避免打碎或破坏实验室样品，例如测定颗粒硬度。

注 2：如认为实验室样品是非均质的，例如分析真菌或药物添加剂，可能需要将所有样品研磨并分样至适当的试验量。

如样品是脂肪，制备试样时可能需加热和混合，有时需要预先抽提脂肪，可按国标饲料中粗脂肪的测定进行。

如样品需做微生物检查，样品应在无菌条件下处理，这样才能保证微生物状况不发生变化。

9.试样的用量和储存

为全部测定准备足量的试样，应不少于 100 g，将之全部放入容器中，立即密封。保存试样应使样品的变化最小，应特别注意避免样品暴露在阳光下及受到温度的影响。

(三)校正因子

1.通则

如果样品可能在研磨或混合样品的过程中失水或吸水，就有必要使用校正因子对分析结果进行校正以获得原样的水分含量。如使用了脂肪提取亦同理。

2.计算

用下式计算校正因子

$$f = \frac{100\% - w_0}{100\% - w_1}$$

式中：f 为校正因子；w_0 为实验室样品水分的质量分数，%（按 ISO 6496 进行测定）；w_1 为制备的试样水分的质量分数，%（按 ISO 6496 进行测定）。

3.结果的校正

将分析结果乘以校正因子。

(四)粉碎机类型

饲料化验室所用粉碎机主要有植物样本粉碎机(图 2-34)、高速粉碎机(图 2-35)、旋风磨(图 2-36)等，可根据测定项目选择适宜粉碎机，对于维生素、酶活性测定宜选择不发热的粉碎机。

(五)饲料粉碎粒度要求

粉碎之后的试样应过筛，过筛的目的是为了使粉碎的样品达到一定细度。根据需要不同，筛子的筛孔有一定标准，以便符合粒度要求。样品粒度的表示方法有 2 种，一种以通过筛孔后颗粒的平均直径表示；一种则以筛孔大小即以单位面积内筛孔数表示。一般情况下，风干试样制备时需要通过 40～60 目标准筛(筛孔直径 0.25～0.42 mm)。主要分析指标样品粉碎粒度的要求具体参见表 2-23。因为这样可以使饲样品质均匀且便于溶解。

图 2-34　植物样本粉碎机

图 2-35　高速粉碎机

图 2-36　旋风磨

表 2-23　主要分析指标样品粉碎粒度的要求

指标	分析筛规格/目	筛孔直径/mm
粗蛋白质	40	0.45
水、粗脂肪、粗灰分、粗纤维、水溶性氯化物、体外胃蛋白酶消化率	18	1.00
氨基酸、微量元素、脲酶活性、维生素、蛋白质溶解度	60	0.25

三、任务实施

（1）仪器及用具准备　粉碎机 1 台,分样筛 2 个（40 目,60 目）,样本袋 2 个,广口瓶 2 个（250 mL）,牛皮纸 1 张。

（2）取其中 1 份实验室样品,将试样倒入粉碎机中粉碎,粉碎后过 40 目标准筛,将筛上物入粉碎机中粉碎,直至筛上物小于 2%,将筛上物进一步破碎,将筛上物与筛下物混合均匀。

（3）装样　将粉碎后的试样装入广口瓶,在瓶上贴上标签,以备水分和粗蛋白质含量测定。

（4）取另外 1 份实验室样品,将试样倒入粉碎机中粉碎,粉碎后过 60 目标准筛,将筛上物入粉碎机中粉碎,直至筛上物小于 2%,将筛上物进一步破碎,将筛上物与筛下物混合均匀。

（5）装样　将粉碎后的试样装入广口瓶,在瓶上贴上标签,以备脲酶活性测定。

四、任务小结

由实验室样本制备试样的主要步骤包括混合、缩分、粉碎、装样。分析试样的制备需注意根据不同测定项目选择相应的粉碎机和不同目数的分样筛。在制备试样的过程中注意不能污染试样。

五、任务评价

项目任务的评价标准见表 2-24。

表 2-24　任务评价标准

评价环节	评分要素	分值	评分标准	得分	备注
相关知识准备	任务相关知识查阅收集	15	任务相关知识查阅、收集全面、充分		
采样前准备	采样工具	5	采样工具选择正确		
	其他物件准备	5	其他物件准备齐全		
采样	采样袋数确定及选择	10	袋数确定符合要求,袋数选择具有代表性,考虑到各个方位及深度		
	采样操作	10	采用工具使用正确,总份样量符合要求		
试样缩份	总份样混合及缩份	15	总份样混合均匀,缩份操作正确		
留样	留样	5	留样量与规定相符,留样标识符合要求,留样时间正确		
分析试样制备	粉碎	10	粉碎前后粉碎机清理		
	过筛	10	标准分样筛选择与分析项目相符,筛上物经进一步粉碎,最终控制筛上物比例符合要求		
	混合、装样	5	筛上物与筛下物混合均匀后装样,样本瓶标签书写正确		
其他	小组合作、态度等	10	小组合作配合好、认真准备、积极参加		
总分		100			

项目能力测试

一、填空题

1.配合饲料常用原料按照营养组成分类包括:_____、_____、_____、_____。

2.饲料原料现场验收主要根据_____法。

3.原料感官检验的顺序是,一_____,二_____,三_____。

4.正常玉米的感官性状为:_____。

5.正常豆粕的感官性状为:_____。

6.正常鱼粉(进口)的感官性状为:_____。

7.常规分析(除粗纤维外)粉碎的试样一般要过_____目筛。

8.从总份样中获得缩分样常用_____。

二、选择题

1.一般总份样至少要达到(　　)kg。

A. 2　　　　　　　　B. 4　　　　　　　　C. 6　　　　　　　　D. 8

2.采样的代表性与(　　)无关。

A.采样人员技术水平　　　B.份样数　　　　　　　C.总份样量　　　　　　　D.批次产品量

3.一次从一批产品的一个点所取的样称为(　　)。

A.份样　　　　　　　　　B.缩分样　　　　　　　C.总份样　　　　　　　　D.实验室样品

三、判断题

1.无论何种试样对于批次产品量的规定是统一的。(　　)

2.采样前需要根据批次产品量确定份样数和总份样量。(　　)

3.分析试样制备中对于过筛的筛上物当量少于 2％时,可弃去。(　　)

4.样品粉碎时,可选择任一品种粉碎机,只要能达到粉碎粒度要求即可。(　　)

四、思考题

1.饲料原料现场品控流程有哪些?

2.袋装饲料采样的基本步骤是什么?

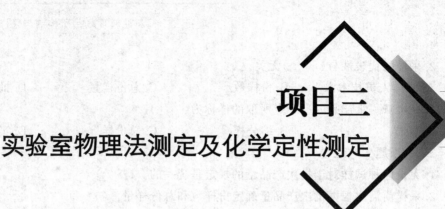

项目三
实验室物理法测定及化学定性测定

知识目标

1. 熟悉饲料实验室物理测定方法。
2. 掌握显微镜检基本原理及操作方法。

技能目标

1. 能通过容重测定等实验室物理测定方法判定原料质量。
2. 会用体视显微镜观察常用原料的立体形态结构,并熟悉常用原料立体形态结构。
3. 能结合快速化学定性分析对饲料原料质量进行鉴定。

素质目标

1. 能够遵守操作规程,注意实验安全。
2. 加强职业道德意识,具有爱岗敬业、勇于奉献、吃苦耐劳的职业素质。
3. 具有科学严谨、实事求是的工作作风,具备开拓进取、勇于创新、团队协作的素质。
4. 具有新标准及新方法的学习及运用能力。

项目任务导读

任务一　谷物籽实容重、杂质及不完善粒测定
任务二　饲料体视显微镜检测
任务三　饲料成分的定性检测

▶▶ 任务一　谷物籽实容重、杂质及不完善粒测定 ◀◀

一、任务描述

假如你是饲料厂化验室员工,现要求对原料玉米测定容重及杂质、不完善粒,并根据测定结果初步确定玉米质量等级情况。根据任务描述准备任务相关知识、制定任务计划。

二、任务相关知识

(一)容重概念及测定容重意义

1 L 体积的原料的质量,即为容重。

容重是粮食质量的综合标志。它与籽粒的组织结构,化学成分,籽粒的形状大小、含水量、比重以及含杂质等均有密切关系。同类粮食,如籽粒饱满、结构紧密、容重则大;反之容重则小。因此说容重是评定粮食品质好次的重要指标。在一些标准中,小麦、玉米等都以容重作为定等的基础项目,容重与加工出品率呈正相关。通过容重还可以推算出粮食仓容和粮堆体积,估算粮食的质量。

一般对于玉米说,容重大的籽粒饱满,那么含淀粉、蛋白、脂肪等营养物质就高,含不可吸收的纤维就少。

(二)常用原料容重

常用饲料原料的容重见表 3-1。容重测定结果与纯料容重比较,允许相对偏差≤12%。

表 3-1 常用原料容重

原料	容重	原料	容重	原料	容重
苜蓿(干)	224.8	玉米麸质粉	481.7	糖蜜	1 413
大麦	353.2~401.4	棉籽壳	192.7	干啤酒酵母	658.3
血粉	610.2	棉籽饼粉	594.1~642.3	磷酸盐	915.2~931.3
干啤酒糟	321.1	油脂	834.9~867.1	燕麦	273.0~321.1
木薯粉	533.4~551.6	羽毛粉	545.9	燕麦粉	352.2
玉米	626.2	鱼粉	562.0	花生饼粉	465.6
玉米粉	701.8~722.9	肉骨粉	594.3	家禽副产品	545.9
大豆饼(粕)	594.1~610.2	肉粉	786.8	矿末	545.9
高粱	545.9	小麦	610.2~626.2	米糠	350.7~337.7
次粉	291~540	乳清粉	642.3	稻壳	337.2
高粱粉	706.9~733.7	小麦麸	208.7	骨粉	800~960
玉米和玉米芯粉	578.0	细盐	1 120~1 280	石粉	1 090~1 425
玉米胚芽粕	540~560	玉米蛋白粉	500~600	菜籽粕	560
葵花粕	500~530	液体蛋氨酸比重	1 260		

注:容重取值受原料水分高低、粒度大小、杂质等因素影响。

(三)玉米的杂质、不完善粒及玉米质量标准

1. 杂质

除玉米粒以外的其他物质,包括筛下物、无机杂质和有机杂质。

(1)筛下物 通过直径 3 mm 圆孔筛子的物质。

（2）无机杂质　泥土、砂石、砖瓦块及其他无机物质。

（3）有机杂质　无使用价值的玉米粒、异种类粮粒及其他有机物质。

2. 不完善粒

受到损伤但尚有使用价值的玉米颗粒。包括虫蚀粒、病斑粒、破碎粒、生芽粒、生霉粒和热损伤粒。

（1）虫蚀粒　被虫蛀蚀，并形成蛀或隧道的颗粒（图 3-1）。

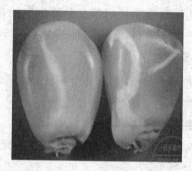

图 3-1　虫蚀粒

（2）病斑粒　粒面带有病斑，伤及胚或胚乳的颗粒（图 3-2）。

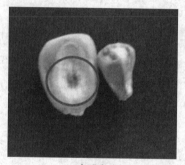

咖啡色点　　　　　　　　　　　白色多黄色少

图 3-2　病斑粒

（3）破碎粒　籽粒破碎达本颗粒体积 1/5（含）以上的颗粒（图 3-3）。

（4）生芽粒　芽或幼根突破表皮，或芽或幼根虽未突破表皮但胚部表皮已破裂或明显隆起，有生芽痕迹的颗粒（图 3-4）。

（5）生霉粒　粒面生霉的颗粒（图 3-5）。

（6）热损伤粒　受热后籽粒显著变色或受到损伤的颗粒，包括自然热损伤粒和烘干热损伤粒（图 3-6）。

①自然热损伤粒：储存期间因过度呼吸，胚部或胚乳显著变色的颗粒。

②烘干热损伤粒：加热烘干时引起的表皮或胚或胚乳显著变薄，籽粒变形或膨胀隆起的颗粒。

图 3-3　破碎粒

图 3-4　生芽粒

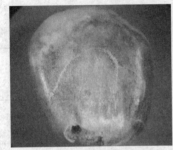

霉变超过80%

生黑色霉菌

生白色霉菌

图 3-5　生霉粒

图 3-6　热损伤粒

注：以上图片来自玉米标准图片，畜牧农庄网站。

3.玉米质量标准

我国玉米国家级质量标准有玉米国标（GB 1353—2018）及饲料用玉米国标（GB/T 17890—2008）。这两个标准既相互联系又各有特点。玉米国标是大宗玉米的通用标准，广泛适用于商品玉米的收购、贮存、运输、加工以及销售。而饲料用玉米标准针对性更强，在玉米国标的基础上，又有一些变化和调整。这两个标准共同点是以水分、杂质、不完善粒、生霉粒等作为衡量玉米品质的主要指标；其不同点在于饲料用玉米除保留容重等主要指标外，还增加了粗蛋白质这一技术指标。总体看容重、杂质、水分、不完善粒以及生霉粒指标是衡量玉米质量最基本也是最重要的指标,具有广泛代表性和权威性。各类玉米的质量要求分别见表 3-2 和表 3-3。

表 3-2　玉米质量标准

等级	容重 /(g/L)	不完善粒 /%	霉变粒 /%	杂质 /%	水分 /%	色泽、 气味
1	≥720	≤4.0				
2	≥690	≤6.0				
3	≥660	≤8.0	≤2.0	≤1.0	≤14.0	正常
4	≥630	≤10.0				
5	≥600	≤15.0				
等外	<600	—				

注:"—"为不要求

表 3-3　饲料用玉米质量标准

等级	容重 /(g/L)	不完善粒 /%	杂质 /%	生霉粒 /%	粗蛋白质(干基) /%	水分 /%	脂肪酸值(KOH) /(mg/100 g)	色泽、 气味
一级	≥710	≤5.0					≤60	
二级	≥685	≤6.5	≤1.0	≤2.0	≥8.0	≤14.0	—	正常
三级	≥660	≤8.0					—	

三、任务实施

(一)容重测定

(1)测定仪器准备　谷物选筛(上层筛孔直径 12 mm,下层筛孔直径 3.0 mm)、1 000 mL 量筒或容重测定仪(图 3-7)、台秤、药匙、刮铲、不锈钢盘(30 cm×40 cm)等。

(2)试样制备　从原始样品中用分样器分出平均样品 2 份,取 1 份平均样品约 1 000 g,套好筛层分 2 次进行筛选。取下层筛的筛上物混匀,作为测定容重的试样。

图 3-7　容重测定仪

(3)将试样用刮铲轻轻倒入 1 000 mL 量筒,直至达 1 000 mL 刻度,用刮铲调整容积。注意放入样本时应自然流下,不应用外力打击。

(4)将量筒放到台秤上称重,记下质量 m。

(5)将试样倒出,称下空量筒的质量 m。

(6)将试样倒入不锈钢盘重新混匀。

(7)重复 3~6 步骤操作 2 次,双试验允许差不超过 3 g/L。

(8)计算 2 次的平均数,即为玉米试样的容重。

以上操作或可用容重测定仪操作,具体操作步骤可参照容重测定仪说明书。

(二)杂质、不完善粒测定

1.仪器和用具准备

(1)天平:感量 0.01、0.1、1 g。

(2)谷物选筛。

(3)电动筛选器。

(4)分样器或分样板。

(5)分析盘、镊子等。

2.样品制备

检验杂质的试样分大样、小样两种,大样是用于检验大样杂质,包括大型杂质和绝对筛层的筛下物;小样是从检验过大样杂质的样品中分出少量试样,检验与粮粒大小相似的并肩杂质。

按照 GB 5491 的规定分取试样至大样用量约 500 g,小样用量约 100 g。

3.筛选

(1)电动筛选器法　按质量标准中规定的筛层套好(大孔筛在上,小孔筛在下,套上筛底),按规定取试样放入筛上,盖上筛盖,放在电动筛选器上,接通电源,打开开关,选筛自动地向左向右各筛 1 min(110~120 r/min),筛后静止片刻,将筛上物和筛下物分别倒入分析盘内。卡在筛孔中间的颗粒属于筛上物。

(2)手筛法　按电动筛选器法中方法将筛层套好,倒入试样,盖好筛盖。然后将选筛放在玻璃板或光滑的桌面上,用双手以 110~120 次/min 的速度,按顺时针方向和逆时针方向各筛动 1 min。筛动的范围掌握在选筛直径扩大 8~10 cm。筛后静止片刻,将筛上物和筛下物分别倒入分析盘内。卡在筛孔中间的颗粒属于筛上物。

4.大样杂质测定

从平均样品中,分取试样至约 500 g,称取质量(m),精确至 1 g,按 3.筛选中规定的筛选法分两次进行筛选(特大粒粮食、油料分四次筛选),然后拣出筛上大型杂质和筛下物合并称量(m_1),精确至 0.01 g(小麦大型杂质在 4.5 mm 筛上拣出)。

5.小样杂质测定

从检验过大样杂质的试样中,分取试样约 100 g,称取质量(m_2),小样用量不大于 100 g 时,精确至 0.01 g;小样用量大于 100 g 时,精确至 0.1 g,倒入分析盘中,按质量标准的规定拣出杂质,称量(m_3),精确至 0.01 g。

6.不完善粒测定

在检验小样杂质的同时,按质量标准的规定拣出不完善粒,称量(m_4),精确至 0.01 g。

7.结果计算

(1)大样杂质含量(M)以质量分数(%)表示,按下式计算:

$$M = \frac{m_1}{m} \times 100$$

式中:m_1 为大样杂质质量,g;m 为大样质量,g。

在重复性条件下,获得的两次独立测试结果的绝对差值不大于0.3%,求其平均值,即为测试结果。测试结果保留到小数点后一位。

(2)小样杂质含量(N)以质量分数(%)表示,按下式计算:

$$N=(100-M)\times\frac{m_3}{m_2}$$

式中:m_3 为小样杂质质量,g;m_2 为小样质量,g。

在重复性条件下,获得的两次独立测试结果的绝对差值不大于0.3%,求其平均值,即为测试结果。测试结果保留到小数点后一位。

(3)杂质总量(B)以质量分数(%)表示,按下式计算:

$$B=M+N$$

计算结果保留到小数点后一位。

(4)不完善粒(C)以质量分数(%)表示,按下式计算:

$$C=(100-M)\times\frac{m_4}{m_2}$$

式中:m_4 为不完善粒质量,g;m_2 为小样质量,g。

在重复性条件下,获得的两次独立测试结果的绝对差值:大粒、特大粒粮不大于1%,中小粒粮不大于0.5%,求其平均值,即为测试结果。测试结果保留到小数点后一位。

四、任务小结

玉米、小麦等谷物籽食饲料原料为饲料企业常用原料。而容重、杂质及不完善粒测定是饲料厂常见的检测谷物的指标。由于标准试样的容重的变动总在一定范围内,测定的试样的容重可以反映谷物的饱满程度及其他试样中是否存在掺假的可能性。容重测定可用量筒测定,饲料厂也可用容重测定仪测定。杂质及不完善粒也反应了谷物饲料的质量状况。

五、任务评价

项目任务的评价标准见表 3-4。

表 3-4　项目任务评价标准

评价环节	评分要素	分值	评分标准	得分	备注
相关知识准备	任务相关知识查阅收集	10	任务相关知识查阅、收集全面、充分		
仪器设备准备	仪器设备	10	仪器设备准备齐全、仪器设备应清洁		

续表 3-4

评价环节	评分要素	分值	评分标准	得分	备注
容重测定	试样缩分	5	缩分方法正确、缩分量符合要求		
	试样过筛	5	试样过双层筛,取第二层筛筛上物测定容重		
	测定方法	5	测定方法正确		
杂质测定	大杂测定	15	取样正确,标准筛选择符合要求,筛分按要求操作		
	小杂测定	15	取样正确,小杂挑选完全		
不完善粒测定	不完善粒测定取样	5	取样正确		
	挑选不完善粒	5	不完善粒挑选符合要求		
结果表示	平行测定	5	有平行测定		
	双试验允许差	5	双试验允许差在要求的范围内		
	结果计算	5	取平行测定平均值表示结果		
其他	小组合作、态度、职业素养等	10	小组合作配合好、认真准备、积极参加		
总分		100			

▶ 任务二　饲料体视显微镜检测 ◀

一、任务描述

作为饲料厂化验室员工,在利用显微镜检测进行掺假识别之前,首先需要熟悉原料标准品和掺假物的显微镜特征。请观察以下常用原料标准品和掺假物的体视显微镜特征。

常用原料标准品:玉米粉、麸皮、米糠、豆粕、菜籽粕、棉籽粕、花生粕、鱼粉、肉骨粉、玉米蛋白粉。

掺假物:啤酒糟、稻壳粉、花生壳粉、木屑、水解羽毛粉。

二、任务相关知识

(一)显微镜检的原理

借助显微镜扩展检查者的视觉功能,参照各饲料原料标准样品和杂质样品的外形、色泽、硬度、组织、结构、细胞形态及染色特征等,对样品的种类、品质进行鉴别和评价。

(二)常见饲料原料显微特征及显微镜图谱

1.常见植物性饲料原料的显微特征

(1)谷物类原料。

①玉米及制品（图 3-8）：整粒玉米形似牙齿，淡黄色至金黄色，或白色，主要由玉米皮、胚乳、胚芽 3 部分组成。胚乳包括糊粉层、角质淀粉和粉质淀粉。玉米粉碎后各部分特征明显。

体视镜下玉米表皮为薄而半透明，略有光泽，呈不规则片状，较硬，其上有较细的条纹。角质淀粉为黄色（白玉米为白色），多边，有棱，有光泽，较硬；粉质淀粉为疏松、不定型颗粒，白色，易破裂。许多粉质淀粉颗粒和糊粉层的细小粉末常黏附于角质淀粉颗粒和玉米皮表面。

生物镜下可见玉米表皮细胞，长形，壁厚，相互连接排列紧密，如念珠状。角质淀粉的淀粉粒为多角形；粉质淀粉粒为圆形，多成对排列。每个淀粉粒中央有一个清晰的脐点，脐点中心向外有放射性裂纹。

②小麦及制品（图 3-9）：小麦主要由种皮、胚乳、胚芽 3 部分组成。整粒小麦为椭圆形，浅黄色至黄褐色，略有光泽，在其腹面有一条较深的腹沟，背部有许多细微的波状皱纹。其胚芽扁平，浅黄色，含有油脂，粉碎时易分离出来。

小麦麸皮多为片状结构，其片大小、形状随制粉程度的不同而不同，通常可分为大片麸皮和小片麸皮。大片麸皮片状结构大，表面上保留有小麦粒的光泽和细微横向纵纹，略有卷曲，麸皮内表面附有许多淀粉颗粒。小片麸皮片状结构小，淀粉含量高。

生物镜下可见小麦麸皮由多层组成，具有链珠状的细胞壁，仅一层管状细胞，在管状细胞上整齐地排列一层横纹细胞，链珠状的细胞壁清晰可见。小麦淀粉颗粒较大，直径达 $30\sim40~\mu m$，圆形，有时可见双凸透镜状，没有明显的脐点。

图 3-8　玉米粉（15×）浅黄色、不规则小粒

图 3-9　小麦麸皮（15×）

③高粱及制品：整粒高粱为卵圆形至圆形，端部不尖锐，在胚芽端有一个颜色加深的小点，从小点向四周颜色由深至浅，同时有向外的放射状细条纹，高粱外观色彩斑驳，由棕色、浅红棕色至黄白色等多种颜色混杂，外壳有较强的光泽。

体视镜下可见皮层紧附在角质淀粉上，粉碎物粒度大小参差不齐，呈圆形或不规则形状，颜色因品种而异，可为白、红褐、淡黄等。角质淀粉表面粗糙，不透明；粉质淀粉色白，有光泽，呈粉状。

生物镜下，高粱种皮和淀粉颗粒的特征在鉴定上非常重要。其种皮色彩丰富，细胞内充满了红色、橘红、粉红和黄色的色素颗粒,淡红棕色的色素颗粒常占优势。高粱的淀粉颗粒与玉米淀粉颗粒颇为相似,也为多边形,中心有明显的脐点,并向外呈放射状裂纹。

④稻谷及制品:整粒稻谷由内颖、外颖(有的仅有内颖)、种皮、胚乳、胚芽构成,长形,外表粗糙,其上有刚毛,颜色由浅黄至金黄色。稻谷粉碎后用做饲料的主要有粗糠(统糠)、米糠和碎米。

粗糠主要是稻壳的粉碎物。体视镜下稻谷壳呈较规则的长形块状,一些交错的纹理凹陷使得突起部分呈棂格状排布,并闪着光泽,如珍珠亮点,可见刚毛。生物镜下,可见管细胞上纵向排布的弯曲细胞,细胞壁较厚,这种特有的细胞排列方式是稻谷壳在生物显微镜下的主要特征。

米糠是一层种皮,由于稻谷的种皮包裹在胚乳、胚芽之外不易脱落,因此在米糠中常有许多碎米,体视镜下,米糠为无色透明,柔软,含油脂或不含油脂(全脂米糠或脱脂米糠)的薄片状结构,其中还有一些碎小的稻壳,碎米粒较小,具有晶莹剔透之感。生物镜下米糠的细胞非常小,细胞壁薄而呈波纹状,略有规律的细胞排列形式似筛格状(图3-10)。

米粒的淀粉粒小,呈圆形,有脐点,常聚集成团。

(2)饼粕类原料

①大豆饼(粕):大豆饼粕主要由种皮、种脐、子叶组成(图3-11、图3-12)。

图3-10 脱脂米糠(20×)柔软有皱纹的
半透明小薄片

图3-11 大豆粕(15×)大豆皮外表面有针刺般
小孔,内面白至淡黄色,呈多孔海绵状

体视镜下可见明显的大块种皮和种脐,种皮表面光滑,坚硬且脆,向内面卷曲。在20倍放大条件下,种皮外表面可见明显的凹痕和针状小孔,内表面为白色多孔海绵状组织,种脐明显,长椭圆形,有棕色、黑色、黄色。浸出粒中子叶颗粒大小较均匀,形状不规则,边缘锋利,硬而脆,无光泽不透明,呈奶油色或黄褐色。由豆饼粉碎后的粉碎物中子叶因挤压而成团,近圆形,边缘浑圆,质地粗糙,颜色外深内浅。

生物镜下大豆种皮是大豆饼(粕)的主要鉴定特征。在处理后的大豆种皮表面可见多个凹陷的小点及向四周呈现的辐射状裂纹,犹如一朵朵小花,同时还可看见表面的"工"字形细胞。

②花生饼(粕):以碎花生仁为主,但仍有不少花生种皮、果皮存在(图3-13)。

图 3-12　膨化大豆粉(20×)

图 3-13　花生饼(粕)(15×)部分粉粒上
粘有花生仁皮

体视镜下能找到破碎外壳上的成束纤维脊,或粗糙的网络状纤维,还能看见白色柔软有光泽的小块。种皮非常薄,呈粉红色、红色或深紫色,并有纹理,常附着在籽仁的碎块上。

生物镜下,花生壳上交错排列的纤维更加明显,内果皮带有小孔,中果皮为薄壁组织,种皮的表皮细胞有 4～5 个边的厚壁,壁上有孔,由正面观可看到细胞壁上有许多指状突起物。籽仁的细胞大,壁多孔,含油滴。

③棉籽饼(粕):棉籽饼(粕)主要由棉籽仁、少量的棉籽壳、棉纤维构成(图 3-14)。

体视镜下,可见棉籽壳和短绒毛黏附在棉籽仁颗粒中,棉纤维中空、扁平、卷曲;棉籽壳为略凹陷的块状物,呈弧形弯曲,壳厚,棕色、红棕色。棉仁碎粒为黄色或黄褐色,含有许多黑色或红褐色的棉酚色素腺。棉籽压榨时将棉仁碎片和外壳都压在一起了,看起来颜色较暗,每一碎片的结构难以看清。

生物镜下可见棉籽种皮细胞壁厚,似纤维,带状,呈不规则的弯曲,细胞空腔较小,多个相邻细胞排列呈花瓣状。

④菜籽饼(粕)(图 3-15):体视镜下,菜籽饼(粕)中的种皮仍为主要的鉴定特征。一般为很薄的小块状,扁平,单一层,黄褐色至红棕色。表面有油光泽,可见凹陷刻窝。种皮和籽仁碎片不连在一起,易碎。种皮内表面有柔软的半透明白色薄片附着。子叶为不规则小碎片,黄色无光泽,质脆。

生物镜下,菜籽饼(粕)最典型的特征是种皮上的栅栏细胞,有褐色色素,为 4～5 边形,细胞壁深褐色,壁厚,有宽大的细胞内腔,其直径超过细胞壁宽度,表面观察,这些栅栏细胞在形状、大小上都较近似,相邻两细胞间总以较长的一边相对排列,细胞间连接紧密。

⑤向日葵粕:其中存在着未除净的葵花子壳是主要的鉴别特征。向日葵粕为灰白色,壳为白色,其上有黑色条纹。由于壳中含有较高的纤维素、木质素,通常较坚韧,呈长条形,断面也呈锯齿状。籽仁的粒度小,形状不规则,黄褐或灰褐,无光泽。生物镜下可见种皮表皮细胞长,有"工"字形细胞壁,而且可见双毛,即两根毛从同一个细胞长出。

2.常见动物性原料的显微特征

(1)鱼粉(图 3-16 至图 3-19)　一般是将鱼加压、蒸煮、干燥粉碎加工而成。体视镜下,

图 3-14　棉籽饼(粕)(25×)棉仁上色腺体很清晰

图 3-15　菜籽饼(粕)(20×)种皮表面可见网状结构

图 3-16　鱼粉(质较好)(20×)可见鱼、
骨、眼的一般特征

图 3-17　鱼粉(质较好)(20×)
样品经脱脂处理

图 3-18　鱼粉(质较好)(30×)间接蒸汽干燥鱼粉

图 3-19　鱼粉(30×)直火干燥鱼粉,可见部分过熟

鱼肉颗粒较大,表面粗糙,用小镊子触之有纤维状破裂,有的鱼肌纤维呈短断片状。鱼骨是鱼粉鉴定中的重要依据,多为半透明或不透明的碎片,仔细观察可找到鱼体各部位的鱼骨,如鱼刺、鱼脊、鱼头等。鱼眼球为乳白色玻璃球状物,较硬。鱼鳞是一种薄且卷曲的片状物,半透明,有圆心环纹。

（2）虾壳粉　是对虾或小虾脱水干燥加工而成的。在显微镜下的主要特征是触角、虾壳及复眼。虾触须以片段存在,呈长管状,常有 4 个环节相联;虾壳薄而透明。头部的壳片则厚而不透明,壳表面有平行线,中间有横纹,部分壳有十字形线或玫瑰花形线纹;虾眼为复眼,多为皱缩的小片,深紫色或黑色,表面上有横影线。

（3）蟹壳粉　主要依据蟹壳在体视镜下的特征。蟹壳为小的不规则几丁质壳形状,壳外表多为橘红色,而且多孔,有时蟹壳可破裂成薄层,边缘较卷曲,褐色如麦皮。在蟹壳粉中常可见到断裂的蟹螯枝头部。

（4）贝壳粉　体视镜下贝壳粉多为小的颗粒状物,质硬,表面光滑,多为白色至灰色,光泽暗淡,有些颗粒的外表面具有同心或平行的线纹。

（5）骨粉及肉骨粉（图 3-20、图 3-21）　在肉骨粉中肉的含量一般较少,颗粒具油腻感,浅黄至深褐色,粗糙,可见肌纤维。骨为不定型块状,边缘浑圆,灰白色,具有明显的松质骨,不透明。肉骨粉及骨粉中还常有动物毛发,长而稍卷曲,黑色或灰白色。

图 3-20　肉骨粉（猪）（15×）有油腻感。可见肌腱粉粒及其他结缔组织成分。可见骨成分。含有少量猪毛,猪毛粗细均匀,基本不弯曲

图 3-21　肉骨粉（鸡）（20×）样品经脱脂处理

（6）血粉（图 3-22 至图 3-24）　喷雾干燥的血粉多为血红色小珠状,晶亮;滚筒干燥的血粉为边缘锐利的块状,深红色,厚的地方为黑色,薄的地方为血红色,透明,其上可见小血细胞亮点。

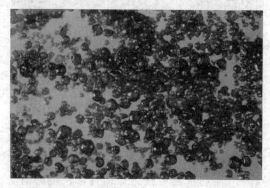

图 3-22　血粉（喷雾干燥）（30×）该样品中离心喷雾干燥的产品

图 3-23　血粉（喷雾干燥）（30×）该样品是热风炉干燥的产品

图 3-24　血浆蛋白粉(30×)该样品
看上去像发泡的小粒

图 3-25　"酶解"羽毛粉(20×)

(7)水解羽毛粉(图 3-25 至图 3-27)　其多为碎玻璃状或松香状的小块状。透明易碎,浅灰、黄褐至黑色,断裂时常呈扇状边缘。在水解羽毛粉中仍可找到未完全水解的羽毛残枝。

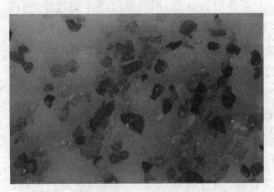

图 3-26　水解羽毛粉(20×)彻底水解后再干燥

图 3-27　膨化羽毛粉(20×)

注:以上图片来自杨海鹏,《饲料显微镜检查图谱》。武汉出版社,2006,6.

三、任务实施

(一)仪器设备准备

(1)体视显微镜　放大倍数 7～40,可变倍,配照明装置(可用阅读台灯)(图 3-28)。

(2)筛子　可套在一起的孔径 2、0.84、0.42、0.25、0.177 mm 的筛及底盘。

(3)研钵、培养皿、尖头镊子、尖头探针、电热干燥箱及其他常用玻璃器皿。

(二)试剂及溶液准备

氯仿。

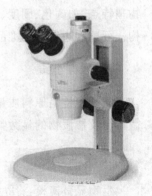

图 3-28　体视显微镜

(三)试样直接感官检查

(1)首先以检查者的视、嗅、触觉直接检查样品。

(2)将样品摊放于白纸上,在充足的自然光或灯光下观察样品。可利用放大镜,必要时以比照样品在同一光源下对比。观察目的在于识别样品标示物质的特征,注意掺杂物、热损、虫蚀、活昆虫等。

(3)嗅气味时应避免环境中其他气味干扰。嗅觉检查的目的在于判断被检样品标示物质的固有气味。并确定有无腐败、氨臭、焦糊等其他不良气味。

(4)手捻样品的目的在于判断样品硬度等手感特征及湿度等。

(四)试样制备

(1)分样　将以上每种样品充分混匀,用四分法取到检查所需量,一般 10～15 g 即可。

(2)对鱼粉样进行筛分,根据样品粒度情况,选用适当组分筛,将最大孔径筛置最上面,最小孔径筛置下面,最下是筛底盘。将四分法分取的样品置于套筛上充分振摇后,用药勺从每层筛面及筛底各取部分样品,进行氯仿处理。

(3)将鱼粉、肉骨粉用氯仿处理　取约 10 g 样品置 100 mL 高型烧杯中,加入约 90 mL 氯仿(在通风柜内),搅拌约 10 s,静置 2 min,待上下分层清楚后,用勺捞出漂浮物过滤,稍挥干后置 70℃ 干燥箱中 20 min,取出冷却后至室温后将样品过筛。

(4)将棉籽(粕)中团块状的颗粒饲料样品置几粒于研钵中,用研杆碾压使其分散成各种组分,但不要再将组分本身研碎。初步研磨后过孔径为 0.45 mm 筛。

(五)立体显微镜检查

(1)将以上各制备试样均匀平摊在培养皿中。将培养皿放在体视显微镜载物台上。立体显微镜上载物台的衬板选择要考虑样品色泽,一般检查深色颗粒时用白色衬板;检查浅色颗粒时用黑色衬板。检查一个样品可先用白色衬板看一遍,再用黑色衬板看。

(2)光源可采用充足的散射自然光或用阅读台灯,用台灯时入照光与样品平面以 45°角度为好。

(3)观察时先看粗颗粒,再看细颗粒;先用较低放大倍数,再用较高放大倍数。用尖镊子拨动、翻转,并用探针触探样品颗粒。对每一种原料不同的组分分别观察,通过观察样品的物理特点,如颜色、硬度、柔性、透明度、半透明度、不透明度和表面组织结构,鉴别饲料的结构。可边看边对照标准品的描述。

四、任务小结

显微镜检是原料质量鉴定快速而简单的方法,但需检验人员掌握常用原料标准品的显微特征及掺假物的显微特征。显微镜检主要步骤包括感官检查,试样制备及显微镜观察。

五、任务拓展

生物显微镜检:将立体显微镜下不能确切鉴定的样品颗粒、筛面上及筛底盘中样品分别取少量,置于载玻片上,加 2 滴悬浮液 I(溶解 10 g 水合氯醛于 10 mL 水中,加入 10 mL 甘油,混匀,贮存于棕色瓶中),用探针搅拌分散,浸透均匀,加盖玻片,在生物显微镜下观察,先在较低倍数镜下搜索观察,对各目标进一步加大倍数观察,与比照样品进行比较,取下载玻片,揭开盖玻片,加1滴碘溶液,搅匀,再加盖玻片,置镜下观察。此时淀粉被染成蓝色至黑色,酵母及其他蛋白质细胞呈黄色至棕色。如样品粒不易观察时,可取少量样品,加入约5 mL悬液Ⅱ(溶解160 g水合氯醛于100 mL水中,并加入10 mL盐酸。),煮沸1 min,冷却,取1~2滴底部沉淀物置载玻片上,加盖玻片镜检。

六、任务评价

项目任务的评价标准见表3-5。

表 3-5　项目任务评价标准

评价环节	评分要素	分值	评分标准	得分	备注
相关知识准备	任务相关知识查阅收集	15	任务相关知识查阅、收集全面、充分		
仪器设备准备	仪器设备	10	仪器设备准备齐全、仪器设备应清洁		
试剂及溶液准备	试剂及溶液配制	10	试剂及溶液配制正确		
感官检查	感官检查	10	感官检查步骤正确、结果正确		
试样制备	试样制备的针对性	10	能根据不同原料的特性采用正确的制备方法,需在通风橱中完成,严格按规定操作		
显微镜检查	显微镜检查方法	35	应从低倍到高倍观察、对不同色泽的原料选择不同的底色、视野清晰、描述正确		
其他	小组合作、态度、职业素养等	10	小组合作配合好、认真准备、积极参加		
总分		100			

▶▶ 任务三　饲料成分的定性检测 ◀◀

一、任务描述

假设你是某饲料厂化验员,在对原料进行显微镜检验的过程中遇到一些未知物质,要求用化学定性检测来确定未知物质的组成。

二、任务相关知识

(一)定性检测相关知识

1.定性检测的任务

鉴定物质的化学组成。

2.化学定性法

根据物质与试剂发生化学反应形成的特殊状态或颜色的产物来鉴定元素、离子、官能团、化合物。

3.定性反应

能用于定性分析的化学反应叫定性分析反应。定性反应的特点：①鉴定反应必须有明显的外观现象，如溶液颜色改变、沉淀的生成或溶解特殊气体的生成；②定性反应必须迅速；③定性反应必须完全。

4.定性反应的灵敏度和选择性

反应的灵敏性是指定性反应检出某物质的灵敏程度，有以下两种表示方法：①检出限量：指在一定条件下某一定性反应检出某物质的最小量，检出限量越小，反应灵敏度越高。②最低浓度：指在一定条件下，某种反应的能检出某物质的最小浓度。

(二)饲料成分定性检测

饲料成分定性检测主要结合显微镜检进行，在显微镜检测中当遇见不明物时，要鉴别不明物的组成可通过定性检测来鉴别。根据饲料中的使用情况，主要包括淀粉、磷酸盐、氯离子、碳酸根、木质素、非蛋白氮等的定性检测等。在定性检测中，所指"取少量试样"，一般指 0.2～0.5 g，即与一粒黄豆粉碎后的体积相近。定性检测为正结果，说明含有该成分；为负结果时，若无试样均匀为前提，则不能轻易得出无此成分的结论。

三、任务实施

(一)定性检测试剂配制及仪器设备准备

1.淀粉定性检测试剂

碘-碘化钾溶液：0.5 g 碘和 0.5 g 碘化钾溶于 50 mL 蒸馏水中。

2.氯离子、磷酸盐定性检测试剂

3 mol/L 硝酸、100 g/L 硝酸银水溶液、氨水。

3.碘离子定性检测试剂

0.1 mol/L 盐酸、5 g/L 可溶性淀粉水溶液、1 mol/L 亚硝酸钠水溶液。

4.木质素定性检测试剂

间苯三酚溶液：2 g 间苯三酚溶于 100 mL 的 95％乙醇中、浓盐酸

5.碳酸钙定性检测试剂

1∶3 盐酸溶液、蓝色石蕊试纸。

6.尿素定性检测试剂

生黄豆粉、1 g/L 乙醇液酚红指示剂。

7. NO_3^-,KNO_3 定性检测试剂、生物蛋白精定性检测试剂

0.5％的二苯胺。

8. 铵盐定性检测试剂

奈斯勒试剂:取 11.55 g HgI_2 和 8 g KI 溶于水中,稀释至 50 mL,再加入 50 mL 6 mol/L NaOH 溶液,静置后取其清液,储于棕色瓶中。

9. 蛋白精(尿醛树脂聚合物)、甲醛定性检测试剂

20％硫酸溶液、1 g/L 变色酸溶液:变色酸 0.1 g 溶于 100 mL 浓硫酸。

10. 三聚氰胺定性检测试剂

饱和的三聚氰酸溶液。

11. 亚硝酸盐的定性检测试剂

①0.1％盐酸联苯胺溶液:取 0.1 g 联苯胺溶于 10 mL 盐酸中,加蒸馏水稀释至 100 mL。

②10％乙酸铅溶液。

12. 皮革粉的定性检测试剂

钼酸铵溶液:将 5 g 钼酸铵溶解于 100 mL 蒸馏水中,再倒入 35 mL 硝酸。

13. 血粉的定性检测试剂

①溶液 a:溶解 1 g N,N-二甲基苯胺于 100 mL 冰乙酸内,然后用 150 mL 蒸馏水稀释。

②冰乙酸。

③双氧水:3％。

14. 单宁的定性检测试剂

①5％盐酸溶液。

②浓硫酸。

15. 棉酚的定性检测试剂

①氯化锡粉末。

②乙醇。

16. 实验室常用玻璃器皿准备

试管、培养皿、点滴板、移液管、锥形瓶等。

(二)定性检测操作步骤

1. 淀粉定性检测

将试样撒于滤纸上,滴上碘-碘化钾溶液,呈蓝紫色为正结果。

2. 氯离子定性检测

取试样置试管中,加 3 mol/L 硝酸酸化后加硝酸银水溶液,产生白色沉淀,此沉淀溶于氨水为正结果。

3. 磷酸盐定性检测

将试样置试管中,在试样中加入硝酸银水溶液,产生黄色沉淀为正结果。

4. 碘离子定性检测

将试样液滴于点滴板上,加盐酸溶液和淀粉溶液,再加亚硝酸钠溶液,立即呈现出蓝紫色为正结果。

5. 木质素定性检测

取少量饲料样品于表面皿上,加入间苯三酚溶液使样品浸湿,放置 5min 左右,再加入浓盐酸 1～2 滴。若有木质素存在,则呈深红色。

6. 碳酸钙定性检测

取试样置于试管中,加入盐酸溶液,立即产生大量气泡。用玻璃棒将湿润的蓝色石蕊试纸悬于待测气体中,变红色。

7. 尿素定性检测

取试样 3 g 置于干净滤纸上,加入 3 g 生黄豆粉,搅拌均匀,用蒸馏水湿润,滴入数滴甲酚红试剂,或显红色且扩张说明有尿素。

8. NO_3^-,KNO_3 定性检测

取 2 g 样品放入试管中,在试管中加入 10 mL 蒸馏水,振荡混合 15 s,静置 10 min,滴 6～8 滴上层液于滴定板上,再滴加 2～3 滴 0.5% 的二苯胺,若显深蓝色说明含 NO_3^- 或 KNO_3。

9. 生物蛋白精定性检测

试样取 40 目筛下物,放于滴定板上,滴加过量的 0.5% 的二苯胺,若有豆腐花状物出现证明有生物蛋白精。

10. 铵盐定性检测

取 2 g 样品放入试管中,在试管中加入 10 mL 蒸馏水,振荡混合 15 s,静置 10 min,滴 6～8 滴上层液于滴定板上,再滴加 2～3 滴萘斯勒试剂,若有橘红色沉淀说明有铵盐。检验时需要用纯品和掺假样品做比较。

11. 蛋白精(尿醛树脂聚合物)、甲醛定性检测

取 2～5 g 经粉碎的样品于锥形瓶中,加入 100 mL 20% 的硫酸溶液,蒸馏,将蒸馏出的液体倒入预先装有 2 mL 1 g/L 变色酸的试管中,呈蓝紫色证明有蛋白精。

12. 三聚氰胺定性检测

取 10 g 样品于烧杯中,在烧杯中加 150 mL 水,煮沸 5 min 并搅拌后过滤离心,取溶液 5 mL,加 5 滴饱和的三聚氰酸溶液,若产生白色悬浮物沉淀则判定为阳性。

注意:如果用三聚氰酸的方法检测三聚氰胺,在量少时建议时间放长点再观看结果。做非蛋白氮掺假含量时,一定要带标准样品进行检测。

13. 亚硝酸盐的定性检测

①取 1 g 试样于烧杯中,加适量 70℃ 蒸馏水浸渍,滴加 10% 乙酸铅溶液充分混合,在 70℃ 水浴中加热 20 min,取出后过滤。

②移取滤液 2 滴于滤纸上,滴加 2 滴 0.1% 盐酸联苯胺溶液,如果有亚硝酸盐存在,则呈棕红色。

14. 皮革粉的定性检测

挑选褐色至黑色的样品颗粒,放入培养皿中,加 5 滴钼酸铵溶液,然后静置 10min。皮革粉不会有颜色变化,肉骨粉则显出绿黄色。

15. 血粉的定性检测

①取少量样品放于玻璃片上。

②用 4 体积的溶液 a 和 1 体积的 3‰双氧水混合（即用即配），加 1～2 滴混合液于样品上。如有血粉存在，则围绕血粒四周呈现深绿色，无血粒时为淡绿色。也可放在低倍显微镜下观察。

16. 单宁的定性检测

取 1 g 试样于烧杯中，加 5‰盐酸溶液 25 mL，加热至将沸腾为止，冷却后过滤，移取滤液 3 mL 于试管中，沿试管壁缓缓加入浓硫酸 1 mL，如果有单宁存在，则两液面交界处显红褐色。

17. 棉酚的定性检测

取样品 2 g 于试管中，加乙醇 20 mL，充分振摇后静置，取上清液数滴，加氯化锡粉末少许，用小玻璃棒搅匀。如果有棉酚存在，则呈暗红色。

四、任务小结

化学定性检测具有快速、简便等特点，在原料是否存在掺假的鉴别中发挥重要作用。但此种方法较少单独使用，常和显微镜检联用进行原料质量检测。

五、任务评价

项目任务的评价标准见表 3-6。

表 3-6　项目任务评价标准

评价环节	评分要素	分值	评分标准	得分	备注
相关知识准备	任务相关知识查阅收集	15	任务相关知识查阅、收集全面、充分		
仪器设备准备	仪器设备	10	仪器设备准备齐全、摆放整齐、仪器设备应清洁		
试剂及溶液准备	试剂及溶液配制	10	试剂及溶液配制正确、齐全、摆放整齐		
加样品量	样品量	5	加试样量适宜		
定性检测操作过程	检测过程	40	检测过程正确		
检测结果	结果判断	10	结果判断正确		
其他	小组合作、态度、职业素养等	10	小组合作配合好、认真准备、积极参加、台面整洁		
总分		100			

项目能力测试

一、填空题

1.对于谷物籽实来说，_____是评价其质量的重要指标。

2.在用立体显微镜观察鱼粉试样时，可通过_____将鱼粉不同的组织部位分开来观察。

3.体视显微镜下，呈现无色透明，柔软，含油脂或不含油脂的薄片状结构，其中还有一些碎小的稻壳，碎米粒较小，具有晶莹剔透之感的是_____。

4.在体视显微镜下，呈现血红色小珠状，晶亮；或深红色，厚的地方为黑色，薄的地方为血红色，透明，其上可见小血细胞亮点的是_____。

5.在体视显微镜下，呈现碎玻璃状或松香状的小块状。透明易碎，浅灰色、黄褐色至黑色，断裂时常呈扇状边缘的是_____。

二、选择题

1.下列常作为被掺假的原料是（   ）

A.鱼粉   B.羽毛粉   C.血粉

2.立体显微镜检中对鱼粉、肉骨粉等脂肪含量高的原料常用（   ）脱脂。

A.丙酮   B.氯仿   C.茚三酮   D.盐酸联苯胺

3.木质素的定性鉴别可用（   ）试剂。

A.氯仿   B.间苯三酚   C.茚三酮   D.二苯胺基脲

4.氯离子的定性鉴别可用（   ）试剂。

A.盐酸   B.二苯胺基脲   C.硝酸银   D.乙酸铅

5.鱼骨在显微镜下为（   ）的银色体，有鱼刺、鱼头骨，碎块大小不等，形状各异，一些鱼骨屑呈琥珀色，表面光滑，鱼刺细长而尖，似脊椎状，鱼头骨为片状，半透明，正面有纹理，鱼骨坚硬无弹性。

A.半透明或不透明   B.透明

三、判断题

1.立体显微镜检中对成块、成团颗粒可借助于高速粉碎机将其粉碎后再观察。（   ）

2.体视显微镜检主要是观察植物的组织细胞结构。（   ）

3.一般来讲，在水分含量基本一致情况下，容重越高，则玉米的能量值越高。（   ）

四、思考题

体视显微镜检的基本步骤是什么？

项目四
饲料中常规营养成分测定

知识目标

1. 了解概略养分分析法分析方案。

2. 掌握水分、粗蛋白质、粗脂肪、粗纤维、粗灰分、钙、总磷、水溶性氯化物测定的原理。

技能目标

1. 能进行水分、粗蛋白质、粗脂肪、粗纤维、粗灰分、钙、总磷、水溶性氯化物测定项目的仪器及试剂准备。

2. 能独立熟练进行饲料中水分、粗蛋白质、粗脂肪、粗纤维、粗灰分、钙、总磷、水溶性氯化物的测定。

3. 能进行饲料中水分、粗蛋白质、粗脂肪、粗纤维、粗灰分、钙、总磷、水溶性氯化物测定结果的计算,并对结果加以分析。

素质目标

1. 能够遵守操作规程,注意实验安全。

2. 加强职业道德意识,具有爱岗敬业、勇于奉献、吃苦耐劳的职业素质。

3. 具有科学严谨、实事求是的工作作风,具备开拓进取、勇于创新、团队协作的素质。

4. 具有新标准及新方法的学习及运用能力。

项目导读

任务一　饲料中水分含量的测定

任务二　饲料中粗蛋白质的测定

任务三　饲料中粗脂肪的测定

任务四　饲料中粗纤维的测定

任务五　饲料中粗灰分的测定

任务六　饲料中无氮浸出物的计算

任务七　饲料中钙含量的测定

任务八　饲料中总磷含量的测定

任务九　饲料中水溶性氯化物含量的测定

任务十　饲料概略养分分析的评价

　　广义的饲料常规营养成分分析包括饲料的概略养分分析及常量矿物质元素钙、总磷、水溶性氯化物的分析。常规营养成分的分析是利用化学的基本原理和方法,通过对饲料中的常规成分进行分析测定,为准确评价饲料原料或产品的质量提供可靠的数据。

一、概略养分分析

　　目前,国际上通用的是德国 Weende 试验站两位科学家创立的"饲料概略养分分析法"。用该方法测得的各种营养物质的含量,并非化学上某种确定的化合物,故也有人称之为"粗养分"。尽管这一分析方案还存在某些不足或缺陷,但长期以来,这种方法在科学研究和教学中被广泛采用,用该分析方案所获数据在动物营养与饲料的科研与生产中起到了十分重要的作用,因此,一直沿用至今,其分析方案见图 4-1。

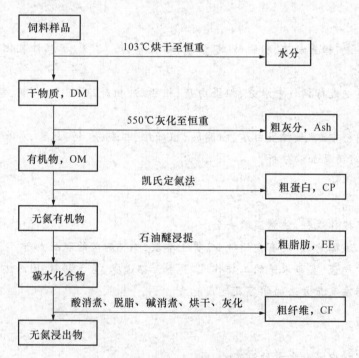

图 4-1　概略养分分析方法

二、钙、总磷、水溶性氯化物等其他常规营养成分分析

　　钙、总磷、水溶性氯化物的分析都是将被测物质首先转化成以离子形式在溶液中存在,然后通过适当的方法测出其含量。

随着科学技术的不断发展,一些新的有关饲料成分的分析方法不断发展和改进,逐渐形成了国标、国家或行业通用的标准方法。本项目中以我国有关的国家标准方法为基础,进行常规营养成分的测定。

任务一 饲料中水分含量的测定

一、任务描述

假如你是某饲料厂化验室员工,现要求你对已制备的分析试样(已粉碎过筛),即本厂生产的育肥猪用配合饲料进行水分含量的测定。根据任务描述准备任务相关知识并制作任务计划。

二、任务相关知识

(一)现行国标水分含量测定方法适用范围

本标准适用于动物饲料,但以下5种情况除外。

(1)奶制品。

(2)矿物质。

(3)含有相当数量的奶制品和矿物质的混合物,如代乳品。

(4)含有保湿剂(如丙二醇)的动物饲料。

(5)下列单一动物饲料:a.动植物油脂(按GB/T 9696标准的方法A测定)。b.油料籽实(GB/T 14489.1的方法测定)。c.油料饼(粕)(按GB/T 10358的方法测定)。d.谷物(不包括玉米)及谷物产品(按GB/T 2305的方法测定)。e.玉米(按GB/T 1.362的方法测定)。

(二)现行国标水分含量测定原理

根据样品性质的不同,在特定条件下对试样进行干燥,通过试样干燥损失的质量计算水分的含量。

三、任务实施

(一)仪器设备清点及准备

(1)电热鼓风干燥箱 温度可控制在(103±2)℃(图4-2)。

(2)干燥器 用变色硅胶做干燥剂(图4-3)。

(3)称样皿 直径50 mm,高30 mm,或能使样品铺开约0.3 g/cm² 规格的其他耐腐蚀金属称样皿直径70 mm,高35 mm,或能使样品铺开约0.3 g/cm² 规格的其他耐腐蚀金属称样皿(图4-4、图4-5)。

(4)电子天平(万分之一克精度)。

(二)称样皿准备

将称样皿洗净,放入103℃的干燥箱内干燥(30±1) min后取出。放在干燥皿中冷却至

图 4-2　电热鼓风干燥箱

图 4-3　干燥器

图 4-4　铁质称样皿

图 4-5　玻璃称样皿

室温,称重,质量记为 m_1。

(三)称取试样

称取 5 g 试样于称量瓶中,并摊匀,试样称取量记为 m_2。

(四)干燥

根据育肥猪饲料的性状,即固体样品,因而以下按直接干燥法(固体)的操作步骤进行。

1. 直接干燥法——固体样品

将称量瓶盖放在下面与称量瓶一同放入 103℃ 的干燥箱内,(建议平均每升干燥箱空间最多放一个称量瓶)当温度达到 103℃ 后,干燥(4 ± 1) h。将盖盖上,从干燥箱中取出,在干燥皿中冷却至室温,称量,质量记为 m_3。再于 103℃ 的干燥箱内干燥(30 ± 1) min。从干燥箱中取出,在干燥皿中冷却至室温,称量。如果两次称量的结果相差小于或等于试样质量的 0.1%,以第一次称量的质量计算;如果大于 0.1%,在干燥箱中于 103℃ 再次干燥称量瓶和试样,时间为(2 ± 0.1) h。在干燥器中冷却至室温,称量。如果此次干燥后与第二次干燥后质量变化小于等于试样质量的 0.2%,以第一次称量的质量计算,如果经第二次干燥后质量变化大于试样质量的 0.2%,则按减压干燥法的步骤测定水分。

2. 减压干燥法

按直接干燥法称取试样,将称量瓶放入 80℃ 的真空干燥箱中,减压至 13 kPa。通入干燥空气或放置干燥剂干燥试样。在放置干燥剂的情况下,当达到设定的压力后断开真空泵。在干燥过程中保持所设定的压力。当干燥箱温度达到 80℃ 后,加热(4 ± 0.1) h。小心将干燥箱恢复至常压。打开干燥箱,立即将称量瓶盖盖上,从干燥箱中取出。放入干燥器中冷却到室温称量。将试样再次放入 80℃ 的真空干燥箱中干燥（30±1）min，直至连续两次干燥质量变化之差小于其质量的 0.2%，以最后一次干燥称量值 m_3 计算水分含量。

（五）结果计算及表示

1. 结果计算

试样中水分以质量分数 X 计，按下式计算：

$$X = \frac{m_2 - (m_3 - m_1)}{m_2} \times 100\%$$

式中：m_2 为试样的质量，g；m_1 为称样皿（包括盖）的质量，如使用砂和玻璃棒，也包括砂和玻璃棒的质量，g；m_3 为称样皿（包括盖）和干燥后试样的质量，如使用砂和玻璃棒，也包括砂和玻璃棒的质量，g。

2. 结果表示

取两次平行测定的算术平均值作为结果，结果精确至 0.1%。

直接干燥法：两个平行测定的结果，水分含量<15% 的样品绝对差值不大于 0.2%，水分含量≥15% 的样品相对偏差不大于 1.0%。

减压干燥法：两个平行测定的结果，水分含量的绝对差值不大于 0.2%。

（六）重复性要求

在同一实验室，由同一操作者使用相同设备按相同方法测定，在短时间内对同一被测试样相互独立进行测定，获得的两个测定结果的绝对差值，超过表 4-1 所给出的重复性限 r 值的情况不大于 5%。

表 4-1　测定结果的重复性限（r）和再现性限（R）　　　　　　%

样品	水分	r	R
配合饲料	11.43	0.71	1.99
浓缩饲料	10.20	0.55	1.57
糖蜜饲料	7.92	1.49	2.46
干牧草	11.77	0.78	3.00
甜菜渣	86.05	0.95	3.50
苜蓿（紫花苜蓿）	80.30	1.27	2.91

四、任务小结

饲料中水分测定是针对每个试样必测的项目，基本步骤包括称样皿烘干冷却称重、称取试样、试样在干燥箱中烘干、冷却称重。在测定时需根据试样性质或组成情况正确选择测定方法。在测定中需要注意此测定方法的适用范围。

五、任务拓展

对于半固体、液体或含脂肪高的样品在进行水分含量测定时称样皿中需放一层薄砂和玻璃棒。具体测定步骤及结果计算见下述。

(一)直接干燥法—半固体、液体或含脂肪高的样品

称量瓶内放一薄层砂和一根玻璃棒。将称量瓶及内容物和盖一并放入103℃的干燥箱内干燥(30±1) min。盖好称量瓶盖,从干燥箱中取出,放在干燥器中冷却至室温称其质量,准确至1 mg。

称取10 g试样于称量瓶中,准确至1 mg。用玻璃棒将试样与砂充分混合,玻璃棒留在称量瓶中。将称量瓶放入103℃的干燥箱内,干燥(4±0.1) h,将盖盖上从干燥箱中取出,在干燥皿中冷却至室温,称量。再于103℃的干燥箱内干燥(30±1) min。从干燥箱中取出,在干燥皿中冷却至室温,称量。如果两次称量的结果相差小于或等于试样质量的0.1%,以第一次称量的质量计算;如果大于0.1%,在干燥箱中于103℃再次干燥称量瓶和试样,时间为(2±0.1) h。在干燥器中冷却至室温。称量。如果此次干燥后与第二次干燥后质量变化小于等于试样质量的0.2%,以第一次称量的质量计算,如果经第二次干燥后质量变化大于试样质量的0.2%,则按(四)干燥中的2.减压干燥法测定步骤进行。

(二)结果计算

同三、任务实施中(五)结果计算及表示。

六、任务评价

项目任务的评价标准见表4-2。

表4-2　饲料中水分含量测定评价标准

评价环节	评分要素	分值	评分标准	得分	备注
相关知识准备	任务相关知识查阅收集	15	任务相关知识查阅、收集全面、充分		
仪器设备准备	仪器设备	10	仪器设备准备齐全、摆放整齐、仪器设备应清洁		
称取样品	称样操作 样品量 试样在称样皿中状态	15	称样操作规范,记录正确 称取试样量符合要求 试样均匀平摊,不堆积		
烘干	烘干时间、温度 称样皿盖子状态	25	烘干时间、温度控制正确 烘干过程中称样皿处于打开状态		
干燥器中冷却并称重	冷却 称重	10	冷却过程中称样皿盖上状态,冷却达到要求 称重操作规范,记录正确		
结果计算	结果计算与表示 重复性计算	15	结果计算与表示正确 重复性计算符合要求,以平均值表示结果		
其他	小组合作、态度、职业素养等	10	小组合作配合好、认真准备、积极参加、台面整洁		
总分		100			

▶ 任务二 饲料中粗蛋白质的测定 ◀

一、任务描述

假如你是某饲料厂化验室员工,现要求你对已制备的分析试样(已粉碎过筛),即本厂生产的育肥猪用配合饲料进行粗蛋白质含量的测定。根据任务描述准备任务相关知识并制作任务计划。

二、任务相关知识

(一)测定方法适用范围

本方法参照 GB 6432—2018 饲料中粗蛋白的测定——凯氏定氮法。本方法适用于饲料原料、配合饲料、浓缩饲料、精料补充料和添加剂预混合饲料中粗蛋白的测定。

(二)饲料中粗蛋白测定原理

各种饲料的有机物质在催化剂(如硫酸铜或硒粉)的帮助下,用浓硫酸进行消化作用,使蛋白质和氨态氮(在一定处理条件下也包括硝酸态氮)都转变成氨气,并被浓硫酸吸收变为硫酸铵;而非含氮物质,则以二氧化碳、水、二氧化硫的气体状态逸出。消化液在浓碱的作用下蒸馏,释放出的氨气,通过蒸馏,氨气随汽水顺着冷凝管流入硼酸吸收液中,并与其结合成硼酸胺,然后以甲基红-溴甲酚绿作混合指示剂,用盐酸标准溶液滴定,求出氮的含量,再乘以一定的换算系数(通常以 6.25 系数计算),得出样品中粗蛋白质的含量。

其主要化学反应如下:

$$2CH_3CHNH_2COOH + 13H_2SO_4 \longrightarrow (NH_4)_2SO_4 + 6CO_2 \uparrow + 12SO_2 \uparrow + 16H_2O$$

$$(NH_4)_2 + 2NaOH \longrightarrow 2NH_3 \uparrow + 2H_2O + Na_2SO_4$$

$$H_3BO_3 + NH_3 \longrightarrow NH_4H_2BO_3$$

$$NH_4H_2BO_3 + HCl \longrightarrow H_3BO_3 + NH_4Cl$$

三、任务实施

(一)仪器设备及准备

(1)粗蛋白质测定仪器清点及准备。

①分析天平(感量 0.000 1 g)。

②凯氏烧瓶(图 4-6)或消化炉、消化管(图 4-7)(250 mL)。

③滴定管(酸式,50 mL)。

④凯氏蒸馏装置(常量直接蒸馏式或半微量蒸馏式)(图 4-8,见彩插)。

⑤锥形瓶(100 mL)。

⑥容量瓶(100 mL)。

⑦定氮仪(图 4-9、图 4-10)。

⑧电炉。

图 4-6　凯氏烧瓶

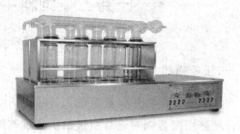

图 4-7　消化炉、消化管

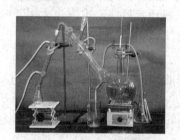

图 4-8　凯氏蒸馏装置

图 4-9　半自动定氮仪

图 4-10　全自动定氮仪

(2)将消煮管洗净,放入干燥箱烘干、编号。

(二)试剂及溶液配制

(1)浓硫酸(GB 625),化学纯。

(2)硫酸铜(GB 665),化学纯。

(3)硫酸钾(HG 3-920),化学纯或硫酸钠(HG 3-908),化学纯。

(4)400 g/L 氢氧化钠溶液:40 g 氧氧化钠(GB 629)溶于 100 mL 水中。

(5)20 g/L 硼酸吸收液 I:2 g 硼酸(GB 628)溶于 100 mL 水中。

(6)盐酸标准溶液(无水碳酸钠法标定)。

①0.1 mol/L 盐酸标准溶液:9 mL 盐酸(GB 622,分析纯),注入 1 000 mL 水中。

②0.02 mol/L 盐酸标准溶液:将 0.1 mol/L 盐酸标准溶液稀释 5 倍。

(7)混合指示剂:甲基红(HG 3-958)1 g/L 乙醇溶液与溴甲酚绿(HG 3-1220)5 g/L 乙醇溶液,两溶液等体积混合,阴凉处避光保存 3 个月以内。

(8)硫酸铵(GB 1396),分析纯,干燥。

(9)蔗糖(HG 3-1001),分析纯。

(10)硼酸吸收液 II:1% 硼酸水溶液 1 000 mL,加入 0.1% 溴甲酚绿乙醇溶液 10 mL,0.1% 甲基红乙醇溶液 7 mL,4% 氢氧化钠水溶液 0.5 mL,混匀,室温保存期为 1 个月(全自动程序用）。

（三）试样消煮

（1）平行做两份试验。称取 0.5～2 g 试样（含氮量 5～80 mg），准确至 0.000 2 g，无损地放入凯氏烧瓶或消化管中，注意不使样本黏附颈上。加入硫酸铜（$CuSO_4 \cdot 5H_2O$）0.4 g，无水硫酸钾（或无水硫酸钠）6 g，与试样混合均匀，再用量筒慢慢加入浓硫酸 12 mL 和 2 粒玻璃珠。

（2）将凯氏烧瓶放到电炉上（在通风橱中操作），并在凯氏烧瓶上放一玻璃漏斗，打开电炉，开始时低温约 200℃ 加热，待试样焦化、泡沫消失后提高电炉温度至约 400℃。消化至溶液澄清无黑点并呈透明蓝绿色，再继续加热至少 2 h，移出电炉，冷却。或将消化管放在消化炉上，接好排废气的管子，将排废气的管子另一端接皮管，皮管接到自来水笼头上，先打开自来水，再打开消化炉电源，于 420℃ 消煮炉上消化 1 h。取出冷却至室温。

（四）氨的蒸馏

1.方法一：半微量蒸馏法（仲裁法）

（1）将试样消化液稍冷，加水蒸馏 20 mL，移入 100 mL 容量瓶中，用蒸馏水冲洗消化管数次，洗液入容量瓶内，冷却后用水稀释至刻度，摇匀后，作为试样分解液备用。

（2）在蒸汽发生瓶中加入 1/2～2/3 容量的蒸馏水，滴加几滴硫酸和几滴甲基红指示剂，在蒸馏过程中保持溶液为橙红色。将蒸馏装置安装好。打开电炉将蒸汽发生瓶煮沸，检查各结合处是否严密，冷凝管是否通水良好，用蒸汽洗涤反应室 5 min 以上，再用蒸馏水洗涤 2～3 次。

（3）用量筒量取 20 mL 硼酸吸收液Ⅰ加入 100 mL 锥形瓶中，加入甲基红-溴甲酚绿混合指示剂 2 滴，此时锥形瓶中溶液应为红色，若呈蓝色，则需重新洗净锥形瓶直至为红色。将锥形瓶置于冷凝管下，使冷凝管口浸入硼酸液面下。

（4）用移液管移取 10 mL 消化液，从反应室入口处加入，用少量蒸馏水冲洗加液处，塞上入口玻璃塞。用量筒量取 10 mL 氢氧化钠溶液加入反应室入口中，小心拉起玻璃塞使之进入反应室内。将玻璃塞塞好，在入口处加水封好，以防漏气。

（5）打开蒸汽室开关，使蒸汽进入反应室，待硼酸吸收液变色（蓝绿色）后，再蒸馏 4 min，移下锥形瓶，使液面离开冷凝管口，再蒸馏 1 min，至流出液 pH 为中性。用蒸馏水冲洗冷凝管末端，洗液入锥形瓶。将锥形瓶移开，停止加热。将反应室内的废液放出并用蒸馏水洗涤干净。

（6）将空白测定的消化液同样处理。

2.方法二：常量蒸馏法

下面以 Buchi 半自动凯氏定氮仪（型号：k-350）为例介绍常量蒸馏法具体步骤。

（1）仪器准备

①将碱泵管放入 40% 氢氧化钠溶液筒中，两个水泵管分别放入两个蒸馏水筒中。

②打开自来水，冷凝水即接通。

③接通电源，打开电源。

④接上空消化管，并拧紧。按下加蒸馏水按钮直至达到需要后松开；接收液管处接上空

锥形瓶。

⑤设置时间为 2 min,蒸汽强度为默认。

⑥按开始蒸馏按钮,蒸馏结束时机器发出鸣叫,显示屏上时间为 0:00。

⑦用戴着厚棉手套的手拿开消化管,并用蒸馏水冲洗管外壁;将锥形瓶拿离,并用蒸馏水冲洗插入液面的部位。

(2)试样测定

①将盛有消化好的消化液的消化管接上,并拧紧。

②接上盛有 50 mL 硼酸吸收液并滴加两滴甲基红溴甲酚绿混合指示剂的 250 mL 锥形瓶,使定氮仪上尖嘴浸入液面下。

③加水:按住水按钮直至加入约 20 mL 蒸馏水后,松开水按钮。

④加碱:按住碱按钮直至消化管中溶液变为黑色,松开碱按钮。

⑤设置蒸馏时间:按下时间按钮,并通过向下和向上的箭头按钮,设置时间为 5 min。

⑥设置蒸汽强度:按下蒸汽按钮,并通过向下和向上的箭头按钮,设置蒸汽强度。

⑦按开始蒸馏按钮,当剩余时间为 1 min 时,将锥形瓶下降,使尖嘴离开液面再滴 1 min,当时间到达后,机器发出鸣叫,显示屏时间为 0:00。用蒸馏水冲洗尖嘴,使冲洗液入锥形瓶,拿离锥形瓶。

⑧用戴着厚棉手套的手拿开消化管,并将消化管中废液倒掉。

(五)滴定

常量蒸馏法用 0.1 mol/L 盐酸标准溶液(半微量蒸馏法用 0.02 mol/L 盐酸标准溶液)滴定,直至锥形瓶内吸收液呈灰红色为滴定终点。

(六)空白测定

称取蔗糖 0.5 g,以代替试样,按试样测定步骤测定,消耗 0.1 mol/L 盐酸标准溶液的体积不超过 0.2 mL。消耗 0.02 mol/L 盐酸标准溶液的体积不超过 0.3 mL。

(七)测定步骤的检验

精确称取 0.2 g 硫酸铵,代替试样,按试样中氨的蒸馏测定步骤操作,测得硫酸铵含氮量为 21.19%±0.2%,否则应检查加碱、蒸馏和滴定各步骤是否正确。

(八)结果计算

试样中粗蛋白质含量以质量分数 W 计,数值以质量分数(%)表示,按下式计算:

$$W(CP) = \frac{(V_1 - V_2) \times c \times 0.014\ 0 \times 6.25}{m \times (V'/V)} \times 100\%$$

式中:c 为盐酸标准滴定溶液浓度 mol/L;m 为试样质量,g;V_1 为滴定试样时所需盐酸标准溶液体积,mL;V_2 为空白滴定所需盐酸标准溶液体积,mL;V' 为试样分解液蒸馏用体积,mL;0.014 0 为与 1 mL 盐酸标准溶液[$c(HCl) = 1$ mol/L]相当的,以克表示氮的质量;6.25 为氮换算成蛋白质的平均系数。

(九)重复性

每个样品取 2 个平行样进行测定,如果测定结果的相对平均偏差在以下的范围之内,结果取其算术平均值,计算结果表示至小数点后两位。

粗蛋白质含量在 25% 以上,允许相对偏差为 1%;

粗蛋白质含量在 10%~25%,允许相对偏差为 2%;

粗蛋白质含量在 10% 以下,允许相对偏差为 3%;

四、任务小结

粗蛋白质测定可将试样中总氮含量测出,根据总氮含量再乘以 6.25 即为试样中粗蛋白质的含量。主要步骤包括试样消煮、氨的蒸馏、滴定、空白测定、测定步骤检验。

蛋白质测定需注意以下问题:

①蒸馏完毕应先取下接收瓶,然后关闭电源,以免酸液倒流。

②一次蒸馏后必须彻底洗净碱液,以免再次使用时引起误差。

③含硝酸盐多的饲料,用凯氏定氮法测定粗蛋白质时,很多硝酸盐还原而损失。

④各种饲料的粗蛋白质中实际含氮量差异很大,变异范围为 14.7%~19.5%,平均为 16%。凡饲料的粗蛋白质中氮含量尚未确定的,可用 6.25 平均系数来乘以氮量换算成粗蛋白质含量。凡饲料的粗蛋白质的含氮量已经确定的,可用它们的实际系数来换算。例如荞麦、玉米用系数 6.00,箭舌豌豆、大豆、蚕豆、燕麦、小麦、黑麦用系数 5.70,牛奶用系数 6.38。

⑤对脂肪含量较高的样品,应适当增加硫酸用量。

⑥盐酸滴定步骤,开始滴定溶液颜色为蓝绿色,接近终点时变为无色,再加盐酸则变为灰红色,此为比较好的滴定终点。

五、任务拓展

饲料中真蛋白质含量的测定

1. 测定原理

蛋白质在一定碱性条件下能与重金属盐类发生盐析作用而析出沉淀,此沉淀物不溶于热水。而非蛋白氮类物质易溶于水。用热水洗涤沉淀,将水溶性含氮物质洗去,剩下的沉淀物质再用凯氏定氮法测定即可得出饲料真蛋白质的含量。

2. 测定所需的材料

(1)仪器和设备　实验室用台式粉碎机、分样筛(20 目)、分析天平(感量 0.1 mg)、烧杯(250 mL)、玻璃棒、玻璃漏斗、中速定量滤纸(直径 15 cm)、表面皿(直径 10 cm)、干燥箱(可控温度 65~70℃)、消化管(250 mL)、消煮炉、半微量定氮蒸馏器、容量瓶(100 mL)、锥形瓶(250 mL)、酸式滴定管(50 mL)。

(2)试剂与试液　浓硫酸、10% 硫酸铜水溶液、硫酸钾或无水硫酸钠、氢氧化钠、40% 氢氧化钠水溶液、2.5% 氢氧化钠水溶液、2% 硼酸水溶液、0.05 mol/L 盐酸标准溶液、氯化钡试液、5% 氯化钡水溶液、0.1% 甲基红乙醇溶液、0.5% 溴甲酚绿乙醇溶液。

3. 样品的选取与制备

取有代表性的样品约 1 kg,用四分法分为两份,一份装瓶加封作为留用样品,另一份粉碎过 20 目,装于广口瓶中贴标签待测。

4.测定步骤

(1)试样的前处理　准确称取试样 1～2 g(精确到 0.1 mg)于 250 mL 烧杯中,加蒸馏水 50 mL 煮沸,依次加入 10%硫酸铜水溶液 20 mL 和 25%氢氧化钠溶液 20 mL,边加边搅拌,加完后继续搅拌几分钟。放置 2 h 或静置过夜,沉淀物以中速定量滤纸过滤。用 70℃以上热水 18 mL 反复洗涤沉淀,直至滤液无沉淀为止(取氯化钡试液滴于表面皿中,加 2 mol/L 盐酸溶液 1 滴,滴入滤液,在黑色背景下观察应无白色沉淀)。然后,将滤纸和沉淀物包好,放入干燥箱中在 65～70℃下干燥 2 h。

(2)试样的消化　将烘干的试样连同滤纸一起放入凯氏烧瓶中,以下测定步骤同粗蛋白质的测定

5.注意事项

(1)在试样的前处理过程中,"煮沸"要求是加热至沸并保持 30 min,目的是使试样中的非蛋白氮类物质充分溶解于水中。

(2)加 10%硫酸铜溶液和 25%氢氧化钠溶液时最好采用移液管移取,然后沿着烧杯内壁缓慢滴加。一方面防止局部氢氧化钠太浓将溶解部分蛋白质,这样会导致最终结果偏低;另一方面是为了使试样中的真蛋白质充分盐析。放置 2 h 或静置过夜也是这个道理。

(3)沉淀物宜以双层中速定量滤纸过滤,双层滤纸可以加快过滤速度,同时又不致于将沉淀物过滤掉。滤液无 SO_2 表明了已充分洗涤沉淀物,因为如果滤液中仍有 SO_2,则表明沉淀物中间仍可能夹杂有部分可溶性非蛋白氮类物质(如 NH_4),若不继续洗涤则将导致最终结果偏高。

(4)将滤纸和残渣(沉淀物)包好放入干燥箱中于 65～70℃下干燥 2 h 是为了使沉淀物充分干燥。一方面是为了避免沉淀物中仍夹杂有一些氨类物质(尽管这种情况一般不会发生。因为滤液已经经过了氯化钡试液的检验,但仍不能排除因人眼观察的局限性,使其中间仍夹杂有部分在热烘干的过程中挥发掉);另一方面是为了下一步试样消化的顺利进行。因为如果试样潮湿,炭化升温过快,气体骤然膨胀不易从凯氏烧瓶中散发出去,很容易使试样与气体一同冲出凯氏烧瓶从而导致消化失败。

六、任务评价

项目任务的评价标准见表 4-3。

表 4-3　饲料中粗蛋白质测定评价标准

评价环节	评分要素	分值	评分标准	得分	备注
相关知识准备	任务相关知识查阅收集	15	任务相关知识查阅、收集全面、充分		
仪器设备及试剂溶液准备	仪器设备	10	仪器设备准备齐全、摆放整齐、仪器设备应清洁		
	试剂溶液		试剂溶液准备齐全、摆放整齐		
试样消化	称样	8	称样操作规范,记录正确、称样量符合要求		
	加催化剂与浓硫酸		催化剂与浓硫酸加量正确、仪器选择正确		
	消化温度控制 消化终点		消化温度控制由低到高 消化终点判断正确		

续表 4-3

评价环节	评分要素	分值	评分标准	得分	备注
氨的蒸馏	气密性检查	30	进行气密性检查,方法正确		
	洗涤		洗涤操作,方法正确		
	加样并冲洗		加样方法正确,加样后用蒸馏水冲洗加样处		
	接上硼酸吸收液		硼酸吸收液制备正确,冷凝管浸入符合要求		
	加氢氧化钠		氢氧化钠加入方法正确		
	蒸馏过程控制		锥形瓶变色开始计时 4 min,之后离开液面滴 1 min		
	蒸馏水冲洗冷凝管尖端		用蒸馏水冲洗冷凝管尖端		
	排出废液并洗涤		有排出废液并洗涤步骤,且操作正确		
滴定	滴定管润洗	10	滴定管使用前用盐酸标准溶液润洗		
	滴定速度控制		滴定速度控制适宜		
	滴定终点判断		滴定终点判断正确		
	读数		读数正确		
空白测定	空白测定	6	空白测定符合要求		
测定步骤检验	用硫酸铵进行测定步骤检验	6	硫酸铵检验符合要求		
结果计算	结果计算与表示	15	结果计算与表示正确		
	重复性计算		重复性计算符合要求,以平均值表示结果		
其他	小组合作、态度、职业素养等	10	小组合作配合好、认真准备、积极参加、台面整洁		
总分		100			

任务三　饲料中粗脂肪的测定

一、任务描述

假如你是某饲料厂化验室员工,现要求你对已制备的分析试样(已粉碎过筛),即本厂生产的育肥猪用配合饲料进行粗脂肪含量的测定。根据任务描述准备任务相关知识并制作任务计划。

二、任务相关知识

GB/T 6433—2006 饲料中粗脂肪含量测定范围:本标准规定了动物饲料脂肪含量的测定方法,本方法适用于油籽和油籽残渣以外的动物饲料。为了本方法的测定效果,将动物饲料分为下列两类:A 类与 B 类,B 类产品的样品提取前需要水解。

B 类:纯动物性饲料,包括乳制品;脂肪不经预先水解不能提取的纯植物性饲料,如谷蛋白、酵母、大豆及马铃薯蛋白以及加热处理的饲料;含有一定数量加工产品的配合饲料,其脂肪含量至少有 20% 来自这些加工产品。

A 类:B 类以外的动物饲料。

对于油籽,在 ISO 659 中介绍了一种已烷提取的"油含量"测定方法。

对于油籽残渣,在 ISO 734—1 中介绍了一种用已烷提取的"油含量"测定方法,而在 ISO 736 中则介绍了一种乙醚提取的"油含量"测定方法,其测定原理为:

①脂肪含量较高的样品(至少 200 g/kg)预先用石油醚提取。

②B 类样品用盐酸加热水解,水解溶液冷却、过滤,洗涤残渣并干燥后用石油醚提取,蒸馏、干燥除去溶剂,残渣称量。

③A 类样品用石油醚提取,通过蒸馏和干燥除去溶剂,残渣称量。

三、任务实施

(一)试剂准备

(1)石油醚,主要由具有 6 个碳原子的碳氢化合物组成,沸点范围为 40～60℃,溴值应低于 1,挥发残渣应小于 20 mg/L。也可使用挥发残渣低于 20 mg/L 的工业乙烷。

(2)丙酮。

(二)仪器设备清点

(1)提取套管(图 4-11) 无脂肪和油,用乙醚洗涤。

(2)索氏提取器(图 4-12) 虹吸容积约 100 mL,或用其他循环提取器。

(3)加热装置 有温度控制装置,不作为火源,如水浴锅。

(4)干燥箱 温度能保持在(103±2)℃。

(5)电热真空箱 温度能保持在(80±2)℃,并减压至 13.3KPa 以下,配有引入干燥空气的装置,或内盛干燥剂,例如氧化钙。

(6)干燥器 内装有效的干燥剂。

(7)脂肪测定仪(图 4-13)。

(三)仪器设备清洗、烘干

将抽提管、抽提瓶洗净烘干,抽提瓶在 103℃ 干燥箱中烘 1 h,取出放入干燥器冷却 30 min,称重,质量记为 m_5。

(四)试样称取

称取试样 5 g(试样质量记为 m_4),将试样放入提取套管,并用一小块脱脂棉覆盖或用脱脂滤纸包扎好。

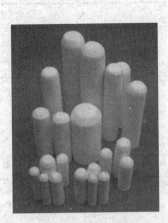

图 4-11 提取套管

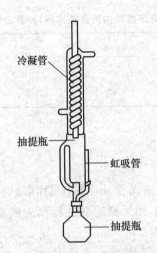

冷凝管
抽提瓶
虹吸管
抽提瓶

图 4-12 索氏提取器

图 4-13 脂肪测定仪

(五)抽提

将提取套管或滤纸包放入抽提管,将抽提瓶、抽提管及冷凝管连接好,并安装在水浴锅上,打开冷凝水后,从抽提瓶上方分两次加入石油醚,打开水浴锅,控制水浴锅的温度,使乙醚回流次数约为每小时 10 次,共回流 6 h。

(六)回收石油醚

取出提取套管或滤纸包,仍用原提取器回收石油醚直至抽提瓶中石油醚全部回收完,取下抽提瓶在水浴上蒸去残余乙醚,加 2 mL 丙酮至烧瓶中,转动烧瓶并在加热装置上缓慢加温以除去丙酮,吹去痕量丙酮,擦净瓶外壁。

(七)抽提瓶烘干、称重

将抽提瓶放入(105±2)℃干燥箱中烘干 2 h,取出于干燥器中冷却 30 min,再烘干 30 min,同样冷却称重,两次重量之差小于 0.001 g 为恒重,抽提瓶最后称重质量记为 m_6。

以上测定步骤也可用脂肪测定仪代替进行操作。

(八)计算

对于无预先提取的测定法,试样的脂肪含量以 w_2 表示,按下式计算,以 g/kg 表示:

$$w_2 = \left(\frac{m_6 - m_5}{m_4}\right) \times f$$

式中:m_4 为试料的质量,g;m_5 为空抽提瓶的质量,g;m_6 为空抽提瓶的质量和获得的石油醚提取干燥残渣的质量,g;f 为校正因子单位,g/kg($f = 1\ 000$ g/kg)。

结果表示准确至 1 g/kg。

(九)重复性

用同一方法对相同的实验材料,在同一实验室内,由同一操作人员使用同一设备,在短时间内获得的两个独立的实验结果之间的绝对差值,超过表 4-4 得出的重复性限 r 的情况不大于 5%。

表 4-4 测定结果的重复性限(r)和再现性限(R) g/kg

样品	r	R
B类(需要水解[a])	5.0	12.0[a]
A类(不需要水解[b])	2.5	7.7[b]

注：[a] 鱼粉和肉粉除外；[b] 椰子粉除外。

四、任务小结

粗脂肪测定步骤包括抽提瓶抽提管洗净烘干、称取试样、抽提、石油醚回收、抽提瓶烘干、称重。若试样的脂肪含量超过 20% 则需要进行预先脱脂，若为 B 类试样则需进行预先水解处理再浸提脱脂。

五、任务拓展

(一)脂肪含量超过 200 g/kg 的试样

脂肪含量超过 200 g/kg 的试样，由于不易获得均质的、缩减的试样，测定前需要进行预先提取。

1. 测定步骤

(1)预先提取 称取至少 20 g 制备的试样(m_0)，与 10 g 无水硫酸钠混合，转移至一提取套管并用一小块脱脂棉覆盖。

将一些金刚砂转移至干燥烧瓶，如果随后将对脂肪定性，则使用玻璃细珠取代金刚砂。将烧瓶与提取器连接，收集石油醚提取物。

将提取套管置于提取器中，用石油醚提取 2 h。如果使用索氏提取器，则调节加热装置使每小时至少循环 10 次，如果使用一个相当设备，则控制回流速度每秒至少 5 滴(约 10 mL/min)。

用 500 mL 石油醚稀释烧瓶中的石油醚提取物，充分混合。对一个盛有金刚砂或玻璃细珠的干燥烧瓶进行称量(m_1)，吸取 50 mL 石油醚溶液移入此烧瓶中。

蒸馏除去溶剂，直至烧瓶中几乎无溶剂，加 2 mL 丙酮至烧瓶中，转动烧瓶并在加热装置上缓慢加温以除去丙酮，吹去痕量丙酮。残渣在 103℃ 干燥箱内干燥 10 min±0.1 min，在干燥器中冷却，称量(m_2)。

取出提取套管中提取的残渣在空气中干燥，除去残余的溶剂，干燥残渣称量(m_3)，将残渣粉碎成 1 mm 大小的颗粒。

(2)提取 将抽提管、抽提瓶洗净烘干，抽提瓶在 103℃ 干燥箱中烘 1 h，取出放入干燥器冷却 30 min，称重，质量记为 m_5。

称取 5 g 制备的试样(m_4)，将试样放入提取套管，并用一小块脱脂棉覆盖。

以下按照三、任务实施中(五)抽提(六)回收石油醚(七)抽提烘干、称重的步骤进行操作。

2. 计算

对于预先提取的试样，试样的脂肪含量 w_1，按下式计算，以 g/kg 表示：

$$w_1 = \left[\frac{10(m_2 - m_1)}{m_0} + \frac{(m_6 - m_5)}{m_4} \times \frac{m_3}{m_0} \right] \times f$$

式中：m_0 为在预先提取步骤中第一次称取的试样质量，g；m_1 为在预先提取步骤中装有金刚砂的烧瓶的质量，g；m_2 为在预先提取步骤中装有金刚砂烧瓶的质量和干燥的石油醚提取物残渣的质量，g；m_3 为在预先提取步骤中获得的干燥提取残渣的质量，g；m_4 为试料的质量，g；m_5 为空抽提瓶的质量，g；m_6 为空抽提瓶的质量和获得的石油醚提取干燥残渣的质量，g；f 为校正因子单位，g/kg（$f = 1\,000$ g/kg）。

结果表示准确至 1 g/kg。

(二)对 B 类试样，需进行预先水解

测定步骤

(1)水解　称取试样 5 g（试样质量记为 m_4），将试料转移至一个 400 mL 烧杯或一个 300 mL 锥形瓶中，加 100 mL 盐酸（3 mol/L）和金刚砂，用表面皿覆盖，或将锥形瓶与回流冷凝器连接，在火焰上或电热板上加热混合物至微沸，保持 1 h，每 10 min 旋转摇动一次，防止产物黏附于容器壁上。

在环境温度下冷却，加一定量的滤器辅料，防止过滤时脂肪丢失，在布氏漏斗中通过湿润的无脂双层滤纸过滤，残渣用冷水洗涤至中性。

注：如果在滤液表面出现油或脂，则可能得出错误结果，一种可能的解决办法是减少测定试料或提高酸的浓度重复进行水解。

小心取出滤器并将含有残渣的双层滤纸放入一个提取套管中，在 80℃电热真空箱中于真空条件下干燥 60 min，从电热真空箱中取出提取套管并用一小块脱脂棉覆盖。

(2)将抽提管、抽提瓶洗净烘干，抽提瓶在 103℃干燥箱中烘 1 h，取出放入干燥器冷却 30 min，称重，质量记为 m_5。

(3)以下按照三、任务实施中(五)抽提(六)回收石油醚(七)抽提瓶烘干、称重的步骤进行操作。

六、任务评价

项目任务的评价标准见表 4-5。

表 4-5　粗脂肪测定评价标准

评价环节	评分要素	分值	评分标准	得分	备注
相关知识准备	任务相关知识查阅收集	15	任务相关知识查阅、收集全面、充分		
仪器设备及试剂溶液准备	仪器设备	10	仪器设备准备齐全、摆放整齐、仪器设备应清洁		
	试剂溶液		试剂溶液准备齐全、摆放整齐		
抽提瓶烘干、冷却、称重	抽提瓶烘干抽提瓶冷却抽提瓶称重	10	烘干时间、温度控制正确冷却时间符合要求称重操作规范，记录正确，抽提瓶有记号		

续表 4-5

评价环节	评分要素	分值	评分标准	得分	备注
称样	称样	5	称样操作规范,质量在要求范围内		
	试样置提取套管内		试样放入提取套管内并用脱脂棉塞好		
提取	仪器组装	20	仪器组装正确		
	加入提取套管		将提取套管加入抽提管内		
	加入石油醚		先开冷凝水再加石油醚,石油醚加入方法正确		
	提取过程控制		提取速度控制适宜,达到要求		
回收石油醚	取出提取套管	10	抽提时间达到取出提取套管		
	回收石油醚		回收石油醚方法正确		
	丙酮处理		在烧瓶中几无溶剂后,加入要求量的丙酮进行正确处理		
抽提瓶烘干、冷却、称重	烘干	10	烘干条件正确		
	冷却		冷却时间适当		
	称重		称重操作规范,记录正确		
结果计算	结果计算与表示	10	结果计算与表示正确		
	重复性计算		重复性计算符合要求,以平均值表示结果		
其他	小组合作、态度、职业素养等	10	小组合作配合好、认真准备、积极参加、台面整洁		
总分		100			

任务四　饲料中粗纤维的测定

一、任务描述

假如你是某饲料厂化验室员工,现要求你对已制备的分析试样(已粉碎过筛),即本厂生产的育肥猪用配合饲料进行粗脂肪含量的测定。根据任务描述准备任务相关知识并制作任务计划。

二、任务相关知识

(一)测定范围

本标准规定了粗纤维含量的测定过滤法。本方法适用于粗纤维含量大于 10 g/kg 的饲料。

对粗纤维含量等于或小于 10 g/kg 的饲料,可用 ISO 6541 描述的方法测定。

本标准还适用于谷物和豆类植物。

(二)粗纤维测定原理

用固定量的酸和碱,在特定条件下消煮样品,再用醚、丙酮除去醚溶物,经高温灼烧扣除矿物质的量,余量称为粗纤维(试样用沸腾的稀释硫酸处理,过滤分离残渣,洗涤,然后用沸腾的氢氧化钾溶液处理,过滤分离残渣、洗涤、干燥、称量、然后灰化。因灰化而失去的质量相当于试料中粗纤维质量)。它不是一个确切的化学实体,只是在公认强制规定的条件下,测出的概略养分。其中以纤维素为主,还有少量半纤维素和木质素。

三、任务实施

(一)仪器设备清点

(1)分析天平。

(2)滤埚(图 4-14) 带有烧结的滤板,滤板孔径 40~100 μm(按 ISO 7493:1980 孔隙度 P100)。在初次使用前,将新滤锅小心地逐步加温,温度不超过 525℃,并在(500±25)℃下保持数分钟。也可使用具有同样性能特性的不锈钢坩埚,其不锈钢筛板的孔径为 90 μm。

(3)陶瓷筛板。

(4)灰化皿。

(5)烧杯或锥形瓶 容量 500 mL,带有一个适当的冷却装置,如冷凝器或一个盘。

(6)干燥箱 用电加热,能通风,能保持温度(130±2)℃。

(7)干燥器 盛有蓝色硅胶干燥剂,内有厚度为 2~3 mm 的多孔板,最好由铝或不锈钢制成。

(8)马弗炉(图 4-15) 又称高温炉(参见彩插)。用电加热,可以通风,温度可调控,在 475~525℃条件下,保持滤埚周围温度准至±25℃。马弗炉的高温表读数不总是可信的,可能发生误差,因此对高温炉中的温度要定期检查。

因高温炉的大小及类型不同,炉内不同位置的温度可能不同。当炉门关闭时,必须有充足的空气供应。空气体积流速不宜过大,以免带走滤埚中物质。

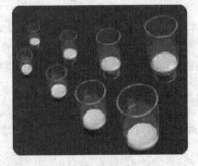

图 4-14 滤锅

图 4-15 马弗炉

(9)冷提取装置(图 4-16) 附有一个滤埚支架;一个装有至真空和液体排出孔旋塞的排

放管;连接滤埚的连接环(参见彩插)。

(10)加热装置　带有一个适当的冷却装置,在沸腾时能保持体积恒定。

(11)粗纤维测定仪(图 4-17)。

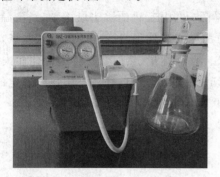

图 4-16　冷提取装置(粗纤维测定)　　　　图 4-17　粗纤维测定仪

(二)试剂准备

(1)0.5 mol/L 盐酸溶液。

(2)(0.13±0.005) mol/L 硫酸溶液　吸取浓硫酸 6.89 mL,注入 800 mL 水中,冷却后稀释至 1 000 mL。用无水碳酸钠标定,见附录标准溶液的配制与标定。

(3)(0.23±0.005) mol/L 氢氧化钾溶液　称取分析纯氢氧化钾 12.88 g,溶于 100 mL 水中,定容至 1 000 mL。用邻苯二甲酸氢钾法标定,见附录标准溶液的配制与标定(4.1 氢氧化钠标准滴定溶液)。

(4)丙酮。

(5)滤器辅料　海沙,或硅藻土,或质量相当的其他材料。使用前海沙用沸腾盐酸(4 mol/L)处理,用水洗至中性,在(500±25)℃下至少加热 1 h。

(6)防泡剂　如正辛醇。

(7)石油醚　沸点范围(40~60)℃。

(三)称取试样

称取约 1 g 试样,将试样倒入烧杯中。

(四)酸消煮

将 150 mL 硫酸溶液倾注在试样上,尽快使其沸腾,并保持沸腾状态(30±1)min。

在沸腾开始时,转动烧杯一段时间。如果产生泡沫,则加数滴防泡剂。在沸腾期间使用一个适当的冷却装置保持体积恒定。

(五)第一次过滤

在滤锅中铺一层滤器辅料,其厚度约为滤埚高度的 1/5,滤器辅料上面可盖一筛板以防溅起。

当消煮结束时,将液体通过一个搅拌棒滤至滤埚中,用弱真空抽滤,使 150 mL 几乎全部通过。如果滤器堵塞,则用一个搅拌棒小心地移去覆盖在滤器辅料上的粗纤维。

残渣用热水洗涤 5 次,每次约用水 10 mL,要注意使滤埚的过滤板始终有滤器辅料覆盖,使粗纤维不接触滤板。

停止抽真空,加一定体积的丙酮,刚好能覆盖残渣,静置数分钟后,慢慢抽滤排出丙酮,继续抽真空,使空气通过残渣,使之干燥。

(六)脱脂

在冷提取装置中,在真空条件下,试样用石油醚脱脂3次,每次用石油醚30 mL,每次洗涤后抽吸干燥。

(七)碱消煮

将残渣定量转移至酸消煮用的同一烧杯中。加150 mL氢氧化钾溶液,尽快使其沸腾,保持沸腾状态(30±1) min,在沸腾期间用一适当的冷却装置使溶液体积保持恒定。

(八)第二次过滤

烧杯内容物通过滤埚过滤,滤埚内铺有一层滤器辅料,其厚度约为滤埚高度的1/5,上盖一筛板以防溅起。

残渣用热水洗至中性。

残渣在真空条件下用丙酮洗涤3次,每次用丙酮30 mL,每次洗涤后抽吸干燥残渣。

(九)干燥

将滤埚置于灰化皿中,灰化皿及其内容物在130℃干燥箱中至少干燥2 h。

在灰化或冷却过程中,滤埚的烧结滤板可能有些部分变得松散,从而可能导致分析结果错误,因此将滤埚置于灰化皿中。

滤埚和灰化皿在干燥器中冷却,从干燥器中取出后,立即对滤埚和灰化皿进行称量。

(十)灰化

将滤埚和灰化皿置于马弗炉中,其内容物在(500±25)℃下灰化,直至冷却后连续两次称量的差值不超过2 mg。

每次灰化后,让滤埚和灰化皿初步冷却,在尚温热时置于干燥器中,使其完全冷却,然后称量。

以上测定也可采用粗纤维测定仪进行测定。

(十一)空白测定

用大约相同数量的滤器辅料,按以上操作进行空白测定,但不加试样。灰化引起的质量损失不应超过2 mg

(十二)测定结果的计算和表述

试样中粗纤维的含量 X 以 g/kg 表示,按下式计算:

$$X = \frac{m_2 - m_3}{m_1}$$

式中:m_1 为试料的质量,g;m_2 为灰化盘、滤锅以及在130℃干燥后获得的残渣的质量,mg;m_3 为灰化盘、滤锅以及在500℃干燥后获得的残渣的质量,mg。

结果四舍五入,准确至1 g/kg。也可用质量分数%表示。

(十三)重复性

用同一方法对相同的实验材料,在同一实验室内,由同一操作人员使用同一设备,在短时间内获得的 2 个独立的实验结果之间的绝对差值,超过表 4-6 得出的重复性限 r 的情况不大于 5%。

表 4-6　测定结果的重复性限(r)和再现性限(R)　　　　　　　g/kg

样品	粗纤维含量	r	R
向日葵饼(粕)	223.3	8.4	16.1
棕榈仁饼(粕)	190.3	19.4	42.5
牛颗粒饲料	115.8	5.3	13.8
玉米谷蛋白饲料	73.3	5.8	9.1
木薯	60.2	5.6	8.8
狗粮	30.0	3.2	8.9
猫粮	22.8	2.7	6.4

四、任务小结

饲料中粗纤维含量的测定步骤主要包括酸消煮、脱脂、碱消煮、烘干、灰化。若试样中脂肪含量高于 10%、碳酸盐含量高于 5% 还需对试样分别进行脱脂、去除碳酸盐前处理。滤器辅料铺制不能过厚以免影响抽滤速度。

五、任务拓展

(一)脂肪含量高于 10% 的试样粗纤维含量测定步骤

(1)预先脱脂　称取约 1 g 试样,将试样装入铺有滤器辅料的滤锅中,在冷提取装置中,在真空条件下,试样用石油醚脱脂 3 次,每次用石油醚 30 mL,每次洗涤后抽吸干燥残渣,将残渣装移至烧杯中。

(2)接下来的操作按猪用配用饲料从酸消煮步骤开始测定。

(二)碳酸盐含量高于 5% 的试样粗纤维含量测定步骤

(1)除去碳酸盐　称取试样,将试样倒入 300 mL 的烧杯中,将 100 mL 盐酸溶液(0.5 mol/L)倾注在试样上,连续振摇 5 min,小心将此混合物倾入一滤埚,滤埚底部覆盖一薄层滤器辅料。

用水洗涤两次,每次用水 100 mL,细心操作最终使尽可能少的物质留在滤器上。将滤埚内容物转移至原来的烧杯中。

(2)接下来的操作按猪用配合饲料从酸消煮步骤开始测定。

六、任务评价

项目任务的评价标准见表 4-7。

表 4-7　粗纤维含量测定评价标准

评价环节	评分要素	分值	评分标准	得分	备注
相关知识准备	任务相关知识查阅收集	15	任务相关知识查阅、收集全面、充分		
仪器设备及试剂溶液准备	仪器设备	10	仪器设备准备齐全、摆放整齐、仪器设备应清洁		
	试剂溶液		试剂溶液准备齐全、摆放整齐		
称样	称样	5	称样操作规范,质量在要求范围内		
酸消煮、抽滤	酸消煮	15	酸加入量正确、消煮过程中浓度控制保持不变、消煮时间正确		
	抽滤		抽滤操作规范、残渣无损转移到滤锅、用热水洗涤、加入丙酮脱水		
脱脂	脱脂	5	选择正确的脱脂试剂,脱脂操作正确		
碱消煮、抽滤	碱消煮	15	碱加入量正确、消煮过程中浓度控制保持不变、消煮时间正确		
	抽滤		抽滤操作规范、残渣无损转移到滤锅、用热水洗涤至中性、加入丙酮脱水		
干燥	干燥	5	干燥温度与时间正确		
灰化	灰化	5	灰化温度与时间正确		
空白测定	空白测定	5	空白测定灰化引起的质量损失不应超过 2 mg		
结果计算	结果计算与表示重复性计算	10	结果计算与表示正确重复性计算符合要求,以平均值表示结果		
其他	小组合作、态度、职业素养等	10	小组合作配合好、认真准备、积极参加、台面整洁		
总分		100			

任务五　饲料中粗灰分的测定

一、任务描述

假如你是某饲料厂化验室员工,现要求你对已制备的分析试样(已粉碎过筛),即本厂生产的育肥猪用配合饲料进行粗灰分含量的测定。根据任务描述准备任务相关知识并制作任务计划。

二、任务相关知识

测定原理:试样在550℃灼烧后所得残渣,用质量分数表示。残渣中主要是氧化物、盐类等矿物质,也包括混入饲料中的砂石、土等,故称粗灰分。

三、任务实施

(一)清点仪器设备

(1)分析天平   感量0.000 1 g。

(2)可调温电炉   1 000 W。

图4-18   瓷坩埚

(3)高温电炉   或称马弗炉。电加热,有温度计且可控制炉温在550~600℃。

(4)坩埚(图4-18)   表面积约为20 cm²,高约为2.5 cm,对易于膨胀的碳水化合物样品表面积约为30 cm²,高约为3 cm 瓷质。

(5)干燥器   用氯化钙(干燥级)或变色硅胶为干燥剂。

(6)干燥箱   温度控制在(103±2)℃。

(二)坩埚清洗烘干、灼烧

将坩埚洗净,放入干燥箱中烘干后将其放入高温炉中,于(550±20)℃下灼烧30 min,冷却至200℃时,取出,在空气中冷却1 min,放入干燥器中冷却30 min,称重(m_0)。

(三)称取试样并炭化

在已知质量的坩埚中称取5 g试样(m_1),在电炉上低温炭化至无烟,再升高温度至基本无炭粒。

(四)灰化

炭化后将坩埚移入高温炉中,于(550±20)℃下灼烧3 h,观察是否有炭粒,如无炭粒,继续灼烧1 h,如有炭粒将坩埚冷却用蒸馏水湿润,在(103±2)℃干燥箱中干燥至干,将坩埚置于高温炉继续灼烧1 h,冷却至200℃时取出,在空气中冷却约1 min,放入干燥器中冷却30 min,称重(m_2)。

(五)结果计算

粗灰分含量 X 按下式计算:

$$X = \frac{m_2 - m_0}{m_1 - m_0} \times 100\%$$

式中:m_0 为恒质空坩埚质量,g;m_1 为坩埚加试料的质量,g;m_2 为灰化后坩埚加灰分的质量,g。

所得结果应表示至0.01%。

(六)重复性和再现性

用同一方法对相同的实验材料,在同一实验室内,由同一操作人员使用同一设备,在短时间内获得的两个独立的实验结果之间的绝对差值,超过表 4-8 得出的重复性限 r 的情况不大于 5%。

表 4-8 测定结果的重复性限(r)和再现性限(R)　　　　　　　%

样品	粗灰分	r	R
鱼粉	179.8	2.7	4.4
木薯	59.1	2.4	3.6
肉粉	175.6	2.4	5.6
仔猪饲料	50.2	2.1	3.3
仔鸡饲料	42.7	0.9	2.2
大麦	20.0	1.0	1.9
糖浆	119.9	3.6	9.1
挤压棕榈粕	35.8	0.7	1.6

四、任务小结

粗灰分测定的主要步骤包括空坩埚灼烧、称样、炭化、灰化。灰化要彻底,灰化是否彻底要根据坩埚中是否含有黑色炭粒来判断。粗灰分测定中应注意以下 6 点。

(1)新坩埚编号,将带盖的坩埚洗净烘干后,用钢笔蘸 5 g/L 氯化铁墨水溶液(称 0.5 g $FeCl_3 \cdot 6H_2O$ 溶于 100 mL 蓝墨水中)编号,然后于高温炉中 550℃灼烧 30 min 即可。对于已经用过的坩埚如有需要可用 25%盐酸溶液浸泡,并将瓷坩埚煮沸 1～2 h。

(2)试样开始炭化时,应打开部分坩埚盖,便于气流流通;温度应逐渐上升,防止火力过大而使部分样品颗粒被逸出的气体带走。

(3)为了避免试样氧化不足,不应把试样压得过紧,试样应松松地放在坩埚内。

(4)灼烧温度不宜超过 600℃,否则会引起磷、硫等盐的挥发。

(5)灼烧残渣颜色与试样中各元素含量有关,含铁高时为红棕色,含锰高时为淡蓝色。但有明显黑色炭粒时,为炭化不完全,应延长灼烧时间或将坩埚取出,冷却后滴入 5～10 滴蒸馏水或双氧水,小心蒸干后,重新灼烧,直至全部炭化为止。

(6)用于微量元素测定时,可选择铂坩埚或石英坩埚。

五、任务评价

项目任务的评价标准见表 4-9。

表 4-9　饲料中粗灰分含量测定评价标准

评价环节	评分要素	分值	评分标准	得分	备注
相关知识准备	任务相关知识查阅收集	15	任务相关知识查阅、收集全面、充分		
仪器设备准备	仪器设备	10	仪器设备准备齐全、摆放整齐、仪器设备应清洁		
坩埚准备	坩埚洗净、烘干、灼烧	10	坩埚烘干后放到高温炉灼烧、灼烧时间与温度控制正确		
	坩埚冷却称重		待高温炉炉温降到 200℃ 以下取出坩埚放入干燥皿冷却、冷却时间达到要求,称重操作规范		
称样	称样	10	称取试样质量符合要求,称样操作规范、数据记录正确		
炭化	炭化	10	炭化过程温度控制正确		
灰化	灰化	15	灰化温度与时间控制正确,灰化结果符合要求		
冷却称重	称重	10	称重操作规范、数据记录正确		
结果计算	结果计算与表示 重复性计算	10	结果计算与表示正确 重复性计算符合要求,以平均值表示结果		
其他	小组合作、态度、职业素养等	10	小组合作配合好、认真准备、积极参加、台面整洁		
总分		100			

▶ 任务六　饲料中无氮浸出物的计算 ◀

一、任务描述

假如你是某饲料厂化验室员工,现要求你根据已上对已制备的分析试样(已粉碎过筛),即本厂生产的育肥猪用配合饲料水分、粗蛋白质、粗脂肪、粗纤维、粗灰分测定结果,计算饲料中无氮浸出物的含量。

二、任务相关知识

(一)无氮浸出物

无氮浸出物为饲料中的可溶性碳水化合物的总称,主要包括淀粉、葡萄糖、果糖、蔗糖、糊精、有机酸和不属于纤维素的其他碳水化合物,如半纤维素及部分木质素。不同种类的饲料上述成分的比例差异很大。由于饲料中无氮浸出物的组成复杂，含量一般根据其他概略养分的测定结果，采用差减法进行计算。

(二)无氮浸出物计算原理

饲料由水分、粗灰分、粗蛋白质、粗脂肪、粗纤维、无氮浸出物这些概略养分组成，因此，100%减去水分、粗灰分、粗蛋白质、粗脂肪、粗纤维含量，所得差值即为无氮浸出物的含量。

三、任务实施

(1)将育肥猪用配合饲料水分、粗蛋白质、粗脂肪、粗纤维、粗灰分测定结果整理。

(2)计算无氮浸出物含量。

$$无氮浸出物＝100\%－水分－粗蛋白质－粗脂肪－粗纤维－粗灰分$$

四、任务小结

无氮浸出物含量的计算用100%减去水分、粗灰分、粗蛋白质、粗脂肪、粗纤维含量即得。由于粗纤维测定结果往往偏低，会导致无氮浸出物计算结果偏高，从而过高地估计饲料的无氮浸出物营养。在进行无氮浸出物计算时需要注意以下两点：

(1)参与计算的各种概略养分的含量，必须在水分含量一致的情况下的含量，否则应进行同一基础换算。

(2)动物性饲料因不含有无氮浸出物，可不计算其含量。

▶ 任务七　饲料中钙含量的测定 ◀

一、任务描述

假如你是某饲料厂化验室员工，现要求你对已制备的分析试样(已粉碎过筛)，即本厂生产的育肥猪用配合饲料进行钙含量的测定。根据任务描述准备任务相关知识并制作任务计划。

二、任务相关知识

钙是动物必需的常量矿物质元素，由于植物性饲料中钙含量较低，因而配合饲料生产中常用含钙矿物质饲料来补充。饲料原料或配合饲料产品中钙含量的测定方法主要有高锰酸钾滴定法和 EDTA 络合滴定法。其中高锰酸钾法是作为仲裁法。下面参照 GB/T 6436—2018 饲料中钙的测定中的高锰酸钾法进行饲料中钙含量的测定。

(一)范围

本方法适用于饲料原料、配合饲料、浓缩饲料、精料补充料和添加剂预混合饲料中钙的测定。本方法的检出限为 0.015%，定量限为 0.05%。

(二)测定原理

将试样有机物破坏,钙变成溶于水的离子,并与盐酸反应生成氯化钙,然后在溶液中加入草酸铵溶液,使钙成为草酸钙白色沉淀,然后用硫酸溶液溶解草酸钙,再用高锰酸钾标准溶液滴定游离的草酸根离子。根据高锰酸钾标准溶液的用量,可计算出试样中钙含量。

主要化学反应式如下:

$$CaCl_2 + (NH_4)_2C_2O_4 \longrightarrow CaC_2O_4 \downarrow + 2NH_4Cl$$

$$CaC_2O_4 + H_2SO_4 \longrightarrow CaSO_4 + H_2C_2O_4$$

$$2KMnO_4 + 5H_2C_2O_4 + 3H_2SO_4 \longrightarrow 10CO_2 \uparrow + 2MnSO_4 + 8H_2O + K_2SO_4$$

三、任务实施

(一)仪器和设备(材料)清点

(1)实验室用样品粉碎机或研钵。

(2)分析筛　40 目(孔径 0.44 mm)。

(3)分析天平　感量 0.000 1 g。

(4)高温电炉　电加热,有温度计且可控制炉温在(550±20)℃。

(5)可调温电炉　1 000 W。

(6)坩埚　50 mL,瓷质。

(7)容量瓶　100 mL。

(8)滴定管　酸式,25 mL 或 50 mL。

(9)玻璃漏斗　6 cm 直径。

(10)定量滤纸　中速,7~9 cm。

(11)移液管　10、20 mL。

(12)烧杯　200 mL。

(13)凯氏烧瓶　250 或 500 mL。

(14)有机微孔滤膜　0.45 mm。

(二)试剂及溶液配制

(1)盐酸溶液　1:3($V:V$)。

(2)硫酸溶液　1:3($V:V$)。

(3)氨水溶液　1:1($V:V$)。

(4)42 g/L 草酸铵溶液:溶解 42 g 分析纯草酸铵(HG 3—976)于水中,稀释至 1 000 mL。

(5)甲基红指示剂　0.1 g 分析纯甲基红(HG 3—958)溶于 10 mL 的 95％乙醇中。

(6)浓硝酸。

(7)氨水溶液　1:50($V:V$)。

(8)高锰酸钾标准溶液　$c(1/5\ KMnO_4) = 0.05$ mol/L。

称取高锰酸钾(GB 643)约 1.6 g 溶于 800 mL 水中,煮沸 10 min,再用水稀释至 1 000 mL,冷却静置 1~2 天,用烧结玻璃滤器过滤,再进行标定,保存于棕色瓶中。

(9)高氯酸　70%～72%。

(三)试样分解液的制备

1.干法

称取试样 0.5～5 g 于坩埚中,精确到 0.000 1 g,在电炉上小心炭化,再放入高温炉于 550℃下灼烧 3 h。在测定灰分的坩埚内加入 1:3 盐酸 10 mL 和浓硝酸数滴,小心煮沸。将此溶液无损转入 100 mL 容量瓶中,将此液冷却至室温,定容,摇匀,为试样分解液。

2.湿法

称取试样 0.5～5 g 于 250 mL 凯氏烧瓶中,精确到 0.000 2 g,加入浓硝酸 10 mL,小火加热煮沸,至二氧化氮黄烟逸尽,冷却后加入高氯酸 10 mL,小心煮沸至溶液无色,不得蒸干,冷却后加水 50 mL,且煮沸驱逐二氧化氮,冷却后移入 100 mL 容量瓶中,用水定容至刻度,摇匀,为试样分解液。

警示:小火加热煮沸过程中如果溶液变黑需立刻取下,冷却后补加高氯酸,小心煮沸至溶液无色;加入高氯酸后,溶液不得蒸干,蒸干可能发生爆炸。

(四)试样的测定

(1)草酸钙的沉淀　用移液管准确吸取试样液 10～20 mL(含钙量为 20 mg 左右)于烧杯中,加水 100 mL,甲基红指示剂 2 滴,滴加 1:1 氨水溶液至溶液由红变橙黄色,若滴加过量,可加盐酸溶液调至橙色,再滴加 1:3 盐酸溶液至溶液又恰呈粉红色(pH=2.5～3.0)为止。小心煮沸,慢慢滴加草酸铵溶液 10 mL,且不断搅拌。若溶液变橙色,应补滴 1:3 盐酸溶液至红色,煮沸 2～3 min,使沉淀颗粒增大后,放置过夜使沉淀陈化(或在水浴上加热 2 h)。

(2)沉淀的洗涤　将上述溶液用滤纸过滤,用 1:50 氨水溶液洗涤沉淀 6～8 次,洗涤沉淀时,应自滤纸的边向中心冲洗,使沉淀集中在滤纸的中心,避免损失,在每次洗涤时必须等上一次的洗液全部滤净后才能再加,每次所用的氨水溶液均不应超过滤纸容积的 2/3,直洗至无草酸根离子为止。检测草酸铵洗净的方法:用试管接取滤液 2～3 mL,加 1:3 硫酸溶液数滴,加热至 80℃,加高锰酸钾溶液 1 滴,溶液呈微红色,且 30 s 不褪色为止。

(3)沉淀的溶解与滴定　将沉淀和滤纸转移入原烧杯中,用玻璃棒将滤纸捣碎,加 1:3 硫酸溶液 10 mL,蒸馏水 50 mL,加热至 75～85℃后,立即用高锰酸钾标准溶液滴定至微红色且 30 s 不褪色即可。

(4)空白　在干净烧杯中加滤纸 1 张,加 1:3 硫酸溶液 10 mL,蒸馏水 50 mL,加热至 75～85℃后,用高锰酸钾标准溶液滴定至微红色且 30 s 不褪色即可。

(五)结果计算

1.计算

以质量分数表示的钙含量 X_1 按下式计算:

$$X_1 = \frac{(V_2 - V_0) \times c \times 0.02}{m \times V_1/100} \times 100\%$$

式中:m 为试样质量,g;V_0 为空白滴定时消耗高锰酸钾标准溶液体积,mL;V_1 为测定钙时样品溶液移取用量,mL;V_2 为试样滴定时消耗高锰酸钾标准溶液体积,mL;c 为高锰酸钾标准溶液浓度,mol/L;0.02 为与 1.00 mL 高锰酸钾标准溶液$[c(1/5\ KMnO_4)=1.000\ mol/L]$相当的以克表示的钙的质量,g。

测定结果用平行测定的算术平均值表示,结果保留三位有效数字。

2.重复性要求

含钙量 10%以上,两次平行测定绝对差值不大于两个测定值算术平均值的 3%;含钙量 5%~10%,两次平行测定绝对差值不大于两个测定值算术平均值的 5%;含钙量 1%~5%,两次平行测定绝对差值不大于两个测定值算术平均值的 9%;含钙量 1%以下,两次平行测定绝对差值不大于两个测定值算术平均值的 18%。

四、任务小结

高锰酸钾滴定法测钙的主要步骤包括试样分解液的制备、钙沉淀的生成、沉淀过滤及洗涤、沉淀溶解及滴定。此测定需要注意以下 5 个问题:

(1)高锰酸钾溶液浓度不稳定,至少每月需要标定 1 次。

(2)每种滤纸空白值不同,消耗高锰酸钾标准溶液的用量不同,至少每盒滤纸做一次空白测定。

(3)高锰酸钾与草酸的反应,开始较慢,当形成锰离子后,即有催化作用,反应随之加快,故滴定刚开始时不宜过快,否则未反应的高锰酸钾在酸性溶液中易分解。

(4)常温下,高锰酸钾与草酸的反应较慢,加热可促进反应,但滴定前溶液加热不应超过 80℃,否则因温度过高,将造成草酸盐分解。

(5)试验中 pH 调节是关键步骤,调节到恰变红色为好,否则将会影响草酸钙沉淀的生成量。

五、任务拓展

饲料中钙的测定方法二:乙二胺四乙酸二钠络合滴定法。

(一)测定原理

将试样中有机物破坏,钙变成溶于水的离子,用三乙醇胺、乙二胺、盐酸羟胺和淀粉溶液消除干扰离子的影响,在碱性溶液中以钙黄绿素为指示剂,用乙二胺四乙酸二钠标准滴定溶液络合滴定钙,可快速测定钙的含量。

(二)仪器设备

与高锰酸钾滴定法相同。

(三)试剂

实验用水为蒸馏水,使用试剂除特殊规定外均为分析纯。

(1)盐酸羟胺。

(2)三乙醇胺。

(3)乙二胺。

(4)盐酸溶液　1∶3。

(5)氢氧化钾溶液(200 g/L)　称取 20 g 氢氧化钾溶于 100 mL 水中。

(6)淀粉溶液(10 g/L)　称取 1 g 可溶性淀粉于 200 mL 烧杯中,加 5 mL 水润湿,加 95 mL 沸水搅拌,煮沸,冷却备用(现用现配)。

(7)孔雀石绿溶液(1 g/L)　称取 0.1 g 孔雀石绿溶于 100 mL 水中。

(8)钙黄绿素-甲基百里香草酚蓝指示剂:0.10 g 钙黄绿素与 0.10 g 甲基麝香草酚蓝与 0.03 g 百里香酚酞、5 g 氯化钾研细混匀,贮存于磨口瓶中备用。

(9)钙标准溶液(0.001 0 g/mL)　称取 2.4974 g 于 105～110℃ 干燥 3 h 的基准物碳酸钙,溶于 40 mL 盐酸溶液(1：3)中,加热赶除二氧化碳,冷却后转移至 1 000 mL 容量瓶中,加水至刻度。

(10)乙二胺四乙酸二钠(EDTA)标准滴定溶液[c(EDTA)＝0.01 mol/L]:称取 3.8 g 乙二胺四乙酸二钠于 200 mL 烧杯中,加 200 mL 水,加热溶解,冷却后转移至 1 000 mL 容量瓶中,加水至刻度。

乙二胺四乙酸二钠标准滴定溶液对钙的滴定度:准确吸取钙标准溶液 10 mL 按试样测定法进行滴定。乙二胺四乙酸二钠标准滴定溶液对钙的滴定度 T(g/mL)按下式计算:

$$T = \frac{\rho \times V}{V_0}$$

式中:T 为 EDTA 标准滴定溶液对钙的滴定度,g/mL;ρ 为钙标准溶液的质量浓度,g/mL;V 为所取钙标准溶液的体积,mL;V_0 为乙二胺四乙酸二钠标准滴定溶液的消耗体积,mL。

所得结果应表示至 0.000 1 g/mL。

(四)测定步骤

(1)试样分解　同高锰酸钾滴定法。

(2)试样的测定　准确移取试样分解液 5～25 mL(含钙量 2～25 mg),加水 50 mL,依次加淀粉溶液 10 mL,三乙醇胺 2 mL,乙二胺 1 mL,滴加 1 滴孔雀石绿溶液,滴加氢氧化钾溶液至无色,再过量 10 mL,然后加 0.1 g 盐酸羟胺(每加一种试剂都须摇匀)。加钙黄绿素-甲基百里香草酚蓝指示剂少许,在黑色背景下,立即用 EDTA 标准滴定溶液滴定,至绿色荧光消失呈现紫红色为滴定终点。同时做空白试验。

(五)分析结果的计算和表述

以质量分数表示的钙含量 X_2 按下式计算:

$$X_2 = \frac{T \times V_2}{m \times V_1/V_0} \times 100\% = \frac{T \times V_2 \times V}{m \times V_1} \times 100\%$$

式中:X_2 为以质量分数表示的钙含量,%;T 为 EDTA 标准滴定溶液对钙的滴定度,g/mL;V_0 为试样分解液的总体积,mL;V_1 为滴定时移取试样分解液的体积,mL;V_2 为试样实际消耗 EDTA 标准滴定溶液的体积,mL;m 为试样的质量,g。

结果表示同高锰酸钾滴定法。

(六)重复性

同高锰酸钾滴定法。

(七)注意事项

(1)用 EDTA 标准滴定溶液滴定时应从上往下观察,且光线不能太弱,以免影响终点判定。

(2)如滴定前溶液中有沉淀,可以稀释样品溶液或加入蔗糖溶液,以免影响测定结果。

六、任务评价

项目任务的评价标准见表4-10。

表 4-10　饲料中钙含量测定评价标准(高锰酸钾法)

评价环节	评分要素	分值	评分标准	得分	备注
相关知识准备	任务相关知识查阅收集	15	任务相关知识查阅、收集全面、充分		
仪器设备及试剂准备	仪器设备	10	仪器设备准备齐全、摆放整齐、仪器设备应清洁		
	试剂溶液		试剂溶液准备齐全、摆放整齐		
试样分解液的制备	粗灰分制作	10	称样、炭化、灰化操作规范,熟练数据记录正确		
	试样分解		盐酸加入量器选择及加入量正确、煮沸无溢出		
	试样转移定容		转移、定容操作正确规范、定容准确		
沉淀的生成和沉化	加入试样液	18	量器选择正确、加入量正确		
	pH 调节		试剂加入正确、操作规范		
	加入草酸铵		量器选择正确,加入量正确、操作规范,能及时加盐酸调节 pH		
	继续加热、沉淀陈化		有继续加热过程,沉淀陈化过程		
沉淀过滤和洗涤	沉淀过滤	12	过滤操作规范		
	沉淀洗涤		试剂使用正确,洗涤操作规范		
	洗涤终点检测		终点检测方法正确		
沉淀溶解和滴定	沉淀溶解	10	量器选用正确、试剂加入正确		
	加热		将溶液加热到 80℃		
	滴定		滴定速度控制适宜、终点判断正确、读数正确		
空白测定	空白测定	5	空白测定操作正确		
结果计算	结果计算与表示重复性计算	10	结果计算与表示正确重复性计算符合要求,以平均值表示结果		
其他	小组合作、态度、职业素养等	10	小组合作配合好、认真准备、积极参加、台面整洁		
总分		100			

▶ 任务八　饲料中总磷含量的测定 ◀

一、任务描述

假如你是某饲料厂化验室员工,现要求你对已制备的分析试样(已粉碎过筛),即本厂生产的育肥猪用配合饲料进行磷含量的测定。根据任务描述准备任务相关知识并制作任务计划。

二、任务相关知识

磷是动物必需的常量矿物质元素之一。尽管某些植物性饲料中磷含量较高,但由于其中磷的存在主要是有机磷——即植酸磷,对单胃动物来讲其利用率较低。因而单胃动物配合饲料生产中常需补充无机磷,来满足动物对磷的需要。目前饲料中磷的测定主要是测定总磷含量。下面以分光光度法即钼黄比色法进行饲料中总磷含量的测定。

(一)适用范围

本方法规定了饲料中总磷含量测定的分光光度方法。本方法适用于饲料原料及饲料产品中磷的测定。当取样量 5 g,定容至 100 mL 时,检出限为 20 mg/kg,定量限为 60 mg/kg。

(二)测定原理

将试样中的总磷经消解,在酸性条件下与钒钼酸铵生成黄色的钒钼黄络合物,钒钼黄的吸光度值与总磷的浓度成正比。在波长 400 nm 下测定试样溶液中钒钼黄的吸光度值,与标准系列比较定量。

此法测定结果为总磷量,其中包括动物难以吸收利用的植酸磷。

三、任务实施

(一)仪器和设备清点

(1)实验室用样品粉碎机或研钵。

(2)分析筛　40 目(孔径 0.44 mm)。

(3)分析天平　感量 0.0001 g。

(4)高温电炉　电加热,有温度计且可控制炉温在 550～600℃。

(5)坩埚　50 mL,瓷质。

(6)容量瓶　50、100、1 000 mL。

(7)分光光度计　有 10 mm 比色池,可在 400 nm 下进行比色测定(图 4-19)。

(8)移液管　1.0、2.0、5.0、10.0 mL。

(9)可调温电炉　1 000 W。

(二)试剂及溶液配制

(1)盐酸溶液(GB 622,化学纯)溶液。1∶1($V\colon V$)。

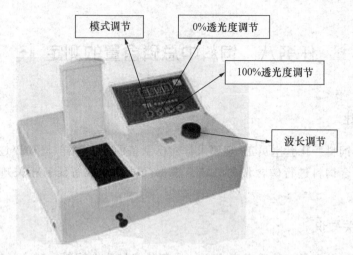

模式调节　　0%透光度调节

100%透光度调节

波长调节

图4-19　722可见分光光度计

(2)浓硝酸(GB 626)化学纯。

(3)钒钼酸铵显色剂　称取偏钒酸铵(HG 3-941,分析纯)1.25 g,加水 200 mL 加热溶解,冷却后再加入硝酸 250 mL;另取钼酸铵(GB 657,分析纯)25 g,加蒸馏水 400 mL 加热溶解,在冷却条件下将两种溶液混合,且加蒸馏水定容至 1 000 mL,避光保存。如生成沉淀则不能使用。

(4)磷标准溶液　将磷酸二氢钾在 105℃干燥 1 h。在干燥器中冷却后称 0.219 5 g,溶解于蒸馏水中,定量转入 1 000 mL 容量瓶中,加硝酸 3 mL,用蒸馏水稀释到刻度,摇匀,即成 50 μg/mL 的磷标准溶液。置聚乙烯瓶中 4℃可储存 1 个月。

(三)试样分解液制备

猪用配合饲料可选择干灰化法或湿法消解法制备试样分解液。

1.干灰化法

称取试样 2～5 g 于坩埚中,在电炉上小心炭化,再放入高温炉,于(550±20)℃下灼烧 3 h,观察是否有炭粒,如无炭粒继续灼烧 1 h,如有炭粒将坩埚冷却,用蒸馏水湿润,在(103±2)℃干燥箱中干燥至干,将坩埚置于高温炉继续灼烧 1 h,冷却至 200℃时,取出冷却。在坩埚内加入 1∶3 盐酸溶液 10 mL 和浓硝酸数滴,小心煮沸 10 min。将此溶液转入 100 mL 容量瓶中,并以热蒸馏水洗涤坩埚及漏斗中滤纸,洗液亦收集入容量瓶中,将此溶液冷却至室温,定容,摇匀,为试样分解液。

2.湿法消解法

称取试样 0.5～5 g(精确至 0.000 1 g)于凯氏烧瓶中,加入硝酸 30 mL,小心加热煮沸至黄烟逸尽,稍冷,加入高氯酸 10 mL,继续加热至高氯酸冒白烟(不得蒸干,否则容易爆炸),溶液基本无色。冷却后,加水 30 mL,加热煮沸。放冷后,转移入 100 mL 容量瓶中,用水稀释至刻度,摇匀,为试样分解液。

(四)标准曲线的绘制

准确移取磷标准溶液 0、1.0、2.0、5.0、10.0、15 mL 于 50 mL 容量瓶中,各加钒钼酸铵显色剂 10 mL,用蒸馏水稀释至刻度,摇匀,放置 10 min 以上。以 0 mL 溶液为参比,用 10 mm 比色池,在 400 nm 波长下,用分光光度计测定各溶液的吸光度。以磷含量为横坐标,吸光度为纵坐标绘制标准曲线(图 4-20),或计算回归方程(见五、任务拓展)。

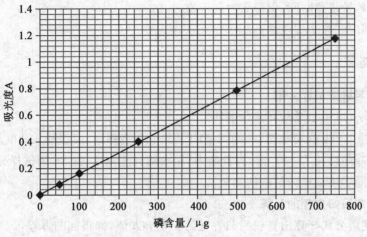

图 4-20 磷测定标准曲线

(五)试样的测定

准确移取试样分解液 1～10 mL(含磷量 50～750 μg)于 50 mL 容量瓶中,加入钒钼酸铵显色剂 10 mL,用蒸馏水稀释至刻度,摇匀,放置 10 min 以上。以 0 mL 溶液为参比,用 10 mm 比色池,在 400 nm 波长下,用分光光度计测定溶液的吸光度。在标准曲线上查得试样分解液的含磷量,或代入回归方程计算出试样分解液的含磷量。

(六)结果计算

1. 结果计算

试样中磷的含量 W 以质量分数计,结果按下式计算:

$$W = \frac{a \times (V/V_1)}{m} \times 100\%$$

式中:m 为试样质量;V 为试样分解液总体积,mL;V_1 为比色测定时所移取试样分解液体积,mL;a 为由标准曲线查得试样分解液含磷量,μg。

(七)重复性评价

在同一实验室,由同一操作者使用相同设备,按相同的测试方法,并在短时间内对同一饲料样品相互独立进行测试获得的两次独立测试结果的绝对差值,当试样中总磷含量小于或等于 0.5% 时,不得大于这两次测定值的算术平均值的 10%;当试样中总磷含量大于 0.5% 时,不得大于这两次测定值的算术平均值的 3%。以大于这两次测定值的算术平均值的百分数的情况不超过 5% 为前提。

四、任务小结

饲料总磷含量测定中需要注意以下 3 点:

(1)待测液磷含量不能太高,最好控制总含磷在 0.5 mg 以下,否则由于颜色过深之后会使得吸光度过高超过标准曲线线段中最高点,或根本测定不出。

(2)试样分解液及标准磷溶液中加入显色剂后应静置 10 min 以上再比色,室温低于 15℃时应适当延长显色时间,但静置时间不宜过久。

(3)显色剂应贮存于棕色试剂瓶中保存。

五、任务拓展

(一)盐酸溶解法试样分解

盐酸溶解法(适用于微量元素预混料)

称取试样 0.2～1 g(精确至 0.000 2 g)于 100 mL 烧杯中,缓缓加入盐酸溶液 10 mL,使其全部溶解。冷却后转入 100 mL 容量瓶中,用水稀释至刻度,摇匀,为试样分解液。

后续测定同干法试样分解液的测定。

(二)磷测定回归方程的计算

方法一:使用公式计算出直线回归方程的 a 值和 b 值,即得回归方程

$$y = a + bx$$

例:现有磷标准曲线测定数据见下表 4-11。

表 4-11　磷标准曲线测定数据

项目	容量瓶号					
	1	2	3	4	5	6
标准磷移取量/mL	0	1	2	4	8	16
含磷量 x/μg	0	50	100	200	400	800
吸光度值 y	0	0.087	0.176	0.348	0.675	1.373

计算:$\sum x = x_1 + x_2 + \cdots + x_6 = 1\,550$

$\sum x^2 = x_1^2 + x_2^2 + \cdots + x_6^2 = 852\,500$

$\overline{x} = \sum x/6 = 1\,550/6 = 258.333\,3$

$\sum y = y_1 + y_2 + \cdots + y_6 = 2.659$

$\overline{y} = \sum y/6 = 2.659/6 = 0.443\,167$

$\sum xy = x_1 y_1 + x_2 y_2 + \cdots + x_6 y_6 = 1\,459.95$

$b = \dfrac{\sum xy - (\sum x)(\sum y)/n}{\sum x^2 - (\sum x)^2/n} = \dfrac{1\,459.95 - 1\,550 \times 2.659/6}{852\,500 - 1\,550^2/6} = 0.001\,71$

$a = \overline{y} - b\overline{x} = 0.443\,167 - 0.001\,71 \times 258.333\,3 = 0.001\,429$

回归方程为:

$$y = 0.001\,429 + 0.001\,71\,x$$

其中 x 为磷含量, y 为吸光度值。

当测得试样的吸光度值后代入此回归方程即可求得 50 mL 容量瓶中含磷量(μg)。

方法二:在 Excel 中求出回归方程。具体步骤为:

(1)在 Excel 中输入磷含量和吸光度数值,以行或列的形式输入。选中输入数据区域(图 4-21)。

(2)点击主菜单"插入",在下拉菜单中点"图表",在图表类型中选"xy 散点图"(图 4-22),并点对话框的"完成"按钮。在 Excel 中即出现磷含量和吸光度数据的散点图(图 4-23)。

(3)单击散点图上的点,按一下鼠标右键,在出现的快捷菜单中点击"添加趋势线",即出现添加趋势线对话框,类型为默认"线性",点击"选项",在新出现的对话框中选择显示公式、和显示 R^2 值(图 4-24)。点击对话框"确定"按钮。则在散点图图形区出现回归方程的公式及 R^2 值。当 R^2 值达到 0.999 8 以上时,说明操作过程中误差较小,回归方程或标准曲线符合要求,否则需要重新制作标准曲线。

图 4-21 输入并选中数据

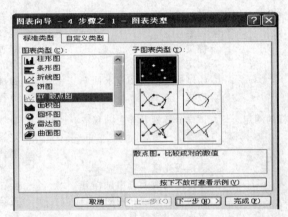

图 4-22 在图表向导对话框中选"xy 散点图"

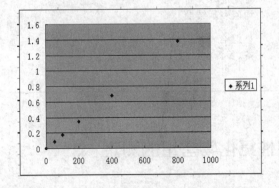

图 4-23 散点图(横坐标磷含量,纵坐标吸光度)

图 4-24 选择"显示公式"和"显示 R 平方值"

六、任务评价

项目任务的评价标准见表 4-12。

表 4-12　饲料中总磷含量测定评价标准

评价环节	评分要素	分值	评分标准	得分	备注
相关知识准备	任务相关知识查阅收集	15	任务相关知识查阅、收集全面、充分		
仪器设备及试剂溶液准备	仪器设备	10	仪器设备准备齐全、摆放整齐、仪器设备应清洁		
	试剂溶液		试剂溶液准备齐全、摆放整齐		
试样分解液的制备	粗灰分制作	10	称样、炭化、灰化操作规范，熟练数据记录正确		
	试样分解		盐酸加入量器选择及加入量正确、煮沸无溢出		
	试样转移定容		转移、定容操作正确规范、定容准确		
标准曲线绘制	磷标准溶液及显色剂移取定容 静置 测定吸光度 绘制标准曲线图或求回归方程	30	量器选择正确、操作规范 定容至刻度线 静置时间达到要求 分光光度计使用正确 标准曲线绘制正确或回归方程计算正确		
试样的测定	试样分解液及显色剂移取定容 静置 测定吸光度 在标准曲线上查出试样分解液含磷量或利用回归方程求出含磷量	15	量器选择正确、操作规范 定容至刻度线 静置时间达到要求 分光光度计使用正确 会在标准曲线上查含磷量或会利用回归方程求含磷量		
结果计算	结果计算与表示 重复性计算	10	结果计算与表示正确 重复性计算符合要求，以平均值表示结果		
其他	小组合作、态度、职业素养等	10	小组合作配合好、认真准备、积极参加、台面整洁		
总分		100			

▶ 任务九　饲料中水溶性氯化物含量的测定 ◀

一、任务描述

假如你是某饲料厂化验室员工，现要求你对已制备的分析试样（已粉碎过筛），即本厂生产的育肥猪用配合饲料进行水溶性氯化物含量的测定。根据任务描述准备任务相关知识并制作任务计划。

二、任务相关知识

氯是动物必需的常量矿物质元素。植物性饲料中氯含量较低,通常配合饲料生产中通过氯化钠补充动物所需的氯。因而配合饲料中测定出的氯主要是以氯化钠形式存在的。下面以现行国标饲料中水溶性氯化物含量的测定方法进行测定。

(一)适用范围

本方法规定了以氯化钠表示的饲料中水溶性氯化物含量的测定,适用于饲料中水溶性氯化物的测定。

(二)方法原理

试样中的氯离子溶解于水溶液中,如果试样含有有机物质,需将溶液澄清,然后用硝酸稍加酸化,并加入硝酸银标准溶液使氯化物生成氯化银沉淀,过量的硝酸银溶液用硫氰酸铵或硫氰酸钾标准溶液滴定。

三、任务实施

(一)仪器设备清点

(1)回旋振荡器　$35 \sim 40$ r/min。

(2)容量瓶　250、500 mL。

(3)滴定管　50 mL 棕色和无色各一支。

(4)分析天平　感量 0.000 1 g。

(5)中速定量滤纸。

(二)试剂及溶液配制

(1)硝酸　$\rho_{20}(HNO_3) = 1.38$ g/mL。

(2)活性炭　不含有氯离子也不能吸收氯离子。

(3)硫酸铁铵饱和溶液　用硫酸铁铵制备[$NH_4Fe(SO_4)_2 \cdot 12H_2O$]。

(4)Carrez Ⅰ　称取 10.6 g 亚铁氰化钾[$K_4Fe(CN)_5 \cdot 3H_2O$],溶解并用水定容至 100 mL。

(5)Carrez Ⅱ　称取 21.9 g 乙酸锌[$Zn(CH_3COO)_2 \cdot 2H_2O$],加 3 mL 冰乙酸,溶解并用水定容至 100 mL。

(6)硫氰酸铵标准溶液　$c(NH_4SCN) = 0.1$ mol/L。

(7)硝酸银标准溶液　$c(AgNO_3) = 0.1$ mol/L。

(三)含有机物试样试液的制备

称取 5 g 试样(m),精确至 0.001 g,转移至 500 mL 容量瓶中,加入 1 g 活性炭,加入 400 mL 温度约20℃的水和 5 mL Carrez Ⅰ溶液,搅拌,然后加入 5 mL Carrez Ⅱ溶液混合,在振荡器中摇 30 min,用水稀释至刻度,混匀,过滤,滤液供滴定用。

(四)滴定

用称液管移取一定体积(25~100 mL)滤液至三角烧瓶中,其中氯化物含量不超过150 mg。

必要时(移取的滤液少于 50 mL),用水稀释到 50 mL 以上,加 5 mL 硝酸、2 mL 硫酸铁铵饱和溶液,并从加满硫氰酸铵标准滴定溶液至 0 刻度的滴定管中滴加 2 滴硫氰酸铵溶液。

注:剩下的硫氰酸铵标准滴定溶液用于滴定过量的硝酸银溶液。

用硝酸银标准溶液滴定直至红棕色消失,再加入 5 mL 过量的硝酸银溶液(V_{s_1}),剧烈摇动使沉淀凝聚,必要时加入 5 mL 正己烷,以助沉淀凝聚。

用硫氰酸铵溶液滴定过量硝酸银溶液,直至产生红棕色能保持 30 s 不褪色,滴定体积为(V_{t_1})。

(五)空白试验

空白试验需与测定平行进行,用同样的方法和试剂,但不加试料。

(六)测定结果的计算

水溶性氯化物的含量 W_{wc}(以氯化钠计),按下式进行计算:

$$W_{wc} = \frac{M \times 0.001 \times \left[(V_{s_1} - V_{s_0}) \times c_s - (V_{t_1} - V_{t_0}) \times c_t \right]}{m} \times \frac{V_i}{V_a} \times f \times 100\%$$

式中:M 为氯化钠的摩尔质量,$M = 58.44$ g/mol;V_{s_1} 为测试溶液滴加硝酸银溶液体积,mL;V_{s_0} 为空白溶液滴加硝酸银溶液体积,mL;c_s 为硝酸银标准溶液浓度,mol/L;V_{t_1} 为测试溶液滴加硫氰酸铵溶液体积,mL;V_{t_0} 为测试溶液滴加硫氰酸铵溶液体积,mL;c_t 为硫氰酸铵溶液浓度,mol/L;V_i 为试液的体积,mL;V_a 为移出液的体积,mL;f 为稀释因子,此处 $f = 1$;m 为试样的质量,g。

结果表示为质量分数(%),报告的结果如下:

水溶性氯化物含量小于 1.5% 时,精确到 0.05%。

水溶性氯化物含量大于或等于 1.5% 时,精确到 0.10%。

(七)重复性要求

在同一实验室由同一操作人员,用同样的方法和仪器设备,在很短的时间间隔内对同一样品测定获得的 2 次独立测试结果的绝对差值,大于下式计算得到的重复性限(r)的概率不超过 5%。

$$r = 0.314 (\overline{W_{wc}})^{0.521}$$

式中:r 为重复性限,%;$\overline{W_{wc}}$ 为两次测定结果的平均值,%。

四、任务小结

饲料中水溶性氯化物含量的测定主要步骤包括试样液的制备、滴定及空白测定。试样液的制备需要根据试样的组成情况选择不同的步骤,本任务中需要注意:

(1)硫氰酸铵总用量应包括开始的 2 滴溶液和后面滴定的用量。

(2)硝酸银标准溶液要求用棕色试剂瓶存放,且应定期(1 个月)用标准氯化钠溶液标定。

五、任务拓展

(一)不含有机物试样试液的制备

称取不超过 10 g 试样,试样所含氯化物含量不超过 3 g,转移至 500 mL 容量瓶中,加入 400 mL 温度约 20℃的水,混匀,在回旋振荡器中振荡 30 min,用水稀释至刻度(V_i),混匀,过滤,滤液供滴定用,以下按上述(四)滴定操作步骤进行。

(二)熟化饲料、亚麻饼粉或富含亚麻饼粉的产品和富含黏液或胶体的物质

称取 5 g 试样(m),精确至 0.001 g,转移至 500 mL 容量瓶中,加入 1 g 活性炭,加入 400 mL 温度约 20℃的水和 5 mL Carrez Ⅰ溶液,搅拌,然后加入 5 mLCarrez Ⅱ溶液混合,在振荡器中摇 30 min,用水稀释至刻度(V_i),混合。

轻轻倒出(必要时离心),用移液管吸移 100 mL 上清液至 200 mL 容瓶中,加丙酮混合,稀释至刻度,混匀并过滤,滤液供滴定用。

以下按上述(四)滴定操作步骤进行。

六、任务评价

项目任务的评价标准见表 4-13。

表 4-13　饲料中水溶性氯化物含量测定评价标准

评价环节	评分要素	分值	评分标准	得分	备注
相关知识准备	任务相关知识查阅收集	15	任务相关知识查阅、收集全面、充分		
仪器设备及试剂溶液准备	仪器设备	10	仪器设备准备齐全、摆放整齐、仪器设备应清洁		
	试剂溶液		试剂溶液准备齐全、摆放整齐		
试样试液的制备	试样及活性炭称取与试剂加入并振摇	25	称取操作规范,加入试剂,无洒出现象,试剂加入正确,振摇时间充分		
	定容及过滤		定容达到刻度,干过滤操作规范		
滴定	滤液移取	25	滤液移取量器选择正确、操作规范		
	试剂加入		试剂加入正确		
	滴定		滴定速度控制好,滴定终点判断正确		
空白测定	空白测定	5	空白测定正确		
结果计算	结果计算与表示	10	结果计算与表示正确		
	重复性计算		重复性计算符合要求,以平均值表示结果		
其他	小组合作、态度、职业素养等	10	小组合作配合好、认真准备、积极参加、台面整洁		
总分		100			

任务十　饲料概略养分分析的评价

相关知识学习:饲料概略养分分析是评定饲料营养价值的最基本方法,其内容包括水分、粗蛋白质、粗脂肪、粗纤维、粗灰分和无氮浸出物6个项目,它们是饲料或饲粮营养成分的粗略指标。常用的概略养分分析的各种方法各有其特点和局限性。

1.概略养分分析法的主要优点

设备简单,易于操作。根据测得的化学成分含量及其相互间的关系,可以概略地推定某种饲料的营养价值,并做进一步分析的基础。

2.概略养分分析法的主要缺点

(1)粗蛋白质含量的测定包括了蛋白质、氨基酸、胺类、维生素、硝酸盐等物质中的含氮量乘以6.25的计算值,没有考虑非蛋白氮以及蛋白质中氨基酸组成问题。

(2)粗纤维中各种组成营养价值差异较大,如纤维素和半纤维素易被动物消化,而木质素完全不能消化。但在粗纤维的测定方法的设计是假定纤维素、半纤维素、木质素等完全不溶于酸和碱,而实际测定的碱处理时大部分半纤维素和木质素被溶解,故该法不能客观地描述各种饲料的营养特性。饲料中各种物质经酸和碱处理后的水解情况见表4-14。

表 4-14　各种物质经酸和碱处理后的水解状况

步骤	纤维素	半纤维素	木质素	淀粉	蛋白质
酸处理	几乎不水解	大部分水解	很少水解	完全水解	部分水解
碱处理	不易水解	完全浸出	大量水解		几乎全部水解

项目能力测试

一、填空题

1.常压烘干法测定试样中水分,烘箱的温度设置为_____。

2.粗蛋白含量是用氮的含量×_____。

3.粗蛋白测定步骤的检验是用_____代替试样。

4.粗蛋白质测定采用_____法。

5.脂肪含量高于_____的试样需要预先提取。

6.粗纤维测定方法适用于粗纤维含量_____的试样。

7.粗灰分测定中高温炉的灼烧温度为_____。

8.高锰酸钾测定钙中生成的沉淀是_____。

9.饲料中总磷含量的测定采用_____方法。

10.饲料中水溶性氯化物测定中与硫氰酸铵反应的是_____。

二、选择题

1.以下哪种原料适用于常压烘干法测定水分(　　)。

A.奶制品　　　　　B.矿物质　　　　　C.动植物油脂　　　　　D.猪用配合饲料

2.下列仪器中不用于常压烘干法测水分的是（　　）。

　　A.称样皿　　　　　B.水浴锅　　　　　C.烘箱　　　　　　　D.干燥器

3.水分测定中,对液体、黏稠和以油脂为主要成分的饲料,若经检查试验,第二次干燥后质量变化大于试样质量的0.2%,则干燥时需将试样放入（　　）真空干燥箱中,减压至13 Kpa。

　　A.80℃　　　　　　B.100℃　　　　　C.105℃　　　　　　D.60℃

4.水分测定中,试样在干燥箱内干燥（　　）。

　　A.3 h　　　　　　B.4 h　　　　　　C.2 h　　　　　　　D.0.5 h

5.以下（　　）是粗蛋白质测定中用到的仪器。

　　A.凯氏蒸馏装置　　B.水浴锅　　　　　C.分光光度计　　　　D.真空泵

6.粗蛋白质测定中使用的催化剂是（　　）。

　　A.浓硫酸　　　　　B.硫酸铜　　　　　C.无水硫酸钠　　　　D.B和C

7.粗蛋白质测定第一步试样的消煮最终生成的含氮物是（　　）。

　　A.氯化铵　　　　　B.硫酸铵　　　　　C.氨气　　　　　　　D.硼酸铵

8.粗蛋白质测定中空白测定是用（　　）代替试样。

　　A.硫酸铵　　　　　B.蔗糖　　　　　　C.尿素　　　　　　　D.硫酸铜

9.下列哪个试样在脂肪测定中可以不需水解直接浸提（　　）。

　　A.谷蛋白　　　　　B.酵母　　　　　　C.大豆蛋白　　　　　D.猪用配合饲料

10.粗脂肪测定中不包括下列（　　）仪器。

　　A.索氏脂肪提取器　B.水浴锅　　　　　C.烘箱　　　　　　　D.定氮仪

11.粗脂肪测定中用于浸提试样中脂肪的有机溶剂为（　　）。

　　A.四氯化碳　　　　B.丙酮　　　　　　C.石油醚　　　　　　D.无水乙醇

12.粗纤维测定中使用了下列（　　）仪器。

　　A.水浴锅　　　　　B.真空泵　　　　　C.凯氏蒸馏装置　　　D.索氏提取器

13.下列仪器中在粗灰分测定中未用到的是（　　）。

　　A.瓷坩埚　　　　　B.高温炉　　　　　C.电炉　　　　　　　D.真空泵

14.高锰酸钾测钙的试验中是以（　　）作为指示剂指示终点的。

　　A.甲基红　　　　　B.甲基红-溴甲酚绿　C.高锰酸钾自身　　　D.钙黄绿素

15.高锰酸钾测钙的试验中是以（　　）来溶解粗灰分的。

　　A.浓硝酸　　　　　B.浓盐酸　　　　　C.浓硫酸　　　　　　D.A和B

16.高锰酸钾测钙的试验中草酸钙沉淀的溶解是用（　　）。

　　A.盐酸　　　　　　B.硫酸　　　　　　C.硝酸　　　　　　　D.A和C

17.高锰酸钾测钙的试验中最终滴定的适宜温度为（　　）。

　　A.75～85℃　　　　B.60～70℃　　　　C.70～80℃　　　　　D.80～90℃

18.高锰酸钾测钙的试验中滴定终点的颜色为（　　）。

　　A.红色　　　　　　B.蓝绿色　　　　　C.灰红色　　　　　　D.紫红色

19.饲料总磷含量的测定所用显色剂为（　　）。

　　A.钒钼酸铵　　　　B.偏钒酸铵　　　　C.钼酸铵　　　　　　D.吟菲罗啉

20.饲料中水溶性氯化物含量的测定中酸性条件是通过加入（　　）提供的。

A.磷酸　　　　　　B.硫酸　　　　　　C.硝酸　　　　　　D.盐酸

21.饲料中水溶性氯化物含量的测定中滴定终点颜色为（　　）。

A.红棕色　　　　　　B.红色　　　　　　C.黄色　　　　　　D.蓝绿色

三、判断题

1.常压烘干法适用于玉米中水分的测定。（　　）

2.常压烘干法适用于油料籽食及其饼粕中水分的测定。（　　）

3.粗蛋白质测定氨的蒸馏步骤中从冷凝管出来的含氮物为氨气。（　　）

4.粗蛋白质测定中所用的浓硫酸要求不含氮。（　　）

5.粗蛋白质测定消煮步骤使用的仪器只有电子天平、消化管、消化炉。（　　）

6.粗蛋白质测定使用的混合指示剂甲基红溴甲酚绿阴凉处可保存1个月。（　　）

7.鱼粉粗脂肪的测定不需要水解，可以直接浸提。（　　）

8.现行粗脂肪测定方法不适用于油籽和油籽残渣的测定。（　　）

9.粗脂肪测定中使用的石油醚沸程为60～90℃。（　　）

10.蛋鸡产蛋期配合饲料在粗纤维测定时需要先用0.5 mol/L的盐酸除去碳酸盐。（　　）

11.粗纤维测定的主要步骤为碱洗、脱脂、酸洗、干燥、灰化。（　　）

12.粗纤维测定中所用的固定浓度酸,硫酸浓度为(0.13±0.005) mol/L。（　　）

13.粗纤维测定中碱洗后残渣用热水洗至中性可用红色石蕊试纸检测。（　　）

14.粗灰分测定中可以使用三氯化铁和蓝墨水的溶液来对新买的瓷坩埚编号。（　　）

15.高锰酸钾测定钙中甲基红指示剂的作用是为了调节适宜的pH,以生成草酸钙沉淀。
（　　）

16.高锰酸钾测定钙中草酸钙沉淀的洗涤是用1∶50的氨水进行的。（　　）

17.高锰酸钾测定钙中滴定速度的控制宜快不宜慢。（　　）

18.高锰酸钾测定钙中应选择酸式滴定管进行滴定。（　　）

19.高锰酸钾标准溶液不稳定,至少每月标定1次。（　　）

20.饲料总磷含量测定,用蒸馏水定容后要立即在分光光度计上比色测定。（　　）

21.饲料中水溶性氯化物含量的测定硝酸银标准溶液的作用只与试样中的氯离子反应生成氯化银沉淀。（　　）

四、思考题

1.现行的饲料水分含量测定方法不适用于哪些饲料的测定?

2.分析引起粗蛋白质含量偏高及偏低的因素有哪些?

3.粗纤维测定注意事项有哪些?

4.现行的粗脂肪测定方法为什么对于脂肪含量高的试样需要进行预提取?

5.比较两种测定饲料中钙含量的方法:高锰酸钾和EDTA络合滴定法?

项目五
矿物质饲料的检验

知识目标

1. 了解常量矿物质元素、微量矿物质元素的种类及补充形式。
2. 了解各种矿物质饲料的质量标准。
3. 了解各种矿物质饲料的检验规则。
4. 理解各种矿物质饲料测定的原理。

技能目标

1. 会进行试剂和溶液的正确配制。
2. 能独立进行各种矿物质饲料中有效成分含量的测定。
3. 能对数据进行处理,并能对结果进行正确解释。

素质目标

1. 能够遵守操作规程,注意实验安全。
2. 加强职业道德意识,具有爱岗敬业、勇于奉献、吃苦耐劳的职业素质。
3. 具有科学严谨、实事求是的工作作风,具备开拓进取、勇于创新、团队协作的素质。
4. 具有新标准及新方法的学习及运用能力。

项目任务导读

任务一　磷酸氢钙中总磷、枸溶磷、水溶磷的测定
任务二　饲料级石粉的测定(选做)
任务三　含铜饲料添加剂的测定
任务四　饲料级添加剂硫酸锌的测定(选做)
任务五　饲料级添加剂硫酸亚铁的测定(选做)
任务六　饲料级添加剂硫酸锰含量的测定(选做)
任务七　饲料级碘酸钙的测定(选做)
任务八　饲料级硫酸钴测定(选做)

任务一　磷酸氢钙中总磷、枸溶磷、水溶磷的测定

一、任务描述

假设你是某配合饲料厂化验室员工，现要求你对本厂购进的饲料级磷酸氢钙进行品质测定。根据任务描述准备相关知识，并制作任务计划。

二、任务相关知识

磷酸氢钙是配合饲料厂常用的钙、磷补充物之一。根据目前我国磷酸氢钙加工工艺的不同，将饲料级磷酸氢钙分为Ⅰ型、Ⅱ型、Ⅲ型 3 种型号。磷酸氢钙的测定包括鉴别实验、总磷含量、枸溶性磷含量、水溶性磷含量、钙含量及卫生指标氟、砷等的测定。由于含有 2 个结晶水的磷酸氢钙在生产过程中当温度达到 110℃脱去 1 个结晶水，175℃时脱去 2 个结晶水，变成无效的焦磷酸钙，所以测定枸溶磷含量是验收磷酸氢钙的重要指标。枸溶磷指能被中性柠檬酸铵溶液提取的磷，是评价磷酸氢钙质量好坏的指标，通常暗指有效磷。枸溶磷占总磷比例越高，磷酸氢钙质量越好。下面主要通过重量法进行总磷含量、枸溶性磷含量、水溶性磷含量的测定。本任务主要参照 GB 22549—2017 饲料添加剂磷酸氢钙中的方法进行总磷含量、枸溶性磷含量、水溶性磷含量的测定。

(一)范围
本方法适用于用湿法磷酸按一定的钙磷比生产出的饲料添加剂磷酸氢钙。

(二)饲料添加剂磷酸氢钙的要求
(1)外观　本品为白色或略带微黄色粉末或颗粒。
(2)要求　饲料级磷酸氢钙应符合表 5-1 的要求。

表 5-1　饲料级磷酸氢钙要求

项目	指标		
	Ⅰ 型	Ⅱ 型	Ⅲ 型
总磷含量/%	≥16.5	≥19.0	≥21.0
枸溶性磷含量/%	≥14.0	≥16.0	≥18.0
水溶性磷含量/%		≥8.0	≥10.0
钙含量/%	≥20.0	≥15.0	≥14.0
氟含量/(mg/kg)		≤1 800	
砷含量/(mg/kg)		≤20	
铅含量/(mg/kg)		≤30	
镉含量/(mg/kg)		≤10	

续表5-1

项目	指标		
	Ⅰ型	Ⅱ型	Ⅲ型
铬含量/(mg/kg)		≤30	
游离水分/%		≤4.0	
细度(粉状通过0.5 mm试验筛)		95	
（粒状通过2 mm试验筛）		90	

注：用户对细度有特殊要求时，由供需双方协商。

（三）总磷含量测定原理

在酸性介质中，试验溶液中的磷酸根全部与加入的喹钼柠酮沉淀剂形成沉淀。通过过滤、烘干、称量，计算含量。

（四）枸溶磷含量测定原理

用中性柠檬酸铵溶液溶解和提取试样中的磷酸根，采用磷钼酸喹啉重量法测定磷含量。

（五）检验规则

1. 组批

以相同材料、相同的生产工艺、连续生产或同一班次生产的均匀一致的产品为一批。每批产品不超过60 t。

2. 检验分为出厂检验和型式检验

(1)出厂检验项目为总磷、枸溶磷、水溶磷、钙、氟、游离水分和细度。

(2)型式检验项目包括外观和性状以及技术指标中的所有项目。在正常生产情况下，每半年至少进行一次型式检验。有下列情况之一时，也应进行型式检验。

①产品定型时；

②生产工艺或原料来源有较大改变，可能影响产品质量时；

③停产3个月以上，重新恢复生产时；

④出厂检验结果与上次型式检验有较大差异时。

3. 判定规则

检验结果有一项指标不符合标准要求时，应重新自两倍量的包装中取样进行复核检验。重新检验的结果即使只有一项指标不符合标准要求，则整批产品为不合格。

三、任务实施

安全提示：本试验方法中使用的部分试剂具有毒性和腐蚀性，操作时需要小心谨慎，如溅到皮肤上应立即用水冲洗，严重者应立即治疗。

（一）总磷含量的测定

1. 仪器设备准备

(1)玻璃砂坩埚　滤板孔径为5~15 μm。

(2)电热干燥箱　温度能控制在(180±5)℃。

（3）真空泵。

（4）抽滤瓶。

2.试剂溶液配制

（1）盐酸溶液　1∶1。

（2）硝酸溶液　1∶1。

（3）喹钼柠酮溶液　①称取 70 g 钼酸钠($Na_2MoO_4 \cdot 2H_2O$)溶解于 100 mL 水中。②称取 60 g 柠檬酸($C_6H_8O_7 \cdot 2H_2O$)溶解于 150 mL 水中。③在搅拌下将溶液①缓慢加入溶液②中。④在 100 mL 水中加入 25 mL 浓硝酸和 5 mL 喹啉。⑤将溶液④加入溶液③中，摇匀，放置 12 h，用玻璃砂坩埚过滤，再加入 280 mL 丙酮，用水稀释至 1 000 mL，混匀，并贮存于聚乙烯瓶中。

3.试验溶液 A 的制备

称取约 1.0 g 试样，精确至 0.000 2 g，置于 100 mL 烧杯中，加 10 mL 盐酸溶液和少量水，盖上表面皿，煮沸 10 min。冷却后移入 250 mL 容量瓶中，用水稀释至刻度，摇匀。此溶液为试验溶液 A，用于总磷、钙含量测定。

4.空白溶液的制备

除不加试样外，其他加入的试剂量与试验溶液的制备完全相同，并与试样同时进行同样处理。

5.测定

用移液管移取 20 mL 试验溶液 A 和空白试验溶液分别置于 250 mL 烧杯中，加 10 mL 硝酸溶液，加水至总体积约 100 mL，加热至微沸，加 50 mL 喹钼柠酮溶液，盖上表面皿，于水浴中加热至杯内温度达(75 ± 5)℃，保持 30 s（加热时不得用明火，加试剂或加热时不能搅拌，以免生成凝块）。冷却至室温，冷却过程中搅拌 3～4 次。用预先在(180 ± 5)℃恒重的玻璃砂坩埚抽滤上层清液，用倾泻法洗涤沉淀 5～6 次，每次用水约 20 mL，将沉淀转移至玻璃砂坩埚中，继续用水洗涤沉淀 3～4 次。将玻璃砂坩埚置于电热干燥箱中，于(180 ± 5)℃烘 45 min，取出，置于干燥器中冷却至室温，称量。

6.结果计算与表述

总磷含量以磷的质量分数 X 计，按下式计算：

$$X = \frac{(m_1 - m_2) \times 0.014\,00}{m \times 20/250} \times 100\% = \frac{(m_1 - m_2) \times 0.175}{m} \times 100\%$$

式中：m_1 为试验溶液生成磷钼酸喹啉沉淀的质量，g；m_2 为空白试验溶液生成磷钼酸喹啉沉淀的质量，g；m 为试料的质量，g；0.014 00 为磷钼酸喹啉换算成磷的系数。

7.允许差

取平行测定结果的算术平均值为测定结果，2 次平行测定结果的绝对差值不大于 0.2%。

(二)枸溶磷含量的测定

1.仪器设备准备

(1)玻璃砂坩埚 滤板孔径为 5~15 μm。

(2)电热干燥箱 温度能控制在(180±5)℃。

(3)电热恒温水浴器 温度控制在(65±2)℃。

(4)真空泵。

(5)抽滤瓶。

(6)酸度计(图 5-1) 分度值为 0.2,配有玻璃电极和饱和甘汞电极。

(7)比重计(图 5-2)。

图 5-1 酸度计

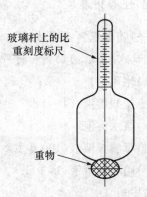

玻璃杆上的比重刻度标尺

重物

图 5-2 玻璃比重计

2. 试剂及溶液配制

(1)柠檬酸。

(2)无水乙醇。

(3)氨水。

(4)中性柠檬酸铵溶液 溶解 74 g 柠檬酸置于 300 mL 水中,加 69 mL 氨水,在酸度计控制下用氨水调节溶液 pH 至 7.0,用比重计测其相对密度为 1.09(20℃),将溶液贮存于密闭的瓶中备用(如果长期使用,用前需要校正其酸度)。

3.试样测定

称取 1 g 试样,精确至 0.000 2 g,置于 250 mL 容量瓶中,加 100 mL 柠檬酸铵溶液,将容量瓶置于(65±2)℃电热恒温水浴器中保温 1 h,时常打开瓶盖,每间隔 15 min 摇动 1 次,每次摇动 30 s,取出容量瓶后冷却至室温,用水稀释至刻度,摇匀。干过滤,弃去初始的 20 mL 滤液,以下操作按总磷含量测定步骤"用移液管移取 20 mL 试验溶液 A"进行。同时做空白试验。

4.计算方法 同总磷含量测定。

(三)水溶磷含量的测定

称取约 0.5 g 试样,精确至 0.000 2 g,置于瓷研钵中,加水研磨,每次加 25 mL 水,连续研磨 4 次,水溶液全部转移到 250 mL 容量瓶中,摇动 30 min(2 次/s),用水稀释至刻度,摇匀。干过滤,弃去初始 20 mL 滤液,用移液管移取 20 mL 滤液置于 250 mL 烧杯中,以下按总磷含量测定步骤"加 10 mL 硝酸溶液"进行。同时做空白试验。

计算方法同总磷含量测定。

四、任务小结

磷酸氢钙中总磷含量的测定主要包括试样液制备、沉淀的生成、沉淀的过滤及洗涤、烘干称重。枸溶磷测定和水溶磷测定与总磷测定主要的区别是试样的提取方法。本测定中沉淀的过滤操作要求按倾泻法操作进行。

五、任务拓展

(一)磷酸氢钙鉴别试验

1.试剂、溶液的配制和材料的准备

(1)冰乙酸。

(2)盐酸溶液　1+1。

(3)氨水溶液　1+1。

(4)草酸铵溶液(100 g/L)　称取 10 g 草酸铵溶于 100 mL 水中。

(5)硝酸银溶液(17 g/L)　称取 1.7 g 硝酸银溶于 100 mL 水中,贮于棕色瓶中。

2.鉴别

(1)磷酸根的鉴别　称取 0.1 g 试样,溶于 10 mL 水中,加 1 mL 硝酸银溶液,生成黄色沉淀,此沉淀溶于过量氨水,不溶于冰乙酸。

(2)钙离子的鉴别　称取 0.1 g 试样,加 5 mL 冰乙酸溶解。煮沸冷却后过滤,滤液加 5 mL 草酸铵溶液,产生白色沉淀。此沉淀在盐酸溶液中溶解。

(二)磷酸氢钙中钙含量的测定

1.仪器设备准备

同乙二胺四乙酸二钠络合滴定测钙法。

2.试剂和材料

(1)蔗糖溶液(25 g/L)　称取 2.5 g 蔗糖溶于 100 mL 水中。

(2)乙二胺四乙酸二钠标准滴定溶液[c(EDTA)=0.02 mol/L]　配制及标定见附录五。

其他同乙二胺四乙酸二钠络合滴定测钙法。

3.测定步骤

用移液管移取 25 mL 试验溶液,置于 250 mL 锥形瓶中。依次加入 50 mL 水,5 mL 蔗糖溶液,2 mL 三乙醇胺,1 mL 乙二胺,再滴加 1 滴孔雀石绿指示剂,滴加氢氧化钾溶液至无色,再过量 10 mL,然后加 0.1 g 盐酸羟胺(每加一种试剂都要摇匀),加少许钙黄绿素,在黑色背景下,用乙二胺四乙酸二钠标准滴定溶液滴定至绿色荧光消失,溶液呈现紫红色为滴定终点。

4.分析结果的计算和表述

以质量分数表示的钙含量 X 按下式计算:

$$X = \frac{c \times V \times 0.040\,08}{m \times 25/250} \times 100\% = \frac{c \times V \times 40.08}{m} \times 100\%$$

式中:c 为乙二胺四乙酸二钠标准滴定溶液的实际浓度,mol/L;V 为滴定时消耗乙二胺四乙酸二钠标准滴定溶液的体积,mL;m 为试样的质量,g;0.040 08 为与 1.00 mL 乙二胺四乙酸二钠标准滴定溶液[c(EDTA)＝1.000 mol/L]相当的以克表示的钙的质量。

5. 重复性

取平行测定结果的算术平均值为测定结果。平行测定结果的绝对差值不大于 0.3%。

(三)游离水分含量的测定

1.仪器设备准备

(1)玻璃砂坩埚　　滤板孔径为 5~15 μm。

(2)电热干燥箱　　温度能控制在(50±2)℃。

(3)真空泵。

(4)抽滤瓶。

(5)电子天平　　精度为 0.000 2 g。

(6)干燥器。

2.试剂准备

丙酮。

3.测定

称取约 2.0 g 试样,精确至 0.000 2 g,置于已在(50±2)℃下恒重的玻璃砂坩埚中,加 5 mL 丙酮,用细玻璃棒搅拌均匀后抽滤,再用丙酮洗涤两次,每次使用 5 mL 丙酮,将盛试料的玻璃砂坩埚在通风橱放置 10 min,然后置于(50±2)℃电烘箱中干燥 2 h,在干燥器中冷却 20 min,称量。

4.结果计算

游离水分含量以质量分数 X_2 计,按下式计算:

$$X_2 = \frac{m_1 - m_2}{m} \times 100\%$$

式中:m_1 为干燥前试料和玻璃砂坩埚的质量,g;m_2 为干燥前试料和玻璃砂坩埚的质量,g;m 为试料质量,g。

取平行测定结果的算术平均值为测定结果,2 次平行测定结果的绝对差值不大于 0.2%。

(四)含磷添加物标准

我国目前现行的含磷添加物行业标准如表 5-2 所示。

表 5-2　含磷添加物标准

序号	矿物质	标准号及标准名称
1	磷酸二氢钙	GB 22548—2017 饲料添加剂 磷酸二氢钙
		HG/T 2861—2011 饲料级 磷酸二氢钙
2	磷酸二氢钾	GB 34470—2017 饲料添加剂 磷酸二氢钾
		HG/T 2860—2011 饲料级 磷酸二氢钾
3	磷酸二氢钠	GB 34456—2017 饲料添加剂 磷酸二氢钠
4	磷酸氢二铵	HG/T 3774—2005 饲料级 磷酸氢二铵
5	磷酸氢二钾	GB 34458—2017 饲料添加剂 磷酸氢二钾
6	磷酸氢钙	GB 22549—2017 饲料添加剂 磷酸氢钙
7	磷酸三钙	GB 34457—2017 饲料添加剂 磷酸三钙
8	磷酸一二钙	HG/T 3776—2005 饲料级 磷酸一二钙

六、任务评价

饲料级磷酸氢钙测定评价标准见表 5-3。

表 5-3　饲料级磷酸氢钙测定评价标准

评价环节	评分要素	分值	评分标准	得分	备注
相关知识准备	任务相关知识查阅、收集	15	任务相关知识查阅、收集全面、充分		
仪器设备及试剂溶液准备	仪器设备 试剂溶液	10	仪器设备准备齐全、摆放整齐、仪器设备应清洁 试剂溶液准备齐全、摆放整齐		
总磷含量测定	试样溶液和空白溶液制备 试样液移取 试剂加入 沉淀过滤及洗涤 烘干、冷却、称重	15	称样、加盐酸、转移定容操作规范、仪器选择正确 试样液移取准确规范 试剂加入正确 倾泻法操作规范、沉淀转移完全 烘干条件符合要求，称重规范		
枸溶磷含量测定	试样溶液和空白溶液制备 试样液移取 试剂加入 沉淀过滤及洗涤 烘干、冷却、称重	15	称样、加柠檬酸铵、保温、定容、干过滤操作规范、仪器选择正确 试样液移取准确规范 试剂加入正确 倾泻法操作规范、沉淀转移完全 烘干条件符合要求，称重规范		

续表5-3

评价环节	评分要素	分值	评分标准	得分 备注
水溶磷含量测定	试样溶液和空白溶液制备 试样液移取 试剂加入 沉淀过滤及洗涤 烘干、冷却、称重	15	称样、研磨、转移、定容、摇动、干 过滤操作规范、仪器选择正确 试样液移取准确规范 试剂加入正确 倾泻法操作规范、沉淀转移完全 烘干条件符合要求,称重规范	
空白测定	空白测定	10	空白测定正确	
结果计算	结果计算与表示 重复性计算	10	结果计算与表示正确 重复性计算符合要求,以平均值 表示结果	
其他	小组合作、态度、职业素 养等	10	小组合作配合好、认真准备、积 极参加、台面整洁	
总分		100		

▶▶ 任务二 饲料级石粉的测定(选做) ◀◀

一、任务描述

假设你是某配合饲料厂化验室员工,现要求对进厂的饲料级石粉进行含量测定。根据任务描述准备相关知识,并制作任务计划。

二、任务相关知识

钙是动物必需的矿物质元素之一。常见的钙补充物有轻质碳酸钙、氯化钙、乳酸钙、葡萄糖酸钙和柠檬酸钙等。石粉由于钙含量较高且价格相对便宜因而在生产中使用较广泛。本任务参照 DB21/T 1751—2009 饲料级石粉中的方法进行钙含量的测定。

(一)范围

本方法适用于以石灰石、方解石、大理石为原料,经粉碎加工制成的饲料级石粉。该产品作为饲料加工中钙的补充剂。

(二)饲料级石粉的要求

(1)感官 白色或灰白色粉末,均匀一致,无结块。

(2)技术指标 饲料级石粉的技术指标见表5-4。

表 5-4　饲料级石粉的技术指标

指标名称	指标	
	一级	二级
钙(Ca)含量/%	≥38.0	≥35.0
砷(以总砷计)含量/(mg/kg)	≤2.0	
铅(以 Pb 计)含量/(mg/kg)	≤10	
氟(以 F 计)含量/(mg/kg)	≤2 000	
汞(以 Hg 计)含量/(mg/kg)	≤0.1	
镉(以 Cd 计)含量/(mg/kg)	≤0.75	
粒度(通过孔径为 0.9 mm 的试验筛)/%	≥90	

(三)石粉中钙含量测定原理

在试验溶液中加入过量的乙二胺四乙酸二钠溶液与钙络合,以酸性铬蓝 K-萘酚绿 B 为指示剂,用氯化锌标准滴定溶液滴定过量的乙二胺四乙酸二钠。根据颜色变化判断反应的终点。

三、任务实施

石粉中钙含量的测定

1.试剂及溶液配制

(1)盐酸溶液　20%。

(2)乙二胺四乙酸二钠溶液　$c(EDTA)=0.05$ mol/L。

(3)氨-氯化铵缓冲溶液(pH=10)。

(4)酸性铬蓝 K-萘酚绿 B 混合指示剂　称取 0.3 g 酸性铬蓝 K 和 0.1 g 萘酚绿 B 溶于水中,稀释至 100 mL。

(5)氯化锌标准滴定溶液　$c(ZnCl_2)=0.1$ mol/L。

2.仪器设备准备

(1)天平　感量 0.000 1 g。

(2)三角瓶。

(3)移液管　25 mL。

(4)滴定管　酸式,25 mL。

(5)滤纸　中速,定量,φ12.5 cm。

3.测定

称取 1 g 试料(精确至 0.000 2 g),置于三角瓶中,加少许水润湿,慢慢滴加盐酸溶液 4 mL,使试料全部溶解。移入 250 mL 容量瓶中,加水至刻度,摇匀,用滤纸过滤。弃去初滤液。用移液管移取过滤液 25 mL,置于 250 mL 三角瓶中,准确加入 25 mL 乙二胺四乙酸二钠溶液。加 50 mL 水,10 mL 氨-氯化铵缓冲溶液,放置 5 min。加 4 滴酸性铬蓝 K-萘酚绿 B 混合指示剂。用氯化锌标准滴定溶液滴定至溶液由蓝色变为紫色,30 s 紫色不褪为终点。

与分析试料同样的操作步骤,进行空白试验。

4.分析结果的计算和表述

以质量百分数表示的钙(Ca)含量 X_1 按式下式计算:

$$X_1 = \frac{c \times 0.040\,08}{m \times 25/250} \times 100\% = \frac{c \times (V_0 - V) \times 40.08}{m} \times 100\%$$

式中:c 为氯化锌标准滴定溶液浓度,mol/L;V_0 为空白试验滴定时消耗氯化锌标准滴定溶液的体积,mL;V 为滴定时消耗氯化锌标准滴定溶液的体积,mL;m 为试料的质量,g;0.040 08 为与 1.00 mL 氯化锌标准滴定溶液[$c(ZnCl_2) = 1.000$ mol/L]相当的以克表示的钙的质量。

取平行测定结果的算术平均值为测定结果。

5.精密度

(1)重复性 在同一实验室,由同一操作者使用相同设备,按上述测试方法,并在短时间内对同一试样独立进行测试获得的两次测试结果的绝对差值不大于 0.4%。

(2)再现性 在不同的实验室,由不同操作者使用不同的设备,按上述测试方法,对同一试样独立进行测试获得的测试结果的绝对差值不大于 0.8%。

四、任务小结

本方法中石粉钙含量的测定是先用盐酸将钙溶解,使生成的钙离子与过量 EDTA 溶液反应,再用氯化锌与多余的 EDTA 反应。此法中盐酸溶解过程应防止溅出,EDTA 溶液应准确加入。

五、任务拓展

(一)石粉中碳酸根离子和钙离子的鉴别

1.试剂和溶液的配制

(1)15%盐酸。

(2)3 g/L 氢氧化钙。

(3)10%氨水。

(4)42 g/L 草酸铵溶液。

2.鉴别

(1)碳酸根离子的鉴别 取 0.1 g 试料,加 15%的盐酸溶液后应有气体生成;将生成的气体通入 3 g/L 氢氧化钙溶液中,应有白色沉淀生成。

(2)钙离子的鉴别 取 0.1 g 试料,滴加 15%盐酸溶液溶解试料,加水至 25 mL。用 10%氨水溶液调至中性,用中速滤纸过滤。向滤液中滴加 42 g/L 草酸铵溶液 5 mL,应有白色沉淀生成。

(二)钙添加物标准

我国目前现行的钙添加物国家及行业标准如表 5-5 所示。

表 5-5　钙添加物标准

序号	矿物质	标准号及标准名称
1	柠檬酸钙	GB 34467—2017 饲料添加剂 柠檬酸钙
2	乳酸钙	NY/T 931—2005 饲料用乳酸钙
3	石粉	DB21/T1751—2009 饲料级石粉

▶ 任务三　含铜饲料级添加剂的测定 ◀

子任务一　饲料级添加剂硫酸铜的测定

一、任务描述

假设你是某预混料厂化验室员工,现要求对进厂的饲料级硫酸铜进行含量测定。根据任务描述准备相关知识,并制作任务计划。

二、任务相关知识

铜是动物必需的微量元素之一。在我国动物铜元素的补充形式主要为硫酸铜,通常在预混料生产的过程中添加。饲料级硫酸铜的测定包括定性鉴别、硫酸铜含量、水不溶物含量、砷含量、铅含量、细度等测定。本任务参照 GB 34459—2017 饲料添加剂硫酸铜中的测定方法进行硫酸铜含量的测定。

(一)范围

本方法适用于蚀刻液回收法或紫杂铜高温焙烧法生产的饲料添加剂一水硫酸铜或五水硫酸铜。

(二)饲料添加剂硫酸铜的要求

1.外观和性状

一水硫酸铜为白色略带浅蓝色粉末,五水硫酸铜为浅蓝色结晶颗粒或粉末。

2.技术指标

饲料添加剂硫酸铜产品应符合表 5-6 的要求。

表 5-6　饲料添加剂硫酸铜技术指标

指标名称	指标	
	一水硫酸铜（$CuSO_4 \cdot H_2O$）	五水硫酸铜（$CuSO_4 \cdot 7H_2O$）
硫酸铜/%	≥98.5%	≥98.5%
铜（Cu）/%	≥35.7	≥25.1
水不溶物/%	≤0.5	
总砷（As）/(mg/kg)	≤4	
铅（pb）/(mg/kg)	≤5	
镉（Cd）/(mg/kg)	≤0.1	
汞（Hg）/(mg/kg)	≤0.2	
细度（通过 200 μm 试验筛）/%	≥95	—
（通过 800 μm 试验筛）/%	—	≥95

注：未经预处理的产品细度可不做要求

(三)硫酸铜含量测定原理

试样用水溶解,在微酸性条件下,加入适量的碘化钾与二价铜作用,析出等当量的碘,以淀粉为指示剂,用硫代硫酸钠标准滴定溶液滴定析出的碘。从消耗硫代硫酸钠标准滴定溶液的体积,计算试样中硫酸铜含量。

三、任务实施

硫酸铜含量测定

1.试剂及溶液配制

(1)0.1 mol/L 硫代硫酸钠标准滴定溶液的配制与标定　见附录标准溶液的配制与标定部分。

(2)冰乙酸。

(3)淀粉指示液(5 g/L)　称取 0.5 g 可溶性淀粉,加入 5 mL 水搅匀后,缓缓倒入100 mL 沸水中,边加边搅拌,继续煮沸 2 min,冷却后取其上层清液。使用期为 2 周。

(4)碘化钾。

(5)氟化钠饱和溶液。

(6)硫氰酸钾溶液　100 g/L。

2.仪器设备准备

250 mL 碘量瓶、100 mL 量筒、分析天平、托盘天平、5 mL 刻度吸管。

3.测定

称取 0.5～0.8 g 试样,精确至 0.000 1 g,置于碘量瓶中,加入 50 mL 水溶解,加入4 mL 冰乙酸,5 mL 氟化钠饱和溶液,加 2 g 碘化钾,摇匀后,于暗处放置 10 min。用硫代硫酸钠标准滴定溶液滴定,直至溶液呈现淡黄色,加 3 mL 淀粉指示液,继续滴定至蓝色消失,加入 10 mL 硫氰酸钾溶液,摇匀后继续滴定至蓝色消失,即为终点。

同时,另取 250 mL 的锥形瓶,做空白试验,除不加入试样外,其余均与上述试验相同。

4. 分析结果的计算和表述

以质量分数表示的五水硫酸铜($CuSO_4 \cdot 5H_2O$)[或以一水硫酸铜($CuSO_4 \cdot H_2O$);或铜(Cu)]含量 X_1 按下式计算:

$$X_1 = \frac{(V - V_0) \times cM \times 0.001}{m} \times 100\%$$

式中:c 为硫代硫酸钠标准滴定溶液的实际浓度,mol/L;V 为滴定时消耗硫代硫酸钠标准滴定溶液的体积,mL;V_0 为空白滴定时消耗硫代硫酸钠标准滴定溶液的体积,mL;m 为试料的质量,g;M 为五水硫酸铜($CuSO_4 \cdot 5H_2O$)[或以一水硫酸铜($CuSO_4 \cdot H_2O$);或铜(Cu)]的摩尔质量,g/mol。

以两次平行测定结果的算术平均值为测定结果,结果保留至小数点后一位。

5. 允许差

两次平行测定结果的绝对差值以五水硫酸铜($CuSO_4 \cdot 5H_2O$)计不大于 0.5%,或以一水硫酸铜($CuSO_4 \cdot H_2O$)计不大于 0.3%;或以铜(Cu)计不大于 0.1%。

四、任务小结

本试验中硫代硫酸钠标准滴定溶液需要用棕色试剂瓶贮存,试验方法采用的是碘量法,碘量法测定硫酸铜含量关键是终点颜色的判断,需通过多次练习熟悉终点颜色。在测定操作过程中需注意以下 4 点:

①测定液的酸度会影响滴定反应,实际测定条件以溶液 pH 3~4 为宜,可采用醋酸或硫酸调节酸度。

②析出的 I_2 在空气中易被氧化,且被光照强度加大而加快,故滴定时应尽量避免光直射。

③硫代硫酸钠溶液不稳定,配制和稀释标准滴定溶液时,蒸馏水必须是新沸过的冷却蒸馏水,每隔 1~2 个月应重新标定一次。

④淀粉指示液最好现用现配,若放置过久,会与 I_2 形成红紫色络合物,用硫代硫酸钠溶液滴定时褪色慢,影响终点判定。接近终点时再加。

在标定硫代硫酸钠标准溶液过程中亦需注意以下几点:

①配制本滴定液所用的水必须经过煮沸后放冷,以除去水中溶解的二氧化碳和氧,在配制后应在避光处贮放 2 周以上,待浓度稳定,再经滤过,而后标定。

②碘化钾的强酸性溶液,在静置过程中遇光也会释出微量的碘,因此在标定中的放置过程应置于暗处,但不宜过久,并用空白试验予以校正。

③本滴定液在贮存中如出现浑浊,即不得再使用。

④当标定温度在 25℃ 以上时,应将反应液及稀释液用水降温至约 20℃。

⑤滴定时不要剧烈摇动溶液,使用带有玻璃塞的碘量瓶。

⑥滴定速度宜适当地快些。

⑦淀粉指示液应在滴定近终点时加入,如果过早地加入,淀粉会吸附较多的 I_2,使滴定

结果产生误差。

⑧本滴定液的有效使用期为 3 个月。如可继续使用,须重新标定。

五、任务拓展

(一)硫酸铜中铜和硫酸根的鉴别

1.试剂和溶液的配制

(1)亚铁氰化钾溶液(100 g/L)　称取 10 g 亚铁氰化钾溶于 100 mL 水中,现用现配。

(2)氯化钡溶液(50 g/L)　称取 5 g 氯化钡溶于 100 mL 水中。

2.鉴别

(1)铜离子的鉴别　称取 0.5 g 试样,加 20 mL 水溶解。取 10 mL 此溶液,加 0.5 mL 新配制的亚铁氰化钾溶液,振摇,生成红棕色沉淀,此沉淀不溶于稀酸。

(2)硫酸根离子的鉴别　取上述 5 mL 试验溶液,置于白色瓷板上,加氯化钡溶液,即有白色沉淀生成,此沉淀在盐酸和硝酸中不溶。

(二)无机铜添加物产品标准

我国目前现行的无机铜添加物产品国家及行业标准如表 5-7 所示。

表 5-7　无机铜产品标准

序号	矿物质	标准号及标准名称
1	硫酸铜	GB 34459—2017 饲料添加剂 硫酸铜
2	碱式氯化铜	GB/T 21696—2008 饲料添加剂 碱式氯化铜

六、任务评价

饲料级硫酸铜测定评价标准见表 5-8。

表 5-8　饲料级硫酸铜测定评价标准

评价环节	评分要素	分值	评分标准	得分	备注
相关知识准备	任务相关知识查阅、收集	15	任务相关知识查阅、收集全面、充分		
仪器设备及试剂溶液准备	仪器设备	10	仪器设备准备齐全、摆放整齐、仪器设备应清洁		
	试剂溶液		试剂溶液准备齐全、摆放整齐		
称样	称样	15	样品称取操作正确、数据记录准确		
加入试剂反应	试剂加入	20	试剂加入品种及顺序正确		
	量器选择		量器选择正确		
滴定	淀粉指示剂加入	20	淀粉指示剂加入时间适当		
	滴定速度		滴定速度控制好		
	滴定终点		滴定终点判断准确		
	结果计算与表示	10	结果计算与表示正确		

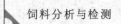

续表5-8

评价环节	评分要素	分值	评分标准	得分	备注
结果计算	重复性计算	10	重复性计算符合要求，以平均值表示结果		
其他	小组合作、态度、职业素养等	10	小组合作配合好、认真准备、积极参加、台面整洁		
总分		100			

子任务二　饲料级添加剂蛋氨酸铜络(螯)合物的测定

一、任务描述

假设你是某预混料厂化验室员工，现要求对进厂的饲料添加剂蛋氨酸铜络(螯)合物进行含量测定。根据任务描述准备相关知识，并制作任务计划。

二、任务相关知识

无机铜的使用存在以下弊端，一是利用率低，大量未被动物利用的铜通过粪便的直接还田，造成环境污染；二是高结晶水硫酸铜易吸潮，会破坏饲料中的其他营养成分。相比于无机铜，有机形式的铜具有更高的利用率，对饲料中其他组分更友好。因而从长远来看，有机形式的铜有取代无机铜的趋势。目前饲料中添加的有机形式的铜饲料添加剂产品包括蛋氨酸(或赖氨酸、或甘氨酸)铜络合物、氨基酸铜络合物、酵母铜、蛋白铜和羟基蛋氨酸类似物络(螯)合铜等。本任务参照 GB 20802—2017 饲料添加剂蛋络氨酸铜(螯)合物中的测定方法进行测定。

(一)范围

本方法适用于蛋氨酸(2-氨基-4-甲硫基-丁酸)与硫酸铜合成的摩尔比为 2∶1 的蛋氨酸铜络(螯)合物产品。

摩尔比为 2∶1 的蛋氨酸铜络(螯)合物的分子式：$C_{10}H_{20}N_2O_4S_2Cu$，相对分子质量为 359.92(按 2014 年国际相对原子质量计)。

(二)饲料添加剂蛋氨酸铜络(螯)合物的要求

1.外观和性状

摩尔比为 2∶1 的蛋氨酸铜络(螯)合物为蓝紫色粉末，微溶于水，略有蛋氨酸特有气味。无结块、发霉变质现象。

2.技术指标

饲料添加剂蛋氨酸铜络(螯)合物产品应符合表 5-9 要求。

表 5-9　饲料级添加剂蛋氨酸铜络(螯)合物产品技术指标

指标名称	指标
铜/%	≥16.8
蛋氨酸/%	≤78
螯合率/%	≥95
水分/%	≤2
总砷（As)/(mg/kg)	≤4
铅(pb)/(mg/kg)	≤5
粒度(200 μm 试验筛筛上物)/%	≤20

注:未经预处理的产品细度可不做要求。

(三)铜含量测定原理

试样经硝酸和盐酸消化后,在 pH 为 5 的条件下,用乙二胺四乙酸(EDTA)与铜离子络合,用 1-(2-吡啶偶氮)-2-萘酚(PAN)指示剂指示滴定终点,由所消耗的乙二胺四乙酸二钠标准溶液的体积计算出铜含量。

三、任务实施

铜含量测定

1.试剂及溶液配制

(1)硝酸。

(2)盐酸。

(3)氨水溶液　氨水＋水＝1＋9。

(4)乙酸-乙酸钠缓冲溶液(pH＝5)　82 g 乙酸钠加 25 mL 乙酸,加水稀释至 200 mL。

(5)乙二胺四乙酸二钠标准滴定溶液(EDTA-2Na)＝0.02 mol/L。

(6)1-(2-吡啶偶氮)-2-萘酚(PAN)指示剂　0.2 g 1-(2-吡啶偶氮)-2-萘酚(PAN)溶于 100 mL 95％乙醇。

2.仪器设备准备

(1)分析天平(最小称量为 0.000 1 g)。

(2)锥形瓶　250 mL。

(3)电炉或电加热套。

(4)酸式滴定管　50 mL。

3.测定

称取 0.25 g 试样,精确至 0.000 1 g,置于 250 mL 锥形瓶中,加入 3 mL 硝酸和 3 mL 盐酸,加热消化至近干,冷却后,加入 20 mL 水加热至近干,冷却后加水 80 mL,用氨水溶液调溶液 pH 为 5 左右,此时溶液呈深蓝色,加入乙酸-乙酸钠缓冲溶液 10 mL 和 PAN 指示剂 3 滴,然后加热煮沸,趁热用乙二胺四乙酸二钠标准滴定溶液滴定至变黄绿色为终点。

同时,另取 250 mL 锥形瓶,做空白试验,除不加试样外,其他操作及加入试剂的种类和数量均与测定试验相同。

4. 分析结果的计算和表述

(1)以质量分数表示的铜(Cu)含量 X_1,按下式计算:

$$X_1 = \frac{(V-V_0) \times cM \times 0.001}{m} \times 100\%$$

式中:c 为乙二胺四乙酸二钠标准滴定溶液的实际浓度,mol/L;V 为滴定时消耗乙二胺四乙酸二钠标准滴定溶液的体积,mL;V_0 为空白滴定时消耗乙二胺四乙酸二钠标准滴定溶液的体积,mL;m 为试料的质量,g;M 为铜(Cu)的摩尔质量,g/mol。

(2)以两次平行测定结果的算术平均值为测定结果,结果保留至小数点后一位。

5. 允许差

两次测定结果的绝对差值不大于 1%。

四、任务小结

本试验中铜含量的测定采用滴定分析操作,试验测定时在加入硝酸和盐酸及加入 20 mL 水后的加热操作中需要注意防止烧干。

五、任务拓展

(一)鉴别

1. 试剂和溶液的配制

(1)甲醇。

(2)三氯甲烷。

(3)双硫腙三氯甲烷溶液(10 μg/mL),称取 1 mg 双硫腙,溶解于 100 mL 三氯甲烷。

(4)吡啶。

2. 鉴别

称取 1.0 g 试样,用 25 mL 甲醇提取,过滤,取滤液 0.1 mL,按顺序加入双硫腙三氯甲烷溶液 3 mL,试液不得出现混浊、沉淀现象,再加入吡啶 0.5 mL,试液不得出现蓝色现象。

(二)蛋氨酸含量的测定

1. 原理

在中性介质中准确加入过量的碘溶液,将两个碘原子加到蛋氨酸的硫原子上,过量的碘溶液用硫代硫酸钠标准滴定溶液回滴,由所消耗的硫代硫酸钠标准滴定溶液的体积计算出试样中蛋氨酸的含量。

2. 试剂与材料

(1)碘化钾。

(2)盐酸溶液　6 mol/L。

（3）氢氧化钠溶液　20%。

（4）硫酸溶液　硫酸＋水＝1＋5。

（5）磷酸二氢钾溶液　200 g/L。

（6）磷酸氢二钾溶液　200 g/L。

（7）碘溶液　$c(1/2 \cdot I_2)＝0.1$ mol/L。

（8）硫代硫酸钠标准滴定溶液　$c(Na_2S_2O_3)＝0.1$ mol/L。

（9）淀粉指示剂　10 g/L。

3.测定

称取 1.5 g 样品，精确至 0.000 1 g，置于 100 mL 烧杯中，加 50 mL 水，3 mL 盐酸溶液，加热溶解，用氢氧化钠溶液调节 pH 大于或等于 13，煮沸 3 min，冷却后移入 250 mL 容量瓶中，稀释至刻度，取上层清液过滤，准确移取 50 mL 滤液于碘量瓶中，加 50 mL 水，用硫酸溶液调节 pH 为 7，加入 10 mL 磷酸二氢钾溶液、10 mL 磷酸氢二钾溶液、2 g 碘化钾，摇匀，准确加入 50 mL 碘溶液，摇匀，于暗处放置 30 min，用硫代硫酸钠标准滴定溶液滴定至溶液颜色由深蓝色变为浅蓝色时，加入 3 mL 淀粉指示剂，继续滴定至溶液蓝色消失。

同时，另取 100 mL 烧杯和 250 mL 锥形瓶，除不加试样外，其他操作及加入试剂的种类和数量均与测定试验相同。

4.结果计算与表示

试样中蛋氨酸含量 X_2 以质量分数计，可按式 X_2 计算：

$$X_2＝\frac{(V_1－V_2)\times cM\times 0.001\times 5}{m}\times 100\%$$

式中：V_1 为滴定空白溶液所消耗的硫代硫酸钠标准滴定溶液的体积，mL；V_2 为滴定试验溶液所消耗的硫代硫酸钠标准滴定溶液的体积，mL；c 为硫代硫酸钠标准滴定溶液的实际浓度，mol/L；M 为与消耗 1 mol 硫代硫酸钠标准滴定溶液相当的蛋氨酸质量，（g/mol）（$M_2＝$74.6）；m 为试样的质量，g。

以两次平行测定结果的算术平均值为测定结果，结果保留至小数点后一位。

两次测定结果的绝对差值不大于 1%。

（三）有机铜添加物产品标准

我国目前现行的有机铜添加物产品标准如表 5-10 所示。

表 5-10　有机铜产品标准

矿物质	标准号及标准名称
蛋氨酸铜络（螯）合物	GB 20802—2017 饲料添加剂蛋氨酸铜络（螯）合物

六、任务评价

此任务评价可参照饲料级硫酸铜测定评价标准。

▶ 任务四 饲料级添加剂硫酸锌的测定(选做) ◀

一、任务描述

假设你是某预混料厂化验室员工,现要求对进厂的饲料级硫酸锌进行含量测定。根据任务描述准备相关知识,并制作任务计划。

二、任务相关知识

锌是动物必需的微量元素之一。我国锌的补充物主要为硫酸锌和氧化锌。而氧化锌主要用于仔猪饲料中,硫酸锌为锌的最常用补充物。饲料级硫酸锌的测定包括鉴别试验、硫酸锌含量、砷含量、铅含量、镉含量及细度的测定。本任务参照 GB/T 25865—2010 饲料添加剂硫酸锌中的方法进行硫酸锌含量的测定。

(一)范围

本方法适用于以含锌原料与硫酸反应生成的饲料添加剂硫酸锌。分子式为 $ZnSO_4 \cdot nH_2O$,$n=1$ 或 $n=7$。

(二)饲料添加剂硫酸锌的要求

(1)外观和性状 一水硫酸锌为白色或类白色粉末,在酸溶液中易溶,在水中微溶,在乙醇中不溶;七水硫酸锌为无色透明的棱柱状或细针状结晶性粉末,有风化性,在水中极易溶解,在乙醇中不溶。

(2)技术指标 饲料添加剂硫酸锌技术指标应符合表 5-11 要求。

表 5-11 饲料添加剂硫酸锌技术指标

指标名称	指标	
	I 类($ZnSO_4 \cdot H_2O$)	II 类($ZnSO_4 \cdot 7H_2O$)
硫酸锌含量/%	≥94.7	≥97.3
锌含量/%	≥34.5	≥22.0
砷(As)/(mg/kg)	≤5	≤5
铅(Pb)/(mg/kg)	≤10	≤10
镉(Cd)/(mg/kg)	≤10	≤10
细度(通过 250 μm 试验筛)	≥95	—
(通过 800 μm 试验筛)	—	≥95

(三)测定原理

将硫酸锌用硫酸溶液溶解,加适量水,加入氟化铵溶液、硫脲、抗坏血酸作为掩蔽剂,以乙酸-乙酸钠溶液调节 pH 为 5～6,以二甲基酚橙为指示剂,用乙二胺四乙酸二钠标准滴定溶液滴定,至溶液由紫红色变为亮黄色即为终点。

三、任务实施

(一)试剂和溶液配制

(1)抗坏血酸。

(2)硫脲溶液 100 g/L。

(3)氟化铵溶液 200 g/L。

(4)硫酸溶液 1+1。

(5)乙酸-乙酸钠缓冲溶液(pH=5.5) 称取 200 g 乙酸钠,溶于水,加 10 mL 冰醋酸,稀释至 1 000 mL。

(6)乙二胺四乙酸二钠标准滴定溶液 c(EDTA)约 0.05 mol/L。

(7)二甲酚橙指示剂 2 g/L,使用期不超过 1 周。

(二)仪器设备准备

250 mL 锥形瓶、分析天平、50 mL 量筒、刻度吸管、酸式滴定管。

(三)试样测定

称取 0.3 g 七水硫酸锌试样(或 0.2 g 一水硫酸锌试样),精确至 0.000 2 g,置于 250 mL 锥形瓶中,加入少量水润湿,滴加 2 滴硫酸溶液使试样溶解,加 50 mL 水、10 mL 氟化铵溶液、2.5 mL 硫脲溶液、0.2 g 抗坏血酸,摇匀溶解后加入 15 mL 乙酸-乙酸钠缓冲溶液和 3 滴二甲酚橙指示液,用乙二胺四乙酸二钠标准滴定溶液滴定至溶液由红色变为亮黄色即为终点。

(四)空白测定

按试样测定步骤,不加试样。

(五)结果计算

以质量百分数表示的七水硫酸锌($ZnSO_4 \cdot 7H_2O$)含量 X_1,按下式计算:

$$X_1 = \frac{c \times (V - V_0) \times 0.287\ 6}{m} \times 100\%$$

以质量百分数表示的一水硫酸锌($ZnSO_4 \cdot H_2O$)含量 X_2,按下式计算:

$$X_2 = \frac{c \times (V - V_0) \times 0.179\ 5}{m} \times 100\%$$

以质量百分数表示的硫酸锌(以 Zn 计)含量 X_3,按下式计算:

$$X_3 = \frac{c \times (V - V_0) \times 0.065\ 39}{m} \times 100\%$$

式中:c 为乙二胺四乙酸二钠标准滴定溶液的浓度,mol/L;V 为滴定试验溶液消耗乙二胺四乙酸二钠标准滴定溶液的体积,mL;V_0 为滴定空白溶液消耗乙二胺四乙酸二钠标准滴定溶液的体积，mL；m 为试样的质量，g；0.287 6 为与 1.00 mL 乙二胺四乙酸二钠标准滴定溶液 [c(EDTA)=1.000 mol/L]相当的以克表示的七水硫酸锌($ZnSO_4 \cdot 7H_2O$)的质量；0.179 5 为与 1.00 mL 乙二胺四乙酸二钠标准滴定溶液[c(EDTA)=1.000 mol/L]相当的以克表示的一水硫酸锌($ZnSO_4 \cdot H_2O$)的质量；0.065 39 为与 1.00 mL 乙二胺四乙酸二钠标准滴定溶液[c(EDTA)=1.000 mol/L]相当的以克表示的锌的质量。

计算结果保留三位有效数字。

(六)重复性

在重复性条件下获得的两次独立测定结果的绝对差值不大于 0.15%。

四、任务小结

硫酸锌含量测定关键操作是滴定，需要通过多次练习熟悉终点颜色判断。测定中需注意：

(1)二甲酚橙指示剂不稳定，放置时间不宜过久或临用时配制。

(2)试样含铁量高时，试样加水溶解后，可加 2 mL 30%过氧化氢，放置 5 min 后，加热微沸 3～5 min，使 Fe^{2+} 离子充分氧化为 Fe^{3+}，然后再加掩蔽剂。

五、任务拓展

(一)饲料级硫酸锌中锌和硫酸根的鉴别

1. 试剂和材料

(1)三氯甲烷。

(2)乙酸溶液　1+10。

(3)硫酸钠溶液(250 g/L)　称取 25 g 硫酸钠溶于 100 mL 水中。

(4)双硫腙四氯化碳溶液(1+100)　称取 1 g 双硫腙溶解于四氯化碳中，过滤，并用四氯化碳稀释至 100 mL。使用期为两周。此溶液需低温贮存，避免形成光气，危害人体健康。

(5)氯化钡溶液(50 g/L)　称取 5 g 氯化钡溶于 100 mL 水中。

2. 鉴别方法

(1)锌离子的鉴别　称取 0.2 g 试样，溶于 5 mL 水中。移取 1 mL 试液，用乙酸溶液调节溶液的 pH 为 4～5，加 2 滴硫酸钠溶液，再加数滴双硫腙四氯化碳溶液和 1 mL 三氯甲烷，振摇后，有机层显紫红色。

(2)硫酸根离子的鉴别　取试样溶于水，加氯化钡溶液，即产生白色沉淀。此沉淀不溶于盐酸和硝酸溶液。

(二)有机锌产品及要求

目前饲料中添加的有机形式的锌饲料添加剂产品包括乙酸锌、蛋氨酸锌络(螯)合物、赖氨酸锌络(螯)合物、氨基酸锌络合物、蛋白锌、羟基蛋氨酸类似物络(螯)合锌、丙酸锌、乳酸锌等。现以蛋氨酸锌络(螯)合物为例介绍其技术要求。

蛋氨酸锌络(螯)合物是以硫酸锌与蛋氨酸(2-氨基-4-甲硫基-丁酸)合成的摩尔比为 2∶1 或 1∶1 的蛋氨酸锌络(螯)合物产品。

1. 外观和性状

摩尔比为 2∶1 的蛋氨酸锌络(螯)合物为白色或类白色粉末,极微溶于水,质轻,略有蛋氨酸特有气味。无结块、发霉变质现象。

摩尔比为 1∶1 的蛋氨酸锌络(螯)合物为白色或类白色粉末,易溶于水,略有蛋氨酸特有气味。无结块、发霉变质现象。

2. 技术指标

饲料添加剂产品应符合表 5-12 要求。

表 5-12 技术指标

指标名称	指标	
	摩尔比为 2∶1 的产品	摩尔比为 1∶1 的产品
锌(Zn)/%	≥17.2	≥19.0
蛋氨酸/%	≥78.0	≥42.0
螯合率/%	≥95	≥35
水分/%	≤2	≤5
总砷 (As)/(mg/kg)	≤5	
铅(pb)/(mg/kg)	≤5	
镉(Cd)/(mg/kg)	≤6	
粒度(0.20 mm 筛上物)/%	≤2	

(三)锌添加物产品标准

我国目前现行的锌添加物产品标准如表 5-13 所示。

表 5-13 锌添加物产品标准

序号	矿物质	标准号及标准名称
1	硫酸锌	GB/T 25865—2010 饲料添加剂 硫酸锌
		HG 2934—2000 饲料级硫酸锌
2	碱式氯化锌	GB/T 22546—2008 饲料添加剂 碱式氯化锌
3	氧化锌	HG/T 2792—2011 饲料级 氧化锌
4	蛋氨酸锌络(螯)合物	GB 21694—2017 饲料添加剂蛋络氨酸锌(螯)合物
5	乳酸锌	GB/T 23735—2009 饲料添加剂乳酸锌

任务五 饲料级添加剂硫酸亚铁的测定(选做)

一、任务描述

假设你是某预混料厂化验室员工,现要求对进厂的饲料级硫酸亚铁进行含量测定。根据任务描述准备相关知识,并制作任务计划。

二、任务相关知识

铁是动物必需的微量元素之一。我国饲料中铁的补充物主要是硫酸亚铁。硫酸亚铁的测定包括硫酸亚铁含量测定,卫生指标铅、砷含量测定,细度测定。本任务参照 GB 34465—2017 饲料添加剂硫酸亚铁中的方法进行硫酸亚铁含量测定。

(一)范围

本方法适用于以硫酸法或钛白副产品法生产的饲料添加剂一水硫酸亚铁。

(二)饲料添加剂硫酸亚铁的要求

(1)外观和性状 一水硫酸亚铁为灰白色粉末。

(2)技术指标 饲料添加剂硫酸亚铁技术指标应符合表 5-14 要求。

表 5-14 饲料添加剂硫酸亚铁技术指标

指标名称	指标
硫酸亚铁质量分数(以 $FeSO_4 \cdot H_2O$ 计)/%	≥91.3
铁(Fe)质量分数/%	≥30.0
三价铁/%	≤0.2
镉(Cd)/(mg/kg)	≤3
铅(Pb)/(mg/kg)	≤15
总砷(As)/(mg/kg)	≤2
细度(180 μm 试验筛通过率)	≥95

(三)测定原理

试样溶解后,加入硫磷混合酸,以二苯胺磺酸钠为指示剂,用重铬酸钾标准滴定溶液滴定,测定硫酸亚铁含量或铁含量。

三、任务实施

(一)试验仪器准备

250 mL 锥形瓶、量筒、50 mL 酸式滴定管。

(二)试剂及溶液配制

(1)硫磷混酸 在 700 mL 水中加入 150 mL 硫酸($\rho=1.84$ g/mL)、150 mL 磷酸($\rho=1.70$ g/mL),混匀。

(2)重铬酸钾标准溶液 $c(1/6\ K_2Cr_2O_7)$约为 0.05 mol/L。

(3)二苯胺磺酸钠指示液(5 g/L)。

(三)测定

称取约 0.2 g 试样,置于 250 mL 锥形瓶中,加 30 mL 水溶解,加 10 mL 硫磷混酸、2 滴二苯胺磺酸钠指示液,立即用重铬酸钾标准滴定溶液滴定至溶液呈紫色即为终点。

同时取另外 250 mL 锥形瓶如上操作,做空白试验。除不加试样,其他均与试样测定相同。

(四)结果计算

以质量百分数表示的一水硫酸亚铁($FeSO_4 \cdot H_2O$)含量 X_2,按下式计算:

$$X_2 = \frac{c \times (V - V_0) \times 0.169\,9}{m} \times 100\%$$

以质量百分数表示的硫酸铁(以 Fe 计)含量 X_3,按下式计算:

$$X_3 = \frac{c \times (V - V_0) \times 0.055\,85}{m} \times 100\%$$

式中:c 为重铬酸钾标准滴定溶液的实际浓度,mol/L;V 为滴定试验溶液消耗重铬酸钾标准滴定溶液的体积,mL;V_0 为滴定空白溶液消耗重铬酸钾标准滴定溶液的体积,mL;m 为试样的质量,g;0.169 9 为与 1.00 mL 重铬酸钾标准滴定溶液[$c(1/6K_2Cr_2O_7)=1.000$ mol/L]相当的以克表示的一水硫酸亚铁的质量;0.055 85 为与 1.00 mL 重铬酸钾标准滴定溶液[$c(1/6K_2Cr_2O_7)=1.000$ mol/L]相当的以克表示的铁的质量。

取平行测定结果的算术平均值为测定结果。结果保留至小数点后一位。

(五)重复性

两次平行测定结果的绝对差值:以 $FeSO_4 \cdot H_2O$ 计不大于 0.3%,以铁计不大于 0.1%。

四、任务小结

硫酸亚铁含量测定采用滴定法,需要通过多次练习熟悉终点颜色判断。

五、任务拓展

(一)鉴别

1.试剂和溶液配制

(1)亚铁氰化钾溶液(100 g/L) 称取 10 g 亚铁氰化钾溶于 100 mL 水中。

(2)氯化钡溶液(50 g/L) 称取 5 g 氯化钡溶于 100 mL 水中。

2.鉴别

(1)硫酸根离子的鉴别 取少许试样,加水溶解,滴加氯化钡溶液,生成白色沉淀。此沉淀不溶于盐酸及硝酸。

（2）亚铁离子的鉴别　取少许试样,加水溶解,滴加铁氰化钾溶液,生成深蓝色沉淀。

（二）有机铁产品及要求

目前饲料中添加的有机形式的铁饲料添加剂产品包括柠檬酸亚铁、富马酸亚铁、乳酸亚铁、蛋氨酸铁络（螯）合物、甘氨酸铁络（螯）合物、酵母铁、氨基酸铁络合物、蛋白铁等。现以蛋氨酸铁以及富马酸亚铁为例介绍其技术要求。

1. 蛋氨酸铁

蛋氨酸铁是指可溶性亚铁盐与蛋氨酸合成的蛋氨酸铁产品。其要求如下：

（1）感官性状　蛋氨酸铁为浅灰黄色粉末,无结块、发霉变质现象。具有蛋氨酸特有气味。

（2）技术指标　技术指标应符合表 5-15 要求。

表 5-15　技术指标

指标名称	指标
蛋氨酸占标示量的百分比/%	≥93
铁（Ⅱ）占标示量的百分比/%	≥90
水分/%	≤5.0
铅/(mg/kg)	≤30
总砷/(mg/kg)	≤10

2. 富马酸亚铁

富马酸亚铁产品是用富马酸和硫酸亚铁按 1∶1 摩尔比络合而成的。富马酸亚铁产品为橙红色或红棕色粉末,微溶于水,有富马酸亚铁的特殊气味。

富马酸亚铁产品技术指标应符合表 5-16 要求。

表 5-16　富马酸亚铁产品技术指标

指标名称	指标
富马酸亚铁含量(以 $C_4H_2FeO_4$ 干基计)/%	≥93.0
亚铁含量(以 Fe^{2+} 干基计)/%	≥30.6
富马酸含量($C_4H_4O_4$ 干基计)/%	≥64.0
三价铁含量(以 Fe^{3+} 干基计)/%	≤2.0
粉碎粒度(250 μm 试验筛通过率)	≤2.0
水分/%	≤1.5
总砷(以计 As)/(mg/kg)	≤5
铅(Pb)/(mg/kg)	≤10
镉(Cr)/(mg/kg)	≤10
总铬/(mg/kg)	≤200
硫酸盐(以 SO_4^{2-} 计)/%	≤0.4

(三)含铁饲料添加剂产品标准

我国目前现行的含铁饲料添加剂产品标准如表 5-17 所示。

表 5-17 含铁饲料添加剂产品标准

序号	矿物质	标准号及标准名称
1	硫酸亚铁	GB 34465—2017 饲料添加剂 硫酸亚铁
		HG/T 2935—2006 饲料级 硫酸亚铁
2	蛋氨酸铁	NY/T 1498—2008 饲料添加剂 蛋氨酸铁
3	富马酸亚铁	GB/T 27983—2011 饲料添加剂 富马酸亚铁
4	甘氨酸铁络合物	GB/T 21996—2008 饲料添加剂 甘氨酸铁络合物

▶▶ 任务六 饲料级添加剂硫酸锰含量的测定(选做) ◀◀

一、任务描述

假设你是某预混料厂化验室员工,现要求对进厂的饲料级硫酸锰进行含量测定。根据任务描述准备相关知识,并制作任务计划。

二、任务相关知识

锰是动物必需的微量元素之一。动物锰的补充物形式在我国主要为硫酸锰。饲料级硫酸锰的测定包括鉴别、硫酸锰含量测定、卫生指标铅、砷含量测定,水溶物测定、细度测定。本任务参照 GB 34468—2017 饲料添加剂硫酸锰中的方法进行硫酸锰含量测定。

(一)范围
本方法适用于以锰矿石为主要原料生产的饲料添加剂一水硫酸锰。

(二)饲料级添加剂硫酸锰要求
(1)外观和性状 一水硫酸锰产品为略带粉红色的结晶粉末。
(2)技术指标 饲料级添加剂硫酸锰技术指标应符合表 5-18 要求。

表 5-18 饲料添加剂硫酸锰技术指标

指标名称	指标
硫酸锰含量(以 $MnSO_4 \cdot H_2O$ 计)/%	≥98.0
硫酸锰含量(以 Mn 计)/%	≥31.8
铅(Pb)/(mg/kg)	≤5
总砷(As)/(mg/kg)	≤3
镉(Cd)/(mg/kg)	≤10
汞(Hg)/(mg/kg)	≤0.2
水不溶物/%	≤0.1
细度(250 μm 试验筛通过率)/%	≥95

(三)硫酸锰含量测定原理

在磷酸介质中,于 220~240℃ 下用硝酸铵将试料中的二价锰定量氧化成三价锰,以 N-苯代邻氨基苯甲酸作指示剂,用硫酸亚铁铵标准溶液滴定。

三、任务实施

(一)仪器设备准备

500 mL 锥形瓶、量筒、托盘天平、酸式滴定管。

(二)试剂及溶液配制

(1)磷酸。

(2)硝酸铵。

(3)无水碳酸钠。

(4)N-苯代邻氨基苯甲酸指示液 2 g/L;称取 0.2 g N-苯代邻氨基苯甲酸溶于少量水中,加 0.2 g 无水碳酸钠,50℃ 加热溶解后加水至 100 mL,摇匀。

(5)硫磷混合酸。于 700 mL 水中徐徐加入 150 mL 硫酸及 150 mL 磷酸,摇匀,冷却。

(6)重铬酸钾标准溶液 $c(1/6\ K_2Cr_2O_7)$ 约为 0.1 mol/L。准确称取在 120℃ 烘至质量恒定的基准重铬酸钾约 4.9 g,精确至 0.000 1 g,置于 1 000 mL 容量瓶中,加适量水溶解后,稀释至刻度,摇匀。

(7)硫酸溶液 1:4。

(8)硫酸亚铁铵标准滴定溶液 $c[Fe(NH_4)_2(SO_4)_2]$ 约为 0.1 mol/L。硫酸亚铁铵标准滴定溶液的标定应与样品测定同时进行。

配制:称取 40 g 硫酸亚铁铵,加入(1+4)硫酸溶液 300 mL,溶解后加 700 mL 水,摇匀。

标定:准确移取 25 mL 重铬酸钾标准溶液,置于 250 mL 的锥形瓶中,加 10 mL 混合酸,加水至 100 mL。用硫酸亚铁铵标准滴定溶液滴定至橙黄色消失。加入 2 滴 N-苯代邻氨基苯甲酸指示液,继续滴定至溶液显亮绿色为终点。

同时进行空白试验,用移液管准确移取 25 mL 水,置于 250 mL 的锥形瓶中,其他操作及加入试剂的种类和数量均与滴定上述重铬酸钾标准溶液相同。

硫酸亚铁铵标准滴定溶液的浓度 c 按下式计算:

$$c = \frac{0.025\ m}{M(V - V_0)}$$

式中:m 为称取重铬酸钾的实际质量,g;M 为重铬酸钾($1/6\ K_2Cr_2O_7$)的摩尔质量,g/mol;V 为滴定重铬酸钾标准溶液所消耗硫酸亚铁铵标准滴定溶液的体积,L;V_0 为滴定空白溶液所消耗硫酸亚铁铵标准滴定溶液的体积,L。

(三)测定

称取约 0.5 g 试样,精确至 0.000 1 g,置于 250 mL 锥形瓶中,用少量水润湿。加入 20 mL 磷酸,摇匀后加热煮沸,至液面平静并微冒白烟(此时温度为 220~240℃),移离热源,立即加入 2 g 硝酸铵并充分摇匀,让黄烟逸尽。冷却至约 70℃ 后加 100 mL 水,充分摇动,使盐类溶解,冷却至室温。用硫酸亚铁铵标准溶液滴定至浅红色,加入 2 滴 *N*-苯代邻氨基苯甲酸指示液,继续滴定至溶液由红色变为亮黄色即为终点。同时做空白试验。除不加试样,其余均与试样测定相同。

(四)结果计算

以质量百分含量表示的硫酸锰($MnSO_4 \cdot H_2O$)含量 X_1,按下式计算:

$$X_1 = \frac{c \times V \times 0.169\,0}{m} \times 100\%$$

以质量百分含量表示的硫酸锰(以 Mn 计)含量 X_2,按下式计算:

$$X_2 = \frac{c \times V \times 0.054\,94}{m} \times 100\%$$

式中:c 为硫酸亚铁铵标准滴定溶液的实际浓度,mol/L;V 为滴定中消耗硫酸亚铁铵标准滴定溶液的体积,mL;m 为试样的质量,g;0.169 0 为与 1.00 mL 硫酸亚铁铵标准滴定溶液 $[c(EDTA) = 1.000 \text{ mol/L}]$ 相当的以克表示的硫酸锰的质量;0.054 94 为与 1.00 mL 硫酸亚铁铵标准滴定溶液 $[c(EDTA) = 1.000 \text{ mol/L}]$ 相当的以克表示的锰的质量。

以两次平行测定结果的算术平均值为测定结果,结果保留至小数点后一位。

(五)允许差

两次平行测定结果的绝对差值以 $MnSO_4 \cdot H_2O$ 计不大于 0.3%,以锰计不大于 0.1%。

四、任务小结

硫酸锰含量的测定采用滴定法,需通过反复练习以熟悉滴定终点。测定中需注意以下 3 点。

(1)严格控制反应温度:该方法要求用磷酸煮沸样品至液面平静冒白烟,此时温度 220~240℃。温度不宜过高,以防止焦磷酸的析出。

(2)生成的三价锰稳定性不很高,溶液冷却后,不宜放置时间过长,应尽快滴定。

(3)硝酸铵应一次快速加入,并充分摇匀,使生成的氮氧化物黄烟逸尽。由于反应剧烈,有浓烟冲出,因此应在通风良好的橱柜中进行并注意安全。加入硝酸铵时应远离火源,避免爆炸。

五、任务拓展

(一)鉴别

1.试剂和溶液配制

(1)硝酸。

(2)铋酸钠。

(3)氯化钡溶液(50 g/L) 称取 5 g 氯化钡溶于 100 mL 水中。

2.鉴别方法

(1)锰离子的鉴别 称取 0.2 g 试样,溶于 50 mL 水中。取 3 滴于点滴板上,加 2 滴硝酸,加少许铋酸钠粉末产生紫红色。

(2)硫酸根离子的鉴别 取试验溶液,置于白色瓷板上,加氯化钡溶液,即有白色沉淀生成,在盐酸和硝酸中不溶。

(二)有机锰产品及要求

目前饲料中添加的有机形式的铁饲料添加剂产品包括蛋氨酸锰络(螯)合物、酵母锰、氨基酸锰络合物、蛋白锰、羟基蛋氨酸类似物络(螯)合锰等。现以蛋氨酸锰络(螯)合物为例介绍其技术要求。

蛋氨酸锰络(螯)合物是以可溶性锰盐与蛋氨酸(2-氨基-4-甲硫基-丁酸)合成的摩尔比为 2:1 或 1:1 的产品。

(1)外观和性状 摩尔比为 2:1 的蛋氨酸锰络(螯)合物为类白色粉末,微溶于水,具有蛋氨酸特有气味。无结块、发霉变质现象。

摩尔比为 1:1 的蛋氨酸锰络(螯)合物为白色或类白色粉末,易溶于水,略有蛋氨酸特有气味。无结块、发霉变质现象。

(2)技术指标 饲料添加剂蛋氨酸锰络(螯)合物产品应符合表 5-19 要求。

表 5-19 蛋氨酸锰络(螯)合物技术指标

指标名称	指标	
	摩尔比为 2:1 的产品	摩尔比为 1:1 的产品
锰(Mn)/%	≥14.5	≥15
蛋氨酸/%	≥79.5	≥40.0
螯合率/%	≥93	≥83
总砷(As)/(mg/kg)	≤5	
铅(pb)/(mg/kg)	≤5	
镉(Cd)/(mg/kg)	≤5	
粒度(0.20 mm 筛上物)/%	≤2	
水分/%	≤3	

(三)含锰饲料添加剂标准

我国目前现行的含锰饲料添加剂标准如表 5-20 所示。

表 5-20 含锰饲料添加剂标准

序号	矿物质	标准号及标准名称
1	硫酸锰	GB 34468—2017 饲料添加剂 硫酸锰
2	蛋氨酸锰络(螯)合物	GB 22489—2017 饲料添加剂蛋氨酸锰络(螯)合物

▶▶ 任务七 饲料级添加剂碘酸钙的测定(选做) ◀◀

一、任务描述

假设你是某预混料厂化验室员工,现要求对进厂的饲料级碘酸钙进行含量测定。根据任务描述准备相关知识,并制作任务计划。

二、任务相关知识

碘是动物必需的微量元素之一。饲料中碘的补充物主要有碘酸钙和碘化钾。由于碘酸钙既可补充钙又可补充碘,因而在固体饲料中使用广泛。饲料级碘酸钙的测定包括鉴别实验、碘酸钙含量测定、砷和重金属铅含量测定、氯酸盐测定、酸溶试验、细度测定等。本任务参照 HG/T 2418—2011 饲料级碘酸钙中的方法进行碘酸钙含量测定。

(一)范围

本方法适用于过氧化氢法、复分解法生产的饲料级碘酸钙。分子式为 $Ca(IO_3)_2 \cdot H_2O$。

(二)饲料级碘酸钙要求

(1)外观 本品为白色结晶或结晶性粉末。

(2)技术要求 饲料级碘酸钙技术要求应符合表 5-21 的要求。

表 5-21 饲料级碘酸钙技术要求

指标名称	指标
主含量[(以 $Ca(IO_3)_2 \cdot H_2O$ 计]/%	≥99.32~101.0
以 I 计/%	≥61.8~62.8
砷/%	≤0.000 5
重金属(以铅计)/%	≤0.001
氯酸盐	通过试验
细度(过 180 μm 试验筛)/%	≥95

(三)碘酸钙含量的测定原理

在酸性溶液中,碘酸根离子被碘离子还原成游离碘,以淀粉为指示液,然后用硫代硫酸钠标准滴定溶液进行滴定。

反应式如下:

$$IO_3^- + 5I^- + 6H^+ \longrightarrow 3I_2 + 3H_2O$$

$$I_2 + 2Na_2S_2O_3 \longrightarrow Na_2S_4O_6 + 2NaI$$

(四)检验规则

技术要求中所列项目均为出厂检验项目;每批产品不超过 1 t,采样时将采样器垂直插入至料层深度的 3/4 处采样。将采出的样品混匀,用四分法缩分到不少于 500 g。将样品分装于两个容器中,一份用于检验,一份保存备查。组批及判定规则要求均同磷酸氢钙的检验规则。

三、任务实施

(一)试剂和溶液配制

(1)高氯酸。

(2)碘化钾。

(3)硫代硫酸钠标准滴定溶液[$c(Na_2S_2O_3)=0.1$ mol/L] 配制及标定见附录标准溶液配制及标定。

(4)淀粉指示液(10 g/L) 配制方法见任务十亚硒酸钠测定中。

(二)仪器准备

(1)电子天平 精确至 0.000 2 g。

(2)150 mL 烧杯。

(3)250 mL 容量瓶。

(4)50 mL 移液管。

(5)250 mL 碘量瓶。

(6)酸式滴定管。

(7)刻度吸管 10、1、2 mL。

(三)测定步骤

称取约 0.6 g 试样(精确至 0.000 2 g),置于 150 mL 烧杯中,加入 10 mL 高氯酸及 10 mL 水,微热溶解试样,冷却后转移至 250 mL 容量瓶中,用水稀释至刻度,摇匀。用移液管移取 50 mL 置于 250 mL 碘量瓶中,加入 1 mL 高氯酸,3 g 碘化钾,迅速盖住瓶口后水封,于暗处静置 5 min,然后用硫代硫酸钠标准滴定溶液滴定。待接近终点时(溶液颜色为淡黄色),加入 2 mL 淀粉指示液,继续滴定至蓝色消失即为终点。同时进行空白试验。

空白试验:除不加试样,其他操作和加入试剂的种类和数量与试样溶液相同。

(四)分析结果的表述

以质量分数表示的碘酸钙[$Ca(IO_3)_2 \cdot H_2O$]含量 X_1,按下式计算:

$$X_1 = \frac{(V-V_0) \times 0.001 \times cM_1}{m \times \left(\frac{50}{250}\right)} \times 100\%$$

以质量分数表示的碘酸钙(以 I 计)含量 X_2,按下式计算:

$$X_2 = \frac{(V-V_0) \times 0.001 \times cM_2}{m \times \left(\frac{50}{250}\right)} \times 100\%$$

式中：c 为硫代硫酸钠标准滴定溶液的浓度，mol/L；V 为滴定试验溶液所消耗的硫代硫酸钠标准滴定溶液的体积，mL；V_0 为滴定空白溶液所消耗的硫代硫酸钠标准滴定溶液的体积，mL；m 为试样的质量，g；M_1 为碘酸钙[1/12 Ca(IO₃)₂·H₂O]的摩尔质量的数值，g/mol（M_1＝33.99）；M_2 为碘（1/6 I）的摩尔质量的数值，g/mol（M_2＝21.15）。

(五)重复性

取平行测定结果的算术平均值为测定结果。平行测定结果的绝对差值不大于 0.3%。

四、任务小结

碘酸钙含量的测定采用间接碘量法，测定中需注意以下 3 点：

①用高氯酸溶解试样时要不断振摇。

②析出的 I_2 在空气中易被氧化，且随光照强度加大而加快，故滴定时应避光、快速，且不要剧烈振摇，以减少与空气的接触。

③淀粉指示剂不能加入太早，否则大量的 I_2 与淀粉结合成蓝色物质，不容易与硫代硫酸钠反应，影响终点判定。

五、任务拓展

(一)鉴别

1. 试剂和溶液配制

(1)盐酸。

(2)次亚磷酸溶液 1＋4。

(3)淀粉指示液 10 g/L。

2. 鉴别

(1)碘酸根离子鉴别 取 5 mL 碘酸钙饱和溶液，加 1 滴淀粉指示液及 2 滴次亚磷酸溶液，溶液呈现易消失的蓝色。

(2)钙离子的鉴别 取铂丝，用盐酸润湿，先在无色火焰上燃烧至无色，蘸上用水湿润后的碘酸钙，在无色火焰上燃烧，呈红色。

(二)含碘饲料添加剂标准

我国目前现行的含碘饲料添加剂标准如表 5-22 所示。

表 5-22 含碘饲料添加剂标准

序号	矿物质	标准号及标准名称
1	碘酸钙	HG/T 2418—2011 饲料级碘酸钙
2	碘酸钾	NY/T 723—2003 饲料级碘酸钾

▶ 任务八　饲料级添加剂硫酸钴测定(选做) ◀

一、任务描述

假设你是某预混料厂化验室员工,现要求对进厂的饲料级硫酸钴进行含量测定。根据任务描述准备相关知识,并制作任务计划。

二、任务相关知识

钴是动物必需的微量元素之一,其作用主要是参与造血及合成维生素 B_{12}。单胃动物生产中一般直接补充维生素 B_{12},而不补充钴。但反刍动物饲料中需要补充钴。钴的补充物有氯化钴、硫酸钴、乙酸钴。饲料级硫酸钴的测定包括鉴别实验、硫酸钴含量测定、水不溶物测定、砷、铅含量测定、细度测定等。本任务主要参照 HG/T 3775—2005 饲料级硫酸钴中的方法进行硫酸钴含量的测定。

(一)饲料级硫酸钴质量标准

(1)外观　粉红色或红棕色结晶粉末。

(2)技术要求　饲料级硫酸钴技术要求应符合表 5-23 的要求。

表 5-23　饲料级硫酸钴技术要求　　　　　　　　　　　　　%

指标名称	指标	
	七水硫酸钴	一水硫酸钴
硫酸钴[以钴(Co)计] 质量分数	≥20.5	≥33.0
水不溶物质量分数	≤0.02	—
铅质量分数	≤0.001	≤0.002
砷质量分数	≤0.000 3	≤0.000 5
细度(通过孔径 280 μm 试验筛)质量分数	—	≥95
细度(通过孔径 800 μm 试验筛)质量分数	≥95	

注:砷和铅为强制性指标,其余为推荐性指标。

(二)钴含量测定原理

在酸性介质中,试验溶液中的钴和硫氰酸根生成硫氰酸钴 $[Co(SCN)_4]^{2-}$ 离子式的络合物,在丙酮存在下,用乙二胺四乙酸二钠标准滴定溶液滴定,到达终点时,蓝色完全消失。

(三)检验规则

(1)外观　表 5-23 技术要求中的所有指标均为出厂检验项目,应逐批检验。

(2)组批　生产企业用相同材料、基本相同的生产条件,连续生产或同一班组生产的同一级别的饲料级硫酸钴为一批,每批产品的质量不得超过 1 t。

(3)采样 按要求采样,采样时将采样器自包装袋的上方斜插至料层深度的 3/4 处采样。将所采的样品混匀后,按四分法缩分至约 200 g,分装于两个广口瓶中,一瓶用于检验,一瓶留样保存。

(4)检验结果 如有一项指标不符合本标准要求时,应重新自两倍量的包装中采样进行复验。复验结果即使有一项指标不符合本标准的要求时,则整批产品为不合格。

三、任务实施

(一)试剂和溶液配制

(1)盐酸羟胺。

(2)硫氰酸铵。

(3)丙酮。

(4)乙酸铵饱和溶液 在 100 mL 水中慢慢加入乙酸铵,边加边搅拌,直至不再溶解为止。

(5)乙二胺四乙酸二钠标准滴定溶液[$c(EDTA)=0.05$ mol/L] 配制与标定见附录标准溶液配制与标定。

(6)氟化铵溶液 200 g/L 溶液。

(二)仪器设备准备

(1)电子天平精确至 0.000 2 g。

(2)250 mL 锥形瓶。

(3)酸式滴定管。

(4)5 mL 刻度吸管。

(5)50 mL 量筒。

(三)测定步骤

称取约 0.25 g(一水硫酸钴)或约 0.40 g(七水硫酸钴)试样(精确至 0.000 2 g),置于 250 mL 锥形瓶中,加 50 mL 蒸馏水使之溶解,依次加入 0.25 g 盐酸羟胺、10 g 硫氰酸铵、10 mL 氟化铵溶液和 4 mL 乙酸铵饱和溶液,摇匀,再加入 50 mL 丙酮,用乙二胺四乙酸二钠标准滴定溶液滴定,至蓝色全部消失即为终点。

(四)分析结果的表述

硫酸钴的含量以钴(Co)的质量分数 X_2 表示,按下式计算:

$$X_2 = \frac{c \times V \times 0.058\,93}{m} \times 100\%$$

式中:c 为乙二胺四乙酸二钠标准滴定溶液的浓度,mol/L;V 为滴定时消耗乙二胺四乙酸二钠标准滴定溶液的体积,mL;m 为试样的质量,g;0.058 93 为与 1.00 mL 乙二胺四乙酸二钠标准滴定溶液[$c(EDTA)=1.000$ mol/L]相当的以克表示的钴的质量。

(五)重复性

取平行测定结果的算术平均值为测定结果。平行测定结果的绝对差值不大于 0.1%。

四、任务小结

饲料级硫酸钴含量测定主要采用滴定法。在测定过程中可通过反复练习进行终点颜色判断。

五、任务拓展

1. 试剂和溶液配制

(1)盐酸溶液　2+1。

(2)氯化钡溶液(250 g/L)　称取 25 g 二水氯化钡($BaCl_2 \cdot 2H_2O$),溶于 100 mL 水中。

(3)乙酸-乙酸钠缓冲液(pH≈3 的缓冲溶液)　称取 2.7 g 乙酸钠,加 60 mL 冰乙酸,溶于 100 mL 水中。

(4)钴试剂{4-[(5-氯-2-吡啶)偶氮]-1,3-二氨基苯}(1 g/L 乙醇溶液)　称取 0.1 g 钴试剂溶于 100 mL 95％乙醇中,于棕色瓶中保存。

2. 鉴别方法

(1)钴离子的鉴别　取 1 g 试样溶于 100 mL 水中,加 2 mL 乙酸-乙酸钠缓冲溶液,加 3 滴钴试剂和 3 滴盐酸溶液,溶液呈现红色。

(2)硫酸根鉴别　取 1 g 试样溶于水中,加 1 mL 盐酸溶液,稀释到 100 mL,加氯化钡溶液,即有白色沉淀生成。

项目能力测试

一、填空题

1. 饲料级硫酸铜含量的测定采用_____法。

2. 饲料级硫酸铜测定中试样称取后应放入_____中溶解并进行后续操作。

3. 饲料级硫酸亚铁测定中所用标准滴定溶液为_____。

4. 饲料级硫酸锰的外观为_____。

二、选择题

1. 饲料级磷酸氢钙外观为(　　　)。

A. 蓝绿色结晶,晶莹剔透　　　B. 白色、微黄色、微灰色粉末或颗粒　　　C. 砖红色粉末

2. 磷酸氢钙中磷含量的测定采用(　　　)法。

A. 比色法　　　　　B. 重量法　　　　　C. 滴定法　　　　　D. 电位法

3. 磷酸氢钙磷含量的测定中磷酸根全部与加入的喹钼柠酮沉淀剂形成(　　　)沉淀。

A. 黄色　　　　　　B. 白色　　　　　　C. 红色　　　　　　D. 蓝色

4. 枸溶磷含量的测定中是用(　　　)溶解和提取试样中的磷酸根。

A. 盐酸溶液　　　　B. 硫酸溶液　　　　C. 中性柠檬酸铵溶液　　　D. 硝酸溶液

5. 磷酸氢钙质量标准中氟含量要求小于等于(　　　)。

A. 0.18％　　　　　B. 0.018％　　　　　C. 0.002％　　　　　D. 0.000 3％

6.饲料级硫酸铜外观为( )。

A.灰白色粉末　　　　B.浅蓝色结晶粉末　　C.砖红色粉末

7.饲料级硫酸铜含量的测定所用指示剂为( )。

A.碘　　　　　　　　B.碘化钾　　　　　　C.淀粉　　　　　　　D.硫代硫酸钠

8.饲料级硫酸铜含量的测定微酸性条件是加入( )提供的。

A.丙酸　　　　　　　B.冰乙酸　　　　　　C.甲酸　　　　　　　D.丁酸

9.饲料级硫酸铜质量标准中要求砷的含量小于等于( )。

A.0.04%　　　　　　B.0.000 4%　　　　　C.0.004%　　　　　　D.0.000 04%

10.饲料级一水硫酸锌外观为( )。

A.红色粉末　　　　　B.白色粉末　　　　　C.黑色粉末　　　　　D.蓝色粉末

11.饲料级硫酸锌测定中加入氟化铵溶液、硫脲、抗坏血酸的作用是作为( )。

A.缓冲剂　　　　　　B.指示剂　　　　　　C.掩蔽剂　　　　　　D.催化剂

12.饲料级硫酸锌测定中加入以乙酸-乙酸钠溶液的作用是作为( )。

A.缓冲剂　　　　　　B.指示剂　　　　　　C.掩蔽剂　　　　　　D.催化剂

13.饲料级硫酸锌测定中所用指示剂为( )。

A.甲基红溴甲酚　　　B.甲基橙　　　　　　C.甲基红　　　　　　D.二甲基酚橙

14.饲料级七水硫酸亚铁外观为( ),一水硫酸亚铁外观为( )。

A.灰白色粉末,蓝绿色结晶　　　　　　B.蓝绿色结晶,灰白色粉末

C.均为灰白色粉末　　　　　　　　　　D.均为蓝绿色结晶

15.饲料级硫酸亚铁测定中所用指示剂为( )。

A.二苯胺磺酸钠　　　B.甲基橙　　　　　　C.甲基红　　　　　　D.二甲基酚橙

三、判断题

1.磷酸氢钙中磷含量的测定沉淀洗涤采用的是倾泻法。( )

2.磷酸氢钙中磷含量的测定玻璃砂坩埚在烘箱中烘干温度可以为180℃或250℃。( )

3.饲料级硫酸铜含量测定中加入碘化钾摇匀后,可将碘量瓶放在台面上静置10 min。

( )

4.饲料级硫酸锌测定滴定终点是由亮黄色变为红色。( )

5.饲料级硫酸亚铁测定中,试样溶解后在锥形瓶中加入硫磷混酸。( )

6.饲料级硫酸亚铁测定中最终终点颜色为紫色。( )

7.饲料级硫酸锰含量测定中使用的指示剂为N-苯代邻氨基苯甲酸指示液。( )

四、思考题

1.饲料中水溶性氯化物测定原理是什么?

2.重量法测定磷酸氢钙需要注意的问题有哪些?

3.非水滴定法测定硫酸铜含量需要注意的问题有哪些?

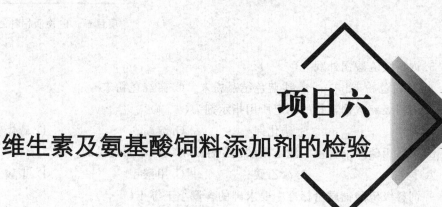

项目六
维生素及氨基酸饲料添加剂的检验

知识目标

1. 了解常用维生素及氨基酸饲料添加剂的质量标准。
2. 了解常用维生素及氨基酸饲料添加剂检测的适用范围。

技能目标

1. 能熟练进行常用维生素及氨基酸饲料添加剂的检测。
2. 能对数据进行正确处理,并能对结果进行正确解释。

素质目标

1. 能够遵守操作规程,注意实验安全。
2. 加强职业道德意识,具有爱岗敬业、勇于奉献、吃苦耐劳的职业素质。
3. 具有科学严谨、实事求是的工作作风,具备开拓进取、勇于创新、团队协作的素质。
4. 具有新标准及新方法的学习及运用能力。

项目任务导读

任务一　氯化胆碱含量的测定
任务二　饲料级 L-赖氨酸盐酸盐含量的测定(选做)
任务三　饲料级 DL-蛋氨酸的测定(选做)

　　饲料添加剂是在饲料的加工、制作、使用过程中添加的少量或微量的物质。根据我国对饲料添加剂的传统分类,其包括营养性添加剂,即维生素、氨基酸、微量元素;非营养性添加剂,即酶制剂、益生素、防霉防腐剂、药物饲料添加剂、着色剂等。由于矿物质饲料的检验已在之前介绍过。因而本项目中主要根据配合饲料厂常用的维生素及氨基酸饲料添加剂品种安排检测任务。

任务一　氯化胆碱含量的测定

一、任务描述

假设你是某配合饲料厂化验室员工,氯化胆碱是你厂常用的维生素添加剂。现接到通知要求你对进厂的液态氯化胆碱进行含量测定。根据任务描述准备相关知识,并制作任务计划。

二、任务相关知识

胆碱是动物必需的水溶性维生素之一。天然饲料中虽然含有一定量的氯化胆碱,但不能满足动物的需要。饲料中胆碱的补充物主要是氯化胆碱,根据剂型不同又分为液态氯化胆碱和加有赋形物的粉末状氯化胆碱。对氯化胆碱的质量要求包括氯化胆碱含量、pH、乙二醇含量、总游离胺、灰分、重金属(以铅计)、干燥减量、细度。现行国家标准 GB 34462—2017 饲料添加剂氯化胆碱中采用离子色谱法(仲裁法)和雷氏盐重量法进行氯化胆碱含量测定。考虑到雷氏盐重法方法简便、易行,干扰小,有很好的准确度与精密度,因而本任务主要使用雷氏盐重量法进行氯化胆碱含量的测定。

(一)本方法适用范围

本方法适用于以三甲胺盐酸盐水溶液与环氧乙烷反应生成的氯化胆碱水剂和以氯化胆碱水剂为原料加入载体制成的氯化胆碱粉剂。载体种类包括二氧化硅、植物性载体以及植物源性载体为主添加抗结块剂的混合载体。载体和抗结块剂应符合《饲料原料目录》《饲料添加剂品种目录》以及《饲料卫生标准》的规定。

(二)饲料级氯化胆碱要求

(1)饲料级氯化胆碱水剂为无色透明的黏性液体,稍具特异臭味。

(2)饲料级氯化胆碱粉剂为白色(载体为二氧化硅)或黄褐色干燥的流动性粉末或颗粒,具有吸湿性,稍有特异臭味。

(3)饲料级氯化胆碱的质量应符合表 6-1 技术指标要求。

(三)检验规则

1.组批

以相同材料、相同的生产工艺、连续生产或同一班次生产的均匀一致的产品为一批。

2.检验分为出厂检验和型式检验

(1)出厂检验项目为氯化胆碱含量、pH、干燥失重、总游离胺。

(2)型式检验项目包括外观和性状以及技术指标中的所有项目。在正常生产情况下,每半年至少进行一次型式检验。有下列情况之一时,也应进行型式检验。

①产品定型时;

②生产工艺或原料来源有较大改变,可能影响产品质量时;

③停产 3 个月以上,重新恢复生产时;

④出厂检验结果与上次型式检验有较大差异时。

表 6-1　饲料级氯化胆碱技术指标

项　目	指标					
	水剂		粉剂（植物源性载体或植物源性载体为主的混合载体）			粉剂（二氧化硅）
	70％	75％	50％	60％	70％	50％
氯化胆碱ᵃ（以 $C_5H_{14}NClO$ 计）/％	≥70.0	≥75.0	≥50.0	≥60.0	≥70.0	≥50.0
pH	6.0～8.0	6.0～8.0	—	—	—	—
乙二醇/％	≤0.50	≤0.50	—	—	—	—
总游离胺/氨[以 $(CH_3)_3N$ 计]/％	≤0.03	≤0.03	≤0.03	≤0.03	≤0.03	≤0.03
灼烧残渣/％	≤0.20	≤0.20	—	—	—	—
干燥失重/％	—	—	≤4.0	≤4.0	≤4.0	≤18.0
重金属（以 Pb 计）/(mg/kg)	≤20	≤20	≤20	≤20	≤20	≤20
总砷（As)/(mg/kg)	—	—	≤2	≤2	≤2	≤2
细度（850 μm 筛）（过筛率）/％	—	—	≥90	≥90	≥90	≥90

注：表中％均为质量分数。

ᵃ 粉剂（植物源性载体为主的混合载体）氯化胆碱含量以干基计。

3. 判定规则

检验结果有一项指标不符合饲料添加剂氯化胆碱要求时，应重新自两倍量的包装中取样进行复核检验。重新检验的结果只有一项指标不符合饲料级氯化胆碱标准要求，则整批产品为不合格。

(四)雷氏盐重量法测定原理

水剂样品用水稀释作为试验溶液，粉剂样品中的氯化胆碱用水在加热的条件下振荡提取，定容并过滤，取适量滤液作为试验溶液。试验溶液中氯化胆碱与雷氏盐（二氨基四硫代氰酸铬铵）反应，形成晶状沉淀，用重量法测定氯化胆碱含量。

反应方程式如下：

$$NH_4Cr(NH_3)_2(SCN)_4 + (CH_3)_3NCH_2CH_2OH^+Cl \longrightarrow$$
$$(CH_3)_3NCH_2CH_2OH^+ Cr(NH_3)_2(SCN)_4 \downarrow + NH_4Cl$$

三、任务实施

雷氏盐重量法测定水剂氯化胆碱中氯化胆碱含量按以下步骤进行。

1.试剂及溶液配制

(1)盐酸溶液 1+4。

(2)氢氧化钠溶液(400 g/L) 取氢氧化钠 40 g,加水溶解使成 100 mL,摇匀。

(3)雷氏盐(二氨基四硫代氰酸铬铵)甲醇溶液(20 g/L) 称取 2 g 雷氏盐,溶于 100 mL甲醇,过滤;该溶液配成 48 h 后即不能使用。

(4)甲基红-亚甲基蓝混合指示液 临用前将 2 g/L 甲基红乙醇溶液与 1 g/L 亚甲基蓝乙醇溶液等比例混合,摇匀。

2.仪器设备准备

(1)玻璃砂芯坩埚 滤板孔径 4～7 μm。

(2)电热干燥箱 可控制温度在(105±2)℃。

3.水剂氯化胆碱中氯化胆碱含量测定

称取约 0.7 g 实验室样品,精确至 0.1 mg,置于 100 mL 容量瓶中,用水稀释至刻度,摇匀。准确移取该溶液 10 mL 于 100 mL 高型烧杯中,先加 1 mL 氢氧化钠溶液,再加 1 滴甲基红-亚甲基蓝混合指示液,用盐酸溶液调至紫红色(pH 5～6),于冰水浴中冷却至 5℃以下,继续保持在冰水浴中,在搅拌下缓慢滴加 15 mL 雷氏盐甲醇溶液,继续搅拌反应 30 min,再静置陈化 30 min。将沉淀转移到预先已于(105±2)℃下干燥至质量恒定的玻璃砂芯坩埚中,减压抽滤,用水洗涤沉淀 3～4 次,每次用水约 10 mL。将装有沉淀的玻璃砂芯坩埚移入(105±2)℃电热干燥箱内干燥 2 h,取出,于干燥器内冷却至室温,称量(沉淀质量应在 0.1～0.2 g,可适当调整取样量)。

在测定试样的同时,按与测定试样相同的步骤,对不加实验室样品而使用相同数量的试剂溶液做空白试验。

4.结果计算与表示

(1)计算 以质量分数表示的氯化胆碱含量 ω_2,按下式计算。

$$\omega_2 = \frac{m_2 - m_1}{m} \times 10 \times 0.330\ 45 \times 100\%$$

式中:m_2 为沉淀质量的数值,g;m_1 为空白试验沉淀质量的数值,g;m 为试料质量的数值,g;0.330 45 为氯化胆碱摩尔质量与雷氏盐-氯化胆碱沉淀产物摩尔质量的比值;10 为试料的稀释倍数。

(2)结果表示 取两次平行测定结果的算术平均值为测定结果。结果表示到小数点后一位。水剂两次平行测定结果的绝对差值不大于 0.5%。粉剂两次平行测定结果的绝对差值不大于 0.8%。

四、任务小结

氯化胆碱是配合饲料厂常用的维生素添加剂,其在配合饲料中的使用量相对于其他维生素要高很多,因而其品质会直接影响到配合饲料产品质量。氯化胆碱检测首先进行感官鉴定、其次进行含量测定等测定项目。

五、任务拓展

为了方便部分饲料企业的生产,粉剂氯化胆碱在生产中的应用也很普遍,下面介绍粉剂氯化胆碱含量的测定。

1.粉剂中氯化胆碱含量的测定

称取在(105±2)℃下干燥2 h的试样约1 g,精确至0.1 mg,置于250 mL具塞三角瓶中,加水70 mL,摇匀。在约70℃水浴上加热15 min,塞紧瓶塞。在电动振荡器上振荡10 min,将溶液转移至250 mL容量瓶中,用水稀释至刻度,摇匀。用干燥的滤纸和漏斗过滤,弃去初滤液,移取续滤液25 mL,于100 mL高型烧杯中,加3 mL氢氧化钠溶液,盖上表面皿,在电炉上加热微沸5 min,冷却,用水冲洗表面皿及烧杯壁。加1滴甲基红-亚甲基蓝混合指示液,以下按三、任务实施中(一)雷氏盐重量法测定水剂氯化胆碱中氯化胆碱含量3.水剂氯化胆碱中氯化胆碱含量测定,从用盐酸溶液调至紫红色(pH 5~6)步骤开始进行。

结果计算与水剂相同。

2.水溶性维生素产品标准

我国现行的水溶性维生素产品标准见表6-2。

表6-2　水溶性维生素产品标准

序号	维生素	标准号及标准名称
1	维生素 B_1	GB/T 7295—2008 饲料添加剂维生素 B_1(盐酸硫胺素)
2	维生素 B_1	GB/T 7296—2008 饲料添加剂维生素 B_1(硝酸硫胺素)
3	维生素 B_2	GB/T 18632—2010 饲料添加剂 80% 核黄素(维生素 B_2)
4	维生素 B_2	GB/T 7297—2006 饲料添加剂维生素 B_2
5	烟酸	GB/T 7300—2017 饲料添加剂烟酸
6	烟酸	GB/T 7301—2017 饲料添加剂烟酰胺
7	泛酸	GB/T 7299—2006 饲料添加剂泛酸钙
8	生物素	GB/T 23180—2008 饲料添加剂 2% d-生物素
9	氯化胆碱	HG/T 2941—2004 饲料级氯化胆碱
10	氯化胆碱	GB 34462—2017 饲料添加剂氯化胆碱
11	维生素 B_6	GB 7298—2017 饲料添加剂维生素 B_6(盐酸吡哆醇)
12	叶酸	GB/T 7302—2008 饲料添加剂叶酸
13	维生素 B_{12}	GB/T 9841—2006 饲料添加剂维生素 B_{12} 粉剂
14	维生素 C	GB 34460—2017 饲料添加剂 L-抗坏血酸钠
15	维生素 C	GB 34463—2017 饲料添加剂 L-抗坏血酸钙
16	维生素 C	GB/T 7303—2006 饲料添加剂维生素 C(L-抗坏血酸)

3. 脂溶性维生素产品标准

我国现行的脂溶性维生素产品标准见表 6-3。

表 6-3　脂溶性维生素产品标准

序号	维生素	标准号及标准名称
1	维生素 A	GB 23386—2017 饲料添加剂维生素 A 棕榈酸酯（粉）
2	维生素 A	GB/T 7292—1999 饲料添加剂维生素 A 乙酸酯微粒
3	胡萝卜素	GB/T18970—2003 饲料添加剂 10% β,β-胡萝卜-4,4-二酮（10% 斑蝥黄）
4	胡萝卜素	GB/T 19370—2003 饲料添加剂 1% β-胡萝卜素
5	维生素 D	NY/T 1246—2006 饲料添加剂维生素 D_3（胆钙化醇）
6	维生素 D	GB 9840—2017 饲料添加剂维生素 D_3（微粒）
7	维生素 AD	GB/T 9455—2009 饲料添加剂维生素 AD_3 微粒
8	维生素 E	GB 9454—2017 饲料添加剂 $DL\text{-}\alpha$-生育酚乙酸酯
9	维生素 E	GB 7293—2017 饲料添加剂 $DL\text{-}\alpha$-生育酚乙酸酯（粉）
10	维生素 K	GB/T 26442—2010 饲料添加剂亚硫酸氢烟酰胺甲萘醌
11	维生素 K	GB 34464—2017 饲料添加剂二甲基嘧啶醇亚硫酸甲萘醌
12	维生素 K	GB 7294—2017 饲料添加剂亚硫酸氢钠甲萘醌

六、任务评价

项目任务的评价标准见表 6-4。

表 6-4　饲料级氯化胆碱测定评价标准

评价环节	评分要素	分值	评分标准	得分	备注
相关知识准备	任务相关知识查阅收集	15	任务相关知识查阅、收集全面、充分		
仪器设备及试剂溶液准备	仪器设备	10	仪器设备准备齐全、摆放整齐、仪器设备应清洁、玻璃砂坩埚洗净、烘干至恒重、称重		
	试剂溶液		试剂溶液准备齐全、摆放整齐		
称样、溶解、定容	称样、溶解、定容	10	操作规范、数据记录正确		
移取溶液、调节 pH	移取溶液	10	移取操作规范，量器选择正确		
	调节 pH		pH 调节达到要求		
沉淀生成、陈化	沉淀生成、陈化	10	沉淀生成条件满足、时间达到要求、加入试剂正确		
沉淀抽滤、洗涤	沉淀抽滤、洗涤	10	沉淀抽滤、洗涤操作规范		

续表6-4

评价环节	评分要素	分值	评分标准	得分	备注
沉淀烘干、冷却、称重	沉淀烘干、冷却、称重	10	烘干条件符合要求 冷却时间充分 称重操作规范、数据记录正确		
空白测定	空白测定	5	空白测定正确		
结果计算	结果计算与表示 重复性计算	10	结果计算与表示正确 重复性计算符合要求，以平均值 表示结果		
其他	小组合作、态度、职业 素养等	10	小组合作配合好、认真准备、积极 参加、台面整洁		
总分		100			

▶ 任务二　饲料级 *L*-赖氨酸盐酸盐含量的测定(选做) ◀

一、任务描述

假设你是配合饲料厂的化验室人员,现接到通知要求你对进厂原料 *L*-赖氨酸盐酸盐的含量进行测定。根据任务描述准备相关知识,并制作任务计划。

二、任务相关知识

赖氨酸是单胃动物的必需氨基酸之一,而且在我国玉米-豆粕型日粮模式中通常是猪的第一限制性氨基酸、禽的第二限制性氨基酸。我国目前常用的赖氨酸补充物有 *L*-赖氨酸盐酸盐和硫酸盐。对于 *L*-赖氨酸盐酸盐的检测包括赖氨酸含量、比旋光度、干燥失重、灼烧残渣、铵盐、重金属(以铅记)、总砷等的测定。本任务参照 GB 34466—2017 饲料添加剂 *L*-赖氨酸盐酸中的方法进行赖氨酸盐酸盐含量的测定。

(一)方法适用范围

本方法适用于以淀粉、糖质为原料,经发酵提取制得的饲料级 *L*-赖氨酸盐酸盐,它是动物体的必需氨基酸,添加在饲料中作氨基酸的补充剂。

(二)饲料级 *L*-赖氨酸盐酸盐外观和性状

饲料级 *L*-赖氨酸盐酸盐为白色或淡褐色粉末。无味或微有特殊气味。易溶于水,难溶于乙醇及乙醚。

(三)饲料级 *L*-赖氨酸盐酸盐技术指标

饲料级 *L*-赖氨酸盐酸盐技术指标见表 6-5。

表 6-5 饲料级 *L*-赖氨酸盐酸盐技术指标 %

指标名称	指标
L-赖氨酸盐酸盐含量（以干基计）	≥98.5
L-赖氨酸含量（以干基计）	≥78.8
比旋光度 α	+18.0°～+21.5°
干燥失重	≤1.0
灼烧残渣	≤0.3
铵盐（以 NH_4^+ 计）	≤0.04
重金属（以 Pb 计）/(mg/kg)	≤10
总砷（以 As 计）/(mg/kg)	≤1

(四)检验规则

1.组批

以相同材料、相同的生产工艺、连续生产或同一班次生产的均匀一致的产品为一批。

2.检验分为出厂检验和型式检验

(1)外观和性状、*L*-赖氨酸含量、干燥失重、总砷和重金属为出厂检验项目。

(2)型式检验项目包括外观和性状以及技术指标中的所有项目。在正常生产情况下，每半年至少进行一次型式检验。有下列情况之一时，也应进行型式检验。

①生产工艺及设备有重大变更时；

②所用原料有重大变化时；

③停产 3 个月以上，重新恢复生产时；

④出厂检验结果与上次型式检验有较大差异时。

3.判定规则

检验结果有一项指标不符合外观和性状及技术指标要求时，应重新自两倍量的包装中取样进行复核检验。重新检验的结果只有一项指标不符合要求，则整批产品为不合格。

(五)饲料级 *L*-赖氨酸盐酸盐测定原理

本方法是建立在非水滴定理论的基础上，以冰乙酸、甲酸为介质，乙酸汞为催化剂，一分子的赖氨酸上的两个氨基与两分子的高氯酸反应，反应方程式如下：

$$C_6H_{14}N_2O_2 + 2HClO_4 = C_6H_8O_2(NH_4)_2^{2+} + 2ClO_4^-$$

三、任务实施

(一)试剂和溶液配制

(1)甲酸。

(2)冰乙酸。

(3)乙酸汞溶液 每升冰乙酸中加入 60 g(精确至 0.000 1 g)乙酸汞。

（4）α-萘酚苯基甲醇冰乙酸指示液（0.2%）　每升冰乙酸加入 20 g α-萘酚苯基甲醇。

（5）高氯酸标准溶液（0.1 mol/L）　按附录中标准溶液的制备方法配制并标定。

（二）仪器设备准备

（1）恒温干燥箱。

（2）分析天平。

（3）5 mL 刻度吸管。

（4）50 mL 量筒。

（5）50 mL 酸式滴定管。

（6）锥形瓶（150 mL）。

（三）含量测定

试样预先在 105℃ 干燥至恒重，称取干燥试样约 0.2 g，称准至 0.000 1 g，加 3 mL 甲酸和 50 mL 冰乙酸，再加入 5 mL 乙酸汞的冰乙酸溶液，加入 10 滴 α-萘酚苯基甲醇指示液，用 0.1 mol/L 高氯酸标准溶液滴定，试样液由橙黄色变为黄绿色即为滴定终点。用同样方法做空白试验以校正之。

（四）结果计算与表示

1. 计算

（1）L-赖氨酸（$C_6H_{14}N_2O_2$）含量 W_1 以质量分数表示，按下式计算。

$$W_1 = \frac{0.073\ 09 \times c \times (V - V_0)}{m} \times 100\%$$

式中：0.073 09 为与 1.00 mL 高氯酸标准溶液[$c(KClO_4) = 1$ mol/L]相当的，以克表示的赖氨酸的质量；c 为高氯酸溶液的浓度，mol/L；V 为试样消耗高氯酸标准溶液的体积，mL；V_0 为空白试验消耗高氯酸标准溶液的体积，mL；m 为试样质量，g。

（2）L-赖氨酸盐酸盐（$C_6H_{14}N_2O_2 \cdot HCl$）含量 W_2 以质量分数表示，按下式计算。

$$W_2 = \frac{0.091\ 32 \times c \times (V - V_0)}{m} \times 100\%$$

式中：0.091 32 与 1.00 mL 高氯酸标准溶液[$c(KCLO_4) = 1$ mol/L]相当的，以克表示的赖氨酸盐酸盐的质量；c 为高氯酸溶液的浓度，mol/L；V 为试样消耗高氯酸标准溶液的体积，mL；V_0 为空白试验消耗高氯酸标准溶液的体积，mL；m 为试样质量，g；

取两次平行测定结果的算术平均值为测定结果，结果表示至小数点后一位。

2. 重复性

两个平行试样测定结果之差不得大于 0.2%。

四、任务小结

L-赖氨酸盐酸盐含量的测定采用非水滴定法，试剂配制中需要注意高氯酸具有强氧化性，不能沾到皮肤上。在使用非水滴定法时需要注意以下 7 点：

（1）温度变化的影响　温度变化对滴定介质冰乙酸影响较大，冰乙酸的凝点为 15.6℃，当室温低于 15.6℃,滴定液就会凝结在滴定管中,因此滴定温度应控制在 20℃以上。冰乙酸的膨胀系数较大,为 0.001 1℃,即温度改变 1℃,体积就有 0.11% 的变化,所以当使用与标定温度相差在 ±10℃ 以内,可将滴定液浓度加以校正。如使用与标定温度相差在 10℃ 以上,或滴定液放置一个月以上使用时应重新标定。如条件允许,可单独安排或隔出一个房间安装空调,作为非水滴定室,标定溶液与测定供试品在相同条件下进行,可避免温度影响,使测定结果更加准确。

(2)水分的影响　由于水分的存在,将严重影响电位滴定曲线的突跃的指示剂颜色的变化,影响终点的灵敏度,所有仪器及供试样品中均不得有水分存在,所有的试剂的含水量均应在 0.2% 以下,必要时应加入适量的醋酐以脱水。

(3)挥发性　冰乙酸有挥发性,故高氯酸滴定液应密闭贮存。滴定液装入滴定管后,其上宜用一干燥小烧杯盖上,最好采用自动滴定管进行滴定,以避免与空气中的二氧化碳以及水蒸气直接接触而产生干扰,也可防止溶剂冰乙酸的挥发。

(4)空白试验　在所有的滴定中,均需同时另作空白试验,以消除试剂引入的误差,尤其是在加醋酸汞试液的情况下。

(5)由于非水滴定法滴定终点颜色变化复杂,对没颜色的描述和感受也因人而异,因此终点判定以电位法为准,同时采用指示液以对照观察终点颜色的变化,待熟练掌握其颜色变化后,即可不必每次用电位法测定。

(6)安全　冰乙酸具有刺激性,高氯酸与有机物接触,遇热极易引起爆炸,和醋酐混合时易发生剧烈反应放出大量热,因此配制高氯酸滴定液时,应先将高氯酸用冰乙酸稀释后再在不断搅拌下缓缓滴加适量醋酐,量取高氯酸的量筒不得量醋酐,以免引起爆炸。

(7)高氯酸滴定液应贮于棕色瓶中避光保存,若颜色变黄,即说明高氯酸部分分解,不得应用。

▶▶ 任务三　饲料级 DL-蛋氨酸的测定(选做) ◀◀

一、任务描述

假设你是配合饲料厂的化验室人员,现接到通知要求你对进厂原料 DL-蛋氨酸的含量进行测定。根据任务描述准备相关知识,并制作任务计划。

二、任务相关知识

蛋氨酸是单胃动物及高产反刍动物的必需氨基酸之一。在我国玉米-豆粕型日粮中蛋氨酸常作为禽的第一限制性氨基酸、猪的第二限制性氨基酸。目前蛋氨酸补充物的形式主要有 DL-蛋氨酸、蛋氨酸羟基类似物及其钙盐、N-羟甲基蛋氨酸钙(反刍动物保护性蛋氨酸)等。氨基酸是具有旋光性的化合物,自然界存在的氨基酸是 L 型的,工业合成的产品是 L 型和 D 型混合的外消旋化合物。在动物体内,L 型蛋氨酸易被肠壁吸收,D 型蛋氨酸要

经酶转化成 L 型后才能参与蛋白质的合成。本任务主要参照 GB/T 17810—2009 饲料级 DL-蛋氨酸中的测定方法。

(一)本测定方法适用范围

本方法适用于以甲硫基丙醛、氰化物、硫酸及氢氧化钠为主要原料生产的饲料级 DL-蛋氨酸。

化学名称为 2-氨基-4-甲硫基丁酸;化学分子式为 $CH_3S—CH_2—CH_2—CH(NH_2)—COOH$;相对分子质量为 149.2(按 2007 年国际相对原子质量)。

(二)DL-蛋氨酸产品外观及技术指标要求

(1)外观和性状　白色或浅灰色结晶或片状结晶。在水中略溶,在乙醇中极微溶解,溶解于稀酸与氢氧化钠(钾)溶液。

(2)技术指标　技术指标应符合表 6-6 要求。

表 6-6　饲料级 DL-蛋氨酸要求　　　　　　　　　　　　　　%

指标名称	指标
DL-蛋氨酸/%	≥98.5
干燥失重/%	≤0.5
氯化物(以 NaCl 计)/%	≤0.2
重金属(以 Pb 计)/(mg/kg)	≤20
砷(以 As 计)/(mg/kg)	≤2

(三)样品的采集与制备

取样袋数按采样标准规定执行。取样时,将取样器插入料层深度的 3/4 处,将取得的样品混匀,用四分法缩分约 500 g 样品,分装于两个干燥、清洁、带磨口塞的瓶中,瓶上粘贴标签,注明生产厂名称、产品名称、生产日期、批次,一瓶用于检验,一瓶保存备用。

(四)检验规则

1.组批

以同一批原料、同一班次生产且包装的,具有相同的工艺条件、同一批号、规格和同样质量证明书的产品为一批。

2.检验分为出厂检验和型式检验

(1)感官指标、DL-蛋氨酸含量、干燥失重为出厂检验项目。

(2)型式检验项目包括外观和性状以及技术指标中的所有项目。在正常生产情况下,每半年至少进行一次型式检验。有下列情况之一时,也应进行型式检验。

①生产工艺、主要原料有变化时;

②停产 3 个月以上,重新恢复生产时;

③法定质检部门提出要求时;

④合同规定。

3.判定规则

检验结果全部符合外观和性状及技术指标中所有要求时判为合格品。有一项指标不符合要求时,应重新自两倍量的包装中取样进行复核检验。重新检验的结果即使只有一项指标不符合标准要求,则整批产品为不合格。

(五)DL-蛋氨酸含量的测定原理

在中性介质中准确加入过量的碘溶液,将两个碘原子加到蛋氨酸的硫原子上,过量的碘溶液用硫代硫酸钠标准滴定溶液回滴。

三、任务实施

1.试剂及溶液配制

安全提示:本试验操作中需使用一些强酸,使用时须小心谨慎,避免溅到皮肤上。在使用挥发性试剂时,需在通风橱中进行。

(1)磷酸氢二钾溶液　500 g/L。

(2)磷酸二氢钾溶液　200 g/L。

(3)碘化钾溶液　200 g/L,贮存在棕色瓶中。

(4)碘溶液:$c(1/2\ I_2)$约 0.1 mol/L,称取 13 g 碘及碘化钾溶于水中,稀释至 1 000 mL,摇匀,保存于棕色具塞瓶中。

(5)硫代硫酸钠标准滴定溶液　$c(Na_2S_2O_3)$约 0.100 0 mol/L。

(6)淀粉溶液　10 g/L。

2.仪器设备准备

(1)分析天平　精度:0.000 1 g。

(2)500 mL 碘量瓶。

(3)10 mL 刻度吸管、1 mL 刻度吸管。

(4)50 mL 移液管。

(5)50 mL 酸式滴定管。

(6)100 mL 量筒。

(7)磁力搅拌器。

3.测定

称取试样 0.23～0.25 g(精确至 0.000 1 g)移入 500 mL 碘量瓶中,加入 70 mL 无离子水,然后分别加入下列试剂:10 mL 磷酸氢二钾溶液、10 mL 磷酸二氢钾溶液、10 mL 碘化钾溶液,待全部溶解后准确加入 50 mL 碘溶液,盖上瓶盖,水封,充分摇匀,于暗处放置 30 min,用硫代硫酸钠标准滴定溶液滴定过量的碘,边滴定边用磁力搅拌器搅拌,近终点时加入 1 mL 淀粉指示剂,滴定至无色并保持 30 s 为终点,同时做空白试验。

4.结果计算

(1)计算　以质量分数表示的蛋氨酸含量 X_1 按下式计算:

$$X_1 = \frac{0.074\ 6 \times c \times (V - V_0)}{m} \times 100\%$$

式中：c 为硫代硫酸钠标准滴定溶液的实际浓度，mol/L；V 为滴定试样时消耗的硫代硫酸钠标准滴定溶液的体积，mL；V_0 为空白消耗的硫代硫酸钠标准滴定溶液的体积，mL；m 为试样的质量，g；0.074 6 为与 1.00 mL 硫代硫酸钠标准滴定溶液[$c(Na_2S_2O_3)=1.000$ mol/L]相当的，以克表示的 DL-蛋氨酸的质量。

所得结果应表示至一位小数。

（2）允许差　取平行测定结果的算术平均值为测定结果，两次平行测定结果的绝对差值不得大于 0.3%。

四、任务小结

DL-蛋氨酸含量测定采用的碘量法，在碘量法测定过程中需要注意以下几点：

（1）硫代硫酸钠标准滴定溶液不能用直接法配制，因固体硫代硫酸钠含有一些杂质，且硫代硫酸钠溶液不稳定，容易分解。配制硫代硫酸钠溶液时要采取下列措施：

①用新煮沸并冷却的蒸馏水（除去二氧化碳和杀死微生物）；

②配制时加入少量的碳酸钠，使溶液呈弱碱性，以抑制微生物生长；

③配制好的溶液置于棕色瓶中，并放置 8～10 天，再用基准物标定，若发现溶液浑浊，需重新配制。硫代硫酸钠不宜长期保存，如发现溶液变浑浊或有硫析出，应过滤再标定，或重新配制。

（2）防止碘挥发

①加入过量的碘化钾；②反应溶液的温度不能太高，一般在室温下进行，夏季尤其要注意应避免阳光照射；③滴定时不能剧烈振摇，用带塞的碘量瓶。

（3）防止碘离子被氧气所氧化

①溶液酸度不能太高；②要避光在暗处放置；③析出碘后不能让溶液放置太长时间；④滴定速度适当快些。

（4）淀粉指示剂应在近终点时加入，以防加入过早淀粉吸附较多的碘，使滴定结果产生误差。

五、任务拓展

主要必需氨基酸产品现行国家标准可见表 6-7。

表 6-7　主要必需氨基酸产品现行标准

序号	氨基酸	标准号及标准名称
1	赖氨酸	GB 34466—2017 饲料添加剂 L-赖氨酸盐酸盐
2	蛋氨酸	GB/T 17810—2009 饲料添加剂 DL-蛋氨酸
3	蛋氨酸	GB 21034—2017 饲料添加剂蛋氨酸羟基类似物钙盐
4	蛋氨酸	GB/T 19371.1—2003 饲料添加剂蛋氨酸羟基类似物
5	苏氨酸	GB/T 21979—2008 饲料级 L-苏氨酸
6	色氨酸	GB/T 25735—2010 饲料添加剂 L-色氨酸

项目能力测试

一、填空题

1. 饲料级氯化胆碱不得检出_____。

2. 饲料级 L-赖氨酸盐酸盐的外观为_____。

3. 饲料级 DL-蛋氨酸测定中加入 50 mL 碘溶液是采用_____加入的。

二、选择题

1. 雷氏盐法测定饲料级氯化胆碱含量是采用了(   )测定。

A. 重量法   B. 滴定法   C. 电位法   D. 比色法

2. 雷氏盐与氯化胆碱反应的 pH 条件为(   )

A. pH 5~6   B. pH 2~3   C. pH 7~8   D. pH 9~10

3. 雷氏盐法测定饲料级氯化胆碱含量中 pH 调节中使用的指示剂为(   )。

A. 甲基红-溴甲酚绿肥混合指示剂   B. 甲基红指示剂

C. 亚甲基蓝指示剂   D. 甲基红-亚甲基蓝混合指示液

4. 饲料级 L-赖氨酸盐酸盐含量的测定采用(   )测定。

A. 重量法   B. 非水滴定法   C. 电位法   D. 比色法

5. 饲料级 L-赖氨酸盐酸盐含量的测定所用非水溶剂为(   )。

A. 高氯酸   B. 丙酸   C. 冰乙酸   D. 甲酸

6. DL-蛋氨酸产品外观为(   )。

A. 蓝绿色结晶或粉末   B. 黑色粉末或结晶

C. 粉红色粉末或结晶   D. 白色或浅灰色结晶或粉末状结晶

7. 饲料级 DL-蛋氨酸产品要求 DL-蛋氨酸含量大于等于(   )。

A. 98.5%   B. 95%   C. 99%   D. 97%

8. 饲料级 DL-蛋氨酸测定中要求在暗处放置(   )min。

A. 5   B. 10   C. 20   D. 30

三、判断题

1. 雷氏盐法测定饲料级氯化胆碱含量中雷氏盐与氯化胆碱的反应是在沸水浴中进行的。

2. L-赖氨酸盐酸盐具有旋光性可根据此特点来进行掺假鉴定。

3. 高氯酸滴定液应贮于棕色瓶中避光保存。

4. L-赖氨酸盐酸盐测定中对于所有的仪器设备及试剂都必须保证无水条件。

5. L-赖氨酸盐酸盐测定中由于碘易挥发,因此滴定过程中不能剧烈振摇。

6. L-赖氨酸盐酸盐测定中淀粉指示剂应在近终点时加入,以防加入过早淀粉吸附较多的碘,使滴定结果产生误差。

四、思考题

分析影响赖氨酸含量测定结果的因素有哪些?

项目七
饲料卫生指标的测定

知识目标

1. 了解饲料卫生指标包括的内容及各卫生指标测定的意义。
2. 了解我国对各卫生指标具体要求。
3. 理解各卫生指标测定的原理。

技能目标

1. 能独立熟练进行各卫生指标的测定。
2. 能对测定中使用的仪器进行维护。
3. 能对测定数据进行正确处理,并对结果进行解释。

素质目标

1. 能够遵守操作规程,注意实验安全。
2. 加强职业道德意识,具有爱岗敬业、勇于奉献、吃苦耐劳的职业素质。
3. 具有科学严谨、实事求是的工作作风,具备开拓进取、勇于创新、团队协作的素质。
4. 具有新标准及新方法的学习及运用能力。

项目任务导读

任务一　大豆制品加工生熟度测定
任务二　油脂新鲜度测定
任务三　鱼粉新鲜度测定
任务四　饲料中氟的测定
任务五　饲料中亚硝酸盐含量的测定——重氮偶合比色法(选做)
任务六　饲料中游离棉酚的测定(选做)
任务七　饲料中微生物含量的测定

任务一　大豆制品加工生熟度测定

生大豆制品中含有对动物有害的胰蛋白酶抑制因子、血球凝集素、皂角苷、甲状腺肿诱发因子以及抗凝固因子等抗营养因子,从而导致其蛋白质适口性下降、生物学价值降低、引起动物腹泻、胰腺肿大,以致影响到动物的正常生长发育,其中最主要的抗营养因子是胰蛋白酶抑制因子。由于大豆中脲酶和胰蛋白酶抑制因子在加热时能以相近的速率变性,并且脲酶对热的抵抗力比胰蛋白酶抑制因子强,又易测定,所以常用脲酶活性指标来作为检验大豆制品加热程度和抗营养因子水平的判断指标。但由于在加热过程中也有可能存在过度加热的现象,此时蛋白质中的赖氨酸与碳水化合物发生梅拉德反应,从而使蛋白质利用率下降。此种情况下利用脲酶活性来测定就不准确,因为脲酶活性最低只能是 0。生产中对加热过度的判断常用氢氧化钾蛋白质溶解度来反映。因此要准确判断大豆制品加工的生熟度必须综合脲酶活性和蛋白质溶解度这两个指标方可。

子任务一　大豆制品中脲酶活性的定性及定量测定
(定性测定选做 1 个)

脲酶活性的测定方法又分定性测定和定量测定。定性测定方法简单,快速,可以判断脲酶是否合格,常用的定性检测方法有酚红定性法和 pH 增值法(又称 ΔpH 法)。一般定性检测可选择其中一种方法测定。脲酶活性定量测定现行国标(GB/T 8622—2006)采用的是滴定 pH 法。

一、任务描述

假设你是某配合饲料厂化验室员工,现要求你对进厂的大豆粕试样进行脲酶活性的定性及定量测定,并判断脲酶是否合格。根据任务描述准备任务相关知识,并制订任务计划。

二、任务相关知识

各测定方法原理及要求

1. 酚红定性测定原理

酚红指示剂在 pH 6.4～8.2 时由黄变红,大豆制品中所含的脲酶,在室温下可将尿素水解产生氨,释放的氨可使酚红指示剂变红,根据变红的时间长短来判断脲酶活性的大小。一般认为 10 min 之内不变红则认为脲酶活性合格。

2. pH 增值法测定原理

本法是美国、日本等国常用的方法。尿素水解释放的氨是碱性的,可使溶液 pH 升高。试样反应 30 min 后,与空白溶液的 pH 之差数,可间接用来表示氨量的多少。此法测定的脲酶活性应在 0.05～0.5ΔpH,这是饲喂动物对脲酶的安全范围,0.04～0.2ΔpH 为饲喂动物时的最佳范围。

3. 滴定 pH 法测定原理

大豆制品中的脲酶在一定条件下(pH,温度),可以将尿素水解为氨,用过量的已知浓度的盐酸吸收后生成氯化铵,再用氢氧化钠标准溶液滴定剩余的盐酸,根据消耗的氢氧化钠标准溶液数量,即可计算出由脲酶水解放出的氨氮含量,从而计算得出脲酶活性。等当点时,pH 为 4.7 左右。其反应如下:

$$CO(NH_2)_2 + H_2O \longrightarrow 2NH_3 \uparrow + CO_2 \uparrow$$
$$NH_3 + HCl \longrightarrow NH_4Cl$$
$$HCl + NaOH \longrightarrow NaCl + H_2O$$

豆粕质量标准规定脲酶活性不得大于 0.4 U/g。

三、任务实施

注:酚红定性和 ΔpH 法可任选一种测定方法。

(一)酚红定性测定

1. 仪器、设备准备

(1)粉碎装置   粉碎时不应产生强烈发热(如:研钵,球磨机)。

(2)具塞试管   直径 1.8 mm,长 150 mm。

(3)天平   感量 0.01 g。

(4)分样筛 60 目。

2. 试剂和溶液配制

(1)尿素(GB 696)。

(2)酚红指示剂(HG B—959)   1 g/L 乙醇溶液(20%)溶液。

3. 试样制备

用粉碎机将试样粉碎,过 60 目分样筛,对特殊试样(水分或挥发物含量较高而无法粉碎的产品)应先在实验室温度下进行预干燥,再进行粉碎。

4. 测定

称取 0.02 g 试样(准确至 0.01 g),转入试管中,加入 0.02 g 结晶尿素及 2 滴酚红指示剂,加 20~30 mL 蒸馏水,摇动 10 s,观察溶液颜色,并记下呈粉红色时间。同时做试样空白和试剂空白。当环境温度较低时可将试管放入 25℃水浴中保温。

5. 计算和结果表示

(1)1 min 呈粉红色   活性很强;

(2)1~5 min 呈粉红色   活性强;

(3)5~15 min 呈粉红色   有点活性;

(4)15~30 min 呈粉红色   没有活性。

一般认为,10 min 以上不显粉红色或红色的大豆制品,其脲酶活性即认为合格,生熟度适中。脲酶活性与呈色时间对照表如表 7-1 所示。

表 7-1　脲酶活性与呈色时间对照表　　　　　　　　　　　　U/g

时间/min	脲酶活性	时间/min	脲酶活性
0~1	0.9 以上	5~6	0.2~0.15
1~2	0.9~0.7	6~7	0.15~0.1
2~3	0.7~0.5	7~9	0.1~0.05
3~4	0.5~0.3	>15 无色	0
4~5	0.3~0.2		

(二)pH 增值法(△pH 法)

1. 仪器设备准备

恒温水浴:须能保持温度于(30±0.5)℃。

酸度计(pH 计):具有玻璃电极、甘汞电极、可测试 5 mL 的溶液。此为一种精密仪器,须装有温度核正器,其敏感度应为±0.02 pH 单位或更佳。仪器操作及 pH 测定均应依照制造商的说明,该 pH 计应在测定前以标准缓冲液加以校正。

试管:20 mm×150 mm 并配有橡皮塞。

2. 试剂配制

0.05 mol/L 磷酸盐缓冲液:溶解 3.403 g 磷酸二氢钾于约 100 mL 新蒸馏水中,溶解 4.335 g 磷酸氢二钾于约 100 mL 的蒸馏水中,然后将此两种溶液合并配成 1 000 mL。其 pH 应为 7.0,否则应在使用前用强酸碱调整为 7.0。依上述方法制备的缓冲液有效期在 90 天内。

已加缓冲液的尿素溶液:溶解 15 g 尿素于 500 mL 磷酸缓冲液中,加 5 mL 甲苯作为防腐剂以防止细菌生成,依前述方法调整尿素溶液的 pH 为 7.0。

3. 样品的制备

尽可能研磨样品为细粉,通过孔径为 200 μm 分析筛,但勿使温度升高。

4. 测定

(1)正确称取 0.2 g 样品于试管中,加入 10 mL 已加缓冲液的尿素溶液,加塞混合,然后置于 30℃ 水浴中。在混合操作时试管切勿倒置。

(2)空白试验需称取 0.2 g 样品于试管中,并加入 10 mL 磷酸盐缓冲液,加塞混合,然后置于 30℃ 水浴中。上项试验的制备与空白试验的制备须相隔 5 min,然后每隔 5 min 搅拌试管内容物一次。

(3)30 min 后,相隔 5 min 将试验及空白试验的试管自水浴中取出,将上层液体移入 5 mL 烧杯中,自水溶中取出刚达 5 min 时,分别测定上层液体的 pH。

5. 计算

试验试管的 pH 与空白试管的 pH 两者之差异,即为尿素酶活性的指数。

(三)滴定 pH 法

1. 试剂和溶液配制

(1)尿素(GB 696)。

(2)磷酸氢二钠($Na_2HPO_4 \cdot 12H_2O$,GB 1263)。

(3)磷酸二氢钾（KH_2PO_4，GB 1274）。

(4)尿素缓冲溶液（pH 6.9～7.0）　准确称取 3.40 g 经 110℃烘干的磷酸二氢钾和 8.95 g 磷酸氢二钠，用蒸馏水溶解后定容至 1 000 mL，再将 30 g 尿素溶解在此缓冲液中，可保存一个月。

(5)0.1 mol/L 盐酸溶液　移取 8.3 mL 浓盐酸（GB 622），用水稀释至 1 000 mL。

(6)0.1 mol/L 氢氧化钠（GB 629）标准溶液　称取 4 g 氢氧化钠，溶于水并稀释至 1 000 mL，用 GB/T 601 规定的方法配制和标定。

(7)甲基红溴甲酚绿混合乙醇溶液　甲基红（HG 3-958）1 g/L 95% 乙醇溶液与溴甲酚绿（HG 3-1220）5 g/L 95% 乙醇溶液，两溶液等体积混合，贮于棕色试剂瓶内，阴凉处保存 3 个月以内。

2.仪器、设备清点

(1)样品筛　孔径 200 μm。

(2)酸度计　精度 0.02 mv，附有磁力搅拌计和滴定装置。

(3)恒温水浴　可控温（30±0.5）℃。

(4)具塞刻度试管　直径 18 mm，长 150 mm。

(5)精密计时器。

(6)粉碎机　粉碎时应不产生强热（如球磨机）。

(7)分析天平　感量 0.000 1 g。

(8)移液管　10 mL。

3.样品中脲酶活性的测定

准确称取已粉碎的试样约 0.2 g（精确至 0.000 1 g），置于刻度试管中（如活性很高，只称 0.05 g）。加入 10 mL 尿素缓冲溶液，立即盖好试管并剧烈摇动，马上置于（30±0.5）℃的恒温水浴中，准确计时保持 30 min±10 s。要求每个试样加入尿素缓冲液的时间间隔保持一致。停止反应时再以相同的时间间隔加入 10 mL 0.1 mol/L 盐酸溶液，并速冷至 20℃。将试管中内容物无损地转移到 50 mL 烧杯中或锥形瓶中，用 20 mL 蒸馏水冲洗试管 2 次，立即用 0.1 mol/L 氢氧化钠标准溶液滴定至 pH 为 4.7。或在锥形瓶中加入混合指示剂，最终滴定终点为蓝绿色。记录氢氧化钠标准溶液消耗量。

4.空白测定

另取试管作空白测定，加入 10 mL 尿素缓冲溶液，10 mL 0.1 mol/L 盐酸溶液，准确称取与上述试样相当量的试样（精确至 0.000 1 g），迅速加入此试管中，立即盖好试管并剧烈摇动。将试管置于（30±0.5）℃的恒温水浴中，准确计时保持 30 min，取下后速冷至 20℃。将试管中内容物无损地转移到 50 mL 烧杯中或 250 mL 锥形瓶中，用 20 mL 蒸馏水冲洗试管 2 次，立即用 0.1 mol/L 氢氧化钠标准溶液滴定至 pH 为 4.7。或在锥形瓶中加入混合指示剂，最终滴定终点为蓝绿色。记录氢氧化钠标准溶液消耗量。

5.计算和结果表示

(1)计算公式　测定结果以每分钟每克大豆制品在 30℃和 pH 7 的条件下释放出的氨态氮的毫克数表示。

$$U_A = \frac{(V_0 - V) \times c \times 0.014 \times 1\,000}{m \times 30}$$

式中:U_A 为试样的脲酶活性,mgN/(g·min);c 为氢氧化钠标准溶液的浓度,mol/L;V_0 为滴定试样反应消耗的氢氧化钠溶液体积,mL;m 为试样质量,g;0.014 为 1 摩尔质量氢氧化钠相当于 0.014 g 氮。30 为反应时间。

如果试样在粉碎前经预干燥处理,则:

$$U_A = \frac{(V_0 - V) \times c \times 0.014 \times 1\,000}{m \times 30} \times (1 - S)$$

式中:S 为预干燥时试样失重的百分率。

结果表示:每个试样取 2 个平行样进行测定,以其算术平均值为结果。

(2)重复性　同一分析者对同一试样同时或快速连续地进行 2 次测定,所得结果之间的差值不超过平均值的 10%。

四、任务小结

脲酶活性酚红定性测定中需要同时做试样空白和试剂空白,以防产生不正确结果;定量测定中需要注意反应时间对酶活的影响,为了降低试验误差,试验时可间隔同样时间进行试剂的加入。同时要注意以下 3 点:

(1)若试样粗脂肪含量高于 10%,则应先进行不加热的脱脂处理后再测定脲酶活性。

(2)若测得试样的脲酶活性大于 1 mg/(g·min),则样品称量应减少到 0.05 g。

(3)若用 pH 测定应防止各玻璃仪器或电极被沾污,若 pH 计不能立即表示稳定的 pH 时应加以检查。有时由于大豆可溶成分的附着,会使电解质经过甘汞电极的多孔纤维的流动速度降低。

子任务二　大豆制品蛋白质溶解度测定

豆粕的蛋白质溶解度是表示豆粕加热程度的指标,生豆粕的蛋白质溶解度可能达到 100%,随着豆粕加热程度加深,豆粕的蛋白质溶解度下降,一般认为豆粕的氢氧化钾蛋白质溶解度在 70%~85% 算正常,若高于 85% 则豆粕过生,低于 70% 则豆粕过熟。

一、任务描述

假设你是某配合饲料厂化验室员工,现要求你对进厂的大豆粕试样进行氢氧化钾蛋白质溶解度的测定,并判断豆粕加热程度是否适宜。根据任务描述准备任务相关知识,并制定任务计划。

二、任务相关知识

脲酶活性和蛋白质溶解度是评定豆粕加工质量的两个重要指标。但在生产中对加热过度的豆粕脲酶测定值不是一个可靠的指标,蛋白溶解度可以区别不同程度的过度加热。蛋白质溶解度测定随加热时间的增加而递减。

蛋白溶解度是根据蛋白质在一定量的氢氧化钾溶液中溶解蛋白质质量。分析结果：生大豆粕的蛋白溶解度达到 100％，在日常分析中，当蛋白溶解度大于 85％ 则认为大豆粕过生，当蛋白溶解度小于 75％ 则认为大豆粕过熟。当蛋白溶解度在 80％ 左右时大豆粕加工适度。

三、任务实施

1.试剂和溶液配制

0.042 mol/L 氢氧化钾（GB/T 2306）溶液：称取 2.360 g 氢氧化钾，加水溶解后，转移至 1 000 mL 容量瓶中，并定容至刻度。

其他试剂与凯氏定氮时所用的标准试剂相同。

2.仪器设备准备

样品粉碎机、60 目分样筛、电子天平、250 mL 烧杯、量筒、磁力搅拌器、离心机。

其他仪器设备与凯氏定氮时所用的仪器设备相同。

3.试样制备

选具有代表性的大豆制品试样，用四分法缩减至 200 g，粉碎并过 60 目分样筛。

4.测定步骤

称取经粉细（防止过热）后 1.5 g 大豆饼（粕）粉放入 250 mL 烧杯中，准确加入 75 mL 的氢氧化钾溶液，用磁力搅拌器搅拌 20 min，再将搅拌好的液体转至离心管中，用 2 700 r/min 速度离心 10 min，吸取上清液 15 mL，放入消化管中，用凯氏定氮法测定其中的蛋白质含量，此含量相当于 0.3 g 试样中溶解的蛋白质量。

5.结果计算

（1）试样中蛋白质溶解度按公式计算：

$$蛋白质溶解度 = \frac{15\ mL\ 上清液中粗蛋白质的质量}{0.3\ g\ 试样中粗蛋白质的质量}$$

（2）重复性　每个样品应取 2 份平行样进行测定，以其算术平均值为分析结果。测定允许相对偏差不大于 1％。

四、任务小结

蛋白质溶解度测定和脲酶活性测定是用来综合评定大豆制品加热程度的两个指标，蛋白质溶解度测定结果受到样品粒度、样品在氢氧化钾溶液中的搅拌时间等因素的影响，因而测定时应保证测定条件一致。

五、任务评价

项目任务的评价标准见表 7-2。

表 7-2　大豆制品加工生熟度测定评价标准

评价环节	评分要素	分值	评分标准	得分	备注
相关知识准备	任务相关知识查阅收集	15	任务相关知识查阅、收集全面、充分		
仪器设备及试剂溶液准备	仪器设备 试剂溶液	10	仪器设备准备齐全、摆放整齐、仪器 设备应清洁、电极活化达到要求 试剂溶液准备齐全、摆放整齐		
定性测定	称样 加试剂 结果判断	10	操作规范 试剂加入正确 结果判断正确		
滴定 pH 法	称样 加试剂 水浴保温 滴定 结果计算与表示	25	操作规范,记录正确 试剂加入正确 水浴温度正确、保温时间准确 滴定速度控制好、终点判断正确 结果计算与表示正确		
氢氧化钾蛋白质溶解度	称样 加入试剂 搅拌、离心 移取上清液测定蛋白质含量 结果计算	30	操作规范,记录正确 试剂加入正确 搅拌时间正确、离心速度正确 蛋白质测定过程规范、熟练 结果计算与表示正确、重复性计算 符合要求,以平均值表示结果		
其他	小组合作、态度、职业素养等	10	小组合作配合好、认真准备、积极参加、台面整洁		
总分		100			

▶ 任务二　油脂新鲜度测定 ◀

　　我国饲料原料目录中共涉及各类单一饲用油脂 30 多种,主要包括动物来源油脂,如猪(鸡)油、鱼油、乌贼油共计 6 种;植物来源油脂,如豆油、菜籽油、棕榈油等共计 27 种;取消了饲料级混合油。饲用油脂在配合饲料中使用的目的,可以提高饲料中能量水平、降低动物夏季的热应激。但油脂在贮存中极易氧化酸败,油脂一旦氧化酸败,不仅会降低油脂营养价值、产生不良气味影响饲料适口性,而且还会产生过氧化物破坏饲料中的其他营养物质,对动物产生毒害作用。因而对油脂新鲜程度的评价很重要。油脂的新鲜程度需要综合评价,目前植物来源油脂强制性要求测定酸值、过氧化值;动物来源油脂强制性要求测定酸价、丙二醛。单纯采用某一项指标的测定来判断油脂新鲜程度是不全面的,生产中应通过上述几个指标综合评价油脂新鲜度。一般情况下,对于油脂的新鲜程度可做如下判定:过氧化值和 TBA 值低,皂化值高,说明油脂保存比较好。过氧化值高,TBA 低,说明油脂开始氧化。过氧化值和 TBA 值均较高,说明油脂已经变质。过氧化值和 TBA 值均较低,皂化率也低,说明油脂已经变质。

子任务一　油脂酸值测定

脂肪在贮存和使用过程中受到酶、热等各种因素的作用会逐渐水解,产生游离脂肪酸。酸值是指中和 1 g 油脂所含游离脂肪酸所需的氢氧化钾的毫克数,用 mg/g 表示。酸值近似代表油脂中游离脂肪酸的含量。在生产条件下,酸值作为水解指标,在储存条件下,酸值作为酸败指标。通过酸值可以估计油脂中的游离脂肪酸含量。

水解作用产生的少量游离脂肪酸,一般不会影响动物的生产性能,但是中短链脂肪酸,尤其是短链脂肪酸(如乳脂水解产生的丁酸)会使油脂散发强烈的酸臭气味,可能会影响饲料的适口性。氧化酸败不仅影响气味,还会产生有毒成分。同时,酸值升高还会造成油脂稳定性变差,容易氧化酸败。下面以我国现行国标动植物油脂酸值和酸度测定(GB/T 5530—2005)进行油脂中酸值的测定。

一、任务描述

假设你是某配合饲料厂化验室员工,现要求你对进厂猪油酸值进行测定,评价油脂新鲜程度。根据任务描述准备任务相关知识,并制定任务计划。

二、任务相关知识

(一)我国饲料中常用油脂酸价、过氧化值质量标准(表 7-3)

表 7-3　我国油脂酸价、过氧化值的质量标准

油脂种类	酸价(KOH)/(mg/g) ≤				过氧化值/(mmol/kg) ≤			
	一级	二级	三级	四级	一级	二级	三级	四级
菜籽原油	4.0				7.5			
成品菜籽油(压榨、浸出)	0.2	0.3	1.0	3.0	5.0	5.0	6.0	6.0
大豆原油	4				0.25 g/100 g			
成品大豆油	0.5	2.0	4		5.0	6.0	0.25 g/100 g	
饲料用鱼油	一级	二级	营养强化鱼油		一级	二级	营养强化鱼油	
	6.0	8.0	3.0		140	140	160	
鱼油(精制)	1.0	3.0			5.0	10.0		
鱼油(粗)	8.0	15.0	30.0		12.0	20.0	20.0	

表中数据来源:大豆油质量标准(GB/T 1535—2017)、菜籽油质量标准(GB 1536—2004)、饲料用鱼油质量标准(SC/T 3504—2006)、鱼油质量标准(SC/T 3502—2016)。

(二)美国、日本油脂的标准

表 7-4、表 7-5 是美国和日本的油脂的质量标准。

表 7-4　美国不同油脂的质量标准

(来自美国动物蛋白及油脂提炼协会资料)

项目	大豆油	棕榈油	椰子油	牛油	猪油	混合油	鸡油
杂质/%				1.5	0.3	2	2
溶度(Titre)	21~23	40~47	20~24	40~47	32~43	30~36	28~35
游离脂肪酸(FFA)				4~6	0.5	15	15
碘值(IV)	120~141	44~58	7.5~10.5	35~48	53~77	58~79	65~83
不饱和脂肪酸	84.5	52.5	7.5	49	59.1	70	67.6
U/S	5.45	1.10	0.10	0.96	1.45	2.33	2.22
皂化值(SV)	189~195	195~205	250~265	193~202	190~202		
颜色(FAC)				3~21	3	39	19
过氧化物目前/(meg O2/kg)					<4		
过氧化物−20 h/(meg O2/kg)				<20	<20	<20	<20
C18:2(占 TFA 的量)/%	51	3	2.1	3.1	9.0	18	25
总脂肪酸含量/%				>90	>90	>90	>90

表 7-5　日本对饲料用油脂的质量要求

酸价	皂化价	碘价	过氧化物/(mg·kg^{-1})	羧基/(mg·kg^{-1})
≤30	≥190	≥70	≤5	≤30

(三)现行国标酸值测定原理

(1)热乙醇法　试样溶解在热乙醇中,用氢氧化钠或氢氧化钾水溶液滴定。

(2)冷溶剂法　试样溶解于混合溶剂中,用氢氧化钾乙醇溶液滴定。

三、任务实施

(一)热乙醇法

1.扦样和试样制备

(1)扦样　所取样品应具有代表性,且在运输和储存的过程中无损坏或变质。推荐采用 ISO 5555 的方法。

(2)试样制备　按照 GB/T 15687 制备实验样品,若样品含有易挥发脂肪酸,则不得加热和过滤。

2.试剂溶液配制

(1)乙醇　最低浓度为95％乙醇。

(2)氢氧化钠或氢氧化钾　标准溶液的浓度 c（NaOH 或 KOH）＝0.1 mol/L 或 0.5 mol/L。

(3)酚酞指示剂　10 g/L，10 g 的酚酞溶解于 1 L 的 95％乙醇溶液中。

注：在测定颜色较深的样品时，每 100 mL 酚酞指示剂溶液，可加入 1 mL 的 0.1％次甲基蓝溶液观察滴定终点。

(4)碱性蓝6B 或百里酚酞（适用于深色油脂）　20 g/L，20 g 碱性蓝6B 或百里酚酞溶解于 1 L 的 95％乙醇溶液中。

3.仪器设备准备

(1)微量滴定管　10 mL，最小刻度 0.02 mL。

(2)分析天平　精确度参见任务一。

(3)实验室　其他常规仪器。

4.测定

(1)称样　根据样品的颜色和估计的酸值按表 7-6 所示称样，装入锥形瓶中。

表 7-6　试样称取量　　　　　　　　　　　　　　　　　　　　　　　　g

估计的酸值	试样量	试样称重的精确度
＜1	20	0.05
1～4	10	0.02
4～15	2.5	0.01
15～75	0.5	0.001
＞75	0.1	0.000 2

注：试样的量和滴定液的浓度应使得滴定液的用量不超过 10 mL。

(2)测定　将含有 0.5 mL 酚酞指示剂的 50 mL 乙醇溶液置入锥形瓶中，将锥形瓶中溶液加热至沸腾，当乙醇的温度高于70℃时，用 0.1 mol/L 的氢氧化钠或氢氧化钾溶液滴定至溶液变色。并保持溶液 15 s 不褪色，即为终点。

注：当油脂颜色深时，需加入更多量的乙醇和指示剂。

当中和后的乙醇转移至装有测试样品的锥形瓶中，应充分混合、煮沸。在用氢氧化钠或氢氧化钾标准溶液滴定时，其选用浓度取决于样品估计的酸值。滴定过程中要充分摇动。

(二)冷溶剂法—适用于浅色油脂

1.扦样和试样制备

同热乙醇法。

2.试剂及溶液配制

(1)乙醚和浓度为 95％乙醇　1＋1 体积混合。

警告：乙醚极易燃，并能生成爆炸性过氧化物，使用时必须特别谨慎。

临使用前,每 100 mL 混合溶剂中加入 0.3 mL 酚酞溶液,用氢氧化钾乙醇溶液准确中和。

如果不可能使用乙醚,可用下列混合溶剂:

①甲苯和浓度为 95％乙醇,1+1 体积混合;

②甲苯和浓度为 99％异丙醇,1+1 体积混合;

③测定原油和精炼植物脂时,可用浓度为 99％异丙醇替代混合溶剂。

(2)氢氧化钾乙醇标准溶液　$c(KOH)=0.1$ mol/L(溶液 A)或 $c(KOH)=0.5$ mol/L(溶液 B)。

可用氢氧化钾或氢氧化钠水溶液代替氢氧化钾或氢氧化钠的乙醇溶液,但加入水溶液的量不得造成滴定液两相分离。

①溶液 A:称取氢氧化钾 7 g,溶解于 1 000 mL 的乙醇溶液中。溶液 B:称取氢氧化钾 35 g,溶解于 1 000 mL 的乙醇溶液中。

注:可以用异丙醇替代乙醇。

临用前按下述方法标定溶液的浓度。

标定溶液 A:称取含量大于 99.9％的苯甲酸 0.15 g,准确至 0.000 2 g。装入 150 mL 锥形瓶中,用 50 mL 的 4-甲基-2-戊酮溶解。

标定溶液 B:称取含量大于 99.9％的苯甲酸 0.75 g,准确至 0.000 2 g。装入 150 mL 锥形瓶中,用 50 mL 的 4-甲基-2-戊酮溶解。

标定溶液 A 或溶液 B 都需要插入 pH 计,启动搅拌器,用氢氧化钾溶液滴定至等当点。

注:等当点通常近似地对应于某个 pH,可用图解法观察中和曲线的转折点来确定,也可用 pH 变化值(加入的氢氧化钾异丙醇溶液函数关系的一级微分求极大值,或二级微分等于 0)计算等当点。

氢氧化钾溶液浓度 c 用摩尔每升表示,按下式计算:

$$c=\frac{1\,000 \times m_0}{122.1 \times V_0}$$

式中:m_0 为所用苯甲酸的质量,g;V_0 为滴定的用氢氧化钾溶液的体积,mL。

至少应在使用前 5 天配制溶液,保存在带橡胶塞的棕色瓶中,橡胶塞须配有温度计,用来校正温度。溶液应为无色或浅黄色。如果瓶子与滴定管连接,应有防止二氧化碳进入的措施。例如在瓶塞上连接一个充满碱石灰的管子。

②稳定、无色的氢氧化钾溶液配制:1 000 mL 乙醇与 8 g 氢氧化钾和 0.5 g 铝片,煮沸回流 1 h 后立即进行蒸馏,在馏出液中溶解需要量的氢氧化钾,静置几天后,慢慢倒出上层清液,弃去碳酸钾沉淀。

③也可用非蒸馏法制备溶液:添加 4 mL 丁酸铝至 1 000 mL 乙醇中,静置几天后,慢慢倒出上层清液并溶入所需的氢氧化钾。配好的溶液需进行标定。

注:氢氧化钠或氢氧化钾标准溶液的配制和标定,也可按国家标准 GB/T 601—2002 执行。

(3)酚酞指示剂　10 g/L,10 g 的酚酞溶解于 1 L 的 95％乙醇溶液中。

注:在测定颜色较深的样品时,每 100 mL 酚酞指示剂溶液可加入 1 mL 的 0.1％次甲基蓝溶液观察滴定终点。

(4)碱性蓝 6B 或百里酚酞(适用于深色油脂):20 g/L,20 g 碱性蓝 6B 或百里酚酞溶解于 1 L 的 95％乙醇溶液中。

3.仪器设备准备

(1)微量滴定管　10 mL,最小刻度 0.02 mL。

(2)实验室　常规仪器。

4.称样

根据估计的酸值,按表 7-6 所示,采用足够的样品量,装入 250 mL 锥形瓶中。

5.测定

(1)将样品溶解在 50～150 mL 预先中和过的混合溶剂中。

(2)在酸值<1 时,溶液中需缓缓通入氮气流。

(3)滴定所需 0.1 mol/L 氢氧化钾溶液(溶液 A)体积超过 10 mL 时,改用 0.5 mol/L 氢氧化钾溶液(溶液 B)。

(4)滴定中溶液发生浑浊可补加适量混合溶剂至澄清。

6.酸值(S)结果计算

$$S = \frac{56.1 \times V \times c}{m}$$

式中:V 为所用氢氧化钾标准溶液的体积,mL;c 为所用氢氧化钾标准溶液的准确浓度,mol/mL;m 为试样的质量,g;56.1 为氢氧化钾的摩尔质量,g/mol。

注:氢氧化钠或氢氧化钾乙醇溶液的浓度,随温度而发生变化,用下列公式来校正:

$$V' = V_t[1 - 0.001\,1(t - t_0)]$$

式中:V' 为校正后氢氧化钠或氢氧化钾标准溶液的体积,mL;V_t 为在温度 t 时测寄生虫的氢氧化钠或氢氧化钾标准溶液的体积,mL;t 为测量时的摄氏温度,℃;t_0 为标定氢氧化钠或氢氧化钾标准溶液的摄氏温度,℃。

四、任务小结

油脂酸值的测定应根据油脂色泽深浅选择相应方法。在冷溶剂法测定浅色油脂中配制好的醇-醚混合溶剂在用前需加入指示剂并用氢氧化钾乙醇溶液调至中性。当样液颜色较深时,可减少试样用量,或适当增加混合溶剂的用量。

子任务二　油脂过氧化值测定

油脂初始氧化的产物是过氧化物,因此常以过氧化物在油脂中的产生作为油脂氧化酸败的开始。过氧化物氧化能力较强,能氧化碘化钾生成游离碘,根据析出碘量计算过氧化值(POV),以活性氧的毫克当量表示。但过氧化物很容易分解,产生醛、酮等小分子有害化合物,此时若生成过氧化物的速度小于分解过氧化物的速度,过氧化值开始下降。

研究表明,初期过氧化值低于 20 时,油脂在饲料中可以放心使用,过氧化值在 50 以下不会影响动物采食量,但是可能会影响饲料转化效率,并对动物产生毒害,超过 200 时,油脂毒性急剧增加(显著变化为实验动物肝肿大),使油脂可利用性显著下降。油脂过氧化值一般升到一定程度之后逐渐下降,此时虽然过氧化值下降,但油脂的可利用性更低。下面参照 GB/T 5538—2005 进行油脂过氧化值测定。

一、任务描述

假设你是某配合饲料厂化验室员工,现要求你对进厂猪油过氧化值进行测定,评价油脂新鲜程度。根据任务描述准备任务相关知识,并制定任务计划。

二、任务相关知识

过氧化值测定原理:试样溶解在乙酸和异辛烷溶液中,与碘化钾溶液反应,用硫代硫酸钠标准溶液滴定析出的碘。

三、任务实施

(一)扦样与试样制备

1.扦样

所取样品应具有代表性,且在运输和储藏的过程中无损坏或变质。推荐采用 ISO 5555 的方法。样品应装在深色玻璃瓶中,应充满容器,用磨口玻璃塞盖上并密封。样品的传递与存放应避免强光,放在阴凉干燥处。

2.试样制备

确认样品包装无损坏,且密封完好,如必须测定其他参数,从实验室样品中分出用于过氧化值测定的样品。按 GB/T 15687 制备试样。

(二)仪器设备准备

注意:使用的所有器皿不得含有还原性或氧化性物质,磨砂玻璃表面不得涂油。

250 mL 锥形瓶,带磨口玻璃塞。

其他实验室常用仪器。

(三)试剂及溶液配制

所有试剂和水中不得含有溶解氧。

(1)水　应符合 GB/T 6682—2008 中三级水的要求。

(2)冰乙酸　用纯净、干燥的惰性气体(二氧化碳或氮气)气流清除氧。

警告:冰乙酸对皮肤和组织有强刺激性,有中等毒性,不要误食或吸入。

(3)异辛烷　用纯净、干燥的惰性气体(二氧化碳或氮气)气流清除氧。

警告:异辛烷是易燃物,在空气中的爆炸极限为 $1.1\%\sim6.0\%$(体积分数)。异辛烷有毒,不要误食或吸入,操作应在通风橱中进行。

(4)乙酸与异辛烷混合液(体积比 60∶40)　将 3 份冰乙酸与 2 份异辛烷混合。

（5）碘化钾饱和溶液　新配制且不得含有游离碘和碘酸盐。碘化钾 10 g，加水 5 mL，贮存于棕色试剂瓶内。

确保溶液中有结晶存在，存放于避光处。如果在 30 mL 乙酸-异辛烷溶液中添加 0.5 mL 碘化钾饱和溶液和 2 滴淀粉溶液，出现蓝色，并需要硫代硫酸钠溶液 1 滴以上才能消除，则重新配制此溶液。

（6）硫代硫酸钠溶液　$c(Na_2S_2O_3)=0.1$ mol/L，临使用前标定，将 24.9 g 五水硫代硫酸钠（$Na_2S_2O_3 \cdot 5H_2O$）溶解于蒸馏水中，稀释至 1 L。

（7）硫代硫酸钠溶液　$c(Na_2S_2O_3)=0.01$ mol/L，临使用前标定，由溶液（6）稀释而成。

（8）淀粉溶液　5 g/L。

将 1 g 可溶性淀粉与少量冷蒸馏水混合，在搅拌的情况下溶于 200 mL 沸水中，添加 250 mg 水杨酸作为防腐剂并煮沸 3 min，立即从热源上取下并冷却。

此溶液在 4～10℃的冰箱中可储存 2～3 周，当滴定终点从蓝色到无色不明显时，需重新配制。

灵敏度验证方法：将 5 mL 淀粉溶液加入 100 mL 水中，添加 0.05％碘化钾溶液和 1 滴 0.05％次氯酸钠溶液，当滴入硫代硫酸钠溶液 0.05 mL 以上时，深蓝色消失，即表示灵敏度不够。

（四）分析

实验应在人工照明或散射日光下进行。

1. 称样

用纯净干燥的二氧化碳或氮气冲洗锥形瓶，根据估计过的过氧化值，按表 7-7 称样，装入锥形瓶中。

表 7-7　取样量和称量的精确度

估计的过氧化值/(mmol/kg)(meq/kg)	样品量/g	称量的精确度/g
0～6(0～12)	5.0～2.0	±0.01
6～10(12～20)	2.0～1.2	±0.01
10～15(20～30)	1.2～0.8	±0.01
15～25(30～50)	0.8～0.5	±0.001
25～45(50～90)	0.5～0.3	±0.001

2. 测定

（1）将 50 mL 乙酸-异辛烷溶液加入锥形瓶中，盖上塞子摇动至样品溶解。

（2）加入 0.5 mL 饱和碘化钾溶液，盖上塞子使其反应，时间为 1 min±1 s，在此期间摇动锥形瓶至少 3 次，然后立即加入 30 mL 蒸馏水。

用硫代硫酸钠溶液滴定上述溶液。逐渐地、不间断地添加滴定液，同时伴随有力的搅动，直到黄色几乎消失。添加约 0.5 mL 淀粉溶液，继续滴定，临近终点时不断摇动使所有的碘从溶剂层释放出来,逐滴添加滴定液,至蓝色消失,即为终点。

(3)异辛烷漂浮在水相的表面,溶剂和滴定液需要充分的时间混合,当过氧化值≥35 mmol/kg(70 meq/kg)时,用淀粉溶液指示终点会滞后 15～30 s。为充分释放碘,可加入少量的(浓度为 0.5％～1.0％)高效 HLB 乳化剂(如吐温-60)以缓解反应液的分层和减少碘释放的滞后时间。

(4)当油样溶解性较差时(如硬脂或动物脂肪),按下述步骤操作:在锥形瓶中加入20 mL 异辛烷,摇动使样品溶解,加 30 mL 冰乙酸,再按(2)步骤操作。

(5)空白试验　测定须进行空白试验,当空白实验消耗 0.01 mol/L 硫代硫酸钠溶液超过 0.1 mL,应更换试剂,重新对样品进行测定。

(五)结果表示

1.过氧化值以每千克中活性氧的毫克当量表示

过氧化值 P 按下式计算:

$$P = \frac{1\,000 \times (V - V_0) \times c}{m}$$

式中:V 为用于测定的硫代硫酸钠溶液的体积,mL;V_0 为用于空白的硫代硫酸钠溶液的体积,mL;c 为硫代硫酸钠溶液的浓度,mol/L;m 为试样的质量,g。

或过氧化值以 mmol/kg 表示,过氧化值 P' 按下式计算:

$$P' = \frac{1\,000 \times (V - V_0) \times c}{2\,m}$$

2.精密度

(1)重复性　在很短的时间间隔内由同一操作者采用相同的测试方法,对于同一份被测样品在同一实验室使用相同的仪器获得两个独立的测定结果。在过氧化值小于或等于5 mmol/kg(10 meq/kg)时,这两个独立测定结果的绝对差值大于其平均值的 10％的事例,不得超过 5％。

(2)再现性　由不同的操作者采用相同的测试方法对于同一份被测样品在不同的实验室使用不同的仪器获得两个独立的测定结果。在过氧化值小于或等于 5 mmol/kg(10 meq/kg)时,这两个独立测定结果的绝对差值大于其平均值的 75％的事例,不得超过 5％。

四、任务小结

油脂过氧化值测定中需要注意以下 4 点。

(1)硫代硫酸钠标准稀溶液临用前用现标定的 0.1 mol/L 的硫代硫酸钠标准溶液稀释,并标定。

(2)测过氧化值时,饱和碘化钾溶液中不可存在游离碘和碘酸盐。

(3)光线会促进空气对试剂的氧化,应注意避光存放试剂。

(4)在过氧化值的测定中,三氯甲烷,乙酸的比例以及加入碘化钾后时间的长短、加水量的多少等对测定结果均有影响,应严格控制试样与空白试验的测定条件一致性。

子任务三　油脂丙二醛(TBA)测定(选做)

油脂初始氧化产生的过氧化物不稳定,很容易二次氧化分解,产生带有不良风味和危害动物健康的醛、酮、醇等化合物。氧化产物中含有丙二醛,可以作为油脂深度氧化的指标。丙二醛带有明显不良的风味,能降低饲料适口性和动物的采食量,同时丙二醛还能与饲料和动物体内的蛋白质发生反应,生成对动物有害的碱,损害动物健康。丙二醛由烯醛氧化分解产生,烯醛在猪油中含量较多,所以可以将丙二醛作为猪油深度氧化酸败的灵敏指标。油脂丙二醛的测定参照 GB 5009.181—2016 食品中丙二醛的测定第二法动植物油脂丙二醛的测定方法进行。

一、任务描述

假设你是某配合饲料厂化验室员工,现要求你对进厂猪油丙二醛进行测定,评价油脂新鲜程度。根据任务描述准备任务相关知识,并制定任务计划。

二、任务相关知识

油脂丙二醛测定原理:油脂受到光、热、空气中氧的作用,发生酸败反应,分解出醛、酸之类的化合物。丙二醛就是分解产物的一种,它能与TBA(硫代巴比妥酸)作用生成粉红色化合物,测定其在 532 nm 波长处的吸光度值,并与标准系列比较定量。本法检出限为 0.05 mg/kg,定量限为 0.10 mg/kg。

三、任务实施

(一)试剂及溶液配制

(1)TBA 水溶液　准确称取 TBA 0.288 g(精确至 0.001 g)溶于水中,并稀释至 100 mL(如 TBA 不易溶解,可加热至全溶澄清,然后稀释至 100 mL),相当于 0.02 mol/L。

(2)乙二胺四乙酸二钠($C_{10}H_{14}N_2Na_2O_8 \cdot 2H_2O$)。

(3)三氯乙酸混合液　准确称取三氯乙酸(分析纯)37.5 g(精确至 0.01 g)及 0.5 g 乙二胺四乙酸二钠,用水溶解,稀释至 500 mL。

(4)标准品　1,1,3,3-四乙氧基丙烷(又名丙二醛乙缩醛,$C_{11}H_{24}O_4$),纯度≥97%。

(5)丙二醛标准贮备液(100μg/mL)　准确称取 0.315 g(精确至 0.001 g)1,1,3,3-四乙氧基丙烷溶解后稀释至 1 000 mL,置于冰箱 4℃贮存,有效期 3 个月。

(6)丙二醛标准使用溶液(1.0 μg/mL)　准确吸取丙二醛标准贮备液 1.0 mL,用三氯乙酸混合液稀释至 100 mL,置于冰箱 4℃贮存,有效期 2 周。

(二)仪器设备准备

(1)1、5 mL 刻度吸管。

(2)50 mL 移液管。

(3)25 mL 纳氏比色管。

(4)分光光度计。

(5)100 mL 带盖锥形瓶。

(6)天平　感量为 0.000 1 g、0.01 g。

(7)水浴锅。

(8)振荡器。

(9)10 mL 容量瓶。

(三)测定

1.丙二醛标准系列溶液的制备

准确吸取丙二醛标准使用溶液 0.1、0.5、1.0、1.5、2.5 mL 于 10 mL 容量瓶中,加三氯乙酸混合液定容至刻度,该标准溶液系列浓度为 0.01、0.05、0.10、0.15、0.25 μg/mL,现配现用。

2.试样制备

准确称取油脂样品 5 g(精确至 0.01 g),置于 100 mL 有盖三角瓶内,准确加入 50 mL 三氯乙酸混合液,摇匀,加塞密封,置于恒温振荡器上 50℃振摇半小时(保持油脂融溶状态,如冷结即在 70℃水浴上略微加热使之融化后继续振摇),取出,冷却至室温,用双层定量慢速滤纸过滤,弃去初滤液,续滤液备用。

准确移取上述滤液和标准系列溶液各 5 mL,分别置于 25 mL 具塞比色管内,另取 5 mL 三氯乙酸混合液作为样品空白,分别加入 5 mL TBA 溶液,加塞,混匀,置于 90℃水浴内反应 30 min,取出,冷却至室温。

3.测定

以样品空白调节零点,于 532 nm 处 1 cm 光径测定样品溶液和标准系列溶液的吸光度值,以标准系列溶液的质量浓度为横坐标,吸光度值为纵坐标,绘制标准曲线。

(四)结果计算及表示

1.结果计算

丙二醛含量用下式计算:

$$W(丙二醛含量) = \frac{c \times V \times 1\ 000}{1\ 000 \times m}$$

式中:W 为丙二醛含量,mg/kg;c 为从标准曲线查得试样溶液中丙二醛的相应浓度,mg/mL;m 为样品质量,g;V 为试样溶液定容体积,mL;1 000 为换算系数。

计算结果以重复性条件下获得的两次独立测定结果的算术平均值表示,结果保留两位有效数字。

2.精密度

在重复性条件下获得的两次独立测定结果的绝对差值不得超过算术平均值的 10%。

四、任务小结

样品浓度过高时可以稀释后测定,测定值再乘以相应的稀释倍数。

五、任务评价

项目任务的评价标准见表 7-8。

表 7-8　油脂新鲜度测定评价标准

评价环节	评分要素	分值	评分标准	得分	备注
相关知识准备 仪器设备及试 剂溶液准备	任务相关知识查阅收集 仪器设备 试剂溶液	15 15	任务相关知识查阅收集全面、充分 仪器设备准备齐全、摆放整齐、仪 器设备应清洁 试剂溶液准备齐全、摆放整齐		
酸值测定	称样 测定	25	称样操作规范、数据记录正确 滴定速度控制合适、滴定终点判断 正确		
过氧化值测定	试样称取 加入有机溶剂溶解 加入碘化钾溶液,反应 滴定	25	称取操作规范、数据记录正确、试 样完全溶解 反应时间正确 滴定速度控制合适、指示剂加入时 间正确、滴定终点判断正确		
结果计算	结果计算与表示 重复性计算	10	结果计算与表示正确 重复性计算符合要求,以平均值表 示结果		
其他	小组合作、态度、职业素 养等	10	小组合作配合好、认真准备、积极 参加、台面整洁		
总分		100			

▶▶ 任务三　鱼粉新鲜度测定 ◀◀

　　鱼粉是动物饲料中常用的蛋白质原料,其蛋白质含量高,氨基酸平衡性好,含未知生长因子。其优越性是植物性蛋白质饲料所不能替代的。但由于鱼粉营养价值较高,因而在加工、储存等环节中鱼粉中的脂肪会氧化酸败、微生物会分解脂肪和蛋白质使得鱼粉品质下降。新鲜度差的鱼粉其营养价值下降,适口性下降,还可能由于产生的毒害物质对动物产生毒性。因而对鱼粉新鲜度的评价在生产中很重要,尤其是当鱼粉在饲料中配比较高时。目前对于鱼粉新鲜度的评价主要通过酸价、挥发性盐基氮、组胺等指标综合进行评价。

子任务一　鱼粉酸价的测定

酸价是反映游离脂肪酸含量的多少,当鱼粉中脂肪含量高、水分高、贮存温度高、贮存时间长,会使得鱼粉中所含的脂肪发生酸败。因此测定酸价可以反应鱼粉贮存时间的长短,鱼粉的品质好坏。鱼粉酸价的测定参照 GB/T 19164—2003 鱼粉国家标准附录 B 鱼粉中酸价测定方法进行。

一、任务描述

假设你是某配合饲料厂的化验员,现要求你对进厂的一批鱼粉的酸价进行测定。根据任务描述准备任务相关知识,并制定任务计划。

二、任务相关知识

(一)鱼粉要求

1.原料

鱼粉生产所使用的原料只能是鱼、虾、蟹类等水产动物及其加工的废弃物,不得使用受到石油、农药、有害金属或其他化合物污染的原料加工鱼粉。必要时,原料应进行分拣,并去除沙石、草木、金属等杂物。原料应保持新鲜,不得使用已腐败变质的原料。

2.鱼粉卫生指标

鱼粉卫生指标要求见表7-9。

表 7-9　鱼粉卫生指标要求

项目	指标			
	特级品	一级品	二级品	三级品
挥发性盐基氮(VBN)/(mg/100 g)	≤110	≤130	≤150	
油脂酸价(KOH)/(mg/g)	≤3	≤5	≤7	
组胺/(mg/kg)	≤300(红鱼粉)	≤500(红鱼粉)	≤1 000(红鱼粉)	≤1 500(红鱼粉)
		≤40(白鱼粉)		
铬(以 6 价铬计)/(mg/kg)	≤8			
霉菌/(CFU/g)	≤3×10³			
沙门氏菌/(CFU/25 g)	不得检出			
寄生虫	不得检出			

(二)酸价测定原理

鱼粉中游离脂肪酸用氢氧化钾标准溶液滴定,每克鱼粉消耗氢氧化钾的毫克数即为酸价。

三、任务实施

1.试剂及溶液配制

(1)乙醚-无水乙醇混合液　取乙醚和无水乙醇按 2∶1 混合,临用时用 0.1 mol/L KOH

标准溶液中和至对酚酞指示液呈中性的溶液。

(2)0.1 mol/L KOH 标准溶液　按 GB 601 制备和标定,实际浓度为 0.090 89 mol/L。

(3)1％酚酞指示剂　称取 1 g 试剂溶于 100 mL 乙醇中。

2.仪器设备准备

250 mL 锥形瓶、50 mL 量筒、5 mL 微量滴定管。

3.测定

精密称取样品 5.000 g 于锥形瓶中,加入 50 mL 中性乙醚-乙醇混合液,摇匀静置 30 min,过滤,滤渣用 20 mL 混合液清洗,并重复洗 1 次,滤液合并后,加入指示剂 2～3 滴,用 0.1 mol/L KOH 标准液滴定至溶液初显色,且 0.5 min 内不褪色为止。记录消耗的 KOH 标准溶液体积。

4.结果计算

$$酸价(mg/g) = \frac{V \times c \times 56.11}{m}$$

式中:c 为 KOH 标准液浓度,mol/L;V 为样品消耗标准液的体积,mL;m 为鱼粉样品的质量,g;56.11 为每毫升 1 mol/L KOH 溶液相当 KOH 的毫克数。

重复性:每个样品做两个平行样,结果以算术平均值计。酸价 2.0 mg KOH/g 及以下时两个平行样的相对偏差不得超过 8％,在 2.0 mg KOH/g 以上时,两个平行试样的相对偏差不得超过 5％,否则重做。

四、任务小结

生产中红鱼粉较白鱼粉用得广泛,因而在红鱼粉酸价测定中滴定终点的判断易受鱼粉颜色的影响,因而在测定时可将酚酞指示剂改为百里酚蓝指示剂或酚酞与百里酚蓝的混合指示剂(3∶1),则终点颜色易于判断。

子任务二　鱼粉挥发性盐基氮测定

挥发性盐基氮是指动物性食物由于酶和细菌的作用,在腐败过程中蛋白质分解而产生氨以及含氮胺类物质。此类物质呈碱性,具有挥发性。资料证明挥发性盐基氮的增加和鲜度感官检验结果相符,因此被全世界所认可。鱼粉挥发性盐基氮测定参照 GB/T 5009. 228—2016 中的半微量定氮法的规定。

一、任务描述

假设你是某配合饲料厂的化验员,现要求你对进厂的一批鱼粉的挥发性盐基氮含量进行测定。根据任务描述准备任务相关知识,并制定任务计划。

二、任务相关知识

挥发性盐基氮测定原理:挥发性盐基氮是指动物性食品由于酶和细菌的作用,在腐败过程中,使蛋白质分解而产生氨以及胺类等碱性含氮物质。此类物质具有挥发性,在碱性溶液中蒸出后用标准酸溶液滴定计算含量。

三、任务实施

1. 试剂及溶液配制

(1)0.010 0 mol/L 盐酸标准溶液或 0.010 0 mol/L 硫酸标准溶液 先按 GB/T 601 制备 0.100 0 mol/L 盐酸标准溶液或 0.100 0 mol/L 硫酸标准溶液。临用前再将 0.100 0 mol/L 盐酸标准溶液或 0.100 0 mol/L 硫酸标准溶液配制成 0.010 0 mol/L 盐酸标准溶液或 0.010 0 mol/L 硫酸标准溶液。

(2)硼酸溶液(20 g/L) 硼酸(分析纯)20 g 加水溶解并稀释至 1 000 mL。

(3)甲基红乙醇溶液(1 g/L) 称取 0.1 g 甲基红,溶于 95%乙醇,用 95%乙醇稀释至 100 mL。

(4)溴甲酚绿乙醇溶液(1 g/L) 称取 0.1 g 溴甲酚绿,溶于 95%乙醇,用 95%乙醇稀释至 100 mL。

(5)亚甲基蓝乙醇溶液(1 g/L) 称取 0.1 g 亚甲基蓝,溶于 95%乙醇,用 95%乙醇稀释至 100 mL。

(6)混合指示剂 1 份甲基红乙醇溶液与 5 份溴甲酚绿乙醇溶液临用时混合,也可 2 份甲基红乙醇溶液与 1 份亚甲基蓝乙醇溶液临用时混合。

(7)消泡硅油。

(8)三氯乙酸溶液(20 g/L) 称取 20 g 三氯乙酸,加水溶解并稀释至 1 000 mL。

(9)氧化镁悬浊液(10 g/L) 氧化镁(分析纯)10 g,加 1 000 mL 蒸馏水,振荡成混悬液。

2. 仪器设备准备

(1)半微量凯氏定氮装置。

(2)微量滴定管 最小刻度为 0.01 mL。

(3)天平 感量 1 mg。

(4)搅拌机。

(5)具塞锥形瓶。

(6)吸量管 10、25、50 mL。

3. 测定

(1)试样前处理

①鱼粉(或鱼松、肉粉、肉松、肉糜、液体样品)可直接使用。

②鲜(冻)海产品和水产品去除外壳、皮、头部、内脏、骨刺,取可食部分,绞碎搅匀。

③鲜(冻)肉去除皮、脂肪、骨、筋腱,取瘦肉部分制成品直接绞碎搅匀。

(2)试液制备 鱼粉(或鱼松、肉松、肉粉等干制品)称取 10 g 试样(精确到 0.001 g);鲜(冻)样品称取 20 g 试样,放于 250 mL 具塞锥形瓶中,加蒸馏水 100 mL,不时振荡摇匀,试样在试样液中分散均匀后浸渍 30 min 后过滤,滤液为试样液。滤液应及时使用,不能及时使用的滤液置冰箱内 $0\sim4℃$ 冷藏备用。对于蛋白质胶质多、黏性大、不容易过滤的特殊样品,可使用三氯乙酸溶液替代水进行实验。蒸馏过程泡沫较多的样品可滴加 $1\sim2$ 滴消泡硅油。

(3)蒸馏 取 10 mL 硼酸溶液于 100 mL 锥形瓶中,加混合指示剂 5 滴,使半微量蒸馏装置的冷凝管末端浸入此溶液。蒸馏装置的蒸汽发生器的水中应加甲基红指示剂数滴,硫酸数滴,且保持此溶液为橙红色;否则补加硫酸。准确移取 10 mL 试样液注入蒸馏装置的反应室中,用少量蒸馏水冲洗进样入口,再加入 5 mL 氧化镁悬浊液。迅速盖塞,并加水以防漏气,通入蒸汽进行蒸馏,蒸馏 5 min,使冷凝管末端离开吸收液面;再蒸馏 1 min,用蒸馏水洗冷凝管末端,洗液均流入吸收液。

(4)滴定 吸收氨后的吸收液立即用 0.01 mol/L 盐酸标准液滴定。使用 1 份甲基红乙醇溶液与 5 份溴甲酚绿乙醇溶液的混合指示剂滴定终点至紫红色;若使用 2 份甲基红乙醇溶液与 1 份亚甲基蓝乙醇溶液的混合指示剂滴定终点至蓝紫色。同时进行试剂空白测定。

4.结果的计算

(1)挥发性盐基氮(TVBN)含量

$$W = \frac{(V_1 - V_2) \times c \times 14}{m \times \left(\dfrac{V}{V_0}\right)} \times 100$$

式中:W 为样品挥发性盐基氮的含量,mg/100 g;V_1 为滴定试样时所需盐酸标准溶液体积,mL;V_2 为滴定空白时所需盐酸标准溶液体积,mL;V 为准确吸取的滤液体积,mL,本方法中为 10 mL;V_0 为样液总体积,mL,本方法中为 100 mL;m 为试样质量,g;c 为盐酸标准溶液浓度,mol/L;14 为与 1.00 mL 盐酸标准滴定溶液[$c(\text{HCl}) = 1.000$ mol/L]中硫酸[$c(1/2\text{H}_2\text{SO}_4) = 1.000$ mol/L]标准滴定溶液相当的氮的质量,g/mol;100 为计算结果换算为毫克每百克(mg/100 g)的换算系数。

实验结果以重复性条件下获得的两次独立测定结果的算术平均值表示,结果保留三位有效数字。

(2)精密度 在重复性条件下获得的两次独立测定结果的绝对差值不得超过算术平均值的 10%。

四、任务小结

鱼粉挥发性盐基氮的测定步骤为试样蒸馏水溶解、过滤、滤液进行氨的蒸馏、滴定。测定过程中需要注意以下 3 点:

(1)蒸馏水加入量需准确。

(2)过滤操作需要采用干过滤。

(3)氨的蒸馏操作中需防止氨的逸失。

五、任务拓展

凯氏定氮仪是目前许多饲料企业广泛采用的仪器,因此具备凯氏定氮仪条件的企业可采用自动凯氏定氮仪法测定挥发性盐基氮。

1.试剂及溶液配制

(1)氧化镁(MgO)。

(2)硼酸溶液(20 g/L)　配制方法同半微量定氮法。

(3)盐酸标准滴定溶液(0.100 0 mol/L)或硫酸标准滴定溶液(0.100 0 mol/L)　配制方法同半微量定氮法。

(4)甲基红乙醇溶液(1 g/L)　配制方法同半微量定氮法。

(5)溴甲酚绿乙醇溶液(1 g/L)　配制方法同半微量定氮法。

(6)混合指示液　1 份甲基红乙醇溶液与 5 份溴甲酚绿乙醇溶液临用时混合。

2.仪器和设备

(1)天平　感量为 1 mg。

(2)搅拌机。

(3)自动凯氏定氮仪。

(4)蒸馏管　500 mL 或 750 mL。

(5)吸量管　10 mL。

3.仪器设定

(1)标准溶液使用盐酸标准滴定溶液(0.100 0 mol/L)或硫酸标准滴定溶液(0.100 0 mol/L)。

(2)带自动添加试剂、自动排废功能的自动定氮仪,关闭自动排废、自动加碱和自动加水功能,设定加碱、加水体积为 0 mL。

(3)硼酸接收液加入设定为 30 mL。

(4)蒸馏设定　设定蒸馏时间 180 s 或蒸馏体积 200 mL,以先到者为准。

(5)滴定终点设定　采用自动电位滴定方式判断终点的定氮仪,设定滴定终点 pH＝4.65。采用颜色方式判断终点的定氮仪,使用混合指示液,30 mL 的硼酸接收液滴加 10 滴混合指示液。

4.试样处理

(1)试样前处理

①鱼粉(或鱼松、肉粉、肉松、肉糜、液体样品)可直接使用。

②鲜(冻)海产品和水产品去除外壳、皮、头部、内脏、骨刺,取可食部分,绞碎搅匀。

③鲜(冻)肉去除皮、脂肪、骨、筋腱,取瘦肉部分制成品直接绞碎搅匀。

(2)试液制备　以上其他样品称取试样 10 g,精确至 0.001 g,液体样品吸取 10 mL,于蒸馏管内,加入 75 mL 水,振摇,使试样在样液中分散均匀,浸渍 30 min。

5.测定

(1)按照仪器操作说明书的要求运行仪器,通过清洗、试运行,使仪器进入正常测试运行状态,首先进行试剂空白测定,其次取得空白值。

(2)在装有已处理试样的蒸馏管中加入 1 g 氧化镁,立刻连接到蒸馏器上,按照仪器设定的条件和仪器操作说明书的要求开始测定。

（3）测定完毕及时清洗和疏通加液管路和蒸馏系统。

6.分析结果的表述

（1）试样中挥发性盐基氮的含量按下式计算

$$X = \frac{(V_1 - V_2) \times c \times 14}{m} \times 100$$

式中：X 试样中挥发性盐基氮的含量，mg/100 g 或 mg/100 mL；V_1 为试液消耗盐酸或硫酸标准滴定溶液的体积，mL；V_2 为试剂空白消耗盐酸或硫酸标准滴定溶液的体积，mL；c 为盐酸或硫酸标准滴定溶液的浓度，mol/L；14 为滴定 1.0 mL 盐酸[$c(HCl) = 1.000$ mol/L]或硫酸[$c(1/2H_2SO_4) = 1.000$ mol/L]标准滴定溶液相当的氮的质量，g/mol；m 为试样质量，g 或试样体积，mL；100 为计算结果换算为毫克每百克或毫克每百毫升的换算系数。

结果以重复性条件下获得的两次独立测定结果的算术平均值表示，结果保留三位有效数字。

（2）精密度　在重复性条件下获得的两次独立测定结果的绝对差值不得超过算术平均值的 10%。

子任务三　鱼粉生物胺的测定（选做）

在青皮红肉鱼中（金枪鱼、鲐鱼等），所含组氨酸在弱酸性条件下经细菌的作用后脱羧产生生物胺。生物胺是一种过敏性毒物。一些国家的政府建议用组胺作为鱼和水产品中微生物腐败的指标。生物胺的测定 GB 5009.208—2016 中提供了液相色谱法和分光光度法两种方法，本部分参照分光光度法的规定。

一、任务描述

假设你是某配合饲料厂的化验员，现要求你对进厂的一批鱼粉的组胺进行测定。根据任务描述准备任务相关知识，并制定任务计划。

二、任务相关知识

1.分光光度法测定组胺的适用范围

本标准适用于水产品（鱼类及其制品、虾类及其制品）中组胺的测定。

2.分光光度法测定组胺的原理

以三氯乙酸为提取溶液，振摇提取，经正戊醇萃取净化，组胺与偶氮试剂发生显色反应后分光光度计检测，外标法定量。此方法定量限为组胺 50 mg/kg。

三、任务实施

1.试剂及溶液配制

（1）正戊醇。

（2）三氯乙酸溶液（100 g/L）　称取 50 g 三氯乙酸于 250 mL 烧杯中，用适量水完全溶解后转移至 500 mL 容量瓶中，定容至刻度。保存期为 6 个月。

(3)碳酸钠溶液(50 g/L)　称取 5 g 碳酸钠于 100 mL 烧杯中,用适量水完全溶解后转移至 100 mL 容量瓶中,定容至刻度。保存期为 6 个月。

(4)氢氧化钠溶液(250 g/L)　称取 25 g 氢氧化钠于 100 mL 烧杯中,用适量水完全溶解后转移至 100 mL 容量瓶中,定容至刻度。保存期为 3 个月。

(5)盐酸(1+11)　吸取 5 mL 盐酸于 100 mL 烧杯中,加水 55 mL,混匀。保存期为 6 个月。

(6)组胺标准储备液　准确称取 0.276 7 g 于(100±5)℃干燥 2 h 的磷酸组胺于 50 mL 烧杯中,用适量水溶解后转移至 100 mL 容量瓶中,再加水稀释至刻度。此溶液每毫升相当于 1 mg 组胺。置−20℃冰箱储存。保存期为 6 个月。

(7)磷酸组胺标准使用液　吸取 1 mL 组胺标准溶液,置于 50 mL 容量瓶中,加水稀释至刻度。此溶液每毫升相当于 20 μg 组胺。临用现配。

(8)偶氮试剂如下。

①甲液(对硝基苯胺):称取 0.5 g 对硝基苯胺,加 5 mL 盐酸溶液溶解后,再加水稀释至 200 mL,置冰箱中,临用现配。

②乙液(亚硝酸钠溶液):称取 0.5 g 亚硝酸钠,加入 100 mL 水溶解混匀。临用现配。

吸取甲液 5 mL、乙液 40 mL 混合后立即使用。

2.仪器设备准备

(1)分析天平。

(2)具塞锥形瓶(100 mL)。

(3)分液漏斗。

(4)分光光度计。

(5)1 mL 刻度吸管、2 mL 移液管、20 mL 刻度吸管、5 mL 刻度吸管。

3.试样制备

(1)鱼粉试样按要求采集后应置于−20℃保存待测。

(2)鲜活水产品样应取可食部分约 500 g 代表性样品,用组织捣碎机充分捣碎,均分成两份,分别装入洁净容器中密封,并标明标记,−20℃保存待测。

4.分析

(1)试样处理　称取 10 g 绞碎并混合均匀的试样,(精确至 0.01 g),置于具塞锥形瓶中,加入 20 mL 三氯乙酸溶液,浸泡 2~3 h,振荡 2 min 混匀,滤纸过滤。吸取 2 mL 滤液,置于分液漏斗中,逐滴加入氢氧化钠溶液调节 pH 为 10~12,加入 3 mL 正戊醇,振摇提取 5 min,静置分层,将正戊醇提取液(上层)转移至 10 mL 刻度试管中。正戊醇提取三次,合并正戊醇提取液,并用正戊醇稀释至 10 mL。吸取 2 mL 正戊醇提取液于分液漏斗中,加入 3 mL 盐酸(1+11)振摇提取,静置分层,将盐酸提取液(下层)转移至 10 mL 刻度试管中。提取三次,合并盐酸提取液,并用盐酸溶液稀释至 10 mL,备用。

(2)测定　吸取 2 mL 试样盐酸提取液于 10 mL 比色管中,另吸取 0,0.2,0.4,0.6,0.8,1 mL 组胺标准使用液(相当于 0,4,8,12,16,20 μg 组胺),分别置于 10 mL 比色管中,加水至 1 mL,再各加 1 mL 盐酸溶液(1+11)混匀。试样与标准管各加 3 mL 碳酸钠溶液(50 g/L),3 mL 偶氮试剂,加水至刻度,混匀,放置 10 min 后用 1 cm 比色杯以零管调节零点,于 480 nm 波长处测吸光度,以吸光度 A 为纵轴,组胺的质量为横轴绘制标准曲线。

5. 结果计算

(1)试样中组胺的含量按下式进行计算

$$X = \frac{m}{m_2 \times (2/V_1) \times (2/10) \times (2/10) \times 1\ 000} \times 100$$

式中:X 为试样中组胺的含量,mg/100 g;V_1 为加入三氯乙酸溶液(100 g/L)的体积,mL;m 为测定时试样中组胺的质量,μg;m_2 为试样质量,g。第一个"10"为正戊醇提取液的体积,mL;第二个"10"为盐酸提取液的体积,mL;第一个"2"为三氯乙酸提取液的体积,mL;第二个"2"为正戊醇提取液的体积,mL;第三个"2"为盐酸提取液的体积,mL;100 为换算系数;1 000 为换算系数。

计算结果表示到小数点后一位。

(2)精密度　在重复性条件下获得的两次独立测定结果的绝对差值不得超过算术平均值的 10%。

四、任务小结

组胺测定中需要注意以下 2 点:

(1)三氯乙酸溶液的加入需要准确加入。

(2)比色前静置时间应充分,否则会影响测定结果。

五、任务评价

项目任务的评价标准见表 7-10。

表 7-10　鱼粉新鲜度测定评价标准

评价环节	评分要素	分值	评分标准	得分	备注
相关知识准备	任务相关知识查阅、收集	15	任务相关知识查阅、收集全面、充分		
仪器设备及试剂溶液准备	仪器设备	15	仪器设备准备齐全、摆放整齐、仪器设备应清洁		
	试剂溶液		试剂溶液准备齐全、摆放整齐		
酸价测定	称样	25	称样操作规范、数据记录正确		
	加入有机溶剂、过滤		量器选择正确		
	滴定		过滤操作规范		
			滴定速度控制合适、滴定终点判断正确		

续表7-10

评价环节	评分要素	分值	评分标准	得分	备注
挥发性盐基氮测定	试样称取 溶解、过滤 蒸馏 滴定	25	称取操作规范、数据记录正确、量器选择正确、过滤操作规范 蒸馏操作规范、反应时间正确 滴定速度控制合适、指示剂加入时间正确、滴定终点判断正确		
结果计算	结果计算与表示 重复性计算	10	结果计算与表示正确 重复性计算符合要求,以平均值表示结果		
其他	小组合作、态度、职业素养等	10	小组合作配合好、认真准备、积极参加、台面整洁		
总分		100			

》 任务四　饲料中氟的测定 《

氟是动物必需的微量元素。但由于动物对氟的需要量较小,且我国氟的存在是地区性分布的,高氟地区会导致生长的植物、生产的矿物质中氟含量较高。饲料和饮水中过高的氟会导致动物氟中毒。本任务参照饲料中氟含量测定现行国标 GB/T 13083—2018 进行测定。

一、任务描述

假设你是饲料级磷酸氢钙生产厂的化验室员工,现要求你对磷酸氢钙分析试样中的氟含量进行测定。根据任务描述准备任务相关知识,并制定任务计划。

二、任务相关知识

(一)各种饲料中氟含量要求
饲料卫生标准中规定的各种饲料中氟含量要求见表 7-11。

(二)现行国标测定方法适用范围
该标准适用于饲料、饲料原料、磷酸盐及硅铝酸盐为载体的混合型饲料添加剂中氟的测定。
本方法的检测限为 3 mg/kg(取样 1 g,定容至 50 mL)。

(三)测定原理
试样经盐酸溶液提取,用总离子强度缓冲液调节 pH 至 5~6,消除酸度和 Fe^{3+}、Al^{3+} 及 SiO_3^{2-} 等能与氟离子形成络合物的离子干扰,再用离子计测定氟离子选择性电极和饱和甘汞电极的电位差,该电位差与溶液中氟离子活度(浓度)的对数呈线性关系,用已知浓度的氟标准系列所测电位差得到的线性方程,求得未知样品溶液电位差对应的氟离子浓度,计算试样中氟的含量。

表 7-11　各种饲料原料及配合饲料产品中氟的允许量　　　　　　　　　　　　mg/kg

	产品名称	氟的允许量
饲料原料	甲壳类动物及其副产品	≤3 000
	其他动物源性饲料原料	≤500
	蛭石	≤3 000
	其他矿物质饲料原料	≤400
	其他饲料原料	≤150
饲料产品	添加剂预混合饲料	≤800
	浓缩饲料	≤500
	牛、羊精料补充料	≤50
	猪配合饲料	≤100
	肉用仔鸡、育雏鸡、育成鸡配合饲料	≤250
	产蛋鸡配合饲料	≤350
	鸭配合饲料	200
	水产配合饲料	350
	其他配合饲料	150

三、任务实施

(一)仪器设备清点

(1)氟离子电极　测量范围 $10^{-1} \sim 5 \times 10^{-5}$ mol/L,PF-1 型或与之相当的复合电极(图 7-1)。

(2)参比电极　饱和甘汞电极或与之相当的电极(图 7-1)。

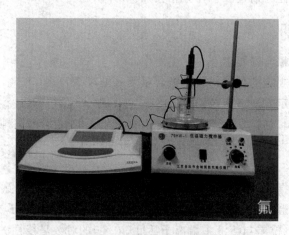

图 7-1　氟离子测定仪器

（3）磁力搅拌器（图 7-1）。

（4）离子计　测量范围 $0\sim-1\,800$ mV，或与之相当的 pH 计或电位仪。

（5）高温炉。

（6）电热恒温干燥箱。

（7）分析天平　感受量 0.000 1 g。

（8）超声波提取器。

（9）铂金坩埚或镍坩埚。

（二）试剂及溶液配制

本方法所用试剂均为分析纯，水为三级用水规格。全部溶液贮存于聚乙烯塑料瓶中。

（1）3 mol/L 乙酸钠溶液　称取 204 g 乙酸钠（$CH_3COONa \cdot 3H_2O$），溶于约 300 mL 水中，待溶液温度恢复到室温后，以 1 mol/L 乙酸调节 pH 至 7，移入 500 mL 容量瓶，加水定容。

（2）0.75 mol/L 柠檬酸钠溶液　称取 110 g 柠檬酸钠（$Na_3C_6H_5O_7 \cdot 2H_2O$）溶于约 300 mL 水中，加高氯酸 14 mL，移入 500 mL 容量瓶，加水定容。

（3）总离子强度缓冲液　3 mol/L 乙酸钠溶液与 0.75 mol/L 柠檬酸钠溶液等量混合，临用时配制。

（4）1 mol/L 盐酸　量取 10 mL 盐酸，加水稀释至 120 mL。

（5）氟标准溶液。

（6）氟标准贮备溶液　称取经 100℃干燥 4 h 冷却的氟化钠 0.221 0 g，溶于水，移入 100 mL 容量瓶中，加水定容，混匀，贮于塑料瓶中，置冰箱内保存。此溶液每毫升相当于 1 mg 氟。

（7）氟标准工作液Ⅰ　临用时准确吸取氟标准贮备溶液 10 mL 于 100 mL 容量瓶中，加水定容，混匀。此溶液每毫升相当于 100 μg 氟。临用时配制。

（8）氟标准工作液Ⅱ　准确吸取氟标准工作液Ⅰ 10 mL 于 100 mL 容量瓶中，加水定容，混匀。此溶液每毫升相当于 10 μg 氟。临用时配制。

（三）氟电极活化

按具体要求将氟电极和甘汞电极与酸度计相连接，将电极插入盛有 50 mL 水的聚乙烯塑料烧杯中，并预热仪器。然后在磁力搅拌器上以恒速搅拌，读取电位值，更换 2～3 次水，待电位值平衡后，即可进行标准工作液系列和样液的测定。

（四）氟标准系列的制备

吸取氟标准工作液Ⅱ 0.5、1、2、5、10 mL 和氟标准工作液Ⅰ 2、5 mL，分别置于 50 mL 容量瓶中，于各容量瓶中分别加入 1 mol/L 盐酸 5 mL，总离子强度缓冲液 25 mL，再加水定容，混匀。上述标准系列的浓度分别为 0.1、0.2、0.4、1、2、4、10 μg/mL。

（五）试液制备

根据待测试样为磷酸氢钙，因而按照磷酸盐类试样溶液制备步骤进行。

磷酸盐类试样溶液制备:称取试样约 1 g(约相当于 2 000 μg 的氟,精确至 0.000 1 g),置 100 mL 容量瓶中,用盐酸溶液(4,5)溶解并定容至刻度,混匀,取上清液 5 mL,置 50 mL 容量瓶中,加总离子强度缓冲液(4,4)25 mL,加水至刻度,混匀。供测定用。

(六)测定

由低浓度到高浓度分别测定氟标准工作液系列的平衡电位。以电极电位为纵坐标,以 50 mL 容量瓶中氯离子含量的对数值为横坐标,在普通坐标纸上绘制标准曲线。

以同法测定样液的平衡电位,并从普通坐标纸的标准曲线上读取样液含氟量的对数值,再求出此对数值的反对数值,该反对数值即为 50 mL 容量瓶中样液的含氟量。

(七)结果计算

1.计算公式

试样中氟的含量 X,以 mg/kg 计,按式计算:

$$X = \frac{\rho \times f \times 1\,000}{m \times 1\,000}$$

式中:X 为试样中氟的含量,mg/kg;ρ 为试样溶液中氟的浓度,μg/mL;f 为稀释倍数;m 为试样质量,g。

2.结果表示

每个试样取两平行样进行测定,以其算术平均值为结果。结果表示到 1 mg/kg。

3.重复性

同一分析者对同一试样同时或快速连续地进行 2 次测定,所得结果之间的差值:

在 F^- 含量≤50 mg/kg,其绝对差值应不大于这两个测定值的算术平均值的 20%;在 F^- 含量>50 mg/kg,其绝对差值应不大于这两个测定值的算术平均值的 10%。上述规定分别以大于这两个测定值的算术平均值的 20% 或 10% 的情况不超过 5% 为前提。

四、任务小结

氟含量测定采用离子选择电极法,在本测定中需注意以下几点:

(1)此法较快速,也可避免灰化过程引入的误差。但植物性饲料样品中,尚有微量有机氟。如欲测定总氟量时,可将样品灰化后使有机氟转化为无机氟,再进行测定。

(2)每次氟电极使用前,应在水中浸泡(活化)数小时,至电位为 340 mV 以上(不同生产厂家的氟电极,其要求不一致,请依据产品说明),然后泡在含低浓度氟(0.1 或 0.5 mg/mL)的 0.4 mol/L 柠檬酸钠溶液中适应 20 min,再洗至 320 mV 后进行测定。以后每次测定均应洗至 320 mV,再进行下一次测定。经常使用的氟电极应泡在去离子水中,若长期不用,则应干放保存。

(3)电极长期使用后会发生迟钝现象,可用金相纸擦拭或牙膏擦,以活化表面。

(4)根据公式可知,当浓度改变 10 倍,电位值只改变 59.16 mV(25℃),即理论斜率为

59.16,据此可知氟电极的性能好坏。一般实际中,电极工作曲线斜率≥57 mV 时,即可认为电极性能良好,否则需查明原因。

(5)为了保持电位计的稳定性,最好使用电子交流稳压电源,如在夏、冬季或在室温波动大时,应在恒温室或空调室进行测量。

(6)本方法氟的最低检测限为 0.80 μg。

(7)搅拌溶液可加速被测离子到达电极表面的速率,从而加快电极达到平衡的时间。在测量未知溶液时,应该与标准品在同一搅拌速度下进行。

(8)甘汞电极内参比液饱和的氯化钾配制时氯化钾最好采用优级纯(GR 级),每次使用前需将甘汞电极内加入饱和氯化钾溶液,注意不得有气泡。甘汞电极使用前尖将电极注入孔的小橡皮塞取下,以维持一定流速,并保持氯化钾液面与待测液面的高度差。

五、任务拓展

1. 其他情况的试样溶液制备可参照以下方法进行

(1)饲料和饲料原料(磷酸盐类试样、石粉试样和以硅铝酸盐类为载体的混合型饲料添加剂试样三类样品除外)试样溶液制备:准确称取 0.5～1 g 试样置于 50 mL 容量瓶中,加盐酸溶液 5 mL,提取 1 h(不时轻轻晃动容量瓶,避免样品粘于瓶壁上),或超声提取 20 min,提取后加入 25 mL 总离子强度缓冲液,加水至刻度,混匀,用滤纸过滤,滤液供测定用。

(2)石粉试样溶液的制备 称取试样 0.5～1 g(精确至 0.000 1 g),置 50 mL 容量瓶中,缓慢加入盐酸溶液(4,5)20 mL(防止反应过于激烈溅出),提取 1 h(不时轻轻摇动容量瓶,避免样品粘于瓶壁上)。或超声提取 20 min,提取后加总离子强度缓冲溶液(4,4)25 mL,加水至刻度,混匀,用滤纸过滤。

(3)以硅铝酸盐类为载体的混合型饲料添加剂试样溶液的制备 称取试样约 0.5 g(精确至 0.000 1 g),置 50 mL 镍坩埚或铂金坩埚中,用少量水润湿样品,加 NaOH 溶液(4,6)3 mL,轻敲样品使样品分散均匀,置 150℃烘箱中 1 h,取出。将坩埚放入 600℃高温炉中灼烧 30 min,取出,冷却,加 5 mL 水,微热使熔块完全溶解,然后缓缓滴加盐酸(4,1)约 3.5 mL,调 pH 为 8～9,冷却后转移至 50 mL 容量瓶中,用水定容至刻度,混匀。用滤纸过滤,精密吸取滤液适量(约相当于 100 μg 的氟),置于 50 mL 容量瓶中,加 25 mL 总离子强度缓冲液(4,4),加水至刻度,混匀,供测定用。

2. 以上三种情况的测定及结果计算
同三、任务实施中的(六)测定、(七)结果计算。

六、任务评价

项目任务的评价标准见表 7-12。

表 7-12　饲料中氟的测定评价标准

评价环节	评分要素	分值	评分标准	得分	备注
相关知识准备	任务相关知识查阅收集	15	任务相关知识查阅、收集全面、充分		
仪器设备及试剂溶液准备	仪器设备 试剂溶液	10	仪器设备准备齐全、摆放整齐、仪器 设备应清洁、电极活化达到要求 试剂溶液准备齐全、摆放整齐		
氟标准工作液的制备	移取氟标准稀溶液、氟标准溶液 加入盐酸溶液、总离子强度缓冲溶液 定容	30	移液操作规范、量器选择正确 试剂加入正确 定容准确		
试液制备	试样称取、溶解、定容 移取试样液 加入试剂 定容	15	称取操作规范、数据记录正确、定容准确 移液操作规范、量器选择正确 试剂加入正确 定容准确		
电位值测定	电位值测定	10	测定操作规范、不同试样测定后用去离子水冲洗至符合要求,擦干后再测定		
结果计算	结果计算与表示 重复性计算	10	结果计算与表示正确 重复性计算符合要求,以平均值表示结果		
其他	小组合作、态度、职业素养等	10	小组合作配合好、认真准备、积极参加、台面整洁		
总分		100			

▶▶ 任务五　饲料中亚硝酸盐含量的测定
——重氮偶合比色法(选做) ◀◀

　　青绿饲料(包括叶菜类、牧草、野菜等)及树叶类饲料,都不同程度地含有硝酸盐。对动物来说,硝酸盐是低毒的。但硝酸盐在一定温度下可在细菌的作用下转化生成亚硝酸盐,亚硝酸盐对动物则是高毒的,临床上多见的畜禽中毒都是由硝酸盐转化为亚硝酸盐引起的。本任务参照现行国家标准 GB/T 13085—2005 饲料中亚硝酸盐含量的测定比色法进行。

一、任务描述

假设你是配合饲料厂化验室员工，现要求你对本厂生产的猪用配合饲料中亚硝酸盐含量进行测定。根据任务描述准备任务相关知识，并制定任务计划。

二、任务相关知识

(一)亚硝酸盐允许量

饲料原料及配合饲料产品中亚硝酸盐允许量见表 7-13。

表 7-13　饲料原料及配合饲料产品中亚硝酸盐允许量　　　　　　　　　　mg

产品名称		每千克产品中亚硝酸盐(以 NaNO_2 计)的允许量
饲料原料	火腿肠粉等肉制品生产过程中获得的前食品和副产品	≤80
	其他饲料原料	≤15
饲料产品	浓缩饲料	≤20
	精料补充料	≤20
	配合饲料	≤15

(二)适用范围

本方法规定了以重氮偶合比色法测定饲料中亚硝酸盐的方法。

适用于饲料原料、配合饲料、浓缩饲料及精料补充料中亚硝酸盐测定。方法的检出限为 0.64 mg/kg。

(三)方法原理

样品在弱碱性条件下除去蛋白质，在弱酸性条件下试样中的亚硝酸盐与对氨基苯磺酸反应生成重氮化合物，再与 N-1-萘基乙二胺偶合形成紫红色化合物，进行比色测定。

三、任务实施

(一)仪器设备准备

(1)分光光度计　有 1 cm 比色杯，可在 550 nm 处测量。

(2)小型粉碎机。

(3)分析天平　感量 0.000 1。

(4)恒温水浴锅。

(5)容量瓶　100、200、500、1 000 mL。

(6)烧杯　100、200、500 mL。

(7)吸量管　1、2、5、10 mL。

(8)移液管　10 mL。

(9)容量瓶　25 mL。

(10)长颈漏斗　直径 75~90 mm。

(二)试剂及溶液配制

(1)氯化铵缓冲液　1 000 mL 容量瓶中加入 500 mL 水,加入 20 mL 盐酸,混匀,加入 50 mL 氢氧化铵,用水稀释至刻度。用稀盐酸和稀氢氧化铵调节 pH 至 9.6~9.7。

(2)硫酸锌溶液(0.42/L)　称取 120 g 硫酸锌($ZnSO_4 \cdot 7H_2O$),用水溶解,并稀释至 1 000 mL。

(3)氢氧化钠溶液(20/L)　称取 20 g 氢氧化钠,用水溶解,并稀释至 1 000 mL。

(4)60%乙酸溶液　量取 600 mL 乙酸于 1 000 mL 容量瓶中,用水稀释至刻度。

(5)对氨基苯磺酸溶液　称取 5 g 对氨基苯磺酸,溶于 700 mL 水和 300 mL 冰乙酸中,置棕色瓶保存,1 周内有效。

(6)N-1-萘基乙二胺溶液(1/L)　称取 0.1 g N-1-萘基乙二胺,加乙酸(60%乙酸溶液)溶解并稀释至 100 mL,混匀后置棕色瓶子中,在冰箱内保存,1 周内有效。

(7)显色剂　临用前将 N-1-萘基乙二胺溶液和对氨基苯磺酸溶液等体积混合。

(8)亚硝酸钠标准溶液　称取 250 mg 经(115±5)℃烘至恒重的亚硝酸钠,加水溶解,移入 500 mL 容量瓶中,加 100 mL 氯化铵缓冲液,加水稀释至刻度,混匀,在 4℃下避光保存。此溶液每毫升相当于 500 μg 亚硝酸钠。

(9)亚硝酸钠标准工作液　临用前吸取亚硝酸钠标准溶液 1 mL,置于 100 mL 容量瓶中,加水稀释至刻度,此溶液每毫升相当于 5 μg 亚硝酸钠。

(三)试样的制备

根据 GB/T 14699.1 采集有代表性的样品,四分法缩分至约 250 g,粉碎,过 1 mm 孔筛,混匀,装入密闭容器中,低温保存备用。

(四)测定

(1)试液制备　称取约 5 g 试样,置于 200 mL 烧杯中,加 70 mL 水和 1.2 mL 氢氧化钠溶液,混匀,用氢氧化钠溶液调至 pH 为 8~9,全部转移至 200 mL 容量瓶中,加 10 mL 硫酸锌溶液,混匀,如不产生白色沉淀,再补滴氢氧化钠溶液,直至产生沉淀为止,混匀,置 60℃水浴中加热 10 min,取出后冷却至室温,加水至刻度,混匀。放置 0.5 h,用滤纸过滤,弃去初滤液 20 mL,收集滤液备用。

(2)亚硝酸盐标准曲线的制备　吸取 0、0.5、1、2、3、4、5 mL 亚硝酸钠标准工作液(相当于 0、2.5、5、10、15、20、25 μg 亚硝酸钠),分别置于 25 mL 容量瓶中。于各瓶中分别加入 4.5 mL 氯化铵缓冲液,加 2.5 mL 乙酸后立即加入 5 mL 显色剂,加水至刻度,混匀,在避光处静置 25 min,用 1 cm 比色杯(灵敏度低时可换用 2 cm 比色杯),以零管调节零点,于波长 538 nm 处测定吸光度,以吸光度为纵坐标,各溶液所含亚硝酸钠质量为横坐标,绘制标准曲线或计算回归方程。

含亚硝酸盐低的试样以制备低含量标准曲线计算,标准系列为:吸取 0、0.4、0.8、1.2、1.6、2.0 mL 亚硝酸钠标准工作液(相当于 0、2、4、6、8、10 μg 亚硝酸钠)。

(3)试样测定　吸取 10 mL 上述试液于 25 mL 容量瓶中,按标准曲线的制备步骤中自

"分别加入 4.5 mL 氯化铵缓冲液起,进行显色和测试液的吸光度(A_1)。

另取 10 mL 试液于 25 mL 容量瓶中,用水定容至刻度,以水调节零点,测定其吸光度(A_0)。从试液吸光度值 A_1 中扣除吸光度值 A_0 后得吸光度值 A,再将 A 代入回归方程进行计算。

(五)结果计算

1. 计算公式

$$X = \frac{m_2 \times V_1 \times 1\,000}{m_1 \times V_2 \times 1\,000}$$

式中:X 为试样中亚硝酸盐(以亚硝酸钠计)的含量,mg/kg;m_1 为试样质量,g;m_2 为测定用样液中亚硝酸盐(以亚硝酸钠计)的质量,μg;V_1 为试样处理液总体积,mL;V_2 为测定用样液体积,mL;1 000 为单位换算系数。

每个试样取 2 个平行样进行测定,以其算术平均值为结果。结果表示到 0.1 mg/kg。

2. 重复性

同一分析者对同一试样同时或快速连续地进行两次测定,所得结果之间的相对偏差:在亚硝酸盐(以亚硝酸钠计)含量小于或等于 20 mg/kg 时,不得大于 10%;在亚硝酸盐(以亚硝酸钠计)含量大于 20 mg/kg 时,不得大于 5%。

四、任务小结

饲料中亚硝酸盐含量的测定采用比色法,在测定中需要注意:

(1)根据不同的要求选择不同准确程度的量器。

(2)比色法测定需注意反应时间必须充分,否则会影响测定结果。

(3)标准曲线与试样测定必须在同一个分光光度计上。

任务六 饲料中游离棉酚的测定(选做)

棉籽饼(粕)是重要的蛋白质饲料资源,但由于其中含有一定的有毒有害物质,如游离棉酚和环丙烯脂肪酸,使得这一类资源的利用受到限制。其中一部分游离棉酚被动物采食后,以结合棉酚由动物粪便排出,而有一部分棉酚进入动物组织中,所以长期饲喂棉籽饼(粕)就可能会引起棉酚的积累中毒。本任务参考现行国家标准 GB/T 13086—2020 饲料中游离棉酚的测定进行。

一、任务描述

假设你是某配合饲料厂化验室员工,现要求你对本厂所用原料棉籽饼(粕)中游离棉酚含量进行测定,以判定游离棉酚含量是否符合使用要求。根据任务描述准备任务相关知识,并制定任务计划。

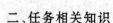

二、任务相关知识

(一)现行标准测定方法适用范围

本方法适用于棉籽粉、棉籽饼(粕)及含有这些物质的配合饲料(混合饲料)中游离棉酚含量的测定。

(二)测定原理

在 3-氨基-1-丙醇存在下用异丙醇与正己烷的混合溶剂提取游离棉酚,再用苯胺使棉酚转化为苯胺棉酚,在最大吸收波长 440 nm 处进行比色测定。

(三)饲料游离棉酚的允许量

饲料卫生标准中游离棉酚的允许量见表 7-14。

表 7-14　饲料卫生标准中游离棉酚的允许量　　　　　　　　　　　　　mg/kg

产品名称		游离棉酚允许量
饲料原料	棉籽油	≤200
	棉籽	≤5 000
	脱酚棉籽蛋白、发酵棉籽蛋白	≤400
	其他棉籽加工产品	≤1 200
	其他饲料原料	≤20
饲料产品	猪(仔猪除外)、兔配合饲料	≤60
	家禽(产蛋禽除外)配合饲料	≤100
	犊牛精料补充料	≤100
	其他牛精料补充料	≤500
	羔羊精料补充料	≤60
	其他羊精料补充料	≤300
	植食性、杂食性水产动物配合饲料	≤300
	其他水产配合饲料	≤150
	其他畜禽配合饲料	≤20

三、任务实施

(一)仪器设备准备

(1)分光光度计　有 1 cm 比色皿,可在 440 nm 处测定吸光度。

(2)振荡器或磁力搅拌器　120~130 次/min(往复)。

(3)恒温水浴锅。

(4)容量瓶 25 mL(棕色)。

(5)具塞三角烧瓶 100、250 mL。

(6)刻度吸管 1、3、10 mL。

(7)移液管 10、50 mL。

(8)漏斗 直径 50 mm。

(9)表玻璃皿 直径 60 mm。

(二)试剂及溶液配制

(1)异丙醇。

(2)正己烷。

(3)冰乙酸。

(4)苯胺 如果测定的空白实验吸收值超过 0.022 时,在苯胺中加入锌粉进行蒸馏,弃去开始和最后的 10% 蒸馏部分,放入棕色的玻璃瓶内贮存在 0～4℃ 冰箱中,该试剂可稳定几个月。

(5)3-氨基-1-丙醇。

(6)异丙醇-正己烷混合溶剂 混合比例为 6：4(V/V)。

(7)溶剂 A 量取约 500 mL 异丙醇-正己烷混合溶剂、2 mL 3-氨基-1-丙醇、8 mL 冰乙酸和 50 mL 水于 1 000 mL 的容量瓶中,再用异丙醇-正己烷混合溶剂定容至刻度。

(三)试样的选取和制备

采集具有代表性的棉籽饼(粕)样品至少 2 kg,四分法缩分至约 250 g,磨碎,过 2.8 mm 孔筛,混匀,装入密闭容器,防止试样变质,低温保存备用。

(四)测定

(1)试液制备 称取 1～2 g 试样(精确到 0.001 g),置于 250 mL 具塞三角烧瓶中,加入 20 粒玻璃珠,用移液管准确加入 50 mL 溶剂 A,塞紧瓶塞,放入振荡器内振荡 1 h (120 次/min 左右),或用磁力搅拌器进行搅拌。用干燥的定量滤纸过滤,过滤时在漏斗上加盖一表面皿以减少溶剂挥发,弃去最初几滴滤液,收集滤液于 100 mL 具塞三角烧杯中。

(2)样液测定 吸取等量双份滤液 5～10 mL(每份含 50～100 μg 的棉酚)分别至 25 mL 棕色容量瓶 a 和 b 中,如果需要用溶剂 A 补充至 10 mL。用异丙醇-正己烷混合溶剂稀释瓶 a 至刻度,摇匀,该溶液用作试样测定液的参比溶液。

准确吸取 2 份 10 mL 的溶剂 A 分别至两个 25 mL 棕色容量瓶 a_0 和 b_0 中。用异丙醇-正己烷混合溶剂稀释瓶 a_0 至刻度,摇匀,该溶液用作空白测定液的参比溶液。

加 2 mL 苯胺于容量瓶 b 和 b_0 中,在沸水浴上加热 30 min 显色。冷却至室温,用异丙醇-正己烷混合溶剂定容,摇匀并静置 1 h。

用 1 cm 比色皿,在波长 440 nm 处,用分光光度计以 a_0 为参比溶液测定空白测定液 b_0 的吸光度,以 a 为参比溶液测定试样测定液的吸光度,从试样测定液的吸光度值中减去空白测定液的吸光度值,得到校正吸光度 A。

(五)结果计算

1.计算公式

$$X = \frac{A \times 1\ 250 \times 1\ 000}{a \times m \times V} = \frac{A \times 1.25}{a \times m \times V} \times 10^6$$

式中：X 为游离棉酚的含量；A 为校正吸光度；m 为试样质量，g；V 为测定用滤液的体积，mL；a 为质量吸收系数，游离棉酚为 62.5 L/(cm·g)。

2．结果表示

每个试样取两平行样进行测定，以其算术平均值为结果。结果表示到 20 mg/kg。

3．重复性

同一分析者对同一试样同时或快速连续地进行两次测定，所得结果之间的差值：在游离棉酚含量＜500 mg/kg 时，不得超过平均值的 15％；在游离棉酚含量为 500～750 mg/kg 时，绝对相差不得超过 75 mg/kg；在游离棉酚含量＞750 mg/kg 时，不得超过平均值的 10％。

四、任务小结

饲料中游离棉酚含量测定中需注意：

(1)苯胺由于自身的氧化易使得空白值吸光度偏高，提纯后的苯胺溶液吸光度一般偏低。苯胺是无色油状液体，沸点是 184℃，在空气中氧的影响下，在光的照射或高温下，苯胺易被氧化，逐渐由无色变为黄色-棕色-红棕色。从而使空白实验吸收值升高。正因为如此，在国标中规定，若测定的空白实验吸收值超出 0.022 时，应在苯胺中加入锌粉进行蒸馏，弃去开始和最后的 10％馏分，并收集 184℃馏分，放入棕色的玻璃瓶内，储存在 0～4℃冰箱中，只有将空白值控制在国际要求的范围内，才能得到准确可靠的检验数据。

(2)本试验操作中应远离明火、热源，操作要求在通风橱中进行。

(3)本试验所用试剂要求在 30℃下保存。

▶ 任务七　饲料中微生物含量的测定 ◀

子任务一　饲料中霉菌总数的测定

饲料在生产、贮藏和运输过程中难免会污染各种微生物，其中最严重的污染微生物为霉菌。霉菌又称丝状真菌，它能分解纤维素、几丁质等复杂有机物，提供自身营养，是工农业生产中最常见的一类微生物。据联合国粮农组织估计(郭芳彬，1996)，全世界每年有 5％～7％的粮食和饲料受霉菌侵蚀而发生霉变，营养价值降低，严重的失去饲用价值，且霉菌产生的毒性代谢产物即霉菌毒素还会使动物发生慢性或急性疾病。由于霉菌毒素种类繁杂多样，检测过程烦琐，有些没有理想的检测方法，检测较难。但饲料中霉菌总数越高，饲料受霉菌毒素污染的可能性应越大，所以检测饲料霉菌毒素污染程度即霉菌总数就有着重要的意义。

饲料中霉菌总数的检验参照国家标准(GB/T 13092—2006)。根据霉菌生理特性，选择适宜于霉菌生长而不适宜于细菌生长的高渗培养基，采用平皿计数方法，测定饲料中的霉菌数。

一、任务描述

假设你是某配合饲料厂化验室员工,现要求你对饲料厂所进原料肉骨粉的霉菌总数进行测定。根据任务描述准备任务相关知识,并制定任务计划。

二、任务相关知识

(一)霉菌总数
饲料检样经处理并在一定条件下培养后所得 1 mL 检样中所含霉菌的总数。

(二)原理
根据霉菌生理特性,选择适宜于霉菌生长而不适宜于细菌生长的培养基,采用平皿计数方法,测定霉菌数。

(三)霉菌测定程序
霉菌测定程序见图 7-2。

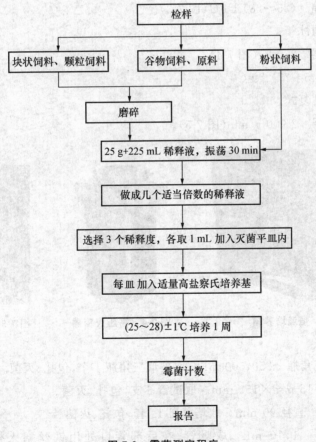

图 7-2　霉菌测定程序

(四)饲料中霉菌总数允许量
饲料卫生标准中霉菌总数的允许量见表 7-15。

表 7-15　饲料卫生标准中霉菌总数的允许量

饲料产品		霉菌总数(CFU/g)
饲料原料	谷物及其加工产品	$<4\times10^4$
	饼粕类饲料原料(发酵产品除外)	$<4\times10^3$
	乳制品及其加工副产品	$<1\times10^3$
	鱼粉	$<1\times10^4$
	其他动物源性饲料原料	$<2\times10^4$

三、任务实施

(一)设备及材料准备

(1)分析天平　感量0.001。

(2)恒温培养箱　(25~28)±1℃(图7-3)。

(3)冰箱　普通冰箱。

(4)高压灭菌器　2.5 kg(图7-4)。

(5)水浴锅　(45~77)±1℃。

(6)振荡器　往复式。

(7)微型混合器　2 900 r/min(图7-5)。

　　图7-3　恒温培养箱　　　　　图7-4　高压灭菌器　　　图7-5　微型混合器

(8)灭菌玻璃三角瓶　250、500 mL。取玻璃三角瓶1个,包扎、灭菌。

(9)灭菌试管　15 mm×150 mm。取试管6支,包扎、灭菌。

(10)灭菌平皿　直径90 mm。取培养皿12套,包扎、灭菌。

(11)灭菌吸管　1、10 mL。取吸管,在后部管口处用铁丝塞入棉花少许(长1~1.5 cm),以防将菌液吸出,同时也可避免将外面的微生物吹入。棉花要塞得松紧适宜吹时能通气但不使棉花滑下为准。然后将移液管尖端放在4~5 cm宽的长纸条一端呈45°角折叠纸条包住尖端,用左手捏住管身,右手将吸管压紧,在桌面上向前滚动,以螺旋式包扎起来,上端剩余纸条折叠打结后干热灭菌。

(12)灭菌玻璃珠　直径 5 mm。取玻璃珠一小包,包扎、灭菌。

(13)灭菌广口瓶　100、500 mL。取广口瓶 1 个,包扎、灭菌。

(14)灭菌金属勺、刀等。取金属勺、刀等,包扎、灭菌。

(二)培养基和试剂配制

1.高盐察氏培养基

(1)成分　硝酸钠 2 g,磷酸二氢钾 1 g,硫酸镁($MgSO_4 \cdot 7H_2O$)0.5 g,氯化钾 0.5 g,硫酸亚铁 0.01 g,氯化钠 60 g,蔗糖 30 g,琼脂 20 g,蒸馏水 1 000 mL。

(2)制法　加热溶解,分装后 115℃高压灭菌 30 min。必要时可酌量增加琼脂。

2.稀释液

称取氯化钠 8.5,溶于 1 000 mL 蒸馏水中,分装后,121℃高压灭菌 30 min。

3.实验室常用消毒药品

(三)试样的制备

按照 GB/T 146991 方法进行采样,采样时必须特别注意样品的代表性和避免采样时的污染。首先准备好灭菌容器和采样工具,如灭菌牛皮纸袋或广口瓶,金属勺和刀,在卫生学调查基础上,采取有代表性的样品,粉碎过 0.45 mm 孔径筛,用四分法缩减至 250 g。样品应尽快检验,否则应将样品放在低温干燥处。

(四)分析

(1)以无菌操作称取检样 25 g(或 25 mL),放入含有 225 mL 灭菌稀释液的玻璃三角瓶中,置振荡器上,振摇 30 min,即为 1∶10 的稀释液。

(2)用灭菌吸管吸取 1∶10 的稀释液 10 mL,注入带玻璃珠的试管中,置微型混合器上混合 3 min,或注入试管中,另用带橡皮乳头的 1 mL 灭菌吸管反复吹吸 50 次,使霉菌孢子分散开。

(3)取 1∶10 稀释液,注入含有 9 mL 灭菌稀释液试管中,另换一支吸管吹吸 5 次,此液为 1∶100 稀释液。

(4)按上述操作顺序作 10 倍递增稀释液,每稀释一次,换用一支 1 mL 灭菌吸管,根据对样品污染情况的估计选择三个合适稀释度,分别在作 10 倍稀释的同时,吸取 1 mL 稀释液于灭菌平皿中,每个稀释度作两个平皿,然后将凉至 45℃左右的高盐察氏培养基注入平皿中,充分混合,待琼脂凝固后,倒置于(25～28)±1℃恒温培养箱中,培养 3 天后开始观察,应培养观察一周。或者先将高盐察氏培养基注入平皿中,待琼脂凝固后,吸取一定体积的稀释液于培养基表面,并涂布均匀后培养。一般先生长出白色菌落后因产生孢子和色素使菌落带上不同的颜色。霉菌稀释平板法如图 7-6 所示。

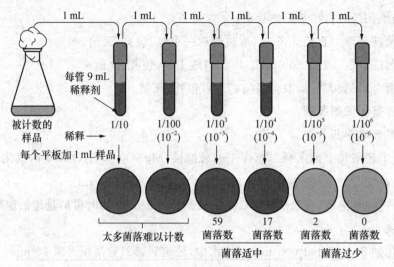

图 7-6　霉菌稀释平板法示意图

（五）计算

（1）通常选择霉菌数在 10～100 个平皿进行计数,同稀释度的 2 个平皿的霉菌平均数乘以稀释倍数,即为每克(或每毫升)检样中所含霉菌总数。

（2）稀释度选择和霉菌总数报告方式按表 7-16 表示。

表 7-16　稀释度选择和霉菌总数报告方式

| 例次 | 稀释液及霉菌数 | | | 稀释度选择 | 两稀释液之比 | 霉菌总数 /[CFU/g(mL)] | 报告方式 /[CFU/g(mL)] |
	10^{-1}	10^{-2}	10^{-3}				
1	多不可计	80	8	选 10～100	—	8 000	8.0×10^3
2	多不可计	87	12	均在 10～100 比值≤2 取平均数	1.4	10 350	1.0×10^4
3	多不可计	95	20	均在 10～100 比值>2 取较小数	2.1	9 500	9.5×10^3
4	多不可计	多不可计	110	均>100 取稀释度最高的数	—	110 000	1.1×10^5
5	9	2	0	均<10 取稀释度最低的数	—	90	90
6	0	0	0	均无菌落生长则以<1 乘以最低稀释度	—	$<1 \times 10$	<10
7	多不可计	102	3	均不在 10～100 取最接近 10 或 100 的数	—	10 200	1.0×10^4

注:CFU/g(mL)与个/g(mL)相当。

四、任务小结

平板菌落计数法测定虽然操作较繁,结果需要培养一段时间才能取得,而且测定结果易受多种因素的影响,但是,由于该计数方法的最大优点是可以获得活菌的信息,所以被广泛应用。在测定过程中需要注意以下 4 点:

(1)采样时必须特别注意样品的代表性和避免采样时的污染。盛放样品的容器及采样工具必须灭菌。

(2)操作过程中所有的用具均需灭菌。

(3)每稀释一次使用一支吸管。

(4)菌液加入培养皿后,应尽快倒入融化并冷却至 45℃左右的培养基中,立即摇匀,否则细菌将不易分散或长成的菌落连在一起,影响计数。

五、任务评价

项目任务的评价标准见表 7-17。

表 7-17　饲料中霉菌总数的检验评价标准

评价环节	评分要素	分值	评分标准	得分	备注
相关知识准备	任务相关知识查阅收集	15	任务相关知识查阅、收集全面、充分		
仪器设备及试剂溶液准备	仪器设备	15	仪器设备准备齐全、摆放整齐、仪器设备应清洁、电极活化达到要求		
	试剂溶液		试剂溶液准备齐全、摆放整齐		
称样	称样	10	称样操作规范、数据记录正确		
	试样加入加有灭菌稀释液的具塞三角瓶		试样加入无损失		
	振摇		振摇时间充分		
逐级稀释	移取稀释液,注入含 9 mL 灭菌稀释液试管	20	移取操作规范		
	混合(或用另一支试管反复吹吸)		混合充分		
平板接种培养	取样	10	移取操作规范		
	倒平板		速度快、混合均匀		
	培养		培养条件符合要求		
平板计数	平板计数	10	平板菌落数选择符合要求,计数正确		
结果计算	结果计算与表示	10	结果计算与表示正确		
	重复性计算		重复性计算符合要求,以平均值表示结果		
其他	小组合作、态度、职业素养等	10	小组合作配合好、认真准备、积极参加、台面整洁		
总分		100			

216

子任务二　饲料中细菌总数测定(选做)

饲料细菌总数的高低反映了饲料的清洁程度及对动物的潜在危险性。细菌总数越高,表明饲料卫生状况越差,动物受细菌危害的可能性就越大。微生物的常见技术方法有两种:一种是对样品适当稀释后在适宜的条件下培养,使每个微生物细胞生长成一个菌落,根据菌落数计算结果,该方法得到的计算结果为活菌数;另一种是将样品适当处理后,进行染色或直接利用显微镜借助于血细胞计数器直接计数的方法,该方法计数的微生物包括活菌和死菌。由于饲料与微生物混杂,所以分离观察都较困难,所以常用第一种方法来检测饲料中的细菌总数,也即活菌数。检验方法参照国家标准(GB/T 13093—2006)。即将试样经过处理,稀释至适当浓度,在一定条件下[如用特定的培养基,在(30±1)℃培养(72±3) h 等]下培养后,所得 1 g(mL)试样中所含细菌总数。

一、任务描述

假设你是某配合饲料厂化验室员工,现要求你对饲料厂所进原料鱼粉的细菌总数进行测定。根据任务描述准备任务相关知识,并制定任务计划。

二、任务相关知识

(一)测定方法适用范围

本测定方法适用于配合饲料、浓缩饲料、饲料原料(鱼粉等)、牛精料补充料中细菌总数的测定。

(二)细菌总数概念

饲料试样经过处理,在一定条件下(如培养成分、培养温度和时间等)培养后,所得 1 g(mL)试样中含细菌总数。主要作为判定饲料被污染程度的标志,也可以应用这一方法观察细菌在饲料中繁殖的动态,以便对被检样品进行卫生学评价时提供依据。

(三)测定方法原理

试样经过处理稀释至适当浓度,在一定条件[如用特定的培养基,在温度(30±1)℃培养(72±3) h 等]下培养后,所得 1 g(mL)试样中所含细菌总数。

(四)饲料中细菌总数允许量

饲料卫生标准中细菌总数的允许量见表 7-18。

表 7-18　饲料卫生标准中细菌总数的允许量

饲料产品	细菌总数/(CFU/g)
动物源性饲料原料	$<2 \times 10^6$

三、任务实施

(一)仪器设备准备

(1)分析天平　感量 0.1 g。

（2）振荡器　往复式。

（3）粉碎机　非旋风磨，密闭要好。

（4）高压灭菌器　灭菌压力 0～3 kg/cm²。

（5）冰箱　普通冰箱。

（6）恒温水浴锅　（46±1）℃。

（7）恒温培养箱　（30±1）℃。

（8）微型混合器。

（9）灭菌三角瓶　100、250、500 mL。

（10）灭菌移液管　1、10 mL。

（11）灭菌试管　16 mm×160 mm。

（12）灭菌玻璃珠　直径 5 mm。

（13）灭菌培养皿　直径 90 mm。

（14）灭菌金属勺、刀等。

（二）培养基和试剂准备

1.营养琼脂培养基

（1）成分　蛋白胨 10 g、牛肉膏 3 g、氯化钠 5 g、琼脂 15～20 g、蒸馏水 1 000 mL。

（2）制法　将除琼脂以外的各成分溶于蒸馏水中，加入 15％氢氧化钠溶液约 2 mL，校正 pH 至 7.2～7.4，加入琼脂，加热煮沸，使琼脂溶化，分装三角瓶，121℃高压灭菌 20 min。

注：此培养基供一般细菌培养之用，可倾注平板或制成斜面，如菌落计数，琼脂量为 1.5％，如作成平板或斜面，则应为 2％。

2.磷酸盐缓冲液（稀释液）

（1）储存液　磷酸二氢钾 34 g、1 mol/L 氢氧化钠溶液 175 mL、蒸馏水 1 000 mL。

（2）制法　先将磷酸盐溶解于 500 mL 蒸馏水中，用 1 mol/L 氢氧化钠溶液校正 pH 7～7.2 后，再用蒸馏水稀释至 1 000 mL。

（3）稀释液　取储存液 1.25 mL，用蒸馏水稀释至 1 000 mL，分装每瓶或每管 9 mL，121℃高压灭菌 20 min。

3.0.85％生理盐水

称取氯化钠（分析纯）8.5 g，溶于 1 000 mL 蒸馏水中，分装三角瓶中，121℃高压灭菌 20 min。

4.水琼脂培养基

（1）成分　琼脂 9～18 g、蒸馏水 1 000 mL。

（2）制法　加热使琼脂溶化，校正 pH 6.8～7.2。分装三角瓶中，121℃高压灭菌 20 min。

5.实验室常见消毒药品

（三）试样的制备

按照 GB/T 14699.1 进行采样，采样时注意样品的代表性和避免采样时的污染。

按照 GB/T 20195—2006 进行样品的制备，磨碎过 0.45 mm 孔径筛，样品应尽快检验。

(四)测定程序

细菌总数测定程序见图 7-7。

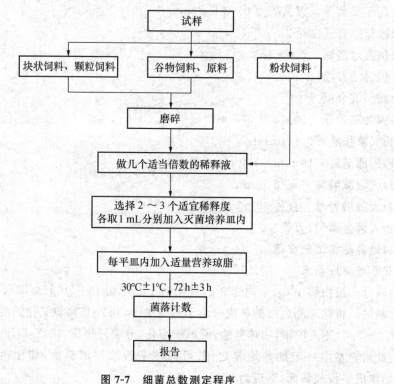

图 7-7   细菌总数测定程序

(五)测定

1.试样稀释及培养

(1)以无菌操作称取试样 25 g(或 10 g),放于含有 225 mL(或 90 mL)稀释液或生理盐水的灭菌三角瓶中(瓶内预置适当数量的玻璃珠)。置振荡器中,振荡 30 min。经充分振摇后,制成 1∶10 的均匀稀释液。最好置均质器中 8 000~10 000 r/min 的速度处理 1 min。

(2)用 1 mL 灭菌吸管吸取 1∶10 稀释液 1 mL,沿管壁慢慢注入含有 9 mL 灭菌稀释液或生理盐水的试管中(注意吸管尖端不要触及管内稀释液),振摇试管,或放微型混合器上,混合 30 s,混合均匀,制成 1∶100 的稀释液。

(3)取一支 1 mL 灭菌吸管,按上述操作方法做 10 倍递增稀释,如此每递增稀释一次,即更换一支灭菌吸管。

(4)根据饲料卫生标准要求或对试样污染程度的估计,选择 2~3 个适宜稀释度,分别在作 10 倍递增稀释的同时,即以吸取该稀释的吸管移 1 mL 稀释液于灭菌平皿内,每个稀释度作两个培养皿。

(5)稀释液移入培养皿后,应及时将凉至(46±1)℃的培养基[若放置(46±1)℃水浴锅内保温]注入培养皿中约 15 mL,小心转动培养皿使试样与培养基充分混匀。从稀释试样到倾注培养基之间,时间不能超过 30 min。

如估计试样中所含微生物可能在培养基表面生长时,待培养基完全凝固后,可在培养基表面倾注凉至(46±1)℃水琼脂培养基 4 mL。

(6)待琼脂凝固后,倒置平皿于(30±1)℃恒温培养箱内培养(72±3) h 取出,计算平板内细菌总数目,细菌总数乘以稀释倍数,即得每克试样所含细菌总数。

2.细菌总数计算方法

做平板菌落计数时,可用肉眼观察,如菌落形态小时可借助于放大镜检查,以防遗漏。在计算出各平板细菌总数后,求出同稀释度的两个平板菌落的平均值。

3.细菌总数计数的报告

(1)平板细菌总数的选择　选择细菌总数在 30~300 个的平板作为细菌总数测定标准。每一稀释度使用两个平板菌落的平均数,两个平板其中一个平板有较大片状菌落生长时,则不宜采用,而应以无片状菌落生长的平板菌落的平均数作为该稀释度的细菌总数,若片状菌落不到平板的一半,而另一半菌落分布又很均匀,即可计算半个平板后乘 2 以代表全平皿细菌总数。

(2)稀释度的选择

①应选择平板细菌总数在 30~300 个的稀释度,乘以稀释倍数报告之(见表 7-19 中例次 1)。

②若有两个稀释度,其生长的细菌总数均在 30~300 个,则视两者之比如何来决定。若其比值小于或等于 2,应报告其平均值;若大于 2 则报告其中较小的数字(见表 7-19 中例次 2 及例次 3)。

③若所有稀释度的平均细菌总数均大于 300,则应按稀释度最高的平均细菌总数乘以稀释倍数报告之(见表 7-19 中例次 4)。

④若所有稀释度的平均细菌总数均小于 30,则应按稀释度最低的平均细菌总数乘以稀释倍数报告之(见表 7-19 中例次 5)。

⑤若所有稀释度均无菌落生长,则以小于 1 乘以最低稀释倍数报告之(见表 7-19 中例次 6)。

⑥若所有稀释度的平均细菌总数均不在 30~300 个,其中一部分大于 300 或小于30 时,则以最接近 30 或 300 的平均细菌总数乘以稀释倍数报告之(见表 7-19 中例次 7)。

(3)细菌总数的报告

细菌总数在 100 以内时按实有数报告,大于 100 时采用两位有效数字,在两位有效数字后面的数值,以四舍五入方法修约。为了缩短数字后面的零数,也可用 10 的指数表示(表7-19)。

四、任务小结

平板菌落计数法测定虽然操作较繁,结果需要培养一段时间才能取得,而且测定结果易受多种因素的影响,但是由于该计数方法的最大优点是可以获得活菌的信息,所以被广泛应用。在测定过程中需注意事项同霉菌测定。

表 7-19 稀释度选择及细菌总数报告方式

例次	稀释液及细菌总数			稀释液之比	细菌总数 /[CFU/g(mL)]	报告方式 /[CFU/g(mL)]
	10^{-1}	10^{-2}	10^{-3}			
1	多不可计	164	20	—	16 400	16 000 或 1.6×10^4
2	多不可计	295	46	1.6	37 750	38 000 或 3.8×10^4
3	多不可计	271	60	2.2	27 100	27 000 或 2.7×10^4
4	多不可计	多不可计	313	—	313 000	310 000 或 3.1×10^5
5	27	11	5	—	270	270 或 2.7×10^2
6	0	0	0	—	$<1 \times 10$	<10
7	多不可计	305	12	—	30 500	31 000 或 3.1×10^4

项目能力测试

一、填空题

1. 脲酶活性的测定是针对_____试样进行的测定。

2. pH 增值法测定脲酶活性中空白试验与试样测定步骤相比未加_____。

3. 脲酶活性定性测定,若试样的脲酶活性越高,则变红时间应越_____。

4. 一般认为,_____ min 以上不显粉红色或红色的大豆制品,其脲酶活性即认为合格,生熟度适中。

二、选择题

1. 脲酶活性定性测定所用指示剂为( )。

A. 酚红指示剂　　　　B. 酚酞指示剂　　　　C. 甲基蓝指示剂　　　　D. 次甲基红指示剂

2. 脲酶活性测定中试样中脲酶的作用会受到( )影响。

A. 温度　　　　B. pH　　　　C. 温度和 pH　　　　D. 以上都不是

3. 滴定 pH 法测定脲酶活性中若使用 pH 计指示终点,则等当点应为( )。

A. 1.8　　　　B. 4.7　　　　C. 7.0　　　　D. 10.0

4. 蛋白质溶解度测定结果会受到( )影响。

A. 离心速度及时间　　　B. 样品粒度　　　C. 搅拌时间　　　D. 以上均是

5. 以下不是评价油脂新鲜度的指标是( )。

A. 酸值　　　　B. 过氧化值　　　　C. 丙二醛值　　　　D. 总脂肪酸

6. 下列测定油脂新鲜度指标中哪个是估计油脂中的游离脂肪酸含量的( )。

A. 酸值　　　　B. 过氧化值　　　　C. 丙二醛值　　　　D. 总脂肪酸

7. 下列测定油脂新鲜度指标中哪个是作为油脂深度氧化的指标( )。

A. 酸值　　　　B. 过氧化值　　　　C. 丙二醛值　　　　D. 总脂肪酸

8. 油脂酸值测定中所用标准滴定溶液为( )。

A. 氢氧化钾溶液　　　B. 硫代硫酸钠溶液　　　C. 盐酸溶液　　　D. 高锰酸钾溶液

9.以下指标中不可用来评价鱼粉新鲜度的是（　　）。

A.酸价　　　　　　　　B.挥发性盐基氮　　　C.尿素　　　　　　　　D.组胺

10.鱼粉酸价测定中是以（　　）作为溶剂。

A.中性乙醚液　　　　　　　　　　　　　B.乙醇溶液

C.中性乙醚-乙醇混合液　　　　　　　　D.以上都不是

11.挥发性盐基氮测定中凯氏蒸馏装置的反应室中除加入试样液，还加入（　　）。

A.硫酸铜溶液　　　B.浓硫酸　　　　　C.氢氧化钠溶液　　　D.氧化镁悬浊液

12.饲料中氟的测定中未使用到下列哪个仪器（　　）。

A.分光光度计　　　　B.pH 计　　　　　C.磁力搅拌器　　　　D.纳氏比色管

13.饲料中氟含量测定中总离子强度缓冲液的作用（　　）。

A.溶解固体　　　　　　　　　　　　B.消除干扰离子及酸度的影响

C.调节酸度　　　　　　　　　　　　D.消除干扰离子影响

14.饲料中氟含量的测定步骤中除磷酸盐外试样液的制备是在（　　）进行的。

A.容量瓶　　　　　　B.纳氏比色管　　　C.烧杯　　　　　　　D.锥形瓶

15.饲料中亚硝酸盐含量测定比色法中会用到（　　）。

A.催化剂　　　　　　B.指示剂　　　　　C.显色剂　　　　　　D.都不是

16.饲料中亚硝酸盐含量的测定比色前需静置（　　）。

A.5 min　　　　　　　B.10 min　　　　　C.15 min　　　　　　D.25 min

17.饲料中游离棉酚的测定适用于（　　）。

A.棉籽粉　　　　　　　　　　　　　　B.棉籽饼（粕）

C.含有棉籽粉、棉籽饼（粕）的饲料　　　D.以上都是

18.棉籽饼（粕）中游离棉酚的允许量为（　　）。

A.≤1 200 mg/kg　　B.≤100 mg/kg　　C.≤20 mg/kg　　　D.≤60 mg/kg

19.饲料中细菌总数的测定是在温度为（　　）培养箱中培养细菌。

A.(45～77)℃±1℃　B.(30±1)℃　　　C.(25～28)℃±1℃　D.(37±1)℃

20.饲料中细菌总数的测定培养箱中培养细菌的时间为（　　）。

A.1 周　　　　　　　B.(24±1) h　　　　C.(48±2) h　　　　　D.(72±3) h

21.饲料中细菌总数的测定中所用培养基为（　　）。

A.蛋白胨培养基　　　B.无机氮培养基　　C.高盐察氏培养基　　D.营养琼脂培养基

三、判断题

1.一般认为蛋白质溶解度在 80% 左右，表明大豆制品加工得比较适宜。　　　　（　　）

2.脲酶活性测定中，试样应使用球磨机粉碎至过 60 目筛才能符合要求。　　　（　　）

3.脲酶活性测定中，若试样中脂肪含量高于 10%，应先进行不加热的脱脂处理后再测定。　　　　　　　　　　　　　　　　　　　　　　　　　　　　　　　　　（　　）

4.脲酶活性一般可用来判断大豆制品是否加热过熟，而蛋白质溶解度一般可用来判断是否加热过生。　　　　　　　　　　　　　　　　　　　　　　　　　　　　　　（　　）

5.油脂过氧化值测定结果低，则说明油脂的新鲜度肯定好。　　　　　　　　　（　　）

6. 对于浅色油脂酸值的测定常选用混合溶剂,而深色油脂则选用热乙醇溶剂。 （　　）

7. 油脂丙二醛含量测定中是利用生成的丙二醛可与硫代巴比妥酸作用生成粉红色化合物,再通过分光光度计测定其吸光度。 （　　）

8. 饲料中氟的测定电极在使用前需要进行活化到要求的初始电位才能使用。 （　　）

9. 由于温度会影响到氟标准曲线,因而当其他条件不变但温度改变时也需要重做标准曲线。 （　　）

10. 饲料中氟含量测定总离子强度缓冲液要求临用前配制。 （　　）

11. 饲料中氟含量测定中氟含量与电极电位呈直线关系。 （　　）

12. 配合饲料可采用重氮偶合比色法测定亚硝酸盐含量。 （　　）

13. 重氮偶合比色法测定亚硝酸盐含量中显色剂要求临用前现配。 （　　）

14. 亚硝酸钠标准溶液要求 4℃下避光保存。 （　　）

15. 饲料中游离棉酚含量测定中用异丙醇与正己烷的混合溶剂提取游离棉酚。 （　　）

16. 饲料中游离棉酚含量测定是在最大吸收波长 400 nm 处进行比色测定。 （　　）

17. 饲料中细菌总数测定中所用仪器均需经过无菌处理。 （　　）

四、思考题

1. 饲料中氟含量的测定中标准曲线会受到哪些因素的影响?

2. 饲料中霉菌总数的测定对采样有什么要求?

项目八
配合饲料加工质量的检测

知识目标

1. 了解不同种类配合饲料加工质量检测内容及控制标准。
2. 了解粉碎粒度、混合均匀度、含粉率、粉化率、硬度、淀粉糊化度等指标测定的意义及测定原理。

技能目标

1. 熟练掌握粉碎粒度、混合均匀度的测定,并对测定结果进行判断。
2. 掌握含粉率、粉化率、淀粉糊化度、渔用配合饲料水中稳定性的测定,并对测定结果进行判断。

素质目标

1. 能够遵守操作规程,注意实验安全。
2. 加强职业道德意识,具有爱岗敬业、勇于奉献、吃苦耐劳的职业素质。
3. 具有科学严谨、实事求是的工作作风,具备开拓进取、勇于创新、团队协作的素质。
4. 具有新标准及新方法的学习及运用能力。

项目任务导读

任务一　粉状配合饲料加工质量检测
任务二　颗粒状配合饲料加工质量检测(选做)
任务三　添加剂预混料混合均匀度测定(选做)
任务四　渔用配合饲料水中稳定性的测定(选做)

　　粉状配合饲料是动物生产中常用的料型,其加工工艺简单,加工成本较低,适用于大多数动物。粉状配合饲料的加工过程包括原料接收、粉碎、配料、混合、打包。对粉状配合饲料加工质量的检测包括粉碎粒度的测定、混合均匀度的测定。

▶ 任务一　粉状配合饲料加工质量检测 ◀

子任务一　配合饲料粉碎粒度测定

　　粉碎是用机械的方法克服固体物料内聚力而使之破碎的一种操作。饲料原料的粉碎是饲料加工过程中的最主要的工序之一。原料合理粉碎不仅会影响饲料加工成本,同时还会影响饲料中营养物质的利用率。物料颗粒的大小称之为粒度,它是粉碎程度的代表性尺寸。对于球形颗粒来说,其粒度即为直径。对于非球形颗粒,则有的以面积、体积或质量为基准的各种名义粒度表示法。在饲料行业一般采用粒度来表示物料的粒径。对于不同的饲养对象、不同的饲养阶段有不同的粒度要求。在饲料加工过程中,首先要满足动物对粒度的基本要求,此外再考虑其他指标。配合饲料粉碎粒度的测定方法有两层筛法、几何平均粒径测定。下面参照 GB/T 5917—2008 配合饲料粉碎粒度的测定—两层筛法进行测定。

一、任务描述

　　假设你是某配合饲料厂化验室员工,现要求你对生产的猪用配合饲料的粉碎粒度进行测定。根据任务描述准备任务相关知识,并制定任务计划。

二、任务相关知识

(一)两层筛法测定方法适用范围

　　适用于配合饲料、浓缩饲料、精料补充料、添加剂预混合饲料、单一饲料的粉碎粒度测定,也适用于饲料添加剂粉碎粒度的测定。

(二)两层筛法测定原理

　　用规定的标准试验筛在振筛机上或人工对试料进行筛分,测定各层筛上留存物料质量,计算其占饲料总质量的百分数。

(三)配合饲料粉碎粒度要求

1. 畜禽配合饲料粉碎粒度要求

畜禽配合饲料粉碎粒度要求见表8-1。

表 8-1　畜禽配合饲料粉碎粒度要求

饲料类型	筛下物		筛上物	
	筛孔直径/mm	不得小于/%	筛孔直径/mm	不得大于/%
仔猪,生长肥育猪配合饲料	2.80	99	1.40	15
肉用仔鸡,产蛋后备鸡配合饲料	5.00	100		
产蛋鸡配合饲料	7.00	100		
肉用仔鸭前期配合饲料、生长鸭前期配合饲料	2.80	99	1.40	15
肉用仔鸭中后期配合饲料、生长鸭中后期配合饲料	3.35	99	1.70	15
产蛋鸭配合饲料	4.00	100	2.00	15
绵羊用精饲料	2.80	99	1.40	20

2.鱼类、虾蟹类和蛙类配合饲料原料的粉碎粒度基本要求

鱼类、虾蟹类和蛙类配合饲料原料的粉碎粒度基本要求见表 8-2。

表 8-2　鱼类、虾蟹类和蛙类配合饲料原料的粉碎粒度基本要求

饲养对象		苗种阶段饲料		养成阶段饲料	
		筛孔尺寸/mm	筛上物含量/%	筛孔尺寸/mm	筛上物含量/%
鱼类	草食性鱼类	0.355	≤10	0.500	≤10
	肉食性鱼类	0.250	≤5	0.425	≤5
虾蟹类	虾类	0.250	≤5	0.425	≤5
	蟹类	0.250	≤5	0.250	≤5
龟鳖类		0.180	≤6	0.180	≤8
蛙类		0.250	≤5	0.250	≤5

注:苗种前期开口饲料原料的粉碎粒度分别按饲养对象相应的饲养标准执行。

3.预混料粉碎粒度要求

预混料粉碎粒度要求见表 8-3。

表 8-3　预混料粉碎粒度要求

饲料类型	筛下物		筛上物	
	筛孔直径/mm	不得小于/%	筛孔直径/mm	不得大于/%
蛋鸡预混料	1.19	100	0.59	10
仔猪生长肥育猪维生素预混料	1.1	98		
奶牛复合微量元素维生素混合饲料	1.19	100	0.59	10
肉用仔鸡产蛋鸡微量元素预混合饲料	0.42	100	0.171	20

三、任务实施

1. 采样

按 GB/T 14699.1—2005 的规定进行。

2. 仪器设备准备

(1)电动摇筛机　采用拍击式电动振筛机,筛体振幅(35±10) mm,振动频率为(220±20)次/min,拍击次数(150±10)次/min。筛体的运动方式为平面回转运动。

(2)采用金属丝编织的标准试验筛,标准试验筛筛框直径为 200 mm,高度为 50 mm,试验筛筛孔尺寸和金属丝选配等制作质量应符合 GB/T 6005 和 GB/T 6003.1 的规定。根据不同饲料产品、单一饲料等的质量要求,选用相应规格的两个标准试验筛和一个盲筛及一个筛盖。

(3)天平(感量 0.01 g)。

3. 测定

(1)将标准试验筛及盲筛按筛孔尺寸由大到小(底筛在最下面)自上而下叠放。

(2)从试样中称取试料 100 g,放入叠放好的组合试验筛的顶层筛内。

(3)将装有试料的组合试验筛放入电动振筛机上,开动振筛机连续筛 10 min。在无电动振筛机的条件下,可用手工筛理 5 min。筛理时应使试验筛做平面回转运动,振幅为 25~50 mm,振动频率为 120~180 次/min。

电动振筛机筛分法为仲裁法。

(4)筛分完后,将各层筛上物分别收集、称重(精确到 0.1 g),并记录结果。

4. 结果计算

(1)计算　按下式计算各层筛上物的质量分数,以此来描述物料的粒度。计算公式如下:

$$P_i = \frac{m_i}{m} \times 100\%$$

式中:P_i 为某层试验筛上留存物料质量占试料总质量的百分数($i=1,2,3$),%;m_i 为某层试验筛上留存的物料质量($i=1,2,3$),g;m 为试料的总质量,g。

(2)结果表示　每个试样平行测定两次,以两次测定结果的算术平均值表示,保留至小数点后一位。

筛分时若发现有在未经粉碎的谷粒、种子及其他大型杂质,应加以称重并记入实验报告。

(3)允许误差

①试验过筛的总质量损失不得超过 1%。

②第二层筛筛下物质量的两个平行测定值的相对误差不超过 2%。

四、任务小结

两层筛法测定饲料粉碎粒度,对于不同配合饲料产品及原料都适用。若测定配合饲料粉碎粒度,根据测定结果再与不同动物配合饲料的质量要求进行比较,判断是否符合要求。不同动物的粉碎粒度也可用几何平均粒径来表示。仔猪饲料的适宜粉碎粒度以 300～500 μm 为最佳。其中,断奶仔猪在断奶后 0～14 天以 300 μm 为宜。断奶后 15 天以后以 500 μm 为宜。生长育肥猪饲料的粉碎粒度宜在 500～600 μm。母猪饲料的粉碎粒度宜在 400～500 μm。肉鸡饲料中谷物的粉碎粒度在 700～900 μm 为宜。产蛋鸡一般控制在 1 000 μm 为宜。NRC(2011)的鱼类营养需要标准中推荐鱼配合饲料的粒度应小于等于 0.5 mm。鱼、对虾配合饲料的对数几何平均粒径应在 200 μm 以下。甲鱼饲料要求粉碎的要求很细,一般仔鳗和稚鳖饲料平均粒径小于 100 μm;成鳗和成鳖饲料,粒径控制在 150 μm 以下。

子任务二　饲料产品混合均匀度测定

饲料产品均由多种原料组成,其中尤其是动物需要量较小的添加剂。在饲料产品混合工艺中各种组分是否能够混合均匀,最终会影响饲料产品饲喂的效果。饲料产品混合均匀度测定的方法主要有氯离子选择电极法、甲基紫法。其中甲基紫法主要是对混合工艺的检测。饲料产品混合均匀度用变异系数表示结果。我国对不同饲料产品混合均匀度都做了相应的规定。本任务参照 GB/T 5918—2008 进行饲料产品混合均匀度的测定。

一、任务描述

假设你是某配合饲料厂化验室化验员,现要求你对本厂生产的猪用配合饲料产品的混合均匀度进行测定,以判断是否符合要求。根据任务描述准备任务相关知识,并制定任务计划。

二、任务相关知识

(一)饲料产品混合均匀度测定意义、测定方法及方法适用范围

由于配合饲料是由多种原料混合形成的产品,各种原料在产品中的分布均一性即用混合均匀度表示。配合饲料混合均匀度测定的方法包括甲基紫法和氯离子选择电极法。混合均匀度的测定适用于配合饲料、浓缩饲料、精料补充料,也适用于混合机混合性能的测试。

(二)氯离子选择电极法测定混合均匀度的原理

本法通过氯离子选择性电极的电极电位对溶液中氯离子的选择性响应来测定氯离子的含量,以同一批次饲料氯离子含量的差异来反映饲料的混合均匀度。

(三)不同饲料产品混合均匀度要求

不同饲料产品混合均匀度要求见表8-4。

表 8-4　不同配合饲料产品混合均匀度要求　　　　　　　　　　　　　%

动物种类	混合均匀度(以变异系数表示)
畜禽用配合饲料(国家推荐标准)	≤10.0%
渔用配合饲料粉料(渔用配合饲料通用技术要求)	≤10.0%

三、任务实施

1.样本的采集与制备

本法所需样品应单独采样。每一批饲料产品抽取有代表性的 10 个原始样品,每个样品的量约 200 g。取样点的确定应考虑各方位的深度、袋数或料流的代表性。但每个样品应从一点集中取样。取样时不允许有任何翻动或混合。

将上述每个样品在化验室充分混匀。颗粒饲料样品需粉碎通过 1.4 mm 筛孔。

2.仪器设备准备

(1)氯离子选择性电极。

(2)双盐桥甘汞电极。

(3)离子计或酸度计　精度 0.2 mV。将氯离子选择性电极和双盐桥甘汞电极接上酸度计,并将两个酸度计插入去离子水中进行活化到初始值。

(4)磁力搅拌器。

(5)烧杯　100、250 mL。

(6)移液管　1、5、10 mL。

(7)容量瓶　50 mL。

(8)分析天平　感受量为 0.1 mg。

3.试剂和溶液配制

本标准所用试剂和水,在没有注明其他要求时,均指分析纯试剂和 GB/T 6682 中规定的三级水。

(1)0.5 mol/L 硝酸(GB 626)溶液　吸取浓硝酸 35 mL,用水稀释至 1 000 mL。

(2)2.5 mol/L 硝酸钾(GB 647)溶液　称取 252.75 g 硝酸钾于烧杯中,加水加热溶解,用水稀释至 1 000 mL。

(3)氯离子标准液　称取经 500℃灼烧 1 h 冷却后的氯化钠(GB 1253)8.244 0 g 于烧杯中,加水并微热溶解,转入 1 000 mL 容量瓶中,用水稀释至刻度,摇匀,溶液中含氯离子 5 mg/mL。

4.测定

(1)标准曲线的绘制　吸取氯离子标准液 0.1、0.2、0.4、0.6、1.2、2、4、6 mL,分别加入 50 mL 容量瓶中,加入 5 mL 硝酸溶液,10 mL 硝酸钾溶液,用水稀释至刻度,摇匀,即可得到 0.5、1、2、3、6、10、20、30 mg/50 mL 氯离子标准系列溶液,将它们分别倒入 100 mL 的干燥烧杯中,放入磁性搅拌子 1 粒,以氯离子选择性电极为指示电极,双盐桥甘汞电极为参比电极,用磁力搅拌器搅拌 3 min(转速恒定),在酸度计或电位计上读取指标值(mV),以溶液的电位值(mV)为纵坐标,氯离子浓度为横坐标,在半对数坐标纸上绘制标准曲线。

(2)试样的测定　称取试样(10±0.05) g 置于 250 mL 烧杯中,准确加入 100 mL 水,搅拌 10 min,静置澄清,用干燥的中性定性滤纸过滤。吸取试样滤液 10 mL 置于 50 mL 容量瓶中,加入 5 mL 硝酸溶液,10 mL 硝酸钾溶液,用水稀释至刻度,摇匀,按标准曲线的操作步骤进行测定,读取电位值,从标准曲线上求得氯离子的含量的对应值。按此步骤依次测定出同一批次的 10 个试液中的氯离子浓度 $x_1, x_2, x_3, \cdots x_{10}$。

5.混合均匀度的计算

以各次测定的氯离子含量的对应值为 $x_1, x_2, x_3, \cdots x_{10}$,其平均值为 m,标准差 S 与变异系数 CV 计算如下:

$$S = \sqrt{\frac{\sum\limits_{i=1}^{10} (x_i - m)^2}{10 - 1}}$$

$$m = \frac{\sum\limits_{i=1}^{10} x_i}{10}$$

$$CV = \frac{S}{m} \times 100\%$$

若需求得饲料中的氯离子质量分数时,可按以下公式计算:

$$W(\mathrm{Cl}^-) = \frac{m_1}{m \times \dfrac{V_1}{V} \times 1\,000}$$

式中:m_1 为从标准曲线上求得的氯离子(Cl^-)含量,mg;m 为测定时试样的质量,g;V_1 为测定时试样滤液的用量,mL;V 为试样溶液总体积,mL。

计算结果精确到小数点后 2 位。

注:配合饲料的混合均匀度(CV)不超过 10%。

四、任务小结

氯离子选择性电极法测定饲料产品混合均匀度中,电极必须按照要求进行活化,标准曲线的制作会受到温度、电极、酸度计、试剂及溶液等的影响,因而当上述条件发生变化时需要重新制作标准曲线。另外 10 个采样点的测定条件要求平行。最终测定结果配合饲料的混合均匀度变异系数要求小于 10%,浓缩饲料的混合均匀度变异系数要求小于 8%。

五、任务拓展

甲基紫法测定饲料产品混合均匀度。

(一)测定原理

本法是以甲基紫色素作为示踪物,在大批饲料加入混合机后,再将甲基紫与添加剂一起加入混合机,按规定时间混合,然后取样,以比色法测定样品中甲基紫含量,以同一批次饲料的不同取样中甲基紫含量的差异来反映饲料的混合均匀度。本法主要适用于混合机和饲料加工工艺中混合均匀度的测试。

(二)仪器设备

(1)分光光度计　备有 5 mm 比色皿。

(2)分析天平　感量 0.000 1 g。

(3)100 mL 烧杯　10 个。

(4)平玻璃　10 片。

(5)玻棒。

(6)定性滤纸　中速。

(7)标准筛　筛孔基本尺寸 100 μm。

(8)研钵。

(9)混合机。

(三)试剂及配制

(1)无水酒精。

(2)甲基紫,生物染色剂。

(四)测定步骤

(1)仔细将甲基紫研磨,使其全部通过 100 μm 标准筛。按每千克 0.01 g 的比例称取甲基紫。

(2)在大批饲料加入混合机后,将称好的甲基紫与添加剂一起加入混合机内,按规定时间混合。

(3)在成品饲料灌包流水线上采样,每一批饲料产品抽取有代表性的 10 个原始样品,每个样品的量约 200 g。取样点的确定应考虑各方位的深度、袋数或料流的代表性。但每个样品应从一点集中取样。取样时不允许有任何翻动或混合。将上述每个样品在化验室充分混匀。颗粒饲料样品需粉碎通过 1.4 mm 筛孔。

(4)称取试料(10±0.05)g 放在 100 mL 的小烧杯中,加入 30 mL 无水酒精,盖上平玻璃,不时搅动三角瓶中的悬浮液,30 min 后用滤纸过滤。

(5)用分光光度计,在波长 590 nm 的光波下用 5 mm 比色皿以无水乙醇作为空白调节零点,测量各样品滤液的吸收度。同一批次 10 个试样测得的吸光度值为 $x_1,x_2,x_3,\cdots x_{10}$,其平均值为 m,标准差 S 与变异系数 CV。

(五)结果计算

$$S = \sqrt{\frac{\sum_{i=1}^{10}(x_i-m)^2}{10-1}}$$

$$m = \frac{\sum_{i=1}^{10} x_i}{10}$$

$$CV = \frac{S}{m} \times 100\%$$

(六)注意事项及说明

(1)甲基紫必须是同一批次产品,并应混匀后方可使用。

(2)研制甲基紫时一定小心,做好密封防护工作,并应全部过 100 μm 标准筛。

(3)测定过程中,10个样品均应由同一人完成,减少操作误差。

(4)配合饲料中若添加苜蓿粉、槐叶粉等含有色素的组分时,则不能用甲基紫法测定混合均匀度。

六、任务评价

项目任务的评价标准见表8-5。

表 8-5　粉状配合饲料加工质量检测

评价环节	评分要素	分值	评分标准	得分	备注
相关知识准备	任务相关知识查阅收集	15	任务相关知识查阅、收集全面、充分		
仪器设备及试剂溶液准备	仪器设备 试剂溶液	10	仪器设备准备齐全、摆放整齐、仪器设备应清洁、电极活化达到要求 试剂溶液准备齐全、摆放整齐		
粉碎粒度测定	称样 筛分 称重 结果计算及判断	25	称样操作规范 筛分方法正确、时间符合要求 各层筛筛上物称重正确 结果计算正确、判断正确		
混合均匀度测定	标准曲线的制作 试样的测定 结果计算与表示 结果判断	35	移液正确、操作规范、其他试剂加入正确、定容准确、电极电位值测定正确 试样称取操作规范、准确溶解、干过滤操作正确、移取正确、其他试剂加入正确、定容准确、电极电位值测定正确 标准曲线或回归方程正确、结果计算与表示正确 结果判断正确		
整理	整理	5	试剂归位、仪器设备清洁、台面及室内打扫等		
其他	小组合作、态度、职业素养等	10	小组合作配合好、认真准备、积极参加、台面整洁		
总分		100			

▶ 任务二　颗粒状配合饲料加工质量检测(选做) ◀

颗粒饲料是将生产的粉料经过提升、调质、制粒、冷却等工序生产的另一种饲料形态。此种料型主要用于育肥的动物、小动物、水产动物的生产中。对于颗粒饲料加工质量的检测指标包括颗粒饲料含粉率和粉化率、颗粒饲料硬度、颗粒饲料淀粉糊化度、颗粒饲料直径等。

子任务一　颗粒饲料含粉率和粉化率测定

一、任务描述

假设你是某配合饲料厂化验室化验员,现要求你对本厂生产的颗粒饲料的含粉率和粉化率测定,并评价是否符合要求。根据任务描述准备任务相关知识,并制定任务计划。

二、任务相关知识

(一)含粉率和粉化率的测定原理

含粉率是指颗粒饲料中所含粉料重量占其总重量的百分比。颗粒饲料粉化率是指颗粒饲料在粉化仪对颗粒饲料翻转摩擦后产生粉末的重量占其总重量的百分比。

(二)含粉率和粉化率的规定

颗粒饲料通用技术条件中规定,肉鸡料、蛋鸭料、仔猪料及兔料含粉率应≤4%,粉化率应≤10%,分析允许误差(绝对误差为1.5%),判定值分别为含粉率≤5.5%,粉化率≤11.5。中华人民共和国水产行业标准渔用配合饲料通用技术要求中规定,颗粒饲料粉化率应小于10%,膨化饲料的粉化率应小于1%。超过指标1.5%即为不合格。

国家推荐性标准规定的各饲养对象颗粒粉化率要求见表8-6。

表 8-6　各饲养对象颗粒粉化率要求　　　　　　　　　　　　%

饲养对象	粉化率	饲养对象	粉化率
斑节对虾	≤3.0	南美白对虾	≤3.0
军曹鱼(颗粒)	≤3.0	美国红鱼(颗粒)	≤1.0
鲈鱼(膨化颗粒)	≤1.0	石斑鱼(颗粒)	≤1.0

三、任务实施

(一)试样选取与制备

颗粒饲料冷却1 h后测定,从各批颗粒饲料中取出有代表性的原始样品1.2 kg左右。注意不可使颗粒破碎。

(二)仪器与设备准备

(1)粉化仪(图8-1)。

(2)标准筛一套。

(3)振筛机。

(4)天平,感量0.1 g。

图 8-1　粉化仪

(三)测定

1.含粉率的测定

将样品用四分法分为两份,每份约 600 g(mL),放于 2 mm 的筛格内,在振筛机上筛理 5 min 或用手工筛(每分钟 110～120 次,往复范围 10 cm),将筛下物称量(m_2)。

2.粉化率的测定

将原始样品用四分法分为两份,每份约 600 g,放于规定的筛号的金属筛(表 8-7)内,在振筛机上预筛 5 min,也可用手工筛(每分钟 110～120 次,往复范围 10 cm)。从筛上物中分别称取 500 g(m_3)样品两份。各装入粉化仪的两个回转箱内,盖紧箱盖,开动机器,使箱体回转 500 转。停止后取出试样,用规定筛孔的筛子在振筛机上筛理 5 min 或手工筛,称取筛下物的重量(m_4),计算 2 份试样测定结果的平均值。

表 8-7　不同颗粒直径采用的筛孔尺寸　　　　　　　　　　　mm

颗粒直径	2.5	3.0	3.5	4.0	4.5	5.0	6.0	8.0
筛孔尺寸	2.0	2.8	2.8	3.35	4.0	4.0	5.6	6.7

(四)结果计算

1.含粉率 W_1 的计算

$$W_1 = \frac{m_2}{m_1} \times 100\%$$

式中:W_1 为试样含粉率;m_2 为筛下物总重量,g;m_1 为试样总重量,g。

允许差:两次测定结果之差不大于 1%,以其算术平均值报告结果,数值表示至一位小数。

2.粉化率 W_2 的计算

$$W_2 = \frac{m_4}{m_3} \times 100\%$$

式中:W_2 为试样粉化率;m_4 为回转后筛下物重量,g;m_3 为筛上物称取的质量,g。

允许差:两次测定结果之差不大于 1%,以其算术平均值报告结果,数值表示至一位小数。

四、任务小结

颗粒饲料含粉率与粉化率是两个不同的概念,含粉率是指颗粒饲料通过一定孔径筛子后,筛下物所占比例。而粉化率则指在外力作用后,颗粒饲料筛下物所占比例。测定含粉率及粉化率通常是在颗粒冷却后立即测定。颗粒温度与环境温度之差应在 5℃ 以内。最终测定结果需要与标准值比较。

子任务二　颗粒饲料硬度测定

在饲料生产中一般要求颗粒硬度适中,太硬会降低饲料适口性和生产性能,太脆会提高产品粉化率。通过对颗粒饲料硬度的测定来调整颗粒饲料生产中影响硬度的工艺,如粉碎粒度、原料是否膨化或膨胀、原料调质、合适的压缩比环模等。

一、任务描述

假设你是某配合饲料厂化验室化验员,现要求你对本厂生产的颗粒饲料的硬度进行测定。根据任务描述准备任务相关知识,并制定任务计划。

二、任务相关知识

(一)颗粒饲料的硬度及测定意义

颗粒饲料硬度是指颗粒对外压力所引起变形的抵抗能力。

本方法适用于一般经挤压制得的硬颗粒饲料。

(二)测定原理

用对单颗粒径向加压的方法使其破碎,以此时的压力表示该颗粒的硬度。用多个颗粒的硬度的平均值表示该样品的硬度。

三、任务实施

1.仪器设备准备

(1)硬度计(图 8-2)。

(2)天平。

2.试样选取与制备

从每批颗粒饲料中取出具有代表性的实验室样品约 20 g,用四分法从各部分选取长度 6 mm 以上,大体上同样大小,长度的(以颗粒两头最凹处计算)颗粒 20 粒。

图 8-2　饲料硬度计

3.测定步骤

(1)将硬度计的压力指针调整至零点,用镊子将颗粒横放到载物台上,正对压杆下方。

(2)转动手轮,使压杆下降,速度中等、均匀。

(3)颗粒饲料破碎后读取压力数值。

(4)清扫载物台上碎屑。

(5)将硬度计指针重新调整至零,开始下一样品的测定。

4.结果计算

$$m = \frac{\sum\limits_{i=1}^{10} x_i}{10}$$

式中:m 为样品硬度;x_i 为各单粒样品的硬度,kg。

四、任务小结

颗粒饲料硬度测定时需注意以下 2 点:

(1)如果颗粒长不足 6 mm,则在硬度数值后注明平均长度。

(2)2 份样品的绝对误差不大于 1 kg。

子任务三　颗粒饲料淀粉糊化度的测定方法

一、任务描述

假设你是某配合饲料厂化验室化验员,现要求你对本厂生产的颗粒饲料淀粉糊化度进行测定。根据任务描述准备任务相关知识,并制定任务计划。

二、任务相关知识

(一)糊化度概念

糊化度是指淀粉在加工过程中所达到的熟化程度,即淀粉中糊化淀粉与全部淀粉量之比的百分数。饲料淀粉的糊化基本上是通过水分、热、机械能、压力、酸碱度等因素综合作用而发生的。糊化对消化有重要作用,它可以提高淀粉吸收水分的能力,使得酶能够降解淀粉,从而提高淀粉的消化率。

(二)糊化度测定原理

β-淀粉酶在适当的 pH 和温度下,能在一定的时间内,定量地将糊化淀粉转化为还原糖,转化的糖量与淀粉的糊化程度成比例关系。用铁氰化钾法测其还原糖量,即可计算出淀粉的糊化度。

(三)配合饲料质量标准中糊化度的规定

水貂配合饲料(LS/T 3403—1992)标准中对于糊化度的规定:

Ⅰ级≥75.0%,判定值≥72.0%

Ⅱ级≥50.0%,判定值≥48.0%

三、任务实施

(一)仪器设备准备

(1)分析天平　感量 0.1 mg。

(2)多孔恒温水浴锅　可控温度(40±1)℃。

(3)烧杯、容量瓶(100 mL)、移液管(2、5、15、20 mL)、量筒、滴定管(碱式、25 mL)、漏斗等不同规格的玻璃仪器。

(4)中速定性滤纸。

(二)试剂及溶液配制

(1)10%(V/V)磷酸缓冲液(pH=6.8)。

①甲液　溶解 71.64 g 磷酸氢二钠于蒸馏水中,并稀释至 1 000 mL。

②乙液　溶解 31.21 g 磷酸二氢钠于蒸馏水中,并稀释至 1 000 mL。

取甲液 49 mL、乙液 51 mL 合并为 100 mL,再加入 900 mL 蒸馏水即为 10%磷酸缓冲液。

(2)60 g/L β-淀粉酶溶液(活力大于 10 万 U)　溶解 6 g β-淀粉酶(精制,细度为 80% 以上通过 60 目)于 100 mL 10%磷酸缓冲液中成乳浊液(β-淀粉酶贮于冰箱或干燥器内,用时现配)。

(3)10%(V/V)硫酸溶液　将 10 mL 浓硫酸用蒸馏水稀释至 100 mL。

(4)12%钨酸钠溶液　溶解 12 g 钨酸钠(分析纯)于 100 mL 蒸馏水中。

(5)0.1 mol/L 碱性铁氰化钾溶液　溶解 32.9 g 铁氰化钾和 44 g 无水碳酸钠于蒸馏水中并稀释至 1 000 mL,贮于棕色瓶内。

(6)乙酸盐溶液　溶解 70 g 氯化钾和 40 g 硫酸锌于蒸馏水中加热溶解,冷却至室温,再缓缓加入 200 mL 冰乙酸并稀释至 1 000 mL。

(7)10%碘化钾溶液　溶解 10 g 碘化钾于 100 mL 蒸馏水中,加入几滴饱和氢氧化钠溶液,防止氧化,贮于棕色瓶中。

(8)0.1 mol/L 硫代硫酸钠溶液　溶解 24.82 g 硫代硫酸钠($Na_2S_2O_3 \cdot 5H_2O$)和 3.8 g 硼酸钠($Na_2B_2O_7 \cdot 10H_2O$)于蒸馏水中,并定容至 1 000 mL,贮于棕色瓶内(此液放置 2 周后使用)。

(9)10 g/L 淀粉指示剂　溶解 1 g 可溶性淀粉于煮沸的蒸馏水中,再煮沸 1 min,冷却,稀释至 100 mL。

(三)试样的选取和制备

取要检测的颗粒饲料样品 50 g 左右,在实验室样品中磨粉碎,其细度通过 40 目分析筛,混匀,放于密闭容器内,贴上标签作为试样。试样应低温保存 4~10℃。

(四)检测

(1)分别称取试样(1.000 0±0.000 3)g(准确至 0.000 2 g,淀粉含量不大于 0.5 g)4 份,置于 4 只 150 mL 三角瓶中,标上 A_1、A_2、B_1、B_2。另取 2 个 150 mL 三角瓶不加试样,

做空白,并标上 C_1、C_2。在这 6 只三角瓶中各用 50 mL 量筒加入 40 mL 10%磷酸缓冲液。

(2)将 A_1、A_2 置于沸水浴中煮沸 30 min,取出快速冷却至 60℃以下。

(3)将 A_1、A_2、B_1、B_2、C_1、C_2 置于(40±1)℃恒温水浴锅中预热 3 min 后,各用 5 mL 移液管加入 5 mL 6% β-淀粉酶溶液,保温(40±1)℃ 1 h(每隔 15 min 轻轻摇匀 1 次)。

(4)1 h 后,将 6 只三角瓶取出,用移液管分别加入 2 mL 硫酸溶液,摇匀。再加入 2 mL 2%钨酸钠溶液,摇匀。并将它们分别转移至 6 只 100 mL 容量瓶中(用蒸馏水荡洗三角瓶 3 次以上,荡洗液也转移至相应的容量瓶内)。最后,用蒸馏水定容至 100 mL,并贴上标签。

(5)摇晃容量瓶,静置 2 min 后用中速定性滤纸过滤。留滤液作为下面测定试液。

(6)用 5 mL 移液管分别吸取上述滤液 5 mL,放入洁净的并贴有相应标签的 150 mL 三角瓶内,再用 15 mL 移液管加入 15 mL 0.1 mol/L 碱性铁氰化钾溶液,摇匀后置于沸水浴中准确加热 20 min 后取出,用冷水快速冷却至室温,用 25 mL 移液管缓慢加入 25 mL 乙酸盐溶液并摇匀。

(7)用 5 mL 移液管加入 5 mL 10%碘化钾溶液摇匀,立即用 0.1 mol/L 硫代硫酸钠溶液滴定,当溶液颜色变成淡黄色时,加入几滴 10 g/L 淀粉指示剂,继续滴定到蓝色消失。各三角瓶分别逐一滴定,并记下相应的滴定量 a_1、a_2、b_1、b_2、c_1、c_2 mL。

(五)结果计算

1.计算公式

$$A_1 = \frac{c - b_1}{c - a_1} \times 100\%$$

$$A_2 = \frac{c - b_2}{c - a_2} \times 100\%$$

最后以两次平行测定的平均值作为该试样的糊化度。

$$A = \frac{A_1 + A_2}{2}$$

式中:A_1、A_2 为两次平行测定的糊化度,%;c 为空白滴定 c_1、c_2 的平均值,mL,$c = (c_1 + c_2)/2$;a_1,a_2 为完全糊化试样溶液滴定量,mL;b_1、b_2 为试样溶液滴定量,mL;A 为所测试样的糊化度,%。所得结果取整数。

2.精密度

双试验的相对偏差:糊化度在 50%以上时,不超过 10%;糊化度在 50%以下时,不超过 5%。

四、任务小结

本测定中淀粉糊化度是通过酶法进行测定,在测定中需要注意以下 2 点:

(1)β-淀粉酶在贮存期间内会有不同程度的失活,一般每贮藏 3 个月需测一次酶活力。为了保证样品酶解完全,以酶活力 8 万 IU,酶用量 300 mg 为准,如酶的活力降低,酶用量则按比例加大。

（2）在滴定时，指示剂不要过早地加入，否则会影响测定结果，同一样品滴定时，应在变到一样的淡黄色时加入淀粉指示剂。

▶ 任务三　添加剂预混料混合均匀度测定（选做）◀

添加剂预混料是将各种添加剂、载体或稀释剂按一定比例混合的均匀混合物。对添加剂预混料加工质量的检测指标包括粉碎粒度测定、混合均匀度测定。其中粉碎粒度测定的方法与配合饲料及蛋白浓缩饲料测定方法相同（见本项目任务一）。因而本任务主要介绍添加剂预混料混合均匀度的测定。

一、任务描述

对本厂生产的微量元素预混料测定加工质量是否符合要求。根据任务描述准备任务相关知识，并制定任务计划。

二、任务相关知识

（一）添加剂预混料品种及加工质量指标测定概述

添加剂预混料包括高浓度单项添加剂预混料、维生素添加剂预混料、微量元素添加剂预混料、复合添加剂预混料。混合均匀度的测定国标主要规定了微量元素预混料的混合均匀度的测定，对于维生素预混料混合均匀度的测定江苏省制定了以核黄素含量的差异经比色法测定，其他复合预混料混合均匀度的测定可参照微量元素预混料混合均匀度的测定。

（二）微量元素预混合饲料混合均匀度测定原理

通过盐酸羟胺将样品液中的铁还原成二价铁离子，再与显色剂邻菲罗啉反应，生成橙红色的络合物，以比色法测定铁的含量。以同一批次试样中铁含量的差异来反映所测产品混合均匀度。

（三）添加剂预混料混合均匀度

添加剂预混料混合均匀度规定见表 8-8。

表 8-8　添加剂预混料混合均匀度的规定　　　　　　　　　　　　　　　　　%

添加剂预混料种类	混合均匀度规定
渔用预混料（渔用配合饲料通用技术要求）	≤5.0
仔猪、生长肥育猪维生素预混料（国家推荐标准）	≤7.0
蛋鸡预混料（国家推荐标准）	≤5.0

三、任务实施

（一）仪器设备准备

（1）分析天平（感量 0.000 1 g）。

(2)可见分光光度计。

(3)烧杯。

(4)移液管。

(5)容量瓶　100、50 mL。

(二)试剂和溶液配制

(1)盐酸(化学纯)。

(2)邻菲罗啉溶液　溶解 0.1 g 邻菲罗啉于约 80 mL 80℃的蒸馏水中,冷却后用蒸馏水稀释至 100 mL,保存于棕色容量瓶中,并置于冰箱中可稳定数周。

(3)盐酸羟胺溶液　溶解 10 g 盐酸羟胺(化学纯)于蒸馏水中,用蒸馏水稀释至 100 mL,保存于棕色瓶中,并置于冰箱中,可稳定数周。

(4)乙酸盐缓冲溶液(pH＝4.6)　溶解 8.3 g 分析纯无水乙酸钠于蒸馏水中,加入 12 mL 冰乙酸,并用蒸馏水稀释至 100 mL。

(三)测定

称取试样 1～10 g(准确至 0.000 2 g)于烧杯中,加少量水湿润,慢慢滴加 20 mL 浓盐酸,防止试样溅出,充分混匀后加入 50 mL 水搅匀,充分移动到 250 mL 容量瓶,用水定容至刻度,摇匀,过滤。吸取 2 mL 滤液于 25 mL 容量瓶中,加盐酸羟胺溶液 1 mL 充分混匀,5 min 后加入乙酸盐缓冲溶液 5 mL,摇匀后再加邻菲罗啉溶液 1 mL(对于高铜的预混合饲料邻菲罗啉可酌情提高用量至 3～5 mL,用蒸馏水稀释至 25 mL,充分混匀,放置 30 min,以试剂空白作参比溶液,用分光光度计在 510 nm 波长处测定其吸光度。按此步骤依次测定出同一批次的 10 个试样液中的吸光度值 $A_1,A_2,A_3,\cdots,A_{10}$。

(四)结果计算

由于试样液中铁离子含量与吸光度存在线性关系,所以以下计算直接以试样液吸光度值进行。

1.单位质量的吸光度值

X_i 按下式计算:

$$X_i = \frac{A_i}{m_i}$$

式中:A_i 为第 i 个试样液的吸光度值;m_i 为第 i 个试样的质量。

2.单位质量的吸光度值平均值 X

单位质量的吸光度值平均值 X 按下式计算:

$$\overline{x} = \frac{x_1 + x_2 + \cdots + x_{10}}{10}$$

3.单位质量的吸光度值的标准差 S

单位质量的吸光度值勤的标准差 S 按下式计算:

$$S = \sqrt{\frac{\sum (x - \overline{x})^2}{10 - 1}}$$

4.混合均匀度

以同一批次单位质量的吸光度值的变异系数 CV 表示,CV 值越大混合均匀越差。10 个试样液单位质量的吸光度值的变异系数 CV 值按下式计算:

$$CV = \frac{S}{\bar{x}} \times 100\%$$

计算结果保留到小数点后两位。

对于复合预混合料混合均匀度可选择物料中的主要原料。

四、任务小结

微量元素预混料混合均匀度的测定是以同一批试样中铁离子含量的差异来反映所测产品的混合均匀度。若所测预混料中没有铁离子可根据预混料中的主要原料例如维生素 A 或某一个微量元素的含量来测定。

▶▶ 任务四　渔用配合饲料水中稳定性的测定(选做) ◀◀

渔用配合饲料一般投于水中饲喂,且摄食时间较长,一般为 30 min 左右。另外,对虾抱食,边食边游,因而要求其在水中有良好的稳定性,即在水中应不溃散,故一般水产动物配合饲料加工需加黏合剂,并采用后熟化工艺使配合饲料在水中能保持数小时不扩散。

一、任务描述

假设你是某水产配合饲料厂化验室化验员,现要求你对本厂生产的渔用配合饲料水中稳定性进行测定,并判断是否符合要求。根据任务描述准备任务相关知识,并制定任务计划。

二、任务相关知识

(一)本方法适用范围
本测定方法适用于渔用粉末配合饲料,颗粒配合饲料与膨化配合饲料水中稳定性测定。

(二)溶失率概念
溶失率是评价颗粒饲料水中稳定性的一项指标,指一定时间内颗粒(或粉状饲料加水搅和成面团)饲料在水中溶失的质量分数。

(三)方法测定原理
本方法通过对渔用粉末,颗粒饲料和膨化饲料在一定的温度水中浸泡一定时间后测定其在水中的溶失率来评定饲料在水中的稳定性。

(四)渔用配合饲料水中稳定性(溶失率)要求
水产行业标准渔用配合饲料通用技术要求中规定的各类配合饲料水中稳定性(溶失率)

见表 8-9。

表 8-9 水产行业标准渔用配合饲料通用技术要求中规定的各类配合饲料水中稳定性(溶失率)

饲料类别	饲养对象	溶失率/%	备注
粉状饲料(面团)	鱼类	≤5	浸泡时间 60 min,适用于鳗鲡
颗粒饲料		≤10	浸泡时间 5 min
膨化饲料		≤10	浸泡时间 20 min
颗粒饲料	虾类	≤12	浸泡时间 120 min
颗粒饲料	蟹类	≤10	浸泡时间 30 min
粉状饲料(面团)	龟鳖类	≤5	浸泡时间 60 min
膨化饲料	蛙类	—	浸泡时间 60 min,颗粒不开裂,表面不开裂,不脱皮

国家推荐性标准规定的各饲养对象配合饲料水中稳定性(溶失率)要求见表 8-10。

表 8-10 国家推荐性标准规定的各饲养对象配合饲料水中稳定性(溶失率)要求 %

品种	水中稳定性(散失率)	品种	水中稳定性(散失率)
斑节对虾	幼虾≤18.0 中虾/成虾≤16.0	鲈鱼	粉状饲料,吸水 15 min≤20.0 颗粒饲料,吸水 20 min≤15.0
美国红鱼	≤10.0	南美白对虾	幼虾≤18.0
石斑鱼	≤10.0		中虾/成虾≤16.0
军曹鱼	稚鱼、幼鱼、中鱼、成鱼≤10.0		

三、任务实施

(一)仪器设备准备

(1)分析天平 感量 0.01 g。

(2)恒温水浴箱。

(3)电热鼓风干燥箱。

(4)立式搅拌器。

(5)量筒 20、500 mL。

(6)温度计 精度为 0.1℃。

(7)圆筒型网筛(自制) 网筛框高 6.5 cm,直径为 10 cm,金属筛网孔径应小于被测饲料的直径。

(8)秒表。

(二)试剂及溶液配制

蒸馏水。

(三)样品的抽取与制备

1.抽样方法

按 GB/T 14699.1 的规定执行。

成品抽样地点应在生产者成品仓库内按批号进行抽样,成品抽样批量在 1 t 以下时,按其袋数的 1/4 抽取。批量在 1 t 以上时,抽样袋数不少于 10 袋。沿堆积立面以"X"形或"W"形对各袋抽取。产品未堆垛时应在各部位随机抽取,样品抽取一般用钢管或铜管制成的槽样器。由各袋取出的样品应充分混匀后按四分法分别留样。

2.样品制备

按 GB/T 14699.1 的规定执行。

(四)测定

1.粉末饲料水中稳定性的测定

准确称取 2 份试样各 20 g(准确到 0.1 g),其中 1 份倒入盛有 20~24 mL 蒸馏水的搅拌器中,在室温条件下低速(105 r/min)搅拌黏合 1 min,成面团后取出,平分 2 份。取其中一份放置静水中,在水温(25±2)℃浸泡 1 h,捞出后与另一份对照样同时放入烘箱中在 105℃恒温下烘至恒重后,取出置于干燥箱冷却至恒重,分别准确称重。每个试样取两个平行样进行测定。

2.颗粒饲料水中稳定性的测定

称取试样 10 g(准确至 0.1 g),放入已备好的圆筒型网筛内。网筛置于盛有水深为 5.5 cm 的容器中,水温为(25±2)℃,浸泡[按各养殖对象颗粒饲料(含膨化颗粒饲料)产品标准中规定的浸泡时间]后,把网筛从水中缓慢提至水面,又缓慢沉入水中,使饲料离开筛底,如此反复 3 次后取出网筛,斜放沥干吸附水,把网筛内饲料置于 105℃烘箱内烘干至恒重,称重(m_2)。同时,称一份未浸水的同样饲料(对照料),置于 105℃烘箱内烘干至恒重,称重(m_1)。按上面公式计算。

(五)结果计算

饲料水中溶失率质量分数按下面公式计算。

$$\omega(水中溶失率) = \frac{m_1 - m_2}{m_1} \times 100\%$$

式中:ω 为溶失率;m_1 为对照料烘干后的质量,g;m_2 为浸泡料烘干后的质量。

每个试样应取 2 个平行样进行测定,以其算术平均值为结果,结果表示至 1 位小数,允许相对误差小于等于 4%。

四、任务小结

渔用配合饲料水中稳定性是以水中浸泡后的溶失率来表示,在测定中需要注意以下 2 点:

①烘至恒重,指连续两次干燥的质量之差在 0.3 mg 以下的质量。

②干燥至恒重的第二次及以后各次称重均应在规定条件下继续干燥 1 h 后进行。

项目能力测试

一、填空题

1. 混合均匀度测定的结果以＿＿＿＿＿＿表示。

2. 我国配合饲料质量标准要求，粉状配合饲料混合均匀度应＿＿＿＿＿＿，浓缩饲料混合均匀度应＿＿＿＿＿＿，添加剂预混料混合均匀度应＿＿＿＿＿＿。

3. 我国现行的配合饲料粉碎粒度测定是采用＿＿＿＿＿＿法。

4. ＿＿＿＿＿＿指淀粉在加工过程中所达到的熟化程度，即淀粉中糊化淀粉与全部淀粉量之比的百分数。

5. ＿＿＿＿＿＿是评价颗粒饲料水中稳定性的一项指标，指一定时间内颗粒（或粉状饲料加水搅和成面团）饲料在水中溶失的质量分数。

二、选择题

1. 以下（　　）不属于粉状配合饲料加工质量检测指标。

A. 粉碎粒度　　　　B. 混合均匀度　　　　C. 含粉率

2. 以下（　　）不属于颗粒饲料加工质量检测指标。

A. 水分　　　　B. 硬度　　　　C. 糊化度　　　　D. 粉化率

3. 配合饲料粉碎粒度测定中规定试验过筛的总质量损失不得超过（　　）。

A. 3%　　　　B. 2%　　　　C. 4%　　　　D. 1%

4. 饲料产品混合均匀度的测定不适用于（　　）。

A. 配合饲料　　　　B. 浓缩饲料　　　　C. 精料补充料　　　　D. 添加剂预混料

5. 氯离子标准溶液制备用的氯化钠应为（　　）。

A. 化学纯　　　　B. 分析纯　　　　C. 生化试剂　　　　D. 基准试剂

6. 氯离子选择性电极测定饲料产品混合均匀度中所用氯化钠应在（　　）下燃烧1 h。

A. 500℃　　　　B. 600℃　　　　C. 700℃　　　　D. 800℃

7. 氯离子选择性电极测定饲料产品混合均匀度中试样的测定步骤中在烧杯中加入100 mL水，是用（　　）加入。

A. 量筒　　　　B. 量杯　　　　C. 移液管　　　　D. 滴定管

8. 饲料产品混合均匀度测定中要求每批产品需从（　　）个点采样。

A. 2　　　　B. 10　　　　C. 4　　　　D. 6

9. 下列哪个指标可模仿搬运、流通等机械作用对颗粒饲料破坏作用的大小（　　）。

A. 含粉率　　　　B. 粉化率　　　　C. 糊化率　　　　D. 水中稳定性

10. 颗粒饲料（　　）是指颗粒对外压力所引起变形的抵抗能力。

A. 含粉率　　　　B. 粉化率　　　　C. 糊化率　　　　D. 硬度

11. 微量元素预混合饲料混合均匀度测定是通过盐酸羟胺将样品液中的（　　）还原，再与显色剂反应。

A. 铜　　　　B. 硒　　　　C. 锌　　　　D. 铁

12. 微量元素预混合饲料混合均匀度测定是用( )溶解试样的。

A. 浓盐酸　　　　B. 浓硝酸　　　　　C. 高氯酸　　　　D. 浓盐酸和浓硝酸

三、判断题

1. 甲基紫法进行饲料产品混合均匀度测定主要适用于混合机和饲料加工工艺中混合均匀度的测试。　　　　　　　　　　　　　　　　　　　　　　　　　　　　　　　（　）

2. 甲基紫法测定饲料产品混合均匀度是用异丙醇作为溶剂溶解甲基紫的。　（　）

3. 配合饲料粉碎粒度测定中若没摇筛机也可用手筛,但需注意在一个平面内筛,及手筛的幅度及频率。　　　　　　　　　　　　　　　　　　　　　　　　　　　　　　（　）

4. 我国水产行业标准渔用配合饲料通用技术要求中规定的各类配合饲料水中稳定性用溶失率表示均要小于 5%。　　　　　　　　　　　　　　　　　　　　　　　　　（　）

5. 饲料产品混合均匀度测定中需要注意除了颗粒饲料之外的其他饲料形态在测定前均不需要粉碎。　　　　　　　　　　　　　　　　　　　　　　　　　　　　　　　　（　）

四、思考题

1. 氯离子选择电极法和甲基紫法测定饲料产品混合均匀度的适用范围有何区别?

2. 对于不含铁的添加剂预混料产品可采用什么方法测定混合均匀度?

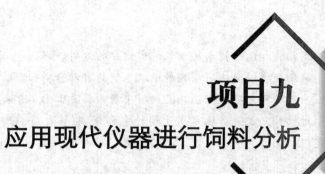

项目九
应用现代仪器进行饲料分析

知识目标

1. 了解原子光谱分析技术基本原理。
2. 了解高效液相色谱分析技术基本原理。
3. 了解酶联免疫吸附法基本原理。
4. 了解氨基酸自动分析基本原理。
5. 了解近红外光谱分析技术基本原理。

技能目标

1. 能独立准确配制试验中所需的试剂及溶液。
2. 能在老师指导下使用原子荧光分光光度计进行饲料中砷含量的测定。
3. 能在教师指导下使用原子吸收分光光度计进行钙、铜、铁、镁等矿物质元素的测定。
4. 能在教师指导下使用高效液相色谱进行维生素 E 等指标的测定。
5. 能在教师指导下使用酶标仪进行黄曲霉毒素等指标的测定。
6. 能在教师指导下使用近红外分析仪测定饲料中的水分、粗蛋白质、粗脂肪、粗纤维等指标。
7. 能在教师指导下进行结果的处理与分析。

素质目标

1. 能够遵守操作规程,注意实验安全。
2. 加强职业道德意识,具有爱岗敬业、勇于奉献、吃苦耐劳的职业素质。
3. 具有科学严谨、实事求是的工作作风,具备开拓进取、勇于创新、团队协作的素质。
4. 具有新标准及新方法的学习及运用能力。

项目任务导读

任务一　原子光谱分析技术用于饲料中矿物质元素含量的测定(选做)

任务二　高效液相色谱技术用于饲料中组分的分析(选做)

任务三　离子交换树脂法用于饲料中氨基酸的自动分析(选做)

任务四　应用酶联免疫吸附法测定饲料中黄曲霉毒素 B_1(选做)

任务五　近红外光谱分析技术用于饲料中水分、粗蛋白质、粗纤维、粗脂肪、赖氨酸、蛋氨酸快速测定(选做)

▶ 任务一　原子光谱分析技术用于饲料中矿物质元素含量的测定(选做) ◀

子任务一　火焰化法原子吸收光谱技术用于饲料中钙、铜、铁、镁、锰、钾、钠和锌含量的测定

一、任务描述

利用火焰化法原子吸收分光光度计测定微量元素预混料中的钙、铜、铁、镁、锰、钾、钠和锌的含量。根据任务要求,搜集完成任务所需的知识与技能要求,并制定相应计划。

二、任务相关知识

原子吸收分光光度法又称原子吸收光谱法。所谓原子吸收就是指气态自由原子,对于同种原子发射出来的特征光谱辐射具有吸收现象,将这种原子吸收现象应用到化学定量分析,首先必须将试样溶液中的待测元素原子化,同时还要有一个强度稳定的光源,给出同样原子光谱辐射,使之通过一定的待测元素原子区域,从而测出其消光值,然后根据消光值对标准溶液浓度关系曲线,计算出试样中待测元素的含量。

(一)原子吸收光谱法特点

1. 检出限低,灵敏度高

火焰原子吸收法的检出限可达到 10^{-9} 级,石墨炉原子吸收法的检出限可达到 $10^{-10}\sim10^{-14}$ g。

2. 分析精度好

火焰原子吸收法测定中等和高含量元素的相对标准差可小于 1%,其准确度已接近于经典化学方法。石墨炉原子吸收法的分析精度一般为 3%～5%。

3. 分析速度快

原子吸收光谱仪在 35 min 内,能连续测定 50 个试样中的 6 种元素。

4. 应用范围广

可测定的元素达 70 多种,不仅可以测定金属元素,也可以用间接原子吸收法测定非金属元素的有机化合物。

5. 仪器比较简单,操作方便

6. 不足之处

原子吸收光谱法的不足之处是多元素同时测定尚有困难,有相当一些元素的测定灵敏度还不能令人满意。

(二)原子吸收光谱原理

1. 原子吸收光谱的产生

原子是由原子核和绕核运动的电子组成,原子核外电子按其能量的高低分层分布而形成不同的能级。因此,一个原子核可以具有多种能级状态。能量最低的能级状态称为基态($E_0 = 0$),其余能级称为激发态能级,而能量最低的激发态则称为第一激发态。正常情况下,原子处于基态,核外电子在各自能量最低的轨道上运动。如果将一定外界能量如光能提供给该基态原子,当外界光能量 E 恰好等于该基态原子中基态和某一较高能级之间的能级差 ΔE 时,该原子将吸收这一特征波长的光,外层电子由基态跃迁到相应的激发态,而产生原子吸收光谱。

电子跃迁到较高能级以后处于激发态,但激发态电子是不稳定的,大约经过 10^{-8} s 以后,激发态电子将返回基态或其他较低能级,并将电子跃迁时所吸收的能量以光的形式释放出去,这个过程称原子发射光谱。可见原子吸收光谱过程吸收辐射能量,而原子发射光谱过程则释放辐射能量。核外电子从基态跃迁至第一激发态所吸收的谱线称为共振吸收线,简称共振线。电子从第一激发态返回基态时所发射的谱线称为第一共振发射线。由于基态与第一激发态之间的能级差最小,电子跃迁概率最大,故共振吸收线最易产生。对多数元素来讲,它是所有吸收线中最灵敏的,在原子吸收光谱分析中通常以共振线为测定线。

2. 原子吸收光谱定量分析的理论依据

原子吸收共振线的强度和蒸汽中原子浓度的关系,与分光光度法中分子溶液对光的吸收规律相似,一束平行的,辐射强度为 P_{0f},频率为 f 的光,投射到长度为 L 的火焰中,火焰吸收均匀,若通过火焰后的光强度为 P_f,则在频率为 f 时的吸收系数 K 可由下式表示:

$$P_f = P_{0f} \times \exp(-K_{fL})$$

K_f 与 f 的关系即为吸收线的轮廓,在很大程度上它决定于火焰的温度和吸收原子周围的压力,吸收线的半宽是指吸收系数为最大值一半时的轮廓宽度,吸收与原子浓度之间有以下关系:

$$\int K_f \, df = \prod e^2 N_0 f / mc$$

式中:K_f 为吸收系数;c 为光速;e 为电子电荷;m 为电子质量;N_0 为单位体积内进行吸收的原子数;f 为振子强度,是指每个原子可能吸收光源能量的平均电子数。

由于原子吸收线的宽度非常狭窄,约为十分之几纳米,因此要准确求得积分吸收系数是非常困难的。同时还要求单色仪必须具有千分之几纳米的分辨率,这就超过了一般单色仪的工作能力,为此在实际应用中使用锐线光源测光吸收线中心位置的吸收系数(即最大吸收系数 K),用谱线宽度较原子吸收线更窄的光源,如空心阴极灯发出的光能够测定原子

蒸汽的吸收系数 k_0,在化学分析中,为求得基态原子数 N 的比较值,只需要测定吸光度 A,不必精确求得 K_0,K_0 与原子浓度 N 有线性关系,即:

$$K_0 = KN, A = 0.434\ 3K_0L = K'N$$

上式说明原子吸光度与原子蒸汽浓度有直线关系,由此可见原子吸收中的锐线光源是定量分析的基础。

(三)原子吸收分光光度计主要部件及功能

原子吸光法是利用原子蒸汽能够吸收该元素本身特征波长的现象,来进行化学分析的一种方法。此法将试样的一部分转变为原子蒸汽,再测量原子蒸汽对特征波长辐射的吸收,通过比较标准样与试样吸收值来测定试样中元素的浓度。

原子吸收分光光度计包括以下部件。现将各部件的功能介绍如下:

1. 稳定的锐线光源

光源是原子吸收光谱仪的重要组成部分,其作用是发射被测元素的特征共振线。光源一般由待测元素制成具有空心阴极的灯。

空心阴极灯是由玻璃管制成的封闭着低压气体的放电管(图 9-1),主要是由一个阳极和一个空心阴极组成。阴极为空心圆柱形,由待测元素的高纯金属或合金直接制成,贵重金属以其箔衬在阴极内壁。阳极为钨棒,上面装有钛丝或钽片作为吸气剂。灯的光窗材料根据所发射的共振线波长而定,在可见波段用硬质玻璃,在紫外波段用石英玻璃。制作时先抽成真空,然后再充入压强为 $267 \sim 1\ 333\ Pa$ 的少量氖或氩等惰性气体,其作用是载带电流、使阴极产生溅射及激发原子发射特征的锐线光谱。

空心阴极灯工作原理:当在阴、阳两极间施加适当($300 \sim 500\ V$)直流电压时,电子将从空心阴极内壁流向阳极;与充入的惰性气体碰撞而使之电离,产生正电荷,其在电场作用下向阴极内壁猛烈轰击;使阴极表面的金属原子溅射出来,溅射出来的金属原子再与电子、惰性气体原子及离子发生撞碰而被激发,于是阴极内辉光中便出现了阴极物质和内充惰性气体的光谱。

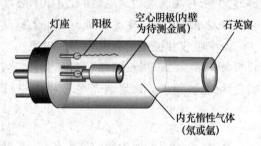

图 9-1　空心阴极灯示意图

空心阴极灯发射的光谱,主要是阴极元素的光谱。若阴极物质只含一种元素,则制成的是单元素灯。若阴极物质含多种元素,则可制成多元素灯。多元素灯的发光强度一般都较单元素灯弱。

空心阴极灯的发光强度与工作电流有关。使用灯电流过小,放电不稳定;灯电流过大,溅射作用增强,原子蒸气密度增大,谱线变宽,甚至引起自吸,导致测定灵敏度降低,灯寿命缩短。因此在实际工作中应选择合适的工作电流。

2. 原子化器

原子化器的作用是提供能量,使试样干燥、蒸发,将试样中离子转变成原子蒸汽,产生的原子可以近似看成全部是基态原子。原子化的方法有火焰原子化、石墨炉原子化、化学原子化。

(1)火焰原子化法 由喷雾器、雾化室、燃烧器、火焰及气体供应等部分组成(图9-2)。

火焰原子化法工作原理(图9-3):当助燃气(空气或N_2O)急速流过毛细管喷嘴时形成负压,试液被吸入毛细管并迅速喷射出来,形成雾滴,雾滴随着气流撞击在喷嘴正前方的撞击球上,被分散成更小的雾滴(气溶胶),大雾珠从废液管排出(95%),气溶胶、助燃气和燃烧气三者混合,送入火焰,在火焰中雾珠的水分被蒸发,气溶形成固体微粒,称为干气溶胶。固体微粒蒸发成为蒸汽分子,再被热解离,形成分子。整个火焰原子化历程为:试液—喷雾—分散混合—蒸发—干燥—熔融—气化—解离—基态原子(同时还伴随着电离、化合激发等副反应)。

火焰中最常用的是空气-乙炔火焰,可测30多种元素;高温元素用氧化亚氮-乙炔火焰。

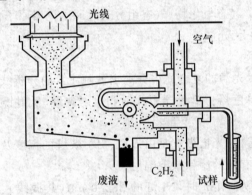

图9-2 火焰原子化器结构示意图

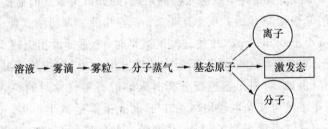

图9-3 火焰原子化法工作原理

(2)石墨炉原子化(电热原子化) 在管炉中央开一个进样口,口的左右各有一个小孔,作为保护石墨炉的氩气出入口,炉管长50 mm,内径3.5 mm,在炉管的两侧为石英玻璃窗,共振发射线由炉管的中央通过,在炉管的两端有水冷却装置,炉管温度可达3 000℃。炉管通以低电压大电流,用电流来调节控制石墨炉管的温度,试样在石墨炉管内经干燥—灰化—原子化—清扫四个阶段的加热完成整个测定过程。

干燥阶段:温度较低,溶液中水分及挥发性酸蒸发出来,被通过炉管的氩气带走。

灰化阶段:试样中的有机组分、铵盐等挥发除去。

原子化:被测元素被蒸发、热解离、形成原子经过炉管的空心阴极灯束被管内原子吸收实现测量,此时氩气停气,以利测量。

清扫:最后以大电流最高温度进行清扫,除去管内试样残留物,消除记忆效应。

(3)化学原子化

①冷原子吸收:测量汞含量的一种方法。由于汞在常温下以原子态汞存在,而原子态汞又易蒸发,汞蒸汽对 253.7 nm 波长有特征吸收等特点建立起来。将样品经硫酸—过硫酸钾消化,将无机汞化合物和有机汞化合物转变成可溶性二价汞离子,然后于酸性介质中在还原剂作用下($SnCl_2$)将 Hg^{2+} 还原为金属 Hg。

$Hg^{2+} + Sn^{2+} \rightarrow HgO + Sn^{4+}$ 用净化空气做载气,将它带入光吸收池,使光强度减弱,根据减弱强度,可以得到汞的含量。

②氢化物:As、Sb、Bi、Se、Te、Pb、Sn、Ge 8 个元素可形成气态氢化物,Cd、Zn 形成气态组分,Hg 形成原子蒸汽。气态氢化物、气态组分通过原子化器原子化形成基态原子,基态原子蒸汽被激发而产生原子荧光。

3.单色器

单色器是用于从激发光源的复合光中分离出被测元素的分析线的部件。现代光谱仪大多采用平面或凹面光栅单色器。单色器由入射和出射狭缝、反射镜和色散元件组成。色散元件一般为光栅。

作为单色器的重要指标,光谱带宽是由入射、出射狭缝的宽度及分光元件的色散率确定的,更小的光谱带宽可更有效的滤除杂散辐射。

例如:光谱带宽设置为 1 nm 时,Ni 灯的 232.0 nm(共振线)、231.6 nm(非共振线)、231.0 nm(共振线)三条线同时进入检测系统,将使测定灵敏度明显降低,如果减小光谱带宽为 0.2 nm,只允许 Ni232.0 nm 共振线进入检测系统,则分析灵敏度明显提高。

原子吸收常用的光谱带宽有 0.1、0.2、0.4、1 nm 等几种。人们注意到,在一般状态下元素灯的共振辐射带宽小于 0.001 nm,故狭缝宽度减半时,光通量也相应减半,而对于连续辐射,除光通量减半外,谱带宽度也要减半,因而在狭缝宽度减半时,能量衰减系数为 4。在有强烈的宽谱带发射光(例如,对钡元素进行分析时火焰或石墨管发射的炽热光)抵达光电倍增管时,狭缝宽度减小 1 倍可使杂散辐射减为 1/4,而光谱能量减小 1 倍。为进一步控制杂散辐射,有的仪器采用狭缝高度可变的设计,在测量一些特殊元素(如钡、钙等)或使用石墨炉时可选用。值得提及的是,这种设计并不是通过减小光谱带宽来降低宽带辐射的杂散光,而是从光学成像角度考虑的。火焰或石墨管发射的炽热光面积较大,在狭缝处能量均匀,而元素灯的共振辐射在狭缝中心能量最强,故而降低狭缝高度,可降低杂散辐射的比例。

4.检测器

原子吸收光谱法中检测器通常使用光电倍增管。光电倍增管是一种多极的真空光电管,内部有电子倍增机构,内增益极高,是目前灵敏度最高、响应速度最快的一种光电检测器,广泛应用于各种光谱仪器上。

常用光电倍增管有两种结构,分别为端窗式与侧窗式,其工作原理相同。端窗式从倍增管的顶部接收光,侧窗式从侧面接收光,目前光谱仪器中应用较广泛的是侧窗式。

光电倍增管的工作电源应有较高的稳定性。如工作电压过高、照射的光过强或光照时间过长,都会引起疲劳效应。

5.放大器

它将光电倍增管发出的信号通过解调放大,转换成对数信号,提供给记录系统,这一环节包括解调灯信号放大、对数转换、自动调零、量程扩展和曲线校直等部分。

6.记录系统

包括电表读数、记录仪、数字显示、数字打印和电传打字等。

操作时先吸收空白溶液于火焰中,将仪器调零,这时对应空心阴极灯所发射出来的光为100%,即吸光度为0($A=0$),当喷入含有待测元素溶液时,部分光被吸收,这时光强度减弱表头记录吸光度值A,用待测元素的标准溶液绘制标准曲线,由此可以求出未知试样中该元素的含量。

(四)原子吸收分光光度计分类

原子吸收分光光度计的分类比较复杂,从仪器外光路结构形式分类,可以分为单道单光束、单道双光束和双道双光束三种,从原子化系统可以分为火焰原子化和无火焰原子化两大类,从仪器功能上看,又可分为不扣除背景和智能化仪器三类,现将一些常见仪器类型介绍如下:

1.火焰型仪器

(1)单道单光束仪器 单道是指仪器只有一个光源,一个单色器,一个显示系统,每次只能测一种元素。"单光束"是指从光源中发出的光仅以单一光束的形式通过原子化器、单色器和检测系统。

这类仪器简单,操作方便,体积小,价格低,能满足一般原子吸收分析的要求。其缺点是不能消除光源波动造成的影响,基线漂移。国产 WYX-1A、WYX-1B、WY X-1C、WY X-1D 等 WYX 系列和 360、360M、360CRT 系列等均属于单道单光束仪器。

(2)单道双光束仪器。

(3)双道双光束仪器 双道双光束型仪器有两个光源,两套独立的单色器和检测显示系统。但每一光源发出的光都分成两个光束:一束为样品光束,通过原子化器;一束为参比光束,不通过原子化器。这类仪器可以同时测定两种元素。能消除光源强度波动的影响及原子化系统的干扰,准确度高,稳定性好,但仪器结构复杂。

(4)双道单光束仪器 双道单光束是指仪器有两个不同的光源,两个单色器,两个检测显示系统,而光束只有一路。两种不同元素的空心阴极灯发射出不同波长的共振发射线,两条谱线同时通过原子化器,被两种不同元素的基态原子蒸气吸收,利用两套各自独立的单色器和检测器,对两路光进行分光和检测,同时给出两种元素的检测结果。这类仪器一次可同时测定两种元素并可进行背景吸收的扣除。这类仪器型号有日本岛津 AA-8200 型和 AA-8500 型等。

此外,还有多道双光束型仪器,可用来对三种或三种以上元素进行同时测定,目前美国PE 公司推出的 SIM6000 多元素同时分析原子吸收光谱仪,以新型四面体中阶梯光栅取代普通光栅单色器,获取两维光谱。以光谱响应的固体检测器替代光电倍增管取得了同时检测多种元素的理想效果。

2.无火焰原子化型仪器

(1)高温石墨炉原子化装置仪器。

(2)低温原子化装置仪器。

3.塞曼效应和背景仪器

(1)光源调制型仪器。

(2)吸收线调制型仪器。

4.自吸效应背景校正仪器

(五)原子吸收光谱技术测定范围

原子吸收光谱技术主要是用于各种微量/痕量金属元素含量的检测的仪器,其一般可以分为火焰法检测、氢化物发生器检测、富氧装置检测、石墨炉法检测。

(1)普通火焰法可以检测的元素有锂、钠、镁、铝、硅、钾、钙、铬(gè)、锰、铁、钴、镍(niè)、铜、锌、镓(jiā)、锗(zhě)、砷(shēn)、硒(xī)、铷(rú)、锶(sī)、钼(mù)、锝(dé)、钌(liǎo)、铑(lǎo)、钯(bǎ)、银、镉(gé)、铟(yīn)、锡、锑(tī)、碲(dì)、铯(sè)、铖(é)、铱(yī)、铂(bó)、金、铊(tā)、铅(qiān)、铋(bì)。

(2)氢化物发生器可以检测的元素(用于检测低熔点元素)有砷(shēn)、硒(xī)、汞(gǒng),锗(zhě)、锡(xī)、锑(tī)、碲(dì)、铅(qiān)、铋(bì)可用火焰法也可用氢化物。

(3)富氧装置可以检测的元素有铍(pí)、钡(bèi)、锗(zhě)、锶(sī)、钼(mù)为可以用火焰法也可以用富氧装置。

(4)必须使用石墨炉检测的元素有铝(lǔ)、硅(guī)、钪(kàng)、钛(tài)、钒(fán)、钇(yǐ)、锆(gào)、铌(ní)、镨(pǔ)、钕(nǔ)、钷(pǒ)、钐(shān)、铕(yǒu)、钆(gá)、铽(tè)、镝(dī)、钬(huǒ)、铒(ěr)、铥(diū)、镱(yì)、镥(lǔ)、钍(tǔ)、铀(yóu)、镧(lán)、铈(shì)、铪(hā)、钽(tǎn)、钨(wū)。

特别提示:石墨炉主要用于检测高熔点元素和元素的痕量分析;(1)(2)(3)项所列举的元素都可以使用石墨炉检测(汞、砷、硒除外),在实践中只有当含量非常低的时候才使用石墨炉检测,一般含量的用普通火焰法检测就可以。

(六)原子吸收光谱法(GB/T 13885—2017)适用范围

适用于配合饲料、浓缩饲料、精料补充料、添加剂预混合饲料及饲料原料中的钙、铜、铁、镁、锰、钾、钠、锌的测定。

(七)原子吸收光谱法(GB/T 13885—2017)测定原理

将试料放在马弗炉(550±15)℃温度下灰化之后,用盐酸溶解残渣并稀释定容,然后导入原子吸收分光光度计的空气-乙炔火焰中。测量每个元素的吸光度,并与同一元素校正溶液的吸光度比较定量。

(八)原子吸收光谱法中各元素含量的检测限

K、Na:500 mg/kg;Ca、Mg:50 mg/kg;Cu、Fe、Mn、Zn:5 mg/kg。

三、任务实施

(一)仪器设备准备

所有的容器,包括配制校正溶液的吸管,在使用前用盐酸溶液(0.6 mol/L)冲洗。如果使用专用的灰化皿和玻璃器皿,每次使用前不需要用盐酸煮沸。实验室常用设备和专用设备如下:

(1)分析天平 称量精度到 0.1 mg。

(2)坩埚 铂金、石英或瓷质,不含钾、钠,内层光滑,没有被腐蚀,上部直径为 4～6 cm,下部直径 2～2.5 cm,高 5 cm 左右,使用前用盐酸溶液(6 mol/L)煮沸。

(3)硬质玻璃器皿 使用前用盐酸(6 mol/L)煮沸,并用水冲洗净。

(4)电热板或煤气炉。

(5)水浴锅。

(6)马弗炉 温度能控制在(550±15)℃。

(7)原子吸收分光光度计 波长范围在测量条件中有详细说明。带有空气-乙炔火焰和一个校正设备或测量背景吸收装置(图 9-4)。

图 9-4 原子吸收分光光度计

(8)测定 Ca、Cu、Fe、K、Mg、Mn、Na、Zn 所用的空心阴极灯或无极放电灯。

(9)定量滤纸

(二)试剂及溶液配制

除非另有规定,仅使用分析纯试剂。

(1)水 应符合 GB/T 6682 三级用水。

(2)盐酸 $c(HCl) = 12$ mol/L($\rho = 1.19$ g/mL)。

(3)盐酸溶液 $c(HCl) = 6$ mol/L,盐酸+水=1+1。

(4)盐酸溶液 $c(HCl) = 0.6$ mol/L,盐酸+水=5+100。

(5)硝酸镧溶液 溶解 133 g 的 $La(NO_3)_3 \cdot 6 H_2O$ 于 1 L 水中。如果配制的溶液镧含量相同,可以使用其他镧盐。

(6)氯化铯溶液 溶解 100 g 氯化铯(CsCl) 于 1 L 水中。如果配制的溶液铯含量相同,可以使用其他的铯盐。

(7)Cu、Fe、Mn、Zn 的标准储备溶液　取 100 mL 水,125 mL 盐酸(12 mol/L)于 1 L 容量瓶中,混匀。称取下列试剂:

①392.9 mg 硫酸铜($CUSO_4 \cdot 5H_2O$);

②702.2 mg 硫酸亚铁铵[$(NH_4)_2SO_4 \cdot FeSO_4 \cdot 6H_2O$];

③307.7 mg 硫酸锰($MnSO_4 \cdot H_2O$);

④439.8 mg 硫酸锌($ZnSO_4 \cdot 7H_2O$);

将上述试剂加入容量瓶中,用水溶解并定容。

此储备液中 Cu、Fe、Mn、Zn 的含量均为 100 $\mu g/mL$。

注:可以使用市售配制好的适合的溶液。

(8)Cu、Fe、Mn、Zn 的标准溶液　取 20 mL 的储备溶液加入 100 mL 容量瓶中,用水稀释定容。此标准液中 Cu、Fe、Mn、Zn 的含量均为 20 $\mu g/mL$。该标准液当天使用当天配制。

(9)Ca、K、Mg、Na 的标准储备溶液　称取下列试剂。

①1.907 g 氯化钾(KCl);

②2.028 g 硫酸镁($MgSO_4 \cdot 7H_2O$);

③2.542 g 氯化钠(NaCl)。

将上述试剂加入 1 L 容量瓶中。

称取 2.497 g 碳酸钙($CaCO_3$)放入烧杯中,加入 50 mL 盐酸(6 mol/L)。

注意:当心产生二氧化碳。

在电热板上加热 5 min,冷却后将溶液转移到含有 K、Mg、Na 盐的容量瓶中,用盐酸(0.6 mol/L)定容。

此储备液中 Ca、K、Na 的含量均为 1 mg/mL,Mg 的含量为 200 $\mu g/mL$。

注:可以使用市售配制好的适合溶液。

(10)Ca、K、Mg、Na 的标准溶液　取 25 mL 储备溶液加入 250 mL 容量瓶中,用盐酸(0.6 mol/L)定容。

此标准液中 Ca、K、Na 的含量均为 100 $\mu g/mL$,Mg 的含量为 20 $\mu g/mL$。

配制的标准液贮存在聚乙烯瓶中,可以在一周内使用。

(11)镧/铯空白溶液　取 5 mL 硝酸镧(试剂 5)溶液、5 mL 氯化铯溶液(试剂 6)和 5 mL 盐酸(6 mol/L)加入 100 mL 容量瓶中,用水定容。

(三)测定

1.检测有机物的存在

用平勺取一些试料在火焰上加热。如果试料融化没有烟,即不存在有机物。如果试料颜色有变化,并且不融化,即试料含有机物。

2.试料

根据估计含量称取 1~5 g 制备好的试样,精确到 1 mg,放进坩埚中。

如果试样含有机物,按下面 3 步骤操作。

如果试样不含有机物,按下面 4 步骤操作。

3. 干灰化

将坩埚放在电热板或煤气灶上加热，直到试料完全炭化（要避免试料燃烧）。将坩埚转到已在 550℃ 温度下预热 15 min 的马弗炉中灰化 3 h，冷却后用 2 mL 水浸润坩埚中内容物。如果有许多炭粒，则将坩埚放在水浴上干燥，然后再放到马弗炉中灰化 2 h，让其冷却再加 2 mL 水。

4. 溶解

取 10 mL 盐酸（6 mol/L），开始慢慢一滴一滴加入，边加边旋动坩埚，直到不冒泡为止（可能产生二氧化碳），然后再快速加入，旋动坩埚并加热直到内容物近乎干燥，在加热期间务必避免内容物溅出。用 5 mL 盐酸（6 mol/L）加热溶解残渣后，分次用 5 mL 左右的水将试料溶液转移到 50 mL 容量瓶。待其冷却后，然后用水稀释定容并用滤纸过滤。

5. 空白溶液

每次测量均按照 2、3 和 4 步骤制备空白溶液。

6. 铜、铁、锰、锌的测定

(1) 测量条件 按照仪器说明要求调节原子吸收分光光度计的仪器条件，使在空气-乙炔火焰测量时的仪器灵敏度为最佳状态。Cu、Fe、Mn、Zn 的测量波长如下：

① Cu：324.8 nm；

② Fe：248.3 nm；

③ Mn：279.5 nm；

④ Zn：213.8 nm。

(2) 校正曲线制备 用盐酸溶液（0.6 mol/L）稀释标准溶液（试剂 8），配制一组适宜的校正溶液。测量盐酸（0.6 mol/L）的吸光度、校正溶液的吸光度。用校正溶液的吸光度减去盐酸（0.6 mol/L）的吸光度以吸光度修正值分别对 Cu、Fe、Mn、Zn 的含量绘制校正曲线。

(3) 试料溶液的测量 在同样条件下，测量试料溶液（4. 溶解步骤得到的溶液）和空白溶液（5. 空白溶液步骤得到的溶液），试样溶液的吸光度减去空白溶液的吸光度。按结果表示计算含量。

如果必要的话，用盐酸溶液（0.6mol/L）稀释试料溶液和空白溶液，使其吸光度在校正曲线线性范围之内。

7. 钙、镁、钾、钠的测定

(1) 测量条件 按照仪器说明要求调节原子吸收分光光度计的仪器条件，使在空气-乙炔火焰测量时的仪器灵敏度为最佳状态。Ca、K、Mg、Na 的测量波长分别为：

Ca：422.6 nm；K：766.5 nm；Mg：285.2 nm；Na：589.6 nm。

(2) 校正曲线制备 用水稀释标准溶液（试剂 10），每 100 mL 标准稀释溶液加 5 mL 的硝酸镧溶液（试剂 5），5 mL 氯化铯溶液（试剂 6）和 5 mL 盐酸（6 mol/L），配制一组适宜的校正溶液。

测量镧/铯空白溶液（11）的吸光度。

测量校正溶液吸光度并减去镧/铯空白溶液（试剂 11）的吸光度。以修正的吸光度分别对 Ca、K、Mg、Na 的含量绘制校正曲线。

(3)试料溶液的测量 用水定量稀释试料溶液(4)和空白溶液(5),每 100 mL 的稀释溶液,加 5 mL 的硝酸镧(试剂 5),5 mL 的氯化铯(试剂 6)和 5 mL 盐酸(6 mol/L)。

在相同条件下,测量试料溶液和空白溶液的吸光度。用试料溶液的吸光度减去空白溶液的吸光度。

如果必要的话,用镧/铯空白溶液(试剂 11)稀释试料溶液和空白溶液,使其吸光度在校正曲线线性范围之内。

(四)结果计算与表示

1.结果计算

试样中钙、铜、铁、镁、锰、钾、钠、锌元素以质量分数 w 表示,数值以 mg/kg 或 g/kg 表示,按下式计算,按表 9-1 修约。

$$W = \frac{(C - C_0) \times 50 \times N \times 1\,000}{m \times D}$$

式中:C 为试料溶液中元素的浓度,$\mu g/mL$;C_0 为空白溶液中元素的浓度,$\mu g/mL$;N 为稀释倍数;m 为试料的质量,g;D 为数值以 mg/kg 表示时为 10^3,以 g/kg 表示时为 10^6。

表 9-1 结果计算的修约

含量	修约到	含量	修约到
5~10 mg/kg	0.1 mg/kg	1~10 g/kg	100 mg/kg
10~100 mg/kg	1 mg/kg	10~100 g/kg	1 g/kg
100~1 g/kg	10 mg/kg		

2.重复性要求

在同一实验室,由同一操作者使用相同设备按相同方法测定,在短时间内对同一被测试样相互独立进行测定,获得的两个测定结果的绝对差值,超过表 9-2 所给出的重复性限 r 值的情况不大于 5%。

表 9-2 预混料和其他饲料的重复性限

预混料的重复性限			其他饲料的重复性限		
元素	含量/(mg/kg)	r	元素	含量/(mg/kg)	r
Ca	3 000~300 000	$0.07 \times \overline{w}$	Ca	5 000~50 000	$0.07 \times \overline{w}$
Cu	200~20 000	$0.07 \times \overline{w}$	Cu	10~100	$0.27 \times \overline{w}$
Fe	500~30 000	$0.06 \times \overline{w}$	Cu	100~200	$0.09 \times \overline{w}$
K	2 500~30 000	$0.09 \times \overline{w}$	Fe	50~1 500	$0.08 \times \overline{w}$
Mg	1 000~100 000	$0.06 \times \overline{w}$	K	5 000~30 000	$0.09 \times \overline{w}$
Mn	150~15 000	$0.08 \times \overline{w}$	Mg	1 000~10 000	$0.06 \times \overline{w}$
Na	2 000~250 000	$0.09 \times \overline{w}$	Mn	15~500	$0.06 \times \overline{w}$
Zn	3 500~15 000	$0.08 \times \overline{w}$	Na	1 000~6 000	$0.15 \times \overline{w}$
			Zn	25~500	$0.11 \times \overline{w}$

注:$\overline{w}$ 为两个结果的平均值(mg/kg)。

四、任务拓展

饲料中其他矿物质元素测定方法

GB/T 13882—2010 饲料中碘的测定(硫氰酸铁－亚硝酸催化动力学法)。

GB/T 13883—2008 饲料中硒的测定。

GB/T 13884—2018 饲料中钴的测定(原子吸收光谱法)。

GB/T 13885—2017 动物饲料中钙、铜、铁、镁、锰、钾、钠和锌含量的测定(原子吸收光谱法)。

GB/T 17776—2016 饲料中硫的测定(硝酸镁法)。

GB/T 17777—2009 饲料中钼的测定(分光光度法)。

GB/T 18633—2018 饲料中钾的测定(火焰光度法)。

子任务二　原子荧光光谱技术用于饲料中总砷含量的测定

一、任务描述

假设你是磷酸氢钙生产厂化验室化验员,现要求你应用原子荧光光谱技术测定饲料级磷酸氢钙中总砷含量。根据任务要求,搜集完成任务所需的知识与技能要求,并制定相应计划。

二、任务相关知识

(一)原子荧光基本原理

原子荧光光谱分析是 20 世纪 60 年代中期提出并发展起来的光谱分析技术,它是原子吸收和原子发射光谱的综合与发展,是一种优良的痕量分析技术。

1. 原子荧光的产生过程

原子荧光是激发态的原子以光辐射的形式放出能量的过程。当自由原子吸收由一合适的激发光源发射出的特征波长辐射后被激发,接着辐射去活化而发射出荧光。

2. 原子荧光的类型

常见的有共振荧光,非共振荧光与敏化荧光三种类型。

(1)共振荧光　荧光线的波长与激发线的波长相同。因共振荧光最强,在分析中应用最广。

(2)非共振荧光　荧光线的波长与激发线的波长不同时产生非共振荧光。它的主要类型有直跃线荧光、阶跃线荧光、多光子荧光。

(3)敏化荧光　受激发的原子与另一种原子碰撞时,把激发能传递给另一个原子使其激发,后者再从辐射形式去激发而发射荧光即为敏化荧光。

大多数分析涉及共振荧光,因为其跃迁概率最大且用普通光源就可以获得相当高辐射密度。

3.氢化物-原子荧光法

(1)氢化物-原子荧光法原理　原子吸收光谱法测定 As、Sb、Se、Te 时遇到困难。原因在于样品溶液直接喷入火焰,加上这些元素的最佳分析线都处于近紫外区(小于 230 mm),在常规火焰中产生强大的火焰吸收(比如空气-乙炔火焰中 193.7 mm 线的背景吸收等于有用信号的 62%),使信噪比很差。采用较低温度的氩(载有空气)-氢火焰将 193.7 mm 线的背景吸收降到有用信号的 15%,从而改善了信噪比。但这种火焰蒸发能力差,未完全解离的盐粒和分子将产生很大背景吸收。石墨炉测定的困难在于这些元素处于短波分析线,产生了碳粒光散射引起的严重基体干扰。

C、N、O 和卤族元素能生成共价氢化物,4A、5A、6A 中 As、Sb、Bi、Se、Te、Pb、Sn、Ge 8 种元素的氢化物具有挥发性,通常情况下为气态。Cd、Zn 形成气态组分,Hg 形成原子蒸汽。当利用某些能产生初生态的还原剂或者化学反应,将样品溶液中的分析元素还原为挥发性共价氢化物,将气态氢化物和过量氢气与载气混合后,导入加热的原子化装置,氢气和氩气在特制火焰装置中燃烧加热,氢化物受热以后迅速分解,被测元素离解为基态原子蒸汽,其基态原子的量比单纯加热砷、锑、铋、锡、硒、碲、铅、锗等元素生成的基态原子高几个数量级。氢化物-原子荧光法原理见图 9-5。

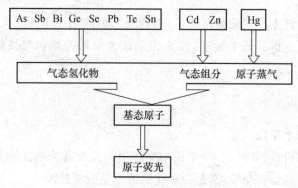

图 9-5　氢化物-原子荧光法原理

(2)硼氢化物-酸还原体系　氢化物反应的种类有三种,金属-酸还原体系(Marsh 反应)、电解法、硼氢化物-酸还原体系。下面重点介绍硼氢化物-酸还原体系。

酸化过的样品溶液中的砷、铅、锑、硒等元素与还原剂(一般为硼氢化钾或钠)反应,在氢化物发生系统中生成氢化物:

$$NaBH_4 + 3H_2O + H^+ = H_3BO_3 + Na^+ + 8H^+ + Em^+ = EHn + H_2(气体)$$

式中:Em^+ 为待测元素,EHn 为气态氢化物(m 可以等于或不等于 n)。

使用适当催化剂,在上述反应中还可以得到镉和锌的气态组分。原子荧光与氢化物结合综合了两个分析技术的优点,过剩氢气与载气形成氢氩焰,使氢化物更好原子化,不需要缸瓶,而氢氩焰本身有很高的荧光效率及较低的背景。

(3)氢化物发生技术的优点

①氢化物在常温下为气态,蒸汽导入原子化器,比溶液喷雾器的效率高;还可富集浓缩,

提高;测定灵敏度,降低检出限。

②待测元素形成气态进样与样品基体分离。

③不同元素及其不同价态、无机态、有机态生成氢化物的条件不同,可进行价态分析。

(二)氢化物-原子荧光光谱仪仪器构造(图 9-6)

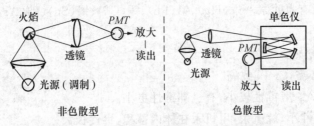

图 9-6 原子荧光光谱仪结构示意简图

(1)氢化物发生器 氢化物发生(HG),提供载流及样品和还原剂反应条件的装置。由进样系统、气液分离系统、气路组成,通常把氢化物发生-原子荧光简称为 HG-AFS。

(2)激发光源 用来激发原子使其产生原子荧光。光源分连续光源和锐线光源。连续光源一般采用高压氙灯,功率可高达数百瓦。这种灯测定的灵敏度较低,光谱干扰较大,但是采用一个灯即可激发出各元素的荧光。常用的锐线光源为脉冲供电的高强度空心阴极灯、无电极放电灯及 70 年代中期提出的可控温度梯度原子光谱灯。采用锐线光源时,测定某种元素需要配备该元素的光谱灯。

(3)单色器 产生高纯单色光的装置,其作用为选出所需要测量的荧光谱线,排除其他光谱线的干扰。单色器有狭缝、色散元件(光栅或棱镜)和若干个反射镜或透镜所组成,色散系统对分辨能力要求不高,但要求有较大的集光本领。使用单色器的仪器称为色散原子荧光光度计;非色散原子荧光分析仪没有单色器,一般仅配置滤光器用来分离分析线和邻近谱线,降低背景。滤光器非色散型仪器的优点是照明立体角大,光谱通带宽,荧光信号强度大,仪器结构简单,操作方便,价格便宜。缺点是散射光的影响大。

(4)原子化器 将被测元素转化为原子蒸汽的装置。可分为火焰原子化器和电热原子化器。火焰原子化器是利用火焰使元素的化合物分解并生成原子蒸汽的装置。所用的火焰为空气-乙炔焰、氩氢焰等。用氩气稀释加热火焰,可以减小火焰中其他粒子,从而减小荧光猝灭(受激发原子与其他粒子碰撞,部分能量变成热运动与其他形式的能量,因而发生无辐射的去激发,使荧光强度减少甚至消失,该现象称为荧光猝灭)现象。电热原子化器是利用电能来产生原子蒸气的装置。电感耦合等离子焰也可作为原子化器,它具有散射干扰少、荧光效率高的特点。

(5)检测系统 常用的检测器为光电倍增管。在多元素原子荧光分析仪中,也用光导摄像管、析像管做检测器。检测器与激发光束成直角配置,以避免激发光源对检测原子荧光信号的影响。

(6)显示装置 显示测量结果的装置可以是电表、数字表、记录仪、打印机等。仪器测量系统根据检测元素的数量可分为单道、双道、多道等类型。其优点为可进行多元素同时测定。

(三)原子荧光应用领域

1.测量以下矿物质元素含量

(1)对人体健康有益元素　锗(Ge)、硒(Se)、锌(Zn)。

(2)对人体健康有害元素　汞(Hg)、铅(Pb)、镉(Cd)、锡(Sn)、砷(As)、锑(Sb)、铋(Bi)、碲(Te)。

2.形态与毒性分析

(1)Cr^{3+}人体必需,Cr^{6+}致癌。

(2)As^{3+}极毒,As^{5+}毒性较小,有机砷毒性更小。

(3)无机 Hg 毒性小,烷机汞,甲机汞在体内蓄积,毒性极大。

(4)Sn 人体必需,有机锡毒性大,尤其 R_3Sn_x 型毒性最大,船舶专用涂料三丁基锡 TBT,杀虫剂和海洋防污涂料三苯基锡 TPT,可杀死野生动物,特别是鱼类。对环境污染严重。

(5)Pb 有害金属,烷基铅毒性很大,危害更大。

(6)Se 有益剂量与有害剂量界限很窄。

(四)影响原子荧光光谱技术准确应用的因素

(1)待测元素形成氢化物的价态。

(2)氢化物发生的介质。

(3)还原剂浓度及其种类。

(4)共存离子的干扰及掩蔽剂。

(5)仪器测试的最佳条件(负高压、灯电流、载气及屏蔽气流速)。

(6)待测元素在本仪器上的测定限、测试精密度及最佳测定范围。

(7)样品前处理。

①取样量:应避免高浓度样品污染仪器、水及试剂,如化妆品中高浓度汞。

②样品消解用酸:应注意待测元素氢化物发生介质的需要。

(8)实验室环境。

(9)实验人员的技能及仪器的准确使用。

(五)仪器的使用与维护

1.对环境的要求

(1)选址　外部环境良好,无强电磁场和热源辐射,无剧烈震动。

(2)温度　10~30℃。

(3)湿度　小于80%。

(4)实验台　坚固平稳,留出足够空间;必备排风设备。

(5)避免日光直射,烟尘,污浊气流及水蒸气,腐蚀性气体的影响。

2.对仪器的使用与保养

(1)管路

①每次试验完毕将卡子松开。

②及时清洗管路，避免沉积和污染。

（2）外光路　3～5 年保养一次，吸耳球除尘，有 SiO_2 保护膜的镜片，用乙醇-乙醚混合液轻轻擦拭。

（3）元素灯

①切勿超过最大灯电流。

②灯若长期搁置不使用，每隔 3～4 个月点燃 2～3 h，以保障灯的性能，延长寿命。

③灯长期使用，可定期激活来恢复性能。

④取放拿灯座，避免污染；一旦污染，用无水乙醇和乙醚的混合液轻轻擦拭。

（六）饲料中总砷测定方法适用范围（GB/T 13079—2006）

本方法适用于各种配合饲料、浓缩饲料、添加剂预混合饲料、单一饲料及饲料添加剂。原子荧光光度法最低检测浓度为 0.01 mg/kg。

（七）氢化物原子荧光光度法测砷的原理

样品经酸消解或干灰化破坏有机物，加入硫脲使五价砷预还原为三价砷，再加入硼氢化钠或硼氢化钾使还原生成砷化氢，由氩气载入石英原子化器中分解为原子态砷，在特制砷空心阴极灯的发射光激发下产生原子荧光，其荧光强度在固定条件下与被测液中的砷浓度成正比，与标准系列比较定量。

三、任务实施

（一）试剂及溶液配制

（1）氢氧化钠溶液（0.5%）。

（2）硼氢化钠（$NaBH_4$）溶液（1%）　称取硼氢化钠 10 g，溶于氢氧化钠溶液（0.5%）1 000 mL 中，混合（现用现配为宜）。

（3）硫脲溶液（50 g/L）。

（4）氢氧化钠溶液（100 g/L）。

（5）硫酸溶液　60 mL/L。吸取 6 mL 硫酸，缓慢加入约 80 mL 水中，冷却后用水稀释至 100 mL。

（6）氢氧化钠溶液　200 g/L。

（7）砷标准溶液。

①砷标准储备溶液：1 mg/mL。精确称取 0.660 g 三氧化砷（110℃，干燥 2 h），加 5 mL 氢氧化钠溶液（200 g/L）使之溶解，然后加入 25 mL 硫酸溶液（60 mL/L）中和，定容至 500 mL。此溶液每毫升含 1 mg 砷，于塑料瓶中冷贮。

②砷标准工作溶液：1 μg/mL。准确吸取 5 mL 砷标准储备溶液于 100 mL 容量瓶中，加水定容，此溶液含砷 50 μg/mL。

准确吸取 50 μg/mL 砷标准溶液 2 mL，于 100 mL 容量瓶中，加 1 mL 盐酸，加水定容，摇匀，此溶液每毫升相当于 1 μg 砷。

（8）盐酸溶液　$c(HCl)=1$ mol/L。量取 84 mL 浓盐酸，倒入适量水中，用水稀释到 1 L。

（9）盐酸溶液　$c(HCl)=3$ mol/L。量取 250 mL 浓盐酸，倒入适量水中，用水稀释到 1 L。

（10）硝酸镁溶液　150 g/L。称取 30 g 硝酸镁[Mg(NO₃)₂·6H₂O]溶于水中，并稀释至 200 mL。

（二）仪器准备

AFS-2100 全自动双道氢化物发生原子荧光光度计见图 9-7。

图 9-7　AFS-2100 全自动双道氢化物发生原子荧光光度计

（三）分析测定

1. 试料的处理

（1）盐酸溶样法　矿物元素饲料添加剂用盐酸溶样。称取试样 1～3 g（精确到 0.000 1 g）于 100 mL 高型烧杯中，加少许水湿润试样，慢慢滴加 10 mL 盐酸溶液（3 mol/L），待激烈反应过后，煮沸并转移到 50 mL 容量瓶中，向容量瓶中加入 2.5 mL 硫脲溶液（50 g/L），用水洗涤烧杯 3～4 次，洗液并入容量瓶中，用水定容，摇匀，待测。

同时于相同条件下做试剂空白实验。

（2）干灰化法　添加剂预混合饲料、浓缩饲料、配合饲料、单一饲料及饲料添加剂可选择干灰化法。

称取试样 2～5 g（精确到 0.000 1 g）于 30 mL 瓷坩埚中，加入 5 mL 硝酸镁溶液（150 g/L），混匀，于低温或沸水浴中蒸干，低温碳化至无烟后然后转入高温炉于 550℃恒温灰化 3.5～4 h。取出冷却，缓慢加入 10 mL 盐酸溶液（3 mol/L），待激烈反应过后，煮沸并转移到 50 mL 容量瓶中，向容量瓶中加入 2.5 mL 硫脲溶液（50 g/L），用水洗涤坩埚 3～4 次，洗液并入容量瓶中，用水定容，摇匀，待测。

同时于相同条件下做试剂空白实验。

2. 标准系列准备

准备吸取砷标准工作溶液（1 μg/mL）0、0.1、0.4、1、4、10 mL 于 50 mL 容量瓶中（各相当于砷浓度 0、2、8、20、80、200 ng/mL），各加 1.5 mL 浓盐酸，2.5 mL 硫脲溶液（50 g/L），加水至刻度，摇匀，待测。

3. 测定

(1)仪器参考条件

①光电倍增管电压:200~400 V;

②砷空心阴极灯电流:15~100 mA;

③原子化器温度:200℃;

④原子化器高度:8 mm;

⑤载气流量:300~600 mL/min;

⑥屏蔽气流量:800 mL/min;

⑦读数时间:7~15 s;

⑧延迟时间:1~1.5 s。

(2)测定方式　荧光强度或浓度直读。

(四)分析结果的计算与表达

(1)计算公式　试样中总砷含量 X,以质量分数(mg/kg)表示,按下式计算:

$$X = \frac{(A_1 - A_2) \times V_1 \times 1\,000}{m \times V_2 \times 1\,000}$$

式中:V_1 为试样消解液定容总体积,mL;V_2 为分取试液体积,mL;A_1 为测试液中含砷量,μg;A_2 为试剂空白液中含砷量,μg;m 为试样质量,g。

若样品中砷含量很高,可用下式计算:

$$X = \frac{(A_1 - A_3) \times V_1 \times V_3 \times 1\,000}{m \times V_2 \times V_4 \times 1\,000}$$

式中:V_1 为试样消解液定容总体积,mL;V_2 为分取试液体积,mL;V_3 为分取液再定容体积,mL;V_4 为测定时分取 V_3 的体积,mL;A_1 为测定用试液中含砷量,μg;A_3 为试剂空白液中含砷量,μg;m 为试样质量,g。

(2)结果表示　每个样品应做平行样,以其算术平均值为分析结果,结果表示到 0.01 mg/kg。当每千克试样中含砷量≥1 mg 时,结果取三位有效数字。

(3)允许差　在相同条件下获得分析结果的相对偏差不得超过15%。

四、任务小结

砷的测定中需要注意以下事项:

(1)三价砷生成 AsH_3,As^{5+} 必须预还原 As^{3+},放置时间>30 min

(2)介质　>2%H_2SO_4,国标法 5%。

(3)还原剂　10% KBH_4 或 $NaBH_4$,浓度大小有影响。

(4)共存离子干扰　6 倍的 Sb;20 倍的 Pb;30 倍的 Sn;200 倍的 Cu 和 Zn 以下浓度不干扰。用硫脲 50 g/L;硫脲+维生素 C 50 g/L。将 As^{5+} 转化成 As^{3+} 在 15℃室温放置时间>30 min。

(5)样品前处理　测总砷样消解至硫酸冒白烟,不可炭化。变黄补加硝酸;测无机砷样品粉碎过 80 目筛,用 HCl(1+1)保温提取,防粘壁,常振摇,至酸全部溶解样品。

(6)测定　无机砷测定时泡多,可用正辛醇消泡;测定注意系统误差,可样液与样品空白交替测定。

五、任务拓展

原子荧光光谱技术应用于饲料中其他矿物质元素的测定:

(1)原子荧光光谱用于饲料中汞的测定(参照 GB/T 13081—2006)

(2)原子荧光光谱用于饲料中硒的测定(参照 GB/T 13883—2008)

▶ 任务二　高效液相色谱技术用于饲料中组分的分析(选做) ◀

一、高效液相色谱技术基本知识

高效液相色谱是色谱法的一个重要分支,以液体为流动相,采用高压输液系统,将具有不同极性的单一溶剂或不同比例的混合溶剂、缓冲液等流动相泵入装有固定相的色谱柱,在柱内各成分被分离后,进入检测器进行检测,从而实现对试样的分析。

(一)高效液相色谱法的特点

总的来讲高效液相色谱法具有"三高一广一快"的特点:

1.高压

流动相为液体,流经色谱柱时,受到的阻力较大,为了能迅速通过色谱柱,必须对载液加高压。

2.高效

分离效能高。可选择固定相和流动相以达到最佳分离效果,比工业精馏塔和气相色谱的分离效能高出许多倍。

3.高灵敏度

紫外检测器可达 0.01 ng,进样量在微升(μL)数量级。

4.应用范围广

70%以上的有机化合物可用高效液相色谱分析,特别是高沸点、大分子、强极性、热稳定性差化合物的分离分析,显示出优势。

5.分析速度快、载液流速快

较经典液体色谱法速度快得多,通常分析一个样品在 15~30 min,有些样品甚至在 5 min 内即可完成,一般小于 1 h。

此外高效液相色谱还有色谱柱可反复使用、样品不被破坏、易回收等优点,但也有缺点。高效液相色谱的缺点是有"柱外效应"。在从进样到检测器之间,除了柱子以外的任何死空间(进样器、柱接头、连接管和检测池等)中,如果流动相的流型有变化,被分离物质的任何扩散和滞留都会显著地导致色谱峰的加宽,柱效率降低。高效液相色谱检测器的灵敏度不及气相色谱。

(二)色谱法的分离原理

1.液-液分配色谱法及化学键合相色谱

流动相和固定相都是液体。流动相与固定相之间应互不相溶(极性不同,避免固定液流失),有一个明显的分界面。当试样进入色谱柱,溶质在两相间进行分配。达到平衡时,服从于高效液相色谱计算公式。

液-液分配色谱法又包括正相液-液分配色谱法和反相液-液分配色谱法,前者流动相的极性小于固定液的极性。后者流动相的极性大于固定液的极性。

液-液分配色谱法的缺点:尽管流动相与固定相的极性要求完全不同,但固定液在流动相中仍有微量溶解;流动相通过色谱柱时的机械冲击力,会造成固定液流失。20 世纪 70 年代末发展的化学键合固定相,可克服上述缺点。现在应用很广泛(70%~80%)。

2.液-固色谱法

流动相为液体,固定相为吸附剂(如硅胶、氧化铝等)。这是根据物质吸附作用的不同来进行分离的。

其作用机制:当试样进入色谱柱时,溶质分子(X_m)和溶剂分子(S_a)对吸附剂表面活性中心发生竞争吸附(未进样时,所有的吸附剂活性中心吸附的是 S_a),可表示如下:

$$X_m + S_a \rightleftharpoons X_a + S_m$$

式中:X_m 为流动相中的溶质分子;S_a 为固定相中的溶剂分子;X_a 为固定相中的溶质分子;S_m 为流动相中的溶剂分子。

当吸附竞争反应达平衡时:

$$K = \frac{X_a \times S_m}{X_m \times S_a}$$

式中:K 为吸附平衡常数。

3.离子交换色谱法

离子交换色谱法是以离子交换剂作为固定相。IEC 是基于离子交换树脂上可电离的离子与流动相中具有相同电荷的溶质离子进行可逆交换,依据这些离子以交换剂具有不同的亲和力而将它们分离。以阴离子交换剂为例,其交换过程可表示如下:

$$X^-(溶剂中) + (树脂\text{-}R4N^+Cl^-) \rightleftharpoons (树脂\text{-}R4N^+X^-) + Cl^-(溶剂中)$$

当交换达平衡时:

$$K_x = [-R4N^+X^-][Cl^-]/[-R4N^+Cl^-][X^-]$$

分配系数为:

$$D_X = [-R4N^+X^-]/[X^-] = K_x[-R4N^+Cl^-]/[Cl^-]$$

凡是在溶剂中能够电离的物质通常都可以用离子交换色谱法来进行分离。

4. 离子对色谱法

离子对色谱法是将一种（或多种）与溶质分子电荷相反的离子（称为对离子或反离子）加到流动相或固定相中，使其与溶质离子结合形成疏水型离子对化合物，从而控制溶质离子的保留行为。其原理可用下式表示：

$$X^+_{水相} + Y^-_{水相} \longrightarrow XY_{有机相}$$

式中：$X^+_{水相}$ 为流动相中待分离的有机离子（也可是阳离子）；$Y^-_{水相}$ 为流动相中带相反电荷的离子对（如氢氧化四丁基铵、氢氧化十六烷基三甲铵等）；$XY_{有机相}$ 为形成的离子对化合物。

当达平衡时：

$$K_{XY} = [XY_{有机相}]/[X^+_{水相}][Y^-_{水相}]$$

根据定义，分配系数为：

$$D_{XY} = [XY_{有机相}]/[X^+_{水相}] = K_{XY}[Y^-_{水相}]$$

离子对色谱法（特别是反相）解决了以往难以分离的混合物的分离问题，诸如酸、碱和离子、非离子混合物，特别是一些生化试样如核酸、核苷、生物碱以及药物等分离。

5. 离子色谱法

用离子交换树脂为固定相，电解质溶液为流动相。以电导检测器为通用检测器，为消除流动相中强电解质背景离子对电导检测器的干扰设置了抑制柱。试样组分在分离柱和抑制柱上的反应原理与离子交换色谱法相同。以阴离子交换树脂（R-OH）作固定相，分离阴离子（如 Br^-）为例。当待测阴离子 Br^- 随流动相（NaOH）进入色谱柱时，发生如下交换反应（洗脱反应为交换反应的逆过程）：抑制柱上发生的反应：

$$R\text{-}H^+ + NaOH^- \Longleftrightarrow R\text{-}Na^+ + H_2O$$
$$R\text{-}H^+ + NaBr^- \Longleftrightarrow R\text{-}Na^+ + HBr^-$$

可见，通过抑制柱将洗脱液转变成了电导值很小的水，消除了本底电导的影响；试样阴离子 Br^- 则被转化成了相应的酸 HBr^-，可用电导法灵敏的检测。

离子色谱法是溶液中阴离子分析的最佳方法，也可用于阳离子分析。

6. 空间排阻色谱法

空间排阻色谱法以凝胶为固定相。它类似于分子筛的作用，但凝胶的孔径比分子筛要大得多，一般为数纳米到数百纳米。溶质在两相之间不是靠其相互作用力的不同来进行分离，而是按分子大小进行分离。分离只与凝胶的孔径分布和溶质的流动力学体积或分子大小有关。试样进入色谱柱后，随流动相在凝胶外部间隙以及孔穴旁流过。在试样中一些太大的分子不能进入胶孔而受到排阻，因此就直接通过柱子，首先在色谱图上出现，一些很小的分子可以进入所有胶孔并渗透到颗粒中，这些组分在柱上的保留值最大，在色谱图上最后出现。

（三）高效液相色谱仪的结构

高效液相色谱仪可分为"高压输液泵""色谱柱""进样器""检测器""馏分收集器"以及

"数据获取与处理系统"等部分。

1.高压输液泵

其作用是驱动流动相和样品通过色谱分离柱和检测系统。具体性能要求为流量稳定（±1），耐高压（30～60 Mpa），耐各种流动相：例如，有机溶剂、水和缓冲液。主要种类包括往复泵和隔膜泵。

2.色谱柱

其作用是分离样品中的各个物质。一般为 10～30 cm 长，2～5 mm 内径的内壁抛光的不锈钢管柱。其所用填料粒度为 5～10 μm 的高效微粒固定相。

3.进样器

其功能是将待分析样品引入色谱系统。

进样器的种类包括：①注射器，10 MPa 以下，1～10 μm 微量注射器进样；②停流进样；③阀进样，常用的进样器，体积可变，可固定；④自动进样器，有利于重复操作，实现自动化。

4.检测器

其功能是将被分析组在柱流出液中浓度的变化转化为光学或电学信号。

检测器的种类包括：①示差折光化学检测器；②紫外吸收检测器；③紫外-可见分光光度检测器；④二极管阵列紫外检测器；⑤荧光检测器；⑥电化学检测器。

5.馏分收集器

如果所进行的色谱分离不是为了纯粹的色谱分析，而是为了做其他波谱鉴定，或获取少量试验样品的小型制备，馏分收集是必要的。馏分收集的方法包括：①手工收集，少数几个馏分，手续麻烦，易出差错；②馏分收集器收集，比较理想，微机控制操作准确。

6.数据获取和处理系统

其作用是把检测器检测到的信号显示出来。

子任务一　高效液相色谱技术用于饲料中维生素 E 含量的测定

维生素 E 是动物必需的脂溶性维生素之一，其在饲料中的含量很小，因而通过一般的方法测定结果灵敏度低、误差较大，本任务参照 GB/T 17812—2008 进行饲料中维生素 E 含量的测定。

一、任务描述

假设你是某预混料厂化验室化验员，现要求你利用高效液相色谱技术测定维生素预混合饲料中维生素 E（DL-α-生育酚）的含量。根据任务要求，搜集完成任务所需的知识与技能要求，并制定相应计划。

二、任务相关知识

(一)高效液相色谱技术测定饲料中维生素 E 含量的适用范围

本方法适用于配合饲料、浓缩饲料、复合预混合饲料、维生素预混合饲料中维生素 E（DL-α-生育酚）的测定，定量限为 1 mg/kg。

(二)高效液相色谱技术测定饲料中维生素 E 含量的原理

用碱溶液皂化试验样品,使试样中天然生育酚释放出来,添加的 DL-α-生育酚乙酸酯转化为游离的 DL-α-生育酚,乙醚提取,蒸发乙醚,用正己烷溶解残渣。试液注入高效液相色谱柱,用紫外检测器在 280 nm 处测定,外标法计算维生素 E(DL-α-生育酚)含量。

三、任务实施

(一)试样采集与制备

按照 GB/T 14699.1 的规定执行。按照 GB/T 20195 制备试样,磨碎,全部通过 0.28 mm 孔筛,混匀,装入密闭容器中,避光低温保存备用。

(二)试剂和溶液配制

本方法所用试剂均为分析纯,水符合 GB/T 6682 中三级用水规定,色谱用水符合 GB/T 6682 中一级用水规定,溶液按照 GB/T 603 配制。

(1)碘化钾溶液　100 g/L。

(2)淀粉指示液　5 g/L。

(3)硫代硫酸钠溶液　50 g/L。

(4)无水乙醚　不含过氧化物。

①过氧化物检查方法:用 5 mL 乙醚加 1 mL 碘化钾溶液,振摇 1 min,如有过氧化物则放出游离碘,水层呈黄色,或加淀粉指示液,水层呈蓝色。该乙醚需处理后使用。

②去除过氧化物的方法:乙醚用硫代硫酸钠振摇,静置,分取乙醚层,再用蒸馏水振摇,洗涤两次,重蒸,弃去首尾 5% 部分,收集馏出的乙醚,再检查过氧化物,应符合规定。

(5)无水乙醇。

(6)正己烷　色谱纯。

(7)1,4-二氧六环。

(8)甲醇　色谱纯。

(9)2,6-二叔丁基对甲酚(BHT)。

(10)无水硫酸钠。

(11)氢氧化钾溶液　500 g/L。

(12)L-抗坏血酸乙醇溶液　5 g/L。取 0.5 g L-抗坏血酸结晶纯品溶解于 4 mL 温热的蒸馏水中,用无水乙醇稀释至 100 mL,临用前配制。

(13)维生素 E(DL-α-生育酚)对照品　DL-α-生育酚含量≥99%。

(14)DL-α-生育酚标准贮备液　称取 DL-α-生育酚对照品 100 mg(精确至 0.000 01 g)于 100 mL 棕色容量瓶中,用正己烷溶解并稀释至刻度,混合,4℃保存。该贮备液浓度为 1 mg/mL。

(15)DL-α-生育酚标准工作液　准确吸取 DL-α-生育酚标准贮备液,用正己烷按 1:20 比例稀释。若用反相色谱测定,将 1 mL DL-α-生育酚标准贮备液置于 10 mL 棕色容量瓶中,用氮气吹干,用甲醇稀释至刻度,混匀,再按比例稀释,配制工作液浓度为 50 μg/mL。

(16)酚酞指示剂乙醇溶液　10 g/L。

(17)氮气(纯度 99.9%)。

(三)仪器和设备

(1)分析天平:感量分别为 0.000 1 g、0.000 01 g。

(2)圆底烧瓶:带回流冷凝器。

(3)恒温水浴或电热套。

(4)旋转蒸发器(图 9-8)。

(5)超纯水器。

(6)高效液相色谱仪:带紫外可调波长检测器(或二极管矩阵检测器)(图 9-9)。

图 9-8　旋转蒸发器

图 9-9　安捷伦 1100 高效液相色谱仪

(四)分析测定

警告:要求在通风柜内操作。

1.试样溶液的制备

(1)皂化　称取试样维生素预混料或复合预混料 1～5 g,精确至 0.000 1 g(配合饲料或浓缩饲料 10 g,精确至 0.001 g)。将试样置入 250 mL 圆底烧瓶中,加 50 mL L-抗坏血酸乙醇溶液,使试样完全分散、浸湿,置于水浴上加热直到沸点,用氮气吹洗稍冷却,加 10 mL 氢氧化钾溶液,混合均匀,在氮气流下沸腾皂化回流 30 min,不时振荡防止试样黏附在瓶壁上,皂化结束,分别用 5 mL 无水乙醇、5 mL 水自冷凝管顶端冲洗其内部,取出烧瓶冷却至约 40℃。

(2)提取　定量的转移全部皂化液于盛有 100 mL 无水乙醚的 500 mL 分液漏斗中,用 30～50 mL 蒸馏水分 2～3 次冲洗圆底烧瓶并入分液漏斗,加盖、放气,随后混合,激烈振荡 2 min,静置、分层。转移水相于第二个分液漏斗中,分次用 100、60 mL 乙醚重复提取两次,弃去水相,合并三次乙醚相。用蒸馏水每次 100 mL 洗涤乙醚提取液至中性,初次水洗时轻轻旋摇,防止乳化。乙醚提取液通过无水硫酸钠脱水,转移到 250 mL 棕色容量瓶中,加 100 mg BHT 使之溶解,用乙醚定容至刻度(V_1)。

(3)浓缩　从乙醚提取液(V_1)中分取一定体积(V_2)(依据样品标示量、称样量和提取液量确定分取量)置于旋转蒸发器烧瓶中,在部分真空、水浴温度约 50℃ 的条件下蒸发至干或用氮气吹干。残渣用正己烷溶解(反相色谱用甲醇溶解),并稀释至 10 mL(V_3)使获得的溶液中每毫升含维生素 E(DL-α-生育酚)50～100 μg,离心或通过 0.45 μm 过滤膜过滤,用于高效液相色谱仪分析。

2.测定

(1)色谱条件

①正相色谱:色谱柱:硅胶 Lichrosorb Si60,长 125 mm,内径 4.6 mm,粒度 5 μm;流动相:正己烷+1,4-二氧六环=97+3;流速:1.0 mL/min;温度:室温;进样量:20 μL;检测器:紫外可调波长检测器(或二极管矩阵检测器),检测波长 280 nm。

②反相色谱:色谱柱:C18 型柱,长 125 mm,内径 4.6 mm,粒度 5 μm;流动相:甲醇+水=95+5;流速:1.0 mL/min;温度:室温;进样量:20 μL;检测器:紫外可调波长检测器(或二极管矩阵检测器),检测波长 280 nm。

(2)定量测定 按高效液相色谱仪说明书调整仪器操作参数,向色谱柱注入相应的维生素 E(DL-α-生育酚)标准工作液和试样溶液,得到色谱峰面积响应值,用外标法定量测定。

(3)结果计算

①试样中维生素 E 的含量(X_1),以质量分数[国际单位(或毫克)每千克(IU 或 mg/kg)]表示,按下式计算。

$$X_1 = \frac{P_1 \times V_1 \times V_3 \times \rho_1}{P_2 \times m_1 \times V_2 \times f_1}$$

式中:P_1 为试样溶液峰面积值;V_1 为提取液的总体积,mL;V_3 为试样溶液最终体积,mL;ρ_1 为标准工作液浓度,μg/mL;P_2 为标准工作液峰面积;m_1 为试样质量,g;V_2 为从提取液(V_1)中分取的溶液体积,mL;f_1 为转换系数,1 IU 维生素 E 相当于 0.909 mg DL-α-生育酚,或 1.0 mg DL-α-生育酚乙酸酯。

②平行测定结果用算术平均值表示,保留三位有效数字。

③重复性:同一分析者对同一试样同时两次平行测定所得结果的相对偏差见表 9-3。

表 9-3 平行试样相对偏差要求

DL-α-生育酚含量/(mg/kg)	相对偏差/%	DL-α-生育酚含量/(mg/kg)	相对偏差/%
1~10	±20	≥10	±10

四、任务小结

高效液相色谱法测定饲料中维生素 E 含量具有灵敏度高、误差小等优点。

五、任务拓展

饲料中应用高效液相色谱分析的其他维生素及检测方法

(1)饲料中维生素 A 的测定 高效液相色谱法 GB/T 17817—2010。

(2)饲料中维生素 D_3 的测定 高效液相色谱法 GB/T 17818—2010。

(3)维生素预混料中维生素 B_{12} 的测定 高效液相色谱法 GB/T 17819—2017。

(4)复合预混料中烟酸、叶酸的测定 高效液相色谱法 GB/T 17813—1999。

(5)复合预混合饲料中泛酸的测定 高效液相色谱法 GB/T 18397—2014。

(6)饲料中维生素 K_3 的测定 高效液相色谱法 GB/T 18872—2017。

(7)饲料中维生素 B_6 的测定 高效液相色谱法 GB/T 14702—2002。

(8)饲料中 L-抗坏血酸-2-磷酸酯的测定 高效液相色谱法 GB/T 23882—2009。

子任务二 高效液相色谱技术用于饲料中三聚氰胺的测定

三聚氰胺,化学式为 $C_3H_6N_6$,俗称密胺、蛋白精,是一种三嗪类含氮杂环有机化合物,被用作化工原料。它是白色单斜晶体,几乎无味,微溶于水(常温 3.1 g/L)。由于三聚氰胺中氮的含量较高,少量添加于饲料中即会大幅度提高饲料中的含氮量,使得粗蛋白质测定结果远高于未添加前。因而三聚氰胺常被不法分子添加到饲料中以提高饲料中的粗蛋白质含量。但由于其对身体有害,我国规定禁止在饲料、食品加工或食品中添加。本任务参照 NY/T 1372—2007 进行饲料中三聚氰胺的测定。

一、任务描述

假设你是某饲料检测中心的检测人员,现要求你对采集的某饲料厂的鱼用配合饲料样品进行三聚氰胺的测定。根据任务要求,搜集完成任务所需的知识与技能要求,并制定相应计划。

二、任务相关知识

(一)范围

本方法适用于配合饲料、浓缩饲料、添加剂预混合饲料、植物性蛋白饲料、宠物饲料(干粮、罐头)中三聚氰胺的测定。使用高效液相色谱法最低定量限为 2 mg/kg。

(二)原理

试样中的三聚氰胺用三氯乙酸溶液提取,提取液离心后经混合型离子交换固相萃取柱净化,洗脱物吹干后用甲醇溶液溶解,用高效液相色谱仪进行测定。

(三)三聚氰胺标准图谱

1. 三聚氰胺标准色谱图见图 9-10。

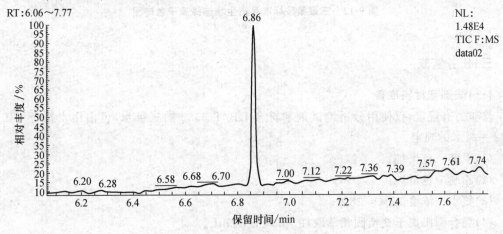

图 9-10 三聚氰胺标准色谱图

2.三聚氰胺标准紫外光谱图见图 9-11。

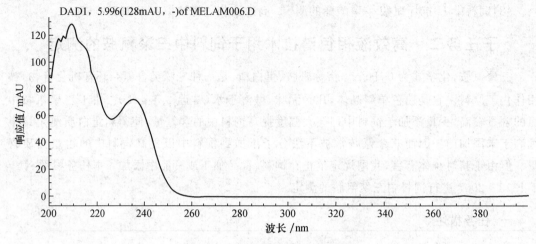

图 9-11　三聚氰胺标准紫外光谱图

3.三聚氰胺标准品衍生物选择离子色谱图见图 9-12。

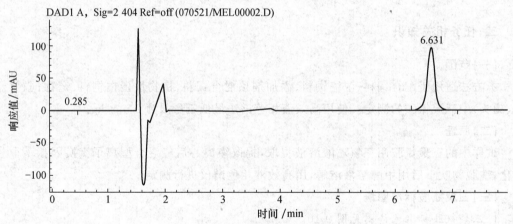

图 9-12　三聚氰胺标准品衍生物选择离子色谱图

三、任务实施

(一)试剂与材料准备

除非另有规定,仅使用分析纯试剂和符合 GB/T 6682 的三级水,色谱用水符合 GB/T 6682 一级水的规定。

(1)甲醇　色谱纯。

(2)乙腈　色谱纯。

(3)氨水　浓度 25%～28%。

(4)混合型阳离子交换固相萃取柱　60 mg,3 mL。

(5)三氯乙酸溶液 10 g/L　称取 10 g 三氯乙酸加水至 1 000 mL。

(6)氨水甲醇溶液　量取 5 mL 氨水,溶解于 100 mL 甲醇中。

(7)乙酸铅溶液 22 g/L　取 22 g 乙酸铅用约 300 mL 水溶解后定容至 1 L。

(8)滤膜　0.45 μm,有机相。

(9)甲醇溶液　200 mL 甲醇加入 800 mL 一级水,混匀。

(10)流动相　称取 2.02 g 庚烷磺酸钠和 2.10 g 柠檬酸于 1 L 容量瓶中,用水溶解并稀释至刻度。取该溶液 900 mL 加入 100 mL 乙腈。

(11)三聚氰胺标准品(纯度＞99%)。

(12)三聚氰胺标准溶液。

①标准贮备液:称取 100 mg(精确到 0.1 mg)的三聚氰胺标准品,用(9)甲醇溶液溶解并定容于 100 mL 容量瓶中,该溶液浓度为 1 mg/mL,于 4℃冰箱内贮存,有效期 3 个月。

②标准中间液:吸取标准储备液 5 mL,于 50 mL 容量瓶内,用(9)甲醇溶液定容至 50 mL,该溶液三聚氰胺浓度为 100 μg/mL,于 4℃冰箱内贮存,有效期 1 个月。

③标准工作液:用移液管分别移取标准中间液 1、5、10、25、50 mL 于 5 个 100 mL 容量瓶内,用(9)甲醇溶液定容,该溶液三聚氰胺浓度为 1、5、10、25、50 μg/mL。于 4℃冰箱内贮存,有效期 1 周。

(二)仪器设备准备

(1)高效液相色谱仪,配有二极管阵列检测器或紫外检测器。

(2)离心机　10 000 r/min。

(3)涡旋混合器。

(4)超声波清洗器。

(5)氮吹仪,可控温至 60℃。

(6)固相萃取装置。

(7)高速匀质器。

(8)索氏提取器。

(9)振荡摇床。

(三)测定

1.提取

(1)配合饲料、浓缩饲料、添加剂预混合饲料、植物性蛋白饲料和宠物饲料(干粮)中三聚氰胺的提取。称取 5 g 试样(精确至 0.01 g),准确加入 50 mL 三氯乙酸溶液,加入 2 mL 乙酸铅溶液。摇匀,超声提取 20 min。静止 2 min,取上层提取液约 30 mL 转入离心管,在 10 000 r/min 离心机上离心 5 min。

(2)宠物饲料(罐头)中三聚氰胺的提取。称取 5 g 试样(精确至 0.01 g),加入 50 mL 乙醚,摇床上 120 r/min 振荡 1 h,弃去乙醚,再加入 50 mL 乙醚,摇床上 120 r/min 振荡 1 h,弃去乙醚,其余步骤同(1)。

2.净化

分别用 3 mL 甲醇,3 mL 水活化混合型阳离子交换固相萃取柱,准确移取 10 mL 离心液分次上柱,控制过柱速度在 1 mL/min 以内。再用 3 mL 水和 3 mL 甲醇洗涤混合型阳离子交换固相萃取柱,抽近干后用氨水甲醇溶液 3 mL 洗脱。洗脱液 50℃ 氮气吹干,准确加入甲醇溶液,涡旋振荡 1 min,过 0.45 μm 滤膜,上机测定。

3. 液相色谱条件

(1)色谱柱　C$_8$ 柱,柱长 150mm,内径 4.6mm,粒度 5 μm;或性能相当的色谱柱。

(2)柱温　室温。

(3)流动相流速　1 mL/min。

(4)检测波长　240 nm。

4. 测定

按照保留时间进行定性,试产与标准品保留时间的相对偏差不大于 2%,单点或多点校正外标法定量,待测样液中三聚氰胺的响应值应在工作曲线范围内。

5. 结果计算和表述

(1)试样中三聚氰胺的含量 X,以质量分数 mg/kg 表示,单点校正按下式计算:

$$X = \frac{A \times C_S \times V}{A_S \times m} \times n$$

式中:V 为净化后加入的甲醇溶液体积,mL;A_S 为三聚氰胺标准溶液对应的色谱峰面积响应值;A 为试样溶液对应的色谱峰面积响应值;C_S 为三聚氰胺标准溶液的浓度,μg/mL;m 为试样质量,g;n 为稀释倍数。

多点校正按下式计算:

$$X = \frac{C_x \times V}{m} \times n$$

式中:V 为净化后加入的甲醇溶液体积,mL;C_x 为标准曲线上查得的试样中三聚氰胺的浓度,μg/mL;m 为试样质量,g;n 为稀释倍数。

(2)结果表示　平行测定结果用算术平均值表示,结果保留三位有效数字。

(3)重复性　在同一实验室由同一操作人员使用同一仪器完成的两个平行测定的相对偏差不大于 10%。

四、任务小结

三聚氰胺属于国家禁用于饲料中的组分,但由于包装材料等中会含有三聚氰胺,因而联合国负责食品安全标准的机构国际食品法典委员会已设立食品中三聚氰胺的允许含量标准规定,动物饲料中的三聚氰胺含量不能超过 2.5 mg/kg。我国农业部的饲料标准 NY/T 1372—2007 规定三聚氰胺最低定量检出限为 2 mg/kg。

五、任务拓展

农业部公布的 176 号、193 号、1519 号公告中所规定的 82 种禁止在饲料、动物饮水和畜禽水产养殖过程中添加的违禁物质和药物。所有违禁物质和药物禁用动物均为所有食品动物,具体见表 9-4。部分违禁止物质和药物的测定可参照我国发布的检测方法标准。

表 9-4　农业部公布的禁止在饲料、动物饮水和畜禽养殖过程中添加的违禁物质和药物

序号	禁用药物和物质名称	序号	禁用药物和物质名称
1	盐酸克仑特罗	42	去甲雄三烯醇酮
2	沙丁胺醇	43	醋酸甲孕酮及制剂
3	硫酸沙丁胺醇	44	氯霉素及其盐、酯(包括:琥珀氯霉素)及制剂
4	莱克多巴胺	45	氨苯砜及制剂
5	盐酸多巴胺	46	呋喃唑酮
6	西马特罗及其盐、酯及制剂	47	呋喃它酮
7	硫酸特布他林	48	呋喃苯烯酸钠及制剂
8	己烯雌酚	49	硝基酚钠
9	雌二醇	50	硝呋烯腙及制剂
10	戊酸雌二醇及其盐、酯及制剂	51	催眠、镇静类:安眠酮及制剂
11	苯甲酸雌二醇	52	林丹(丙体六六六)
12	氯烯雌醚	53	毒杀芬(氯化烯)
13	炔诺醇	54	呋喃丹(克百威)
14	炔诺醚	55	杀虫脒(克死螨)
15	醋酸氯地孕酮	56	双甲脒
16	左炔诺孕酮	57	酒石酸锑钾
17	炔诺酮	58	锥虫肿胺
18	绒毛膜促性腺激素(绒促性素)	59	孔雀石绿
19	促卵泡生长激素(尿促性素主要含卵泡刺激 FSHT 和黄体生成素 LH)	60	五氯酚酸钠
20	碘化酪蛋白	61	氯化亚汞(甘汞)
21	苯丙酸诺龙及苯丙酸诺龙注射液	62	硝酸亚汞
22	(盐酸)氯丙嗪	63	醋酸汞
23	盐酸异丙嗪	64	吡啶基醋酸汞
24	安定(地西泮)	65	甲基睾丸酮
25	苯巴比妥	66	丙酸睾酮
26	苯巴比妥钠	67	苯甲酸雌二醇及其盐、酯及制剂
27	巴比妥	68	氯丙嗪
28	异戊巴比妥	69	地西泮(安定)及其盐、酯及制剂
29	异戊巴比妥钠	70	甲硝唑
30	利血平	71	地美硝唑及其盐、酯及制剂
31	艾司唑仑	72	苯乙醇胺 A
32	甲丙氨脂	73	班布特罗
33	咪达唑仑	74	盐酸齐帕特罗
34	硝西泮	75	盐酸氯丙那林
35	奥沙西泮	76	马布特罗
36	匹莫林	77	西布特罗
37	三唑仑	78	溴布特罗
38	唑吡旦	79	酒石酸阿福特罗
39	其他国家管制的精神药品	80	富马酸福莫特罗
40	抗生素滤渣	81	盐酸可乐定
41	玉米赤霉醇	82	盐酸赛庚啶

注:食品动物是指各种供人食用或其产品供人食用的动物。

▶▶ 任务三　离子交换树脂法用于饲料中
氨基酸的自动分析(选做) ◀◀

　　氨基酸是构成蛋白质的基本单位,由于构成蛋白质的氨基酸的数量、种类和排列顺序不同而形成了各种各样的蛋白质,因此,可以说蛋白质的营养实际是氨基酸的营养。蛋白质与氨基酸在生命过程中起着相当重要的作用,涉及动物代谢的大部分以及与生命攸关的多种化学反应。

　　由于天然饲料中氨基酸的差异较大,使用氨基酸添加剂,可平衡或补足畜禽生产所需要的氨基酸,从而保证配合饲料中各种氨基酸有足够的数量和适合的比例。添加氨基酸已作为提高饲料蛋白质利用率的有效手段。因此,氨基酸的测定在动物饲养、营养生理、蛋白质代谢、理想蛋白质模型的研究以及生产实践中都有重要意义。

　　通过分析饲料中氨基酸成分及含量,检测蛋白质质量,探讨饲料对动物机体氨基酸变化影响规律,才能在饲料中更加合理地添加某些必需氨基酸,确保饲料品质。本任务参照 GB/T 18246—2000 进行饲料中氨基酸的分析。本方法适用于配合饲料、浓缩饲料、添加剂预混料、单一饲料和预混料中氨基酸总量和添加游离氨基酸的测定。

　　酸、碱水解法适用于含动、植物蛋白质的单一饲料、配合饲料、浓缩饲料和预混料中氨基酸总量的测定。酸水解法不能测定色氨酸,其中常规水解法适用于测定除含硫氨基酸(胱氨酸和蛋氨酸等)以外的蛋白质水解氨基酸;氧化水解法在以偏重亚硫酸钠为氧化终止剂时,适用于测定除酪氨酸以外的蛋白水解氨基酸,在以氢溴酸为终止剂时,适用于测定除酪氨酸、苯丙氨酸和组氨酸以外的蛋白水解氨基酸。碱水解法只适用于色氨酸的测定。

　　酸提取法适于配合饲料、预混料和浓缩饲料中添加氨基酸,主要是赖氨酸、蛋氨酸含量的测定,也可用于苏氨酸等其他添加(游离)氨基酸含量的测定。

一、任务描述

　　假设你是某饲料检测中心的检测人员,现要求你应用氨基酸自动分析仪对猪用配合饲料中的氨基酸含量进行分析。根据任务要求,搜集完成任务所需的知识与技能要求,并制定相应计划。

二、任务相关知识

(一)离子交换树脂

1. 离子交换树脂的原理及分类

离子交换树脂是一类具有离子交换功能、网状结构、不溶性的高分子化合物。在溶液中它能将本身的离子与溶液中的同号离子进行交换。

离子交换树脂品种很多,因其原料,制法和用途不同,分类方法各异。主要分类方法如下:

（1）按功能基类别（交换基团性质）分类

①强酸性阳离子树脂：这类树脂含有大量的强酸性基团，如磺酸基（—SO_3H），容易在溶液中离解出 H^+，故呈强酸性。树脂离解后，本体所含的负电基团，如 SO^{3-}，能吸附结合溶液中的其他阳离子。这两个反应使树脂中的 H^+ 与溶液中的阳离子互相交换。其结构式可简单表示为 $R—SO_3H$，式中 R 代表树脂母体，其交换原理为：

$$2R—SO_3H+Ca^{2+} \longrightarrow (R—SO_3)_2Ca+2H^+$$

强酸性树脂的离解能力很强，在酸性或碱性溶液中均能离解和产生离子交换作用。

②弱酸性阳离子树脂：这类树脂含弱酸性基团，如羧基（—COOH），能在水中离解出 H^+ 而呈酸性。树脂离解后余下的负电基团，如 $R—COO—$（R 为碳氢基团），能与溶液中的其他阳离子吸附结合，从而产生阳离子交换作用。这种树脂的酸性即离解性较弱，在低 pH 下难以离解和进行离子交换，只能在碱性、中性或微酸性溶液中（如 pH 5～14）起作用。

③强碱性阴离子树脂：这类树脂含有强碱性基团，如季胺基（亦称四级胺基）—NR_3OH（R 为碳氢基团），能在水中离解出 OH^- 而呈强碱性。这种树脂的正电基团能与溶液中的阴离子吸附结合，从而产生阴离子交换作用。其交换原理为

$$R—N(CH_3)_3OH+Cl—R \longrightarrow N(CH_3)_3Cl+OH^-$$

这种树脂的离解性很强，在不同 pH 下都能正常工作。

④弱碱性阳离子树脂：这类树脂含有弱碱性基团，如伯胺基（亦称一级胺基）—NH_2、仲胺基（二级胺基）—NHR、或叔胺基（三级胺基）—NR_2，它们在水中能离解出 OH^- 而呈弱碱性。这种树脂的正电基团能与溶液中的阴离子吸附结合，从而产生阴离子交换作用。这种树脂在多数情况下是将溶液中的整个其他酸分子吸附。它只能在中性或酸性条件（如 pH 1～9）下工作。

由于离子交换作用是可逆的，因此用过的离子交换树脂一般用适当浓度的无机酸或碱进行洗涤，可恢复到原状态而重复使用，这一过程称为再生。阳离子交换树脂可用稀盐酸、稀硫酸等溶液淋洗；阴离子交换树脂可用氢氧化钠等溶液处理，进行再生。

（2）按结构类型进行分类

①凝胶型树脂：包括均孔树脂及多次聚合的某些树脂。

②大孔型树脂：凝胶型树脂和大孔型树脂的区别在于前者无物理孔，后者有物理孔。

（3）按聚合物单体分类

苯乙烯系树脂；丙烯酸系树脂；酚醛系树脂；环氧系树脂；乙烯吡啶系树脂。

2.离子交换树脂基体的组成

离子交换树脂的基体，制造原料主要有苯乙烯和丙烯酸（酯）两大类，它们分别与交联剂二乙烯苯产生聚合反应，形成具有长分子主链及交联横链的网络骨架结构的聚合物。苯乙烯系树脂是先使用的，丙烯酸系树脂则用得较后。

这两类树脂的吸附性能都很好，但有不同特点。丙烯酸系树脂能交换吸附大多数离子型色素，脱色容量大，而且吸附物较易洗脱便于再生，在糖厂中可用作主要的脱色树脂。苯

乙烯系树脂擅长吸附芳香族物质,善于吸附糖汁中的多酚类色素(包括带负电的或不带电的);但在再生时较难洗脱。因此,糖液先用丙烯酸树脂进行粗脱色,再用苯乙烯树脂进行精脱色,可充分发挥两者的长处。

树脂的交联度,即树脂基体聚合时所用二乙烯苯的百分数,对树脂的性质有很大影响。通常,交联度高的树脂聚合得比较紧密,坚牢而耐用,密度较高,内部空隙较少,对离子的选择性较强;而交联度低的树脂孔隙较大,脱色能力较强,反应速度较快,但在工作时的膨胀性较大,机械强度稍低,比较脆而易碎。工业应用的离子树脂的交联度一般不低于 4%;用于脱色的树脂的交联度一般不高于 8%;单纯用于吸附无机离子的树脂,其交联度可较高。

除上述苯乙烯系和丙烯酸系这两大系列以外,离子交换树脂还可由其他有机单体聚合制成。如酚醛系、环氧系、乙烯吡啶系、脲醛系等。

3. 离子交换树脂的化学结构

组成离子交换树脂的元素,一般是碳、氢、氧、氮、硫。其组分单元是高聚物骨架,连接在骨架上的功能基和功能基中可交换的离子。离子交换树脂是一种不溶于酸、碱溶液,有机溶剂的高分子化合物。它有高度的物理、化学稳定性。其高聚物骨架是一种立体的多维网状结构,高分子链之间相互链接并缠结,在高分子链上接有各种功能基,这种功能基或者带有电荷或者带有自由电子对。带电荷的功能基结合有带相反电荷的离子,这种离子成为反离子,它可以和外界带有同种电荷的离子相互交换。不同电荷仅有自由电子对的功能基通过自由电子对结合极性分子,离子和离子化合物。

功能基连接在骨架上不能自由移动,反离子和功能基之间的连接类似与电解质内部的连接或极性分子与电解质之间的连接,因此在一定条件下可以发生解离或解吸。这一结构决定了树脂的离子交换性能。

4. 离子交换树脂的物理结构

离子树脂常分为凝胶型和大孔型两类。

凝胶型树脂的高分子骨架,在干燥的情况下内部没有毛细孔。它在吸水时润胀,在大分子链节间形成很微细的孔隙,通常称为显微孔。湿润树脂的平均孔径为 $2\sim4$ nm($2\times10^{-6}\sim4\times10^{-6}$ mm)。这类树脂较适合用于吸附无机离子,它们的直径较小,一般为 $0.3\sim0.6$ nm。这类树脂不能吸附大分子有机物质,因后者的尺寸较大,如蛋白质分子直径为 $5\sim20$ nm,不能进入这类树脂的显微孔隙中。

大孔型树脂是在聚合反应时加入致孔剂,形成多孔海绵状构造的骨架,内部有大量永久性的微孔,再导入交换基团制成。它并存有微细孔和大网孔,润湿树脂的孔径达 $100\sim500$ nm,其大小和数量都可以在制造时控制。孔道的表面积可以增大到超过 $1\,000$ m^2/g。大孔树脂内部的孔隙又多又大,表面积很大,活性中心多,离子扩散速度快,离子交换速度也快很多,比凝胶型树脂快约 10 倍。使用时作用快、效率高,所需处理时间缩短。大孔树脂还有多种优点:耐溶胀、不易碎裂、耐氧化、耐磨损、耐热及耐温度变化,以及对有机大分子物质较易吸附和交换,因而抗污染力强,并较容易再生。

5. 离子交换树脂的离子交换容量

离子交换树脂进行离子交换反应的性能,表现在它的"离子交换容量",即每克干树脂或每毫升湿树脂所能交换的离子的毫克当量数，meq/g（干）或 meq/mL（湿）；当离子为一价时，毫克当量数即是毫克分子数（对二价或多价离子，前者为后者乘离子价数）。它又有"总交换容量""工作交换容量"和"再生交换容量"3 种表示方式。

（1）总交换容量　表示每单位数量（重量或体积）树脂能进行离子交换反应的化学基团的总量。

（2）工作交换容量　表示树脂在某一定条件下的离子交换能力，它与树脂种类和总交换容量，以及具体工作条件，如溶液的组成、流速、温度等因素有关。

（3）再生交换容量　表示在一定的再生剂量条件下所取得的再生树脂的交换容量，表明树脂中原有化学基团再生复原的程度。

通常，再生交换容量为总交换容量的 $50\%\sim90\%$（一般控制 $70\%\sim80\%$），而工作交换容量为再生交换容量的 $30\%\sim90\%$（对再生树脂而言），后一比率亦称为树脂的利用率。在实际使用中，离子交换树脂的交换容量包括了吸附容量，但后者所占的比例因树脂结构不同而异。现仍未能分别进行计算，在具体设计中，需凭经验数据进行修正，并在实际运行时复核之。

离子树脂交换容量的测定一般以无机离子进行。这些离子尺寸较小，能自由扩散到树脂体内，与它内部的全部交换基团起反应。而在实际应用时，溶液中常含有高分子有机物，它们的尺寸较大，难以进入树脂的显微孔中，因而实际的交换容量会低于用无机离子测出的数值。这种情况与树脂的类型、孔的结构尺寸及所处理的物质有关。

6.离子交换树脂的吸附选择性

离子交换树脂对溶液中的不同离子有不同的亲和力，对它们的吸附有选择性。各种离子受树脂交换吸附作用的强弱程度有一般的规律，但不同的树脂可能略有差异。主要规律如下：

（1）对阳离子的吸附　高价离子通常被优先吸附，而低价离子的吸附较弱。在同价的同类离子中，直径较大的离子的被吸附较强。一些阳离子被吸附的顺序如下：

$$Fe^{3+} > Al^{3+} > Pb^{2+} > Ca^{2+} > Mg^{2+} > K^+ > Na^+ > H^+$$

（2）对阴离子的吸附

①强碱性阴离子树脂对无机酸根吸附的一般顺序为：

$$SO_4^{2-} > NO^{3-} > Cl^- > HCO^{3-} > OH^-$$

②弱碱性阴离子树脂对阴离子吸附的一般顺序如下：

$OH^- >$ 柠檬酸根$^{3-} > SO_4^{2-} >$ 酒石酸根$^{2-} >$ 草酸根$^{2-} > PO_4^{3-} > NO^{2-} > Cl^- >$ 醋酸根$^- > HCO^{3-}$

（3）对有色物的吸附　糖液脱色常使用强碱性阴离子树脂，它对拟黑色素（还原糖与氨基酸反应产物）和还原糖的碱性分解产物的吸附较强，而对焦糖色素的吸附较弱。这被认为是由于前两者通常带负电，而焦糖的电荷很弱。

通常,交联度高的树脂对离子的选择性较强,大孔结构树脂的选择性小于凝胶型树脂。这种选择性在稀溶液中较大,在浓溶液中较小。

7. 离子交换树脂的物理性质

离子交换树脂的颗粒尺寸和有关的物理性质对它的工作和性能有很大影响。

(1)树脂颗粒尺寸　离子交换树脂通常制成珠状的小颗粒,它的尺寸也很重要。树脂颗粒较细者,反应速度较大,但细颗粒对液体通过的阻力较大,需要较高的工作压力;特别是浓糖液黏度高,这种影响更显著。因此,树脂颗粒的大小应选择适当。如果树脂粒径在 0.2 mm(约为 70 目)以下,会明显增大流体通过的阻力,降低流量和生产能力。

树脂颗粒大小的测定通常用湿筛法,将树脂在充分吸水膨胀后进行筛分,累计其在 20、30、40、50 目……筛网上的留存量,以 90% 粒子可以通过其相对应的筛孔直径,称为树脂的"有效粒径"。多数通用的树脂产品的有效粒径为 0.4～0.6 mm。

树脂颗粒是否均匀以均匀系数表示。它是在测定树脂的"有效粒径"坐标图上取累计留存量为 40% 粒子,相对应的筛孔直径与有效粒径的比例。如一种树脂(IR-120)的有效粒径为 0.4～0.6 mm,它在 20 目筛、30 目筛及 40 目筛上留存粒子分别为:18.3%、41.1% 及 31.3%,则计算得均匀系数为 2.0。

(2)树脂的密度　树脂在干燥时的密度称为真密度。湿树脂每单位体积(连颗粒间空隙)的重量称为视密度。树脂的密度与它的交联度和交换基团的性质有关。通常,交联度高的树脂的密度较高,强酸性或强碱性树脂的密度高于弱酸或弱碱性者,而大孔型树脂的密度则较低。

(3)树脂的溶解性　离子交换树脂应为不溶性物质。但树脂在合成过程中夹杂的聚合度较低的物质,及树脂分解生成的物质,会在工作运行时溶解出来。交联度较低和含活性基团多的树脂,溶解倾向较大。

(4)膨胀度　离子交换树脂含有大量亲水基团,与水接触即吸水膨胀。当树脂中的离子变换时,如阳离子树脂由 H^+ 转为 Na^+,阴离子树脂由 Cl^- 转为 OH^-,都因离子直径增大而发生膨胀,增大树脂的体积。通常,交联度低的树脂的膨胀度较大。在设计离子交换装置时,必须考虑树脂的膨胀度,以适应生产运行时树脂中的离子转换发生的树脂体积变化。

(5)耐用性　树脂颗粒使用时有转移、摩擦、膨胀和收缩等变化,长期使用后会有少量损耗和破碎,故树脂要有较高的机械强度和耐磨性。通常,交联度低的树脂较易碎裂,但树脂的耐用性更主要地决定于交联结构的均匀程度及其强度。如大孔树脂,具有较高的交联度者,结构稳定,能耐反复再生。

离子交换树脂的用途很广,主要用于分离和提纯。例如,用于硬水软化和制取去离子水、回收工业废水中的金属、分离稀有金属和贵金属、分离和提纯抗生素等。

(二)氨基酸自动分析仪

氨基酸分析仪主要由日本、美国、英国、德国等国家生产,目前国内可见到的氨基酸分析仪大多数是日本日立公司的产品,从最早的 KLA-5 型、835-50 型、8500 型、8500A 型到 L-8800 型以及最新型号产品 L-8900 型。

下面以 L-8900 型氨基酸自动分析仪(图 9-13)为例介绍氨基酸自动分析仪的结构及分析原理。

1.氨基酸自动分析仪构成

(1)输液单元(泵与管路)　输送缓冲液、反应液在流路系统中流动。

(2)进样单元(自动进样器)　将样品在流动相的带动下送入仪器体系中。

(3)分离单元(离子交换柱、柱温箱)　主要是样品的分离、将混合的样品分离成单一组分。

(4)反应单元(反应柱、反应温度加热设备)　被分离的单一组分物质与反应液在反应单元反应、生成可检测物质。

图 9-13　L-8900 型氨基酸自动分析仪

(5)检测单元(分光光度计)　准确检测单一组分物质的电能信号(mV)。

(6)程序控制、数据处理(工作站)　仪器的运行程序控制、检测结果的处理。

2.氨基酸自动分析仪基本分析原理

氨基酸的分离分析方法很多,近年来一般认为离子交换色谱法是比较准确的定量方法。氨基酸分析仪就是以此为基础研制出来的。

(1)离子交换柱　氨基酸分析仪的中心部件是离子交换柱。氨基酸分析仪主要靠它把具有共性而又有差别的各种氨基酸混合物分离开来进行定量。日立氨基酸分析仪交换柱为(4.6 mm×60 mm),填料为 3 μm 磺酸型阳离子树脂分离柱。

(2)离子交换树脂　用作氨基酸分离柱的固定相一般都是固体的合成离子交换剂。作为理想的离子交换剂应符合下列要求:①机械强度好;②不溶解且具有很好的化学稳定性;③均匀球状颗粒;④当装入柱子后应有良好的通透性;⑤交换容量大;⑥离子交换基应是单一的官能性的。

一般氨基酸分析仪所用的离子交换树脂是强酸型阳离子交换树脂,它是由苯乙烯和二乙烯苯聚合而成的。首先由苯乙烯聚合成聚苯乙烯,聚苯乙烯是直链,每个磺化后的苯乙烯都带有解离的磺基,二乙烯苯把直链又连起来成网状,从而得到不易破碎的疏松的网状结构,其中并带有可解离基团。

一般所提到的树脂的交联度是指二乙烯苯占树脂单体总量的百分数(一般为 8%～12%)。交联度大,树脂的网状结构紧密、孔隙度小对外界离子进入树脂有阻碍作用,较大的离子根本不能进入树脂内部,这样就可以提高树脂对离子的选择性。交联度大的适合用于分子量较小的氨基酸分离;交联度小,树脂结构疏松、孔隙度大,适合用于蛋白质、肽类的分离。

(3)离子交换原理　离子交换层析包括吸附、穿透、扩散、离子交换、离子亲和力等复杂的物理化学过程。

缓冲液(流动相)中的样品离子与离子交换剂(固定相)间离子交换过程可分为以下几步:

①首先离子通过扩散作用,到达分离柱树脂的表面。

②离子进一步扩散到交换位置以致进入树脂内部交换位置。这决定于树脂的交联度和溶液的浓度,这个过程是整个离子交换反应的关键。

③在交换位置上进行离子交换,这个平衡是瞬间的。被交换的离子带的电荷越多,它与树脂的结合越紧密,被其他离子取代就越困难。

④被交换的离子通过树脂扩散到表面。

⑤用洗脱液洗脱,被交换的离子扩散到溶液中去。

氨基酸与树脂间的交换主要决定于带有相反电荷之间的引力作用。阳离子树脂本身带有负电荷,在低 pH 条件下,氨基酸带正电荷,两者正负吸引而结合,并且氨基酸所带正电荷越多,结合得越紧密,被 Na 离子置换就越困难,碱性氨基酸就是如此。

(4)氨基酸分析仪洗脱过程

①氨基酸在 pH2.2 的条件下都带正电荷。在阳离子交换树脂上均被吸附,但结合强度各不相同。

②随着缓冲液在离子交换柱上流动,氨基酸不断地吸附、解吸附。但由于氨基酸性质的差异(酸碱性、极性、分子大小),吸附强度有差异。

③不同氨基酸与离子交换树脂的亲和力不同:碱性氨基酸>芳香族氨基酸>中性氨基酸>酸性氨基酸及羟基氨基酸。

④提高流动相 pH,氨基酸正电荷减少,吸附力减弱,最后从离子交换柱上洗脱下来。洗脱顺序是酸性和带羟基氨基酸、中性氨基酸、碱性氨基酸。

氨基酸的洗脱顺序主要是取决于氨基酸的等电点。由于氨基酸的羧基解离常数大于氨基的解离常数,所以氨基酸的等电点(PI)偏酸,各种氨基酸所含羧基、氨基个数不同,所以各种氨基酸具有不同等电点(PI)酸性氨基酸等电点在 3 左右、中性氨基酸等电点在 5 左右、碱性氨基酸等电点在 7~10。当洗脱液的 pH 逐渐升高时,原来带正电荷的酸性氨基酸先失去正电荷从树脂洗脱下来,此时中性氨基酸和碱性氨基酸仍与树脂结合的紧,需要更高的 pH 洗脱液才能将它们洗脱下来。另外洗脱的顺序还与氨基酸的非极性侧链有关,具有短侧链的氨基酸比长侧链的氨基酸先洗脱下来,如:甘氨酸先于丙氨酸、缬氨酸先于亮氨酸。氨基酸随支链的增加洗脱时间在减少,如:6 个碳脂肪氨基酸洗脱顺序先异亮氨酸、再亮氨酸。侧链羟基化氨基酸优先洗脱下来,如:丝氨酸先于丙氨酸、羟脯氨酸先于脯氨酸、酪氨酸先于苯丙氨酸、羟赖氨酸先于赖氨酸。

⑤氨基酸标准液中各种氨基酸在氨基酸自动分析仪上被洗脱的顺序一定;标准液各种氨基酸的浓度一定,洗脱峰的面积一定;由此可计算出样品中各种氨基酸的含量。

(5)氨基酸分析原理

①蛋白质水解成单一氨基酸:各种蛋白质都是由 20 种氨基酸首尾相连,其中一个氨基酸的羧基和另一个氨基酸的氨基缩水形成肽键,并以一定的顺序组成肽链。用水解的方法将肽链打开,形成单一的氨基酸进行分析。

②单一氨基酸分离:所有的氨基酸在低 pH 的条件下都带有正电荷,在阳离子交换树脂上均被吸附,但吸附的程度不同,碱性氨基酸结合力最强,其次为芳香族氨基酸、中性氨基

酸,酸性氨基酸结合力最弱。按照氨基酸分析仪设定的洗脱程序,用不同离子强度、pH 的缓冲液依次将氨基酸按吸附力的不同洗脱下来(先酸性氨基酸再中性氨基酸最后碱性氨基酸)。

③茚三酮显色测定:被洗脱下来的氨基酸与茚三酮反应液在加热的条件下反应(135℃),生成可在分光光度计中 570、440 nm 检测到的蓝紫色物质(仲氨生成浅黄色物质440 nm 检测)外标法定量。

(三)酸水解法、碱水解法、酸提取法测定原理

1.酸水解法

常规(直接)水解法是使饲料蛋白质在 110℃、c(HCl)＝6 mol/L 盐酸作用下,水解成单一氨基酸,再经离子交换色谱法分离并以茚三酮做柱后衍生测定。水解中,色氨酸全部破坏,不能测量。胱氨酸和蛋氨酸部分氧化,不能测准。氧化水解法是将饲料蛋白中的含硫氨基酸(胱氨酸、半胱氨酸和蛋氨酸等)用过甲酸氧化,然后进行酸解,再经离子交换色谱分离、测定。水解中色氨酸被破坏,不能测定。酪氨酸在以偏重亚硫酸钠做氧化终止剂时,被氧化,不能测准。酪氨酸、苯丙氨酸和组氨酸则在以氢溴酸作终止剂时被氧化,不能测准。

2.碱水解法

饲料蛋白在 110℃碱的作用下水解,水解出的色氨酸可用离子交换色谱或高效反相色谱分离、测定。

3.酸提取法

饲料中添加的氨基酸以稀盐酸提取,再经离子交换色谱分离、测定。

三、任务实施

(一)酸水解法

1.试剂和材料准备

除特别注明者外,所有试剂均为分析纯,水为去离子水,电导率小于 1 S/m。

(1)常规水解

①酸解剂-盐酸溶液,c(HCl)＝6 mol/L:将优级纯盐酸与水等体积混合。

②液氮或干冰-乙醇(丙酮)。

③稀释上机用柠檬酸钠缓冲液,pH2.2,c(Na^+)＝0.2 mol/L:称取柠檬酸三钠 19.6 g,用水溶解后加入优级纯盐酸 16.5 mL,硫二甘醇 5 mL,苯酚 1 g,加水定容至 1 000 mL,摇匀,用 G4 垂熔玻璃砂芯漏斗过滤,备用。

④不同 pH 和离子强度的洗脱用柠檬酸钠缓冲液:按仪器说明书配制。

⑤茚三酮溶液:按仪器说明书配制。

⑥氨基酸混合标准储备液:含 L-天门冬氨酸、L-苏氨酸等 17 种常规蛋白水解液分析用层析纯氨基酸,各组分浓度 c(氨基酸)＝2.50(或2.00)μmol/mL。

⑦混合氨基酸标准工作液:吸取一定量的氨基酸混合标准储备液⑥置于 50 mL 容量瓶中,以稀释上机用柠檬酸钠缓冲液③定容,混匀,使各氨基酸组分浓度 c(氨基酸)＝100 nmol/mL。

（2）氧化水解

①过甲酸溶液：常规过甲酸溶液：将 30％过氧化氢与 88％甲酸按 1∶9(V/V)混合，于室温下放置 1 h，置冰水浴中冷却 30 min，临用前配制。浓缩料用过甲酸溶液，将常规过甲酸溶液中按 3 mg/mL 加入硝酸银即可。此溶液适用于氯化钠含量小于 3％的浓缩料。

当浓缩料中氯化钠含量大于 3％时，氧化剂中硝酸银浓度可用下式计算：

$$c_R = 1.454 \times m \times c_N$$

式中：c_R 为过甲酸中硝酸银的浓度，mg/mL；c_N 为样品中氯化钠含量，mg/mL；m 为样品质量，mg。

②氧化终止剂：48％氢溴酸。偏重亚硫酸钠溶液：33.6 g 偏重亚硫酸钠加水定容至 100 mL。

③酸解剂：6.0 mol/L 盐酸溶液，将优级纯盐酸与水按 1∶1(V/V)混合。6.8 mol/L 盐酸溶液，将优级纯盐酸 1 133 mL 加水稀释至 2 000 mL。

④7.5 mol/L 氢氧化钠溶液：取优级纯氢氧化钠 30 g，加水溶解并定容至 100 mL。

⑤稀释上机用柠檬酸钠缓冲液，pH 2.2，c(Na$^+$)＝0.2 mol/L：称取柠檬酸三钠 19.6 g，用水溶解后加入优级纯盐酸 16.5 mL，硫二甘醇 5.0 mL，苯酚 1 g，最后加水定容至 1 000 mL，用 G4 垂熔玻璃砂芯漏斗过滤。

⑥不同 pH 及离子强度的洗脱用柠檬酸钠缓冲液：按仪器说明书配制。

⑦茚三酮溶液：取茚三酮适量，按仪器说明书配制。

⑧磺基丙氨酸-蛋氨酸砜标准贮备液，2.50 μmol/mL：准确称取磺基丙氨酸 105.7 mg 和蛋氨酸砜 113.3 mg，加水溶解并定容至 250 mL。

⑨氨基酸混合标准贮备液：含有 L-天门冬氨酸、L-苏氨酸等 17 种常规蛋白质水解分析用层析纯氨酸，各组分浓度为 2.50 μmol/mL。

⑩混合氨基酸标准工作液：吸取磺基丙氨酸-蛋氨酸砜标准贮备液和氨基酸混合标准贮备液各 1.00 mL，置于 50 mL 容量瓶中，加稀释上机用柠檬酸钠缓冲液定容，混匀。有关各氨基酸组分浓度为 c(氨基酸)＝50 nmol/mL。

2. 仪器设备准备

（1）实验室用样品粉碎机。

（2）样品筛：孔径 0.25 mm(60 目)。

（3）分析天平：感量 0.000 1 g。

（4）喷灯或熔焊机。

（5）真空泵。

（6）旋转蒸发器或浓缩器：可在每间室温调至 65℃，控温精度 ±1℃，真空度可低至 3.3×10³ Pa(25 mmHg 柱)。

（7）恒温箱或水解炉。

（8）氨基酸自动分析仪：要求蛋氨酸砜的分辨率大于 90％。

3. 样品

取具有代表性的饲料样品，用四分法缩减分取 25 g 左右，粉碎并过 0.25 mm 孔径

(60目)筛,充分混匀后装入磨口瓶中备用。

酸水解样品按 GB/T 6432 测定蛋白质含量。

4.测定

(1)样品前处理

①常规水解法:称取含蛋白质 7.5～25 mg 的试样(50～100 mg,准确至 0.1 mg)于 20 mL 安瓿瓶中,加 10 mL 酸解剂,置液氮或干冰(丙酮)中冷冻,然后,抽真空至 7 Pa (≤5×10⁻² mmHg)后封口。将水解管放在(110±1)℃恒温干燥箱中,水解 22～24 h。冷却,混匀,开管,过滤,用移液管吸取适量的滤液,置旋转蒸发器或浓缩器中、60℃,抽真空,蒸发至干,必要时加少许水,重复蒸干 1～2 次。加入 3～5 mL pH2.2 稀释上机用柠檬酸钠缓冲液,使样液中氨基酸浓度达 50～250 nmol/ml,摇匀,过滤或离心,取上清液上机测定。

②氧化水解法:称取含蛋白质 7.5～25 mg 的试样双份(精确至 0.000 1 g,样品量不超过 75 mg),置于旋转蒸发器 20 mL 浓缩瓶或浓缩管中,于冰水浴中冷却 30 min 后加入已经冷却的过甲酸溶液 2 mL,加液时需将样品全部润湿,但不要摇动,盖好瓶塞,连同冰浴一道置于 0℃ 冰箱中,反应 16 h。

以下步骤依使用不同的氧化终止剂而不同:

若以氢溴酸为终止剂,于各管中加入氢溴酸 0.3 mL,振摇,放回冰浴,静置 30 min,然后移到旋转蒸发器或浓缩器上,在 60℃、低于 3.3×10³ Pa(25 mmHg)下浓缩至干。用盐酸溶液(6.0 mol/L)约 15 mL 将残渣定量转移到 20 mL 安瓿瓶中,封口,置恒温箱中(110±1)℃下水解 22～24 h。也可用 6.0 mol/L 盐酸溶液约 25 mL 将残渣转移到 50 mL 消煮管中,于水解炉中、(110±3)℃下回流水解 22～24 h。

取出安瓿瓶或水解管,冷却,用水将内容物定量地转移至 50 mL 容量瓶中,定容。充分混匀,过滤,取 1～2 mL 滤液,置旋转蒸发器或浓缩器中,在低于 50℃的条件下,减压蒸发至干。加少许水重复蒸干 2～3 次。准确加入一定体积(2～5 mL)的稀释上机用柠檬酸钠缓冲液,振摇,充分溶解后离心,取上清液供仪器测定用。

若以偏重亚硫酸钠为终止剂,则于样品氧化液中加入偏重亚硫酸钠溶液 0.5 mL,充分摇匀后,直接加入盐酸溶液(6.8 mol/L)17.5 mL,置(110±3)℃水解 22～24 h。

取出水解管,冷却,用水将内容物转移到 50 mL 容量瓶中,用氢氧化钠溶液中和至 pH 约 2.2,并用稀释上机用柠檬酸钠缓冲液定容,离心,取上清液供仪器测定用。

如氨基酸分析受上机样品液中 Na⁺ 浓度影响,色谱峰出峰时间漂移过大,则需先将水解液定容过滤,而后取 2～5 mL 滤液,于 50℃下减压蒸发至约 0.5 mL(切勿蒸干),用稀释上机用柠檬酸钠缓冲液将其转移至 10 mL 容量瓶中,加氢氧化钠溶液调至 pH 2.2,并用稀释上机用柠檬酸钠缓冲液定容。混匀,离心,取上清液供仪器测定用。

浓缩料测定首先按 GB 6439 测定其 NaCl 含量。样品处理步骤同上,只是氧化剂使用上述浓缩料用过甲酸溶液处理。

(2)测定 用相应的混合氨基酸标准工作液,按仪器说明书,调整仪器的操作参数和(或)洗脱用柠檬酸缓冲液的 pH,使各种氨基酸分辨率≥85％,蛋氨酸砜分辨率达最佳状态(≥90％),注入制备好的试样水解液和氨基酸标准工作液,酸解液每 10 个单样为一组,进行分析测定。组间插入混合氨基酸标准工作液进行校准。

(二)碱水解法

1.试剂和材料准备

除特别注明者外,所有试剂均为分析纯,水为去离子水,电导率小于 1 S/m。

(1)碱解剂-氢氧化锂溶液 $c(\text{LiOH})＝4$ mol/L 称取一水合氢氧化锂 167.8 g,用水溶解并稀释至 1 000 mL,使用前取适量超声或通氮脱气。

(2)液氮或干冰-乙醇(丙酮)。

(3)盐酸溶液,$c(\text{HCl})＝6$ mol/L 配制方法同酸水解法中。

(4)稀释上机用柠檬酸钠缓冲液,pH4.3,$c(\text{Na}^+)＝0.2$ mol/L 称取柠檬酸三钠 14.71 g,氯化钠 2.92 g 和柠檬酸 10.50 g,溶于 500 mL 水,加入硫二甘醇 5 mL 和辛酸 0.1 mL,最后定容至 1 000 mL。

(5)不同 pH 和离子强度的洗脱用柠檬酸钠缓冲液与茚三酮溶液 按仪器说明书配制。

(6)L-色氨酸标准储备液 准确称取层析纯 L-色氨酸 102 mg,加少许水和数滴 0.1 mol/L 氢氧化钠,使之溶解,定量地转移至 100 mL 容量瓶中,加水至刻度。$c(色氨酸)＝5$ μmol/mL。

(7)氨基酸混合标准储备液 同酸水解法中。

(8)混合氨基酸标准工作液 准确吸取 2 mL L-色氨酸标准储备液和适量的氨基酸混合标准储备液,置于 50 mL 容量瓶中并用 pH 4.3 稀释上机用柠檬酸钠缓冲液定容。该液色氨酸浓度为 200 nmol/mL,而其他氨基酸浓度为 100 nmol/mL。

2.仪器设备准备

同酸水解法。

3.样品

取具有代表性的饲料样品,用四分法缩减分取 25 g 左右,粉碎并过 0.25 mm 孔径 (60 目)筛,充分混匀后装入磨口瓶中备用。

碱水解样品,按 GB/T 64323 测定粗脂肪含量。对于粗脂肪含量≥5%的样品,需将脱脂的样品风干、混匀,装入密闭容器中备用。而对于粗脂肪含量＜5%的样品,则可直接称用未脱脂样品。

4.测定

(1)样品前处理 称取 50～100 mg 的饲料试样(准确至 0.1 mg),置于聚四氟乙烯衬管中,加 1.50 mL 碱解剂,于液氮或干冰乙醇(丙酮)中冷冻,而后将衬管插入水解玻管,抽真空至 7 Pa(≤5×10⁻²mmHg),或充氮(至少 5 min),封管。然后将水解管放入(110±1)℃恒温干燥箱,水解 20 h。取出水解管,冷至室温,开管,用稀释上机用柠檬酸钠缓冲液将水解液定量地转移到 10 mL 或 25 mL 容量瓶中,加入盐酸溶液约 1 mL 中和,并用上述缓冲液定容。离心或用 0.45 μm 滤膜过滤后,取清液贮于冰箱中,供上机测定使用。

(2)测定 用相应的混合氨基酸标准工作液,按仪器说明书,调整仪器的操作参数和(或)洗脱用柠檬酸缓冲液的 pH,使各种氨基酸分辨率≥85%,蛋氨酸砜分辨率达最佳状态(≥90%),注入制备好的试样水解液和氨基酸标准工作液,碱解液每 6 个单样为一组,进行分析测定。组间插入混合氨基酸标准工作液进行校准。

(三)酸提取法

1.试剂和材料准备

除特别注明者外,所有试剂均为分析纯,水为去离子水,电导率小于 1 S/m。

(1)提取剂-盐酸溶液,$c(HCl)=0.1$ mol/L　取 8.3 mL 优级纯盐酸,用水定容至 1 000 mL,混匀。

(2)不同 pH 和离子强度的洗脱用柠檬酸钠缓冲液　按仪器说明书配制。

(3)茚三酮溶液　按仪器说明书配制。

(4)蛋氨酸、赖氨酸和苏氨酸标准储备液　于三个 100 mL 烧杯中,分别称取蛋氨酸 93.3 mg、赖氨酸盐酸盐 114.2 mg 和苏氨酸 74.4 mg,加水约 50 mL 和数滴盐酸溶解,定量地转移至各自的 250 mL 容量瓶中,并用水定容。该液各氨基酸浓度 $c(氨基酸)=2.50$ μmol/mL。

(5)混合氨基酸标准工作液　分别吸取蛋氨酸、赖氨酸和苏氨酸标准储备液各 1 mL 于同一 25 mL 容量瓶中,用水稀释至刻度。该液各氨基酸的浓度 $c(氨基酸)=100$ nmol/mL。

2.仪器设备准备

同酸水解法。

3.样品

取具有代表性的饲料样品,用四分法缩减分取 25 g 左右,粉碎并过 0.25 mm 孔径(60 目)筛,充分混匀后装入磨口瓶中备用。

4.测定

(1)样品前处理　称取 1～2 g 饲料试样(蛋氨酸含量≤4 mg,赖氨酸可略高),加 0.1 mol/L 盐酸提取剂 30 mL,搅拌提取 15 min,沉放片刻,将上清液过滤到 100 mL 容量瓶中,残渣加水 25 mL,搅拌 3 min,重复提取两次,再将上清液过滤到上述容量瓶中,用水冲洗提取瓶和滤纸上的残渣,并定容。摇匀,清液供上机测定。若试样提取过程中,过滤太慢,也可离心 10 min(4 000 r/min),测定赖氨酸时预混料和浓缩饲料基质会有较大干扰,应针对待测试样同时做添加回收率实验,以校准测定结果。

(2)测定　用相应的混合氨基酸标准工作液,按仪器说明书,调整仪器的操作参数和(或)洗脱用柠檬酸缓冲液的 pH,使各种氨基酸分辨率≥85%,蛋氨酸砜分辨率达最佳状态(≥90%),注入制备好的试样水解液和氨基酸标准工作液,酸提取液每 6 个单样为一组,进行分析测定。组间插入混合氨基酸标准工作液进行校准。

(四)分析结果的表述

分别用式(1)和式(2),计算氨基酸在试样中的质量百分比:

$$w_{1i}=\frac{A_{1i}}{m}\times 10^{-6}\times D\times 100\% \tag{1}$$

$$w_2=\frac{A_2}{m}\times (1-F)\times 10^{-6}\times D\times 100\% \tag{2}$$

式中:w_{1i} 为用未脱脂试样测定的某氨基酸的含量,%;w_2 为用脱脂试样测定的色氨基酸的含量,%;A_1 为每毫升上机水解液中氨基酸的含量,ng;A_2 为每毫升上机液中色氨酸的含量,ng;m 为试样的质量,mg;D 为试样稀释倍数;F 为样品中的脂肪含量,%。

以两个平行试样测定结果的算术平均值报告结果,保留两位小数。

(五)允许差

对于酸解或酸提取液测定的氨基酸,当含量小于或等于 0.5% 时,两个平行试样测定值的相对偏差不大于 5%;含量大于 0.5% 时,不大于 4%。对于色氨酸,当含量小于 0.2% 时,两个平行试样测定值相差不大于 0.03%;含量大于、等于 0.2% 时,相对偏差不大于 5%。

四、任务小结

影响氨基酸分析的因素较多,下面分析几个突出的问题。

1. 样品中氨基酸浓度的影响

每种仪器都有其比较合适的进样量,进样浓度都有一定的范围,以日立氨基酸分析仪为例,样品的进样量以坐标的高度 100 mv 为宜(对浓度而言,稀释倍数自定)。最好进样分析前将样品稀释到比较合适的浓度。

2. 缓冲液 pH 与钠离子浓度的影响

色谱图中各种氨基酸分离的特别好而没有峰丢失,缓冲液的 pH 和钠离子浓度起着重要的作用。如 pH 和钠离子浓度不当会出现氨基酸出峰提前错后以及重叠现象(必要时以分离谱图最佳为原则可根据自己单位具体情况可自行控制调整)。

3. 柱温的影响

各种不同型号的氨基酸分析仪都有各自柱温的要求,在操作上一般亦要求柱温达到规定的温度基线稳定以后,方能进行样品的正常分析,否则会出现基线漂移影响分离效果以及准确定量。日立氨基酸分析仪柱温为 57℃(水解蛋白方法)。受柱温影响比较大的氨基酸有蛋氨酸、甘氨酸、组氨酸、精氨酸等。

4. 氨的影响

缓冲液、样品、流路系统混入氨时可使基线在碱性氨基酸出峰处将基线抬高,影响碱性氨基酸分离效果和准确定量。氨的主要来源在离子水生产过程中混入的(一般的制水机不带除氨柱,离子水中含有微量的氨),再则试剂等级不好也会带入微量氨的可能性。为了解决这一问题日立氨基酸分析仪附加了一根除氨柱在自动进样器前接入流路。除氨柱中装有对氨有选择性吸附的 2650 树脂,使氨被它吸附住,防止它在分析过程中被洗脱出来,除氨柱可重复使用但有一定的寿命期限。

5. 氧存在的影响

日立氨基酸分析仪的缓冲液、反应液、再生液等容器的液面上都充满氮气使这些试剂与空气隔绝,最主要的是反应液中茚三酮最忌氧,茚三酮氧化后即变质失效,所以茚三酮购入后一定要妥善保管,特别是不能在空气中长时间暴露。缓冲液中的溶解氧也会对茚三酮显色效果造成影响。所用乙二醇甲醚亦要求含过氧化物指标要低一些的(如用 KI 检验变黄色即不能使用)。在配制茚三酮试剂时应注意要通入足够时间的氮气以排除氧,而且试剂表面应充满氮气保护,不能将配好的 R1、R2 开盖暴露在空气中,茚三酮反应液的好坏直接影响氨基酸出峰面积的大小、直接影响氨基酸分析的结果。

6.光源的影响(钨灯)

由于氨基酸浓度不同与茚三酮反应液反应生成的蓝紫色物质颜色,深浅是不一样的,因而氨基酸的浓度与吸收度呈线性关系,也就是通过吸收率反应氨基酸浓度的大小,当光源不佳时会直接影响准确分析,灵敏度也会降低,到达规定时间后就得换灯(使用期限以灯能量为准)。

五、任务拓展

饲料中氨基酸其他测定方法:

(1)饲料中蛋氨酸羟基类似物的测定:高效液相色谱法(详见 GB/T 19371.2—2007)。

(2)饲料中含硫氨基酸的测定:离子交换色谱法(详见 GB/T 15399—1994)。

(3)饲料中色氨酸测定方法:分光光度法(详见 GB/T 15400—1994)。

▶ 任务四　应用酶联免疫吸附法测定饲料中黄曲霉毒素 B_1(选做) ◀

黄曲霉毒素是食物或饲料在不当贮存(尤其是湿热条件)的过程中由黄曲霉、寄生曲霉等产生的次生代谢产物。黄曲霉毒素包括 B_1、B_2、G_1、G_2,以及另外两种代谢产物 M_1、M_2。黄曲霉毒素已在 1993 年被世界卫生组织的癌症研究机构划定为 1 类致癌物,是一种毒性极强的剧毒物质。基对人及动物的危害性在于对肝脏组织的破坏作用,严重时可导致肝癌甚至死亡。在天然污染的食品、饲料中以黄曲霉毒素 B_1 最为多见,其毒性和致癌性也最强。黄曲霉毒素主要污染粮油食品、动植物食品等;如花生、玉米、大米、小麦、豆类、坚果类、肉类、乳及乳制品、水产品等均有黄曲霉毒素污染。其中以花生和玉米污染最严重。目前各国对饲料中黄曲霉毒素的测定主要是测定 B_1。本任务参照 GB/T 17480—2008 饲料中黄霉毒素 B_1 的测定,本方法规定了饲料中黄曲霉毒素 B_1 的酶联免疫吸附测定方法,适用于各种饲料原料、配合饲料及浓缩饲料中黄曲霉毒素 B_1 的测定。

一、任务描述

假设你是某配合饲料厂化验室化验员,现要求你对进厂的玉米原料进行黄曲霉毒素 B_1 含量的测定。并根据测定结果判断此批玉米黄曲霉毒素含量是否超标。根据任务要求,搜集完成任务所需的知识与技能要求,并制定相应计划。

二、任务相关知识准备

(一)酶联免疫吸附测定法相关阅读

酶联免疫吸附测定法指将可溶性的抗原或抗体吸附到聚苯乙烯等固相载体上,进行免疫反应的定性和定量方法。

1. 基本原理

1971年Engvall和Perlmann发表了酶联免疫吸附剂测定(enzyme linked immunosorbent assay,ELISA)用于IgG定量测定的文章,使得1966年开始用于抗原定位的酶标抗体技术发展成液体标本中微量物质的测定方法。这一方法的基本原理是:①使抗原或抗体结合到某种固相载体表面,并保持其免疫活性;②使抗原或抗体与某种酶连接成酶标抗原或抗体,这种酶标抗原或抗体既保留其免疫活性,又保留酶的活性。在测定时,把受检标本(测定其中的抗体或抗原)和酶标抗原或抗体按不同的步骤与固相载体表面的抗原或抗体起反应。用洗涤的方法使固相载体上形成的抗原抗体复合物与其他物质分开,最后结合在固相载体上的酶量与标本中受检物质的量成一定的比例。加入酶反应的底物后,底物被酶催化变为有色产物,产物的量与标本中受检物质的量直接相关,故可根据颜色反应的深浅进行定性或定量分析。由于酶的催化频率很高,故可极大地放大反应效果,从而使测定方法达到很高的敏感度。

2. 方法类型和操作步骤

ELISA可用于测定抗原,也可用于测定抗体。在这种测定方法中有3种必要的试剂:固相的抗原或抗体;酶标记的抗原或抗体;酶作用的底物。根据试剂的来源和标本的性状以及检测的具备条件,可设计出各种不同类型的检测方法。

(1)双抗体夹心法　双抗体夹心法是检测抗原最常用的方法,操作步骤如下:

①将特异性抗体与固相载体连接,形成固相抗体:洗涤除去未结合的抗体及杂质。

②加受检标本:使之与固相抗体接触反应一段时间,让标本中的抗原与固相载体上的抗体结合,形成固相抗原复合物。洗涤除去其他未结合的物质。

③加酶标抗体:使固相免疫复合物上的抗原与酶标抗体结合。彻底洗涤未结合的酶标抗体。此时固相载体上带有的酶量与标本中受检物质的量正相关。

④加底物:夹心式复合物中的酶催化底物成为有色产物。根据颜色反应的程度进行该抗原的定性或定量。

根据同样原理,将大分子抗原分别制备固相抗原和酶标抗原结合物,即可用双抗原夹心法测定标本中的抗体。

(2)双位点一步法　在双抗体夹心法测定抗原时,如应用针对抗原分子上两个不同抗原决定簇的单克隆抗体分别作为固相抗体和酶标抗体,则在测定时可使标本的加入和酶标抗体的加入两步并作一步。这种双位点一步不但简化了操作,缩短了反应时间,如应用高亲和力的单克隆抗体,测定的敏感性和特异性也显著提高。单克隆抗体的应用使测定抗原的ELISA提高到新水平。

在一步法测定中,应注意钩状效应(hook effect),类同于沉淀反应中抗原过剩的后带现象。当标本中待测抗原浓度相当高时,过量抗原分别和固相抗体及酶标抗体结合,而不再形成夹心复合物,所得结果将低于实际含量。钩状效应严重时甚至可出现假阴性结果。

(3)间接法测抗体　间接法是检测抗体最常用的方法,其原理为利用酶标记的抗抗体以检测已与固相结合的受检抗体,故称为间接法。操作步骤如下:

①将特异性抗原与固相载体连接,形成固相抗原:洗涤除去未结合的抗原及杂质。

②加稀释的受检血清：其中的特异抗体与抗原结合，形成固相抗原抗体复合物。经洗涤后，固相载体上只留下特异性抗体。其他免疫球蛋白及血清中的杂质由于不能与固相抗原结合，在洗涤过程中被洗去。

③加酶标抗抗体：与固相复合物中的抗体结合，从而使该抗体间接地标记上酶。洗涤后固相载体上的酶量就代表特异性抗体的量。例如，欲测人对某种疾病的抗体，可用酶标羊抗人 IgG 抗体。

④加底物显色：颜色深度代表标本中受检抗体的量。

本法只要更换不同的固相抗原，可以用一种酶标抗抗体检测各种与抗原相应的抗体。

(4)竞争法　竞争法可用于测定抗原，也可用于测定抗体。以测定抗原为例，受检抗原和酶标抗原竞争与固相抗体结合，因此结合于固相的酶标抗原量与受检抗原的量呈反比。操作步骤如下：

①将特异抗体与固相载体连接，形成固相抗体。洗涤。

②待测管中加受检标本和一定量酶标抗原的混合溶液，使之与固相抗体反应。如受检标本中无抗原，则酶标抗原能顺利地与固相抗体结合。如受检标本中含有抗原，则与酶标抗原以同样的机会与固相抗体结合，竞争性地占去了酶标抗原与固相载体结合的机会，使酶标抗原与固相载体的结合量减少。参考管中只加酶标抗原，保温后，酶标抗原与固相抗体的结合可达最充分的量。洗涤。

③加底物显色：参考管中由于结合的酶标抗原最多，故颜色最深。参考管颜色深度与待测管颜色深度之差，代表受检标本抗原的量。待测管颜色越淡，表示标本中抗原含量越多。

(5)捕获法测 IgM 抗体　血清中针对某些抗原的特异性 IgM 常和特异性 IgG 同时存在，后者会干扰 IgM 抗体的测定。因此测定 IgM 抗本多用捕获法，先将所有血清 IgM（包括异性 IgM 和非特异性 IgM）固定在固相上，去除 IgG 后再测定特异性 IgM。操作步骤如下：

①将抗人 IgM 抗体连接在固相载体上，形成固相抗人 IgM，洗涤。

②加入稀释的血清标本：保温反应后血清中的 IgM 抗体被固相抗体捕获。洗涤除去其他免疫球蛋白和血清中的杂质成分。

③加入特异性抗原试剂：它只与固相上的特异性 IgM 结合，洗涤。

④加入针对特异性的酶标抗体：使之与结合在固相上的抗原反应结合，洗涤。

⑤加底物显色：如有颜色显示，则表示血清标本中的特异性 IgM 抗体存在，是为阳性反应。

(6)应用亲和素和生物素的 ELISA　亲和素是一种糖蛋白，可由蛋清中提取。分子量60 ku，每个分子由 4 个亚基组成，可以和 4 个生物素分子亲密结合。现在使用更多的是从链霉菌中提取的链霉和素（strepavidin）。生物素（biotin）又称维生素 H，分子量 244.31，存在于蛋黄中。用化学方法制成的衍生物，生物素-羟基琥珀亚胺酯（biotin-hydroxysuccinimide，BNHS）可与蛋白质、糖类和酶等多种类型的大小分子形成生物素化的产物。亲和素与生物素的结合，虽不属免疫反应，但特异性强，亲和力大，两者一经结合就极为稳定。由于 1 个亲和素分子有 4 个生物素分子的结合位置，可以连接更多的生物素化的分子，形成一种类似晶格的复合体。因此把亲和素和生物素与 ELISA 偶联起来，就可大大提高 ELISA 的敏感度。

亲和素-生物素系统在 ELISA 中的应用有多种形式,可用于间接包被,亦可用于终反应放大。可以在固相上先预包被亲和素,再用吸附法包被固相的抗体或抗原与生物素结合,通过亲和素-生物素反应而使生物素化的抗体或抗原相化。这种包被法不仅可增加吸附的抗体或抗原量,而且使其结合点充分暴露。另外,在常规 ELISA 中的酶标抗体也可用生物素化的抗体替代,然后连接亲和素-酶结合物,以放大反应信号。

ELISA 普遍用作非放射性同位素的成键化验。在这种方法中,通常标准配体是固定的,通过加入溶液相受体或蛋白质来使之成键。通过加入与受体特异性反应的抗体来定量成键的受体,而且最初抗体的量以加入第二种能显色的抗体测量。第二种抗体能识别抗体的末端,在其末端的碱性磷酸酯或过氧化物酶等与酶发生反应,从而使溶液显色。

(二)不同饲料中黄曲霉毒素 B_1 的限量要求

不同饲料中黄曲霉毒素 B_1 的限量要求见表 9-5。

表 9-5　不同饲料中黄曲霉毒素 B_1 的限量要求　　　　　　　　　　　μg/kg

饲　　　料	限量要求
饲料原料	
玉米加工产品、花生饼(粕)	≤50
植物油脂(玉米油、花生油除外)	≤10
玉米油、花生油	≤20
其他植物性饲料原料	≤30
饲料产品	
仔猪、雏禽浓缩饲料	≤10
肉用仔鸭后期、生长鸭、产蛋鸭浓缩饲料	≤15
其他浓缩饲料	≤20
犊牛、羔羊精料补充料	≤20
泌乳期精料补充料	≤10
其他精料补充料	≤30
仔猪、雏禽配合饲料	≤10
肉用仔鸭后期、生长鸭、产蛋鸭配合饲料	≤15
其他配合饲料	≤20

(三)酶联免疫吸附法测定黄曲霉毒素 B_1 原理

试样中黄曲霉毒素 B_1、酶标黄曲霉毒素 B_1 抗原与包被于微量反应板中的黄曲霉毒素 B_1 特异性抗体进行免疫竞争性反应,加入酶底物后显色,试样中黄曲霉毒素 B_1 的含量与颜色呈反比。用目测法或仪器法通过与黄曲霉毒素 B_1 标准溶液比较判断或计算试样中黄曲霉毒素 B_1 的含量。

三、任务实施

(一)试剂和材料准备

除非另有说明,在分析中仅使用确认为分析纯的试剂和蒸馏水或去离子水或相当纯度的水。

1. 黄曲霉毒素 B_1 酶联免疫测试盒中的试剂

注意:不同测试盒制造商间的产品组成和操作会有细微的差别,应严格按说明书要求规范操作。

(1)包被抗黄曲霉毒素 B_1 抗体的聚苯乙烯微量反应板。

(2)样品稀释液　甲醇-蒸馏水(7:93)。

(3)黄曲霉毒素 B_1 标准溶液　1,50 $\mu g/mL$。

警告:凡接触黄曲霉毒素 B_1 的容器,需浸入1%次氯酸钠($NaClO_2$)溶液,12 h后清洗备用。为分析人员安全,操作时要戴上医用乳胶手套。

(4)酶标黄曲霉毒素 B_1 抗原　黄曲霉毒素 B_1-辣根过氧化物酶交联物。

(5)0.01 mol/L pH7.5 磷酸盐缓冲液的配制　称取 3.01 g 磷酸氢二钠($Na_2HPO_4 \cdot 12H_2O$)、0.25 g 磷酸二氢钠($NaH_2PO_4 \cdot 2H_2O$)、8.76 g 氯化钠($NaCl$),加水溶解至 1 L。

(6)酶标黄曲霉毒素 B_1 抗原稀释液　称取 0.1 g 牛血清白蛋白(BSA)溶于 100 mL pH7.5 磷酸盐缓冲液(5)。

(7)0.1 mol/L pH7.5 磷酸盐缓冲液的配制　称取 30.1 g 磷酸氢二钠($Na_2HPO_4 \cdot 12H_2O$)、2.5 g 磷酸二氢钠($NaH_2PO_4 \cdot 2H_2O$)、87.6 g 氯化钠($NaCl$),加水溶解至 1 L。

(8)洗涤母液　吸取 0.5 mL 吐温-20 于 1 000 mL 0.1 mol/L pH7.5 磷酸盐缓冲液。

(9)pH5.0 乙酸钠-柠檬酸缓冲液　称取 15.09 g 乙酸钠($CH_3COONa \cdot 3H_2O$)、1.56 g 柠檬酸($C_6H_8O_7 \cdot H_2O$),加水溶解至 1 L。

(10)底物溶液 a　称取四甲基联苯胺(TMB)0.2 g 溶于 1 L pH5 乙酸钠-柠檬酸缓冲液。

(11)底物溶液 b　1 L pH5 乙酸钠-柠檬酸缓冲液中加入 0.3% 过氧化氢溶液 28 mL。

(12)终止液　硫酸溶液,$c(H_2SO_4)=2$ mol/L。

2. 甲醇水溶液

5 mL 甲醇加 5 mL 水混合。

3. 测试盒中试剂的配制

(1)酶标黄曲霉毒素 B_1 抗原溶液　在酶标黄曲霉毒素 B_1 抗原中加入 1.5 mL 酶标黄曲霉毒素 B_1 抗原稀释液,配成试验用酶标黄曲霉毒素 B_1 抗原溶液,冰箱中保存。

(2)洗涤液　洗涤母液中加 300 mL 蒸馏水配成试验用洗涤液。

(二)仪器和设备准备

(1)小型粉碎机。

(2)分样筛　孔径 1 mm。

(3)分析天平　感量 0.01 g。

（4）滤纸　快速定性滤纸，直径 9～10 cm。

（5）具塞三角瓶　100 mL。

（6）电动振荡器。

（7）微量连续可调取液器及配套吸头　10～100 μL。

（8）恒温培养箱。

（9）酶标测定仪　内置 450 nm 滤光片（图 9-14 至图 9-16）。

 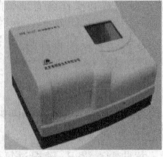 

图 9-14　DNM-9602A 酶标仪　　　图 9-15　DNM-9602G 酶标仪　　　图 9-16　DNM-9602 标配酶标仪

（三）试样制备

按 GB/T 20195 要求制备试样。试样需通过孔径 1 mm 的分样筛。

如果样品脂肪含量超过 10%，在粉碎之前用石油醚脱脂。在这种情况下，分析结果以未脱脂样品质量计。

（四）测定

1. 试样提取

（1）称取 5 g 试样，精确至 0.01 g，置于 100 mL 具塞三角瓶中，加入甲醇水溶液 25 mL，加塞振荡 10 min，过滤，弃去 1/4 初滤液，再收集适量试样液。如果样品中离子浓度高，建议按照浓缩饲料的提取方法对试样滤液进行萃取。称取 10 g 试样，精确至 0.01 g，置于 100 mL 具塞三角瓶中，加入甲醇水溶液 50 mL，加塞振荡 15 min，过滤，弃去 1/4 初滤液后收集滤液。准确吸取 10 mL 滤液（相当于 2 g 样品）于 125 mL 分液漏斗中，加入 20 mL 三氯甲烷，加塞轻轻振摇 3 min，静置分层。放出三氯甲烷层，经盛 5 g 预先用三氯甲烷湿润的无水硫酸钠的快速定性滤纸过滤至 100 mL 蒸发皿中，再加 5 mL 三氯甲烷于分液漏斗中，重复提取，三氯甲烷层一并滤于蒸发皿中，最后用少量三氯甲烷洗涤滤纸，洗液并入蒸发皿中，65℃水浴挥干。准确加入 10 mL 甲醇水溶液，充分溶解蒸发皿中残渣，得到试样液。

（2）根据各种饲料中黄曲霉毒素 B_1 的限量规定和黄曲霉毒素 B_1 标准溶液浓度，用样品稀释液将试样液适当稀释，制成待测试样稀释液。如果黄曲霉毒素 B_1 标准溶液浓度为 1 μL/L 时，建议按照以下方法稀释试样。

如果黄曲霉毒素 B_1 标准溶液浓度为 1 μL/L 时，按表 9-6 用样品稀释液将试样滤液稀释，制成待测试样稀释液。若试样液中黄曲霉毒素 B_1 含量超标，则根据表 9-7 中试样液的稀释倍数，计算黄曲霉毒素 B_1 的含量。

表 9-6　样品溶液的稀释

饲料中黄曲霉毒素 B_1 限量/($\mu g/kg$)	试样滤液量/mL	样品稀释液量/mL	稀释倍数
≤10	0.10	0.10	2
≤15	0.10	0.20	3
≤20	0.05	0.15	4
≤30	0.05	0.25	6
≤50	0.05	0.45	10

表 9-7　稀释倍数与结果计算　　　　　　　　　　　　　　　　　　　$\mu g/kg$

稀释倍数	试样中黄曲霉毒素 B_1 含量	稀释倍数	试样中黄曲霉毒素 B_1 含量
2	>10	6	>30
3	>15	10	>50
4	>20		

2.限量测定

(1)试剂平衡　将测试盒于室温中放置约 15 min,平衡至室温。

(2)测定　在微量反应板上选一孔,加入 50 μL 样品稀释液、50 μL 酶标黄曲霉毒素 B_1 抗原稀释液,作为空白孔;根据需要,在微量反应板上选取适量的孔,每孔依次加入 50 μL 黄曲霉毒素 B_1 标准溶液或试样液。再每孔加入 50 μL 酶标黄曲霉毒素 B_1 抗原溶液。在振荡器上混合均匀。放在 37℃恒温培养箱中反应 30 min。将反应板从培养箱中取出,用力甩干,加 250 μL 洗涤液洗板 4 次,洗涤液不得溢出,每次间隔 2 min,甩掉洗涤液,在吸水纸上拍干。每孔各加入 50 μL 底物溶液 a 和 50 μL 底物溶液 b。摇匀。在 37℃恒温培养箱中反应 15 min。每孔加 50 μL 终止液,在显色后 30 min 内测定。

(3)结果判定

①目测法:比较试样液孔与标准溶液孔的颜色,若试样液孔颜色比标准溶液孔浅者,为黄曲霉毒素 B_1 含量超标;若相当或深者为合格。

②仪器法:用酶标测定仪,在 450 nm 处用空白孔调零点,测定标准溶液孔及试样液孔吸光度 A 值,若 $A_{试样液孔}$ 小于 $A_{标准溶液孔}$,为黄曲霉毒素 B_1 含量超标;若 $A_{试样液孔}$ 大于或等于 $A_{标准溶液孔}$,为合格。

③若试样液中黄曲霉毒素 B_1 含量超标,则根据试样液的稀释倍数,计算黄曲霉毒素 B_1 的含量。

3.定量测定

若试样中黄曲霉毒素 B_1 的含量超标,则用酶标测定仪在 450 nm 波长处进行定量测定,通过绘制黄曲霉毒素 B_1 的标准曲线来确定试样中黄曲霉毒素 B_1 的含量。用样品稀释液将 50 $\mu L/L$ 黄曲霉毒素 B_1 标准溶液稀释成 0、0.1、1、10、20、50 $\mu L/L$ 的标准工作溶液,按限量法测定步骤测得相应的吸光度值 A。以 0 $\mu L/L$ 黄曲霉毒素 B_1 标准工作溶液的吸光度值

A_0 为分母,其他浓度标准工作溶液的吸光度值 A 为分子的比值,再乘以 100 为纵坐标,对应的黄曲霉毒素 B_1 标准工作溶液浓度的常用对数值为横坐标绘制标准曲线。根据试样 $A/A_0 \times 100$ 的值在标准曲线上查得对应的黄曲霉毒素 B_1 的含量。

试样中黄曲霉毒素 B_1 的含量以质量分数 X 计,单位以 μg/kg 表示,按下式计算。

$$X = \frac{\rho \times V \times n}{m}$$

式中:ρ 为从标准曲线上查得的试样提取液中黄曲霉毒素 B_1 含量,μg/L;V 为试样提取液体积,mL;n 为试样稀释倍数;m 为试样的质量,g。

计算结果保留 2 位有效数字。

精密度要求:重复测定结果的相对偏差不得超过 10%。

四、任务小结

本测定中需要注意以下事项:

正式实验时,应分别以阳性对照和阴性对照控制试验条件,待测样品应做一式二份,以保证实验结果的准确性。有时本底较高,说明有非特异性反应,可采用羊血清,兔血清、BSA 或 OVA 等封闭。

五、任务拓展

我国公布的其他霉菌毒素的测定方法如下:

①GB/T 8381.4—2005 配合饲料中 T-2 毒素的测定:薄层色谱法。

②GB/T 8381.6—2005 配合饲料中脱氧雪腐镰刀菌烯醇的测定:薄层色谱法(呕吐毒素)。

③GB/T 19539—2004 饲料中赭曲霉毒素 A 的测定。

④GB/T 19540—2004 饲料中玉米赤霉烯酮的测定。

▶ 任务五　近红外光谱分析技术用于饲料中水分、粗蛋白质、粗纤维、粗脂肪、赖氨酸、蛋氨酸快速测定(选做) ◀

经典的水分、粗蛋白质、粗纤维、粗脂肪、赖氨酸、蛋氨酸等指标的测定由于费时、费试剂等缺点,越来越多的饲料厂家开始利用快速分析方法——近红外光谱分析技术来替代之。本任务参照 GB/T 18868—2002 利用近红外光谱法进行饲料中水分、粗蛋白质、粗纤维、粗脂肪、赖氨酸、蛋氨酸等指标的测定。本方法适用于各种饲料原料和配合饲料中水分、粗蛋白质、粗纤维和粗脂肪,各种植物性蛋白类饲料原料中赖氨酸和蛋氨酸的测定,本方法的最低检出量为 0.001%。

一、任务描述

假设你是某配合饲料厂化验室化验员,现要求你利用近红外光谱仪快速测定饲料中的水分、粗蛋白质、粗纤维、粗脂肪、赖氨酸、蛋氨酸。根据任务要求,搜集完成任务所需的知识与技能要求,并制定相应计划。

二、任务相关知识

(一)近红外光谱分析技术的原理

近红外光是指介于可见光区与中红外区之间的电磁波,其波长范围为 $800\sim2\,500$ nm,波数范围为 $12\,500\sim4\,000$ cm^{-1}。一般应用中往往把 $700\sim2\,500$ nm 或 $700\sim2\,600$ nm 作为近红外谱区。习惯上又将近红外区划分为近红外短波 $780\sim1\,100$ nm 和近红外长波 $1\,100\sim2\,526$ nm 两个区域。

分子中的原子以化学键连接,每一化学键都有其特定的振动频率和振幅。当入射光能与分子中的化学键振动频率相一致时,分子就吸收光的能量,从原来的基态振动能级跃迁到能量较高的振动能级,表现为振幅的增加。吸收光的程度常用吸光度或透光度表示。物质对近红外光的吸收曲线称为近红外吸收光谱,也称分子的振、转动光谱,其主要是由于分子振动的非谐振性使分子振动从基态向高能级跃迁时产生的。近红外吸收光谱一般用 T-λ 曲线或 T-σ 曲线表示,横坐标为波数(cm^{-1},最常见)或波长(μm),纵坐标为透光度或吸光度,波长与波数之间的关系为:$\sigma(cm^{-1})=(1/\lambda)(cm^{-1})=(10^4/\lambda)(\mu m^{-1})$。根据试样的近红外吸收光谱进行定性、定量分析和结构分析等的方法,称为近红外吸收光谱法。

近红外光谱记录的主要是含氢基团(C—H、O—H、N—H、S—H、P—H)等振动的倍频和合频吸收。不同基团(如甲基、亚甲基、苯环等)或同一基团在不同化学环境中的近红外吸收波长与强度都有明显差别。所以近红外光谱具有丰富的结构和组成信息,非常适合用于碳氢有机物质的组成性质测量。

近红外光谱的分析测定技术可分为两大类:透射光技术和反射光技术(图 9-17)。透射光谱(波长一般在 $700\sim1\,100$ nm 范围内)是指将待测样品置于光源与检测器之间,检测器所检测的光是透射光或与样品分子相互作用后的光(承载了样品结构与组成信息)。若样品是混浊的,样品中有能对光产生散射的颗粒物质,光在样品中经过的路程是不确定的,透射光强度与样品浓度之间的关系不符合 Beer 定律。对这种样品应使用漫透射分析法。反射光谱分析(波长一般在 $1\,100\sim2\,500$ nm 范围内)是指将检测器和光源置于样品的同一侧,检测器所检测的是样品以各种方式反射回来的光。

物体对光的反射又分为规则反射(镜面反射)与漫反射。规则反射指光在物体表面按入射角等于反射角的反射定律发生的反射;漫反射是光投射到物体后(常是粉末或其他颗粒物体),在物体表面或内部发生方向不确定的反射。应用漫反射光进行的分析称为漫反射光谱法。此外,还有把透射分析和漫反射分析结合在一起的综合漫反射分析法和衰减全反射分析法等。

但在近红外区域,吸收强度弱,灵敏度相对较低,吸收带较宽且重叠严重。因此,依靠传统的建立工作曲线方法进行定量分析是十分困难的,化学计量学的发展为这一问题的解决奠定了数学基础。化学计量学(Chemometrics)是综合使用数学、统计学和计算机科学等方法从化学测量数据中提取信息的一门新兴的交叉学科。大量化学计量学方法被写成软件,

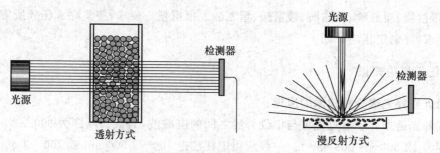

图 9-17　透射方式和漫反射方式

并成为分析仪器(尤其是近红外光谱仪)的重要组成部分。其中的数学处理方法主要有多元线性回归(MLR)、逐步回归(SMR)、主成分分析(PCA)、主成分回归(PCR)、偏最小二乘法(PLS)、人工神经网络(ANN)和拓扑(Toplogical)等。

因而近红外光谱方法是利用有机物中含有 C—H、N—H、O—H、C—C 等化学键的频振动或转动,以漫反射方式获得在近红外区的吸收光谱,通过主成分分析、偏最小二乘法、人工神经等现代化学和计量学的手段,建立物质光谱与待测成分含量间的线形或非线形模型,从而实现用物质近红外光谱信息对待测成分含量的快速计量。

(二)近红外光谱分析中的术语

1.标准分析误差(SEC 或 SEP)

样品的近红外光谱法测定值与经典方法测定值间残差的标准差,表达为

$$\sqrt{\frac{\sum(d_i - \bar{d})^2}{n-1}}$$

,对于定标样品常以 SEC 表示,检验样品常用 SEP 表示。

2.相对标准分析误差[SEC(C)]

样品标准分析误差中扣除偏差的部分,表达为 $\sqrt{SPC^2 - Bias^2}$。

3.残差(d)

样品的近红外光谱法测定值与真实值(经典分析方法测定值)的差值。

4.偏差(Bias)

残差的平均值。

5.相关系数(R 或 r)

近红外光谱法测定值与经典法测定值的相关性,通常定标样品相关系数以 R 表示,检验样品相差系数以 r 表示。

6.异常样品

样品近红外光谱与定标样品差别过大,具体表现为样品近红外光谱的马哈拉诺比斯(Mahalanobis)距离(H 值)大于 0.6,则该样品被视为异常样品。

(三)近红外光谱分析仪器

1.仪器的构造

近红外光谱仪器不管按何种方式设计,一般由光源、分光系统、载样器件、检测器和数据处理以及记录仪(或打印机)等几部分构成。

(1)光源　近红外光谱仪器的光源,其基本要求是在所测量光谱区域内发射足够强度的光辐射,并具有良好的稳定性。一般来说,光源的亮度不成问题,要获得稳定的光谱主要是解决光源的稳定性,光源的稳定性主要通过高性能的光源能量监控和可靠电路系统来实现。目前,在近红外光谱仪器中最常见的光源为溴钨灯,在其近红外区域内,各波长下光源所辐射出的能量并非一致。为避免低波长的辐射光对样品吸收近红外光的影响,在光源和分光系统间常加有滤光片,以便将大部分可见光滤掉而不致影响近红外范围的光谱,并可减少杂散光的影响。由于溴钨灯有一定的使用寿命,更换灯时要注意灯的位置和安装角度。

(2)分光系统　分光系统的作用是将多色光转化为单色光,是近红外光谱仪器的核心部件。

近红外光谱仪器从分光系统可分为固定波长滤光片、光栅色散、快速傅立叶变换、声光可调滤光器和阵列检测五种类型。滤光片型主要作专用分析仪器,如粮食水分测定仪。由于滤光片数量有限,很难分析复杂体系的样品。光栅扫描式具有较高的信噪比和分辨率。由于仪器中的可动部件(如光栅轴)在连续高强度的运行中可能存在磨损问题,从而影响光谱采集的可靠性,不太适合在线分析。傅立叶变换近红外光谱仪是具有较高的分辨率和扫描速度,这类仪器的弱点同样是由于仪器中存在移动性部件,且需要较严格的工作环境。声光可调滤光器是采用双折射晶体,通过改变射频频率来调节扫描的波长,整个仪器系统无移动部件,扫描速度快。但目前这类仪器的分辨率相对较低,价格也较高。随着阵列检测器件生产技术的日趋成熟,采用固定光路、光栅分光、阵列检测器构成的 NIR 仪器,以其性能稳定、扫描速度快、分辨率高、信噪比高以及性能价格比好等特点正越来越引起人们的重视。在与固定光路相匹配的阵列检测器中,常用的有电荷耦合器件(CCD)和二极管阵列(PDA)两种类型,其中 Si 基 CCD 多用于近红外短波区域的光谱仪,InGaAs 基 PDA 检测器则用于长波近红外区域。

(3)检样器件　检样器件是指承载样品或与样品作用的器件。由于近红外光及样品近红外光谱的特点,近红外光谱仪器的检样器件随测样方式的不同有较大的差异。就实验室常规分析而言,液体样品根据选定使用的光谱区域可采用不同尺寸的玻璃或石英样品池;固体样品可采用积分球或特定的漫反射载样器件;有时根据样品的具体情况也可以采用一些特殊的载样器件。在定位或在线分析中经常采用光纤载样器件。

(4)检测器　检测器由光敏元件构成,其作用是检测近红外光与样品作用后携带样品信息的光信号,将光信号转变为电信号,并通过模数转换器以数字信号形式输出。检测器有单通道和多通道两种检测方式。前者是经过光谱扫描,逐一接受每个波长下的光信号;后者则是同时接受指定光谱范围内的光信号。例如北京英贤仪器有限公司生产的 NIR3000、NIR6000 型近红外光谱分析仪都是采用 CCD 多通道的检测方式。它可以避免检测过程中光栅等部件的移动。从而保证仪器的稳定性。

(5)控制及数据处理分析系统　现代近红外光谱仪器的控制及数据处理分析系统是仪器的重要组成部分。一般由仪器控制、采谱和光谱处理分析两个软件系统和相应的硬件设备构成。前者主要功能是控制仪器各部分的工作状态,设定光谱采集的有关参数,如光谱测量方式、扫描次数、设定光谱的扫描范围等,设定检测器的工作状态并接受检测器的光谱信号。光谱处理分析软件主要对检测器所采集的光谱进行处理,实现定性或定量分析。对特定的样品体系,近红外光谱特征峰的差别并不明显,需要通过光谱的处理减少以至消除各方面因素对光谱信息的干扰,再从差别甚微的光谱信息中提取样品的定性或定量信息,这一切都要通过功能强大的光谱数据处理分析软件来实现。

(6)打印机 记录或打印样品的光谱或定性、定量分析结果。

2.仪器的主要类型

从技术的角度出发,近红外光谱仪器有多种分类形式,具体如下。

(1)从使用的光源看,既有发出宽谱带卤钨光源的仪器,也有采用多个产生窄谱带发光二极管组合作光源构成的仪器。

(2)从样品光谱信息的获得看,有简单的在一个或几个波长下测定的专用型滤光片型仪器,也有在近红外波长范围内测定全谱信息的研究型仪器。

(3)从光谱测定的波长范围看,由于采用不同检测器和分光器件,有的专用于短波近红外区域,有的则适合用于长波近红外区域。

(4)从检测器对分析光的响应看,有单通道和多通道两种类型,多通道型又有采用 CCD(电荷耦合器件)和 PDA(二极管阵列器件)的近红外光谱仪。

(5)从仪器的分光器件看,可分为 4 种主要类型:滤光片、光栅分光、傅立叶变换(麦克尔逊干涉仪)和声光调制滤光器。

(四)FOSS NIRSystems 5000 饲料品质分析仪介绍

1.技术参数

(1)波长范围 1 100～2 500 nm。

(2)扫描速度 1.8 次/s 噪声:1 100～2 500 nm 小于 $2×10^{-5}$ AU。

(3)检测器 硫化铅 1 100～2 500 nm。

(4)工作温度 60～90℉;15～32℃。

(5)参比 白色陶瓷。

2.仪器的日常维护

(1)使用过程中要及时清理样品槽、样品台和仪器表面的灰尘。

(2)过滤网至少要每周清理两次(不可水泡)。

(3)参比每 3 个月清理一次,并保持相关记录。

(4)检测过程要保持环境温湿度稳定,温度(25±1.7)℃,相对湿度 80% 以下。

三、任务实施

(一)仪器设备准备

1.近红外光谱仪

带可连续扫描单色器的漫反射型近红外光谱仪或其他类产品,光源为 100 W 钨卤灯,检测器为硫化铅,扫描范围为 1 100～2 500 nm,分辨率为 0.79 nm,带宽为 10 nm,信号的线形为 0.3,波长准确度 0.5 nm,波长的重现性为 0.03 nm,在 2 500 nm 处杂散光为 0.08%,在 1 100 nm 处杂散光为 0.01%。

2.软件

为 DOS 或 WINDOWS 版本,该软件由 C 语言编写,具有 NIR 光谱数据的收集、存储、加工等功能。

3.样品磨

旋风磨,筛片孔径为 0.42 mm,或同类产品。

4.样品皿

长方形样品槽,10 cm×4 cm×1 cm 窗口为能透过红外线的石英玻璃,盖子为白色泡沫塑料,可容纳样品为 5～15 个。

(二)试样处理

将样品粉碎,使之全部通过孔筛子(内径),并混合均匀。

(三)测定

1.一般要求

每次测定前应对仪器进行以下诊断。

(1)仪器噪声　32 次(或更多)扫描仪器内部陶瓷参比,以多次扫描光谱吸光度残差的标准差来反映仪器的噪声。残差的标准差应控制在 301 $g(1/R)10^{-6}$ 以下。

(2)波长准确度和重现性　用加盖的聚苯乙烯皿来测定仪器的波长准确度和重现性。以陶瓷参比做对照,测定聚苯乙烯皿中聚苯乙烯的三个吸收峰的位置,即 1 680.3、2 164.9、2 304.2 nm,该三个吸收峰的位置的漂移应小于 0.5 nm,每个波长处漂移的标准差应小于 0.05 nm。

(3)仪器外用检验样品测定　将一个饲料样品(通常为豆粕)密封在样品槽中作为仪器外用检验样品,测定该样品中粗蛋白质、粗纤维、粗脂肪和水分含量并做 T 检验,应无显著差异。

2.定标

NIR 分析的准确性在一定程度上取决于定标工作,定标的总则和程序见附录 A。

(1)定标模型的选择　定标模型的选择原则为定标样品的 NIR 光谱能代表被测定样品 NIR 光谱。操作上是比较它们光谱间的 H 值,如果待测样品 H 值≤0.6,则可选用该定标模型;如果待测样品 H 值>0.6,则不能选用该定标模型;如果没有现有的定标模型,则需要对现有模型进行升级。

(2)定标模型的升级　定标模型升级的目的是为了使该模型 NIR 光谱上能适应待测样品。操作上选择 25～45 个当地样品,扫描其 NIR 光谱,并用经典方法测定水分、粗蛋白质、粗纤维、粗脂肪或赖氨酸和蛋氨酸含量,然后将这些样品加入定标样品中,用原有的定标方法进行计算,即获得升级的定标模型。

(3)已建立的定标模型

①饲料中水分的测定。定标样品数为 101 个,以改进的偏最小二乘法(MPLS)建立定标模型,模型的参数为:SEP ＝0.24 ％,Bias ＝ 0.17％,MPLS 独立向量(Term)＝ 3。光谱的数学处理为:一阶导数、每隔 8 nm 进行平滑运算,光谱的波长范围为 1 308～2 392 nm。

②饲料中粗蛋白质的测定。定标样品数为 110 个,以改进的偏最小二乘法(MPLS)建立定标模型,模型的参数为:SEP ＝0.34％,Bias＝0.29％,MPLS 独立向量(Term)＝7。光谱的数学处理为:一阶导数、每隔 8 nm 进行平滑运算,光谱的波长范围为 1 108～2 500 nm。

③饲料中粗脂肪的测定。定标样品数为 95 个,以改进的偏最小二乘法(MPLS)建立定标模型。模型的参数为:SEP＝0.14％,Bias＝0.07％,MPLS 独立向量(Term)＝8。光谱的数学处理为:一阶导数、每隔 16 nm 进行平滑运算,光谱的波长范围为 1 308～2 392 nm。

④饲料中粗纤维的测定。定标样品数为 106 个,以改进的偏最小二乘法(MPLS)建立定标模型,模型的参数为 SEP＝0.41％,Bias＝0.19％,MPLS 独立向量(Term)＝6,光谱的数学处理为一阶导数、每隔 8 nm 进行平滑运算,光谱的波长范围为 1 108～2 392 nm。

⑤植物性蛋白类饲料中赖氨酸的测定。定标样品数为 93 个,以改进的偏最小二乘法(MPLS)建立定标模型,模型的参数为:SEP＝0.14％,Bias＝0.07％,MPLS 独立向量(Term)＝7。光谱的数学处理为:一阶导数、每隔 4 nm 进行平滑运算,光谱的波长范围为 1 108～2 392 nm。

⑥植物性蛋白类饲料中蛋氨酸的测定。定标样品数为 87 个,以改进的偏最小二乘法(MPLS)建立定标模型,模型的参数为:SEP＝0.09％,Bias＝0.06％,MPLS 独立向量(Term)＝5。光谱的数学处理为:一阶导数、每隔 4 nm 进行平滑运算,光谱的波长范围为 1 108～2 392 nm。

3.对未知样品的测定

根据待测样品 NIR 光谱选用对应的定标模型,对样品进行扫描,然后进行待测样品 NIR 光谱与定标样品间的比较。如果待测样品 H 值≤0.6,则仪器将直接给出样品的水分、粗蛋白质、粗纤维、粗脂肪或赖氨酸和蛋氨酸含量;如果待测样品 H 值＞0.6,则说明该样品已超出了该定标模型的分析能力,对于该定标模型,该样品被称为异常样品。

(1)异常样品的分类　异常样品可为"好""坏"两类,"好"的异常样品加入定标模型后可增加该模型的分析能力,而"坏"的异常样品加入定标模型后,只能降低分析的准确度。"好""坏"异常样品的甄别标准有二:一是 H 值,通常"好"的异常样品 H 值为＞0.6 或 H 值≤5,通常"坏"的异常样品 H 值＞5;二是 SEC,通常"好"的异常样品加入定标模型后,SEC 不会显著增加,而"坏"的异常样品加入定标模型后,SEC 将显著增加。

(2)异常样品的处理　NIR 分析中发现异常样品后,要用经典方法对该样品进行分析,同时对该异常样品类型进行确定,属于"好"异常样品则保留,并加到定标模型中,对定标模型进行升级;属于"坏"异常样品则放弃。

(四)分析的允许误差

分析的允许误差见表 9-8。

表 9-8　分析的允许误差　　　　　　　　　　　　　　　　　　　％

样品中组分	含量	平行样间相对偏差小于	测定值与经典方法测定值之间的偏差小于
水分	＞20	5	0.40
	＞10,≤20	7	0.35
	≤10	8	0.30
粗蛋白质	＞40	2	0.50
	＞25,≤40	3	0.45
	＞10,≤25	4	0.40
	≤10	5	0.30
粗脂肪	＞10	3	0.35
	≤10	5	0.30
粗纤维	＞18	2	0.45
	＞10,≤18	3	0.35
	≤10	4	0.30
蛋氨酸	≥0.5	4	0.10
	＜0.5	3	0.08
赖氨酸		6	0.15

四、任务小结

近红外光谱分析技术是属于二手分析技术,影响近红外光谱分析技术的主要因素包括以下 4 种:

1. 样本的影响

待测组分含量范围决定模型适应性的好坏,定标样品组分含量范围要尽量宽,这样才能保证以后待测样品的近红外预测值不会出现异常或比较大的偏差;如果组分含量未知,则最小浓度范围为标准方法测量误差的 10 倍。若样品组分两端出现比较明显的极值,且样品量很少,需要将此样品剔除,不能参与定标。定标样品的选取最好服从"均匀"(boxcar)分布。定标集样品选择一定要有代表性,所谓代表性也就是说定标样品这个小群体从待测组分含量,样品水分含量到样品来源等都要代表待测集这个大群体。

2. 定标样品物理性状

粒度大小的不同往往会出现不同的测量结果,甚至会出现很大的偏差。这是因为样品粒度大时其光学表面粗糙,影响反射光谱和传感系统呈现的透射层的物理深度,影响到感受系统对样品表面的反应,从而影响测试的灵敏度及准确度。保证粉碎粒度与定标时粒度的一致也是减少误差的有效途径。

3．基础数据准确性的影响

基础数据的准确性对近红外分析模型及其预测结果都有一定的影响,基础数据越准确,所建立模型的精度越高,其对未知样本的预测结果也越准确。对于精度相对较差的测试方法提供的基础数据,通过大量样本的近红外光谱分析和化学计量学统计处理,将有可能得到更精确的预测结果。

4．样品的测试条件

样品温度对近红外光谱分析模型稳健性有明显影响。

五、任务拓展

定标的总则和程序

1．样品的选择

参与定标的样品应具有代表性,即需涵盖将来所要分析样品的特性。创建一个新的校正模型,至少需要收集 50 个样品。通常以 70～150 个样品为宜。样品过少,将导致定标模型的欠拟合性;样品过多,将导致模型的过拟合性。

2．稳定样品组

为了使定标模型具有较好的稳定性,即其预测性能能不受仪器本身波动和样品的温度发生变化的影响,在定标中应加上温度发生变化的样品和仪器发生变化的样品。

3．定标样品选择的方法

对定标样品的选择应使用主成分分析法 PCA(principal component analysis)和聚类分析(cluster analysis)。根据某样品 NIR 光谱与其他样品光谱的相似性,仅选择其 NIR 光谱有代表性的样品,去除光谱非常接近的样品。

对于 PCA 方法,通常是选用前 12 个目标值(score value)用于选择定标样品组。或者从每一 PCA 中选择具有最大和最小目标值的样品(min/max);或者将每一 PCA 种的样品分为等同两组,从每一组中选择等同数目的代表性样品参与定标。两种方法中以 min/max 法是最通常采用的方法。

对于聚类分析方法,使用马哈拉诺比斯距离(或 H 值)等度量样品光谱间的相似性。通常选择有代表性样品的边界 H 值为 0.6,即如果某样品 NIR 光谱与其他样品的 H 值统计值大于或等于 0.6,则将其选择进入定标样品;如果某样品 NIR 光谱与其他样品的 H 值统计值小于 0.6,则不将其选择进入定标。

4．定标样品真实值的测定

对于定标样品需要知道其水分、粗蛋白质、粗纤维、粗脂肪、赖氨酸和蛋氨酸等含量的"真值",在实际操作中,通常以 GB/T 6432,GB/T 6433,GB/T 6434,GB/T 6435,GB/T 15399 和 GB/T 18246 的测定值来代替。

5．定标方法

(1)逐步回归(stepwise multiple linear regression,SMLR)   选择回归变量,产生最优回归方程的一种常用数学方法。它首先通过单波长点的回归校正,误差最小的波长点的光谱读数就为多线性回归模型中的第一独立变量;以此为第一变量,进行二元回归模型的比较,误差最小的波长所对应的光谱读数则为第二独立变量;以此类推获得第三······独立变量。但是独立变量的总数量不应超过[(N/10)+3],N为定标系中样品数量,否则将产生模型的过适应性。

(2)主成分回归法(principal components regression,PCR) 如果在回归中应用所有的100个(NIT)或700个(NIR)波长点光谱的信息,这样在建立回归模型时,至少需要101个或701个样品建立101个或701个线性方程组。主成分分析可用于压缩所需要的样品数量,同时又应用光谱所有的信息。它将高度相关的波长点归于一个独立变量(factor)中,进而就以为数不多的独立变量建立回归方程,独立变量内高度相关的波长点可用主成分得分(score)将其联系起来。内部的检验(cross validation,CV)用于防止过模型现象。

(3)偏最小二乘法回归法(partial least square regression,PLSR) 部分最小偏差回归法是20世纪80年代末应用到近红外光谱分析上的。该法与PCR很相似,仅是在确定独立变量时,不仅考虑光谱的信息(X变量),还考虑化学分析值(Y变量)。该法是目前近红外光谱分析上应用最多的回归方法,在制定饲料中水分、粗蛋白质、粗纤维、粗脂肪、赖氨酸和蛋氨酸测定的定标模型时使用此方法。

6.定标模型的更新

定标是一个由小样本估计整体的计量过程,因此定标模型预测能力的高低取决于定标样品的代表性。由于预测样品的不确定性,因此很难一下选择到合适的定标样品。所以,在实际分析工作中,通常用动态定标模型办法来解决这个问题。所谓动态定标模型办法就是在日常分析中边分析边选择异常样品,定期进行定标模型的升级,可概括为8步骤:定标设计;分析测定;定标运算;实际预测;异常数据检查;再定标设计;再分析测定;再定标运算。

7.对定标模型的检验和选取

检验定标模型的检验,其简单的方法是直接比较一个有代表样品群的预测值(y_i)和真实值(Y_i),以预测误差平方的加权平均值(MSE)来表示:$MSE = E(Y_i - y_i)^2/N$。整个定标过程原理可用图9-18表示。

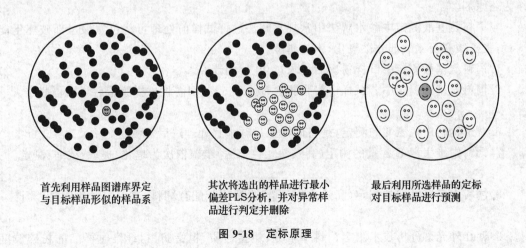

首先利用样品图谱库界定与目标样品形似的样品系　　其次将选出的样品进行最小偏差PLS分析,并对异常样品进行判定并删除　　最后利用所选样品的定标对目标样品进行预测

图9-18 定标原理

项目能力测试

一、填空题

1. 饲料中维生素 E 及氨基酸含量的测定国标方法均采用 _____。

2. 饲料中汞、铅、砷、硒的测定采用_____方法。

3. 饲料中铜、铁、锰、锌的测定采用_____方法。

4. 生产中有条件的可采用_____方法,一次测定饲料中的水分、粗蛋白、粗脂肪、粗纤维等指标。

二、选择题

1. 饲料中钙、铜、铁、镁、锰、钾、钠和锌的测定方法中,试样的前处理采用(　　　)。

A. 高温灰化后盐酸溶解　　　　　　　　B. 高温灰化后高氯酸溶解

C. 低温炭化后盐酸溶解　　　　　　　　D. 低温炭化合高氯酸溶解

2. 饲料中钙、铜、铁、镁、锰、钾、钠和锌的测定方法中,所用硫酸铜、硫酸亚铁、硫酸锰、硫酸锌均为(　　　)级别。

A. 优级纯　　　　　B. 分析纯　　　　　C. 化学纯　　　　　D. 生化试剂

3. 饲料中钙、铜、铁、镁、锰、钾、钠和锌的测定方法中,使用的火焰类型为(　　　)。

A. 空气-乙炔　　　　B. 空气丙烷　　　　C. 氧化亚氮-乙炔　D. 以上都不是

4. 饲料中砷含量测定中(原子荧光光度法)对矿物元素饲料添加剂前处理用(　　　)。

A. 高氯酸　　　　　B. 硫酸　　　　　　C. 硝酸　　　　　　D. 盐酸

5. 高效液相色谱技术用于饲料中维生素 E 含量的测定紫外检测器的波长为(　　　)。

A. 580 nm　　　　　B. 480 nm　　　　　C. 380 nm　　　　　D. 280 nm

三、判断题

1. 饲料中砷含量测定中(原子荧光光度法)对除矿物元素饲料添加剂之外试样的前处理称取试样后直接炭化并灰化。　　　　　　　　　　　　　　　　　　　　(　　　)

2. 饲料中砷含量测定中(原子荧光光度法),试样及标准品容量瓶中加入硫脲的作用是作为还原剂。　　　　　　　　　　　　　　　　　　　　　　　　　　　(　　　)

3. 饲料氨基酸测定中酸水解法中常规水解法进行试样前处理可将色氨酸全部破坏不能测量,胱氨酸和蛋氨酸部分被氧化,不能测准。　　　　　　　　　　　　(　　　)

4. 饲料氨基酸测定中试样粉碎后要求过 40 目的筛。　　　　　　　　　　(　　　)

5. 饲料氨基酸测定中若试样中粗脂肪含量大于 5%,则需将试样脱脂后风干再测定。

　　　　　　　　　　　　　　　　　　　　　　　　　　　　　　　　　(　　　)

6. 对于饲料中色氨酸的测定,是将试样经过碱水解处理法后再测定。　　　(　　　)

7. 饲料中维生素 E 含量的测定(高效液相色谱法)步骤依次为皂化、提取、浓缩、测定。

　　　　　　　　　　　　　　　　　　　　　　　　　　　　　　　　　(　　　)

8. 饲料中三聚氰胺的测定(高效液相色谱法)适用于配合饲料、浓缩饲料和预混合饲料。

　　　　　　　　　　　　　　　　　　　　　　　　　　　　　　　　　(　　　)

9. 近红外光谱分析技术测定饲料中水分、粗蛋白质、粗脂肪、粗纤维时样品的粉碎粒度对结果无影响。　　　　　　　　　　　　　　　　　　　　　　　　　　　(　　　)

项目十
饲料检验设计及检验报告

知识目标

1. 了解饲料检验设计的基本依据
2. 了解饲料检验设计的基本原则
3. 了解饲料检验的几种类型

技能目标

1. 能根据饲料种类进行饲料检验项目的设计
2. 能根据饲料种类进行原始记录及饲料检验报告的设计
3. 能正确填写原始记录表及饲料检验设计表

素质目标

1. 能坚持原则,实事求是
2. 能懂法守法

项目任务导读

任务一　饲料检验设计
任务二　饲料检验原始记录及饲料检验报告的设计及书写

▶ 任务一　饲料检验设计 ◀

一、任务描述

某厂生产蛋白浓缩饲料,所用原料为豆粕、鱼粉、石粉、磷酸氢钙、添加剂预混料(为本集团内部提供)请为某厂生产的产品及所用原料设计检验项目并确定检验方法。

二、任务相关知识

(一)饲料检验设计的目的和意义

正确有效地进行饲料分析化验工作对于加强生产管理,提高产品质量具有重要的指导作用。通过正确有效的饲料分析化验工作,可以达到如下四个方面的目的:①检验原料成分是否符合标准(或合同中约定质量指标)要求;②控制并改进饲料的制造方法;③校准计算机配方的成分计算值;④选择供应货源及供应厂商。

饲料分析化验工作必须正确有效地进行饲料检验设计,这样做可以避免不论何种原料或产品都进行全面的多项目分析化验,浪费人力物力财力,而且由于项目过多,抓不住关键问题,达不到有效进行质量控制的目的。

(二)饲料检验设计的基本依据和原则

1.饲料检验设计的基本依据

(1)饲料原料标准(国家标准、行业标准、地方标准、或企业内控标准) 我国饲料原料推荐标准如国家推荐标准 GB/T 17890—2008 饲料用玉米等,农业推荐标准如 NY/T 115—1989,水产行业推荐标准如 SC/T 3504—2006 饲料用鱼油等,粮食行业推荐标准如 LS/T 3407—1994 饲料用血粉等。化工行业推荐标准如 HG/T 2941—2004 饲料级氯化胆碱等。饲料用能量原料、蛋白质原料均以粗蛋白、粗纤维和粗灰分为质量控制指标,按其含量最多分为 3 级。各项指标含量均以 86%～88% 干物质为基础计算。3 项指标必须全部符合相应等级的规定。二级为中等质量标准,低于三级者为等外品。不得用该原料以外的物质掺入饲料,若加入抗氧化剂、防霉剂等添加剂时,应做相应的说明。

(2)饲料产品标准(国家标准、行业标准、地方标准、或企业内控标准) 饲料工业产品质量标准根据饲料产品种类不同,针对畜禽等适用对象的不同,分别规定了相应的标准要求。如不同经济用途的猪、鸡、牛、兔、鱼、虾等配合饲料标准。对实验动物配合饲料,我国也有一些相应的国家标准,如 GB 14924.3—2010 实验动物 配合饲料营养成分等。对宠物食品也有相应的国家标准。预混料标准,如 GB/T 20804—2006 奶牛复合微量元素维生素预混合饲料等。反刍动物精饲料标准,如 GB/T 20807—2006 绵羊用精饲料等。

(3)饲料标签标准(GB10648—2013) 饲料标签指以文字、符号、数字、图形说明饲料、饲料添加剂和饲料原料内容的一切附签或其他说明物。饲料标签应标示的基本内容包括:卫生要求、产品名称、产品成分分析保证值、原料组成、产品标准编号、使用说明、净含量、生产日期、保质期、贮存条件及方法、行政许可证明文件编号、生产者、经营者的名称和地址、其他如动物源性饲料、加入药物饲料添加剂的饲料产品等饲料及产品的标签要求及其他内容。并对标签的基本要求做出规定,如一个标签只能标示一个产品。

(4)饲料卫生标准(GB 13078—2017) 饲料卫生标准规定了饲料原料和饲料产品中的有毒有害物质及微生物的限量及试验方法。涉及的饲料产品包括添加剂预混合饲料、浓缩饲料、精料补充料、水产配合饲料、狐狸、貉、貂配合饲料及其他配合饲料等。具体涉及的卫生指标包括五大类,分别为第一大类无机污染物,如铅、总砷、汞、镉、铬、氟、亚硝酸盐;第二大类真菌毒素,如黄曲霉毒素 B_1、赭曲霉毒素 A、玉米赤霉烯酮、脱氧雪腐镰刀菌烯醇(呕吐毒素)、T-2 毒素、伏马毒素(B_1+B_2);第三大类天然植物毒素,如氰化物、游离棉酚、异硫氰酸酯、恶唑烷硫酮;第四大类有机氯污染物,如多氯联苯、六六六、滴滴涕、六氯苯;第五大类微生物污染物,如霉菌总数、细菌总数、沙门氏菌。

(5)饲料检验项目检测方法标准 到目前为止,国家已制定国家标准和行业标准共 189 项检测方法,检测指标涉及以下四类:

饲料产品加工指标:如饲料粉碎粒度、饲料产品混合均匀度等。

饲料营养成分指标:如粗蛋白、粗脂肪、粗纤维、水分、钙、磷、粗灰分、水溶性氯化物、钾、镁、铁、铜、锰、锌、碘、钴、硒、硫、钼、维生素 B_1、维生素 B_2、维生素 B_6,含硫氨基酸、色氨酸,其他各种氨基酸、氯化胆碱、生物素、维生素 E、烟酸、叶酸、抗坏血酸、泛酸、维生素 A、维生素 D_3、维生素 B_{12} 等。

添加剂有效成分含量:丙酸、植酸酶等。

饲料卫生指标:黄曲霉毒素 B_1、尿素酶活性、砷、铅、汞、镉、氟、氰化物、亚硝酸盐、游离棉酚、异硫氰酸酯、铬、恶唑烷硫酮、六六六、滴滴涕、沙门氏菌、赭曲霉毒素 A 和玉米赤霉烯酮、脱氧雪腐镰刀菌烯醇、T-2 毒素、霉菌总数、细菌总数、盐酸克伦特罗等。

(6)饲料加工工艺检验要求指标 饲料加工工艺过程一般包括原料入库、原料粉碎、配料、混合、制粒、冷却、破碎、打包。根据饲料生产公司或饲料检验设计目的要求,也可以对饲料加工工艺过程进行质量控制分析。

(7)饲料配方验证要求检验指标 根据饲料生产公司或饲料检验设计目的要求,参照不同饲料产品相应标准规定的检验项目,可以将饲料配方计算实现值与饲料产品实际化验分析值进行比对分析,为调整和改善饲料配方提供科学依据。

(8)用户要求检验项目 根据饲料生产公司、饲料经销商、饲料使用者等不同用户的要求,针对其所关心的某一检验目的,可以有针对性地对饲料进行化验分析。

(9)其他要求检验项目。

2.饲料检验设计的原则

以简单易行、结果可靠的检验方法,最少的检验项目,达到最大限度地满足对产品质量的有效可靠进行控制。

(三)饲料检验设计的一般程序和方法

①明确进行检验的目的。

②确定必须分析检验项目。

③确定待检项目的检测方法。

④经过检测结果分析比较,看是否达到了检验目的。

⑤提交检验报告和检验相关文件。

(四)饲料检验的几种类型

1.饲料标签规定的各类饲料产品的分析项目

饲料标签规定的各类饲料产品的分析项目见表10-1。

表 10-1　各类饲料产品的分析项目

产品名称	项目
蛋白质饲料	CP、CF、CAsh Water(动物蛋白＋Ca、TP 、NaC)AA
配合饲料	CP、CF、CAsh Water 、Ca、TP、NaCl、AA
浓缩饲料	CP、CF、CAsh Water 、Ca、TP、NaCl、AA、Vit、Micronutrients
精料补充料	CP、CF、CAsh Water 、Ca、TP、NaCl、AA、Vit、Micronutrients
复合预混料	Vit、Micronutrients、其他有效成分含量、载体、稀释剂名、水分
微量元素预混料	Micronutrients 有效成分含量、载体、稀释剂名、水分
维生素预混料	Vit 有效成分含量、载体、稀释剂名、水分
矿物质饲料	主要成分含量、主要有毒有害物最高含量、水分、粒度
非营养性添加剂	有效成分含量,不包括药物饲料添加剂
营养性添加剂	有效成分含量
其他	标注能说明产品内在质量的项目

2.各类饲料原料的分析检验项目

根据我国制定的各类饲料原料标准,要达到对各种饲料原料的品质进行有效监控,建议对下列指标进行分析检验,并与有关标准值对照,以判断原料质量的优劣。各类饲料原料的分析检验项目见表 10-2。

表 10-2　各类饲料原料的分析检验项目

原料类型	原料名称	建议常规检查分析项目
谷物类	玉米、高粱、稻谷、小麦、皮小麦、碎米	CP、CF、CAsh Water、色泽、杂质、气味、霉变
谷物副产品	麦麸、次粉、米糠等	CP、CF、CAsh Water、色泽、杂质、气味、霉变、容重
动物蛋白类	鱼粉、肉骨粉、肉粉、血粉	CP、Cash、Water、色泽、气味、霉变、镜检(掺杂使假)、(非蛋白氮、盐分、钙、磷)
饼粕类	豆粕(饼)、棉粕(饼)、菜粕(饼)、花生饼(粕)等	CP、CF、Cash、Water、色泽、杂质、气味、霉变、容重脲酶活性、棉酚、恶唑烷硫酮、黄曲霉毒素
矿物质类	骨粉、磷酸氢钙等	钙、磷、氟、钙磷比

上表列出了国标《饲料原料》规定的各类饲料原料的检验项目。在饲料生产实际中,一般来说,若待抽检样品的各项化验结果出来后,再决定是否接受或使用所购进的原料,从时间上看是很难做到的。因而饲料企业通常选用一些重点指标进行测定,以达到既能在较短的时间内得出结果,又不影响生产中使用原料的目的。

3.饲料产品的检验形式

目前,我国对饲料产品的检验项目及检验周期尚无统一规定,根据饲料工业企业多年来的实际操作实践,主要分为出厂检验项目和型式检验项目两种。

(1)出厂检验项目 每批产品必须进行出厂检验。出厂检验由生产单位质量检验部门执行,也可委托正式检验机构进行,出厂检验的项目应根据不同产品类型,选择能快速、准确反映产品质量的指标,如畜禽的配合饲料可选择感官指标、水分、粗蛋白、粉状料成品粒度、颗料含粉率、净重、包装和标签等出厂检验项目。如产蛋后备鸡、产蛋鸡、肉用仔鸡配合饲料产品标准(GB/T 5916—2008)中规定:感官性状、水分、细度、粗蛋白和粗灰分含量为出厂检验项目。每批次产品均须进行以上指标检测。

(2)型式检验项目 型式检验的项目为饲料产品标准中规定的所有技术指标,有下列情况之一,一般应进行型式检验。

①新产品投产。

②正式生产后,如配方或工艺有较大改变,可能影响产品质量时。

③产品长期停产后,恢复生产时。

④出厂检验结果与上次型式检验有较大差异时。

⑤国家质量监督机构提出进行型式检验的要求时。

⑥正常生产时,每年至少一次周期性检验。

以产蛋后备鸡、产蛋鸡、肉用仔鸡配合饲料产品为例,其产品标准(GB/T 5916—2008)中规定:型式检验项目包括感官指标、水分、粒度、混合均匀度、粗蛋白、粗脂肪、粗灰分、粗纤维、钙、总磷、食盐、蛋氨酸、赖氨酸、植酸酶活性、卫生指标、药物饲料添加剂。

(3)判定规则。

①卫生指标有一项不合格,该批产品即判为不合格,并不得复检。

②饲料产品标准中如为判定合格指标,检验中有不合格项目,应重新取样进行复检,经复验仍有一项不合格者,即判为不合格。如为参考指标,必要时可按产品标准检验或验收。

③监测与仲裁判定各项指标合格与否时,必须考虑检验项目分析允许误差,可按饲料检测结果判定的允许误差(GB/T 18823—2010)中规定执行。

三、任务实施

1.设计入厂原料检验项目并确定检验方法

(1)设计豆粕、鱼粉、石粉、磷酸氢钙的检验项目。

(2)根据检验项目确定使用的检测方法。

2.设计蛋白浓缩饲料产品检验项目并确定检验方法

(1)设计蛋白浓缩饲料产品的检验项目。

(2)根据检验项目确定使用的检测方法。

四、任务小结

饲料检验项目设计是设计原始记录表格和化验报告表格的基础,不同的原料及配合饲料产品分析项目有所区别,生产中应按照简单易行,结果可靠的检验方法,以最少的检验项目对样品质量可靠的控制。

五、任务评价

饲料检验设计的评价标准见表 10-3。

表 10-3　饲料检验设计评价标准

评价环节	评分要素	分值	评分标准	得分	备注
相关知识准备	任务相关知识查阅收集	15	任务相关知识查阅、收集全面、充分		
检验项目的设计	豆粕入厂检验项目	6	项目设计合理		
	鱼粉入厂检验项目	6	项目设计合理		
	石粉入厂检验项目	3	项目设计合理		
	磷酸氢钙入厂检验项目	6	项目设计合理		
	蛋白浓缩饲料产品出厂检验项目	8	项目设计合理		
	蛋白浓缩饲料产品型式检验项目	8	项目设计合理		
检测方法的确定	豆粕各检验项目的检测方法	6	检测方法适用、可靠		
	鱼粉各检验项目的检测方法	6	检测方法适用、可靠		
	石粉各检验项目的检测方法	4	检测方法适用、可靠		
	磷酸氢钙各检验项目的检测方法	6	检测方法适用、可靠		
	蛋白浓缩饲料出厂检验各项目的检测方法	8	检测方法适用、可靠		
	蛋白浓缩饲料型式检验各项目的检测方法	8	检测方法适用、可靠		
其他	小组合作、态度等	10	小组合作配合好、认真准备、积极参加		
总分		100			

▶ 任务二　饲料检验原始记录及饲料检验报告的设计及书写 ◀

一、任务描述

某产品饲料中粗脂肪的测定

测定方法:GB/T 6433—2006 饲料中粗脂肪的测定方法

2011 年 3 月 15 日,光明饲料厂化验员对本厂当天生产的型号为 551 的乳猪配合饲料的粗脂肪(测定方法:GB/T 6433—2006 饲料中粗脂肪的测定方法)含量进行测定,测定数据

如下:

样本Ⅰ:称取风干试样 4.496 3 g 进行粗脂肪的测定,抽提瓶质量为 100.772 8 g,测定结果后盛有粗脂肪的抽提瓶质量为 100.900 1 g;

样本Ⅱ:称取风干试样 4.629 6 g 进行粗脂肪的测定,抽提瓶质量为 77.469 9 g,测定结果后盛有粗脂肪的抽提瓶质量为 77.600 4 g。

该厂企业标准 Q/320623MGS03—2009 中规定 551 乳猪配合饲料粗脂肪含量不低于 2.5%,饲料检测结果判定的允许误差(GB/T 18823—2010)规定:粗脂肪含量为 2%～3% 时,允许误差(绝对误差)为 0.3%。请根据以上数据完成原始记录设计、填写和检验报告的编制工作。

二、任务相关知识

1. 饲料检验原始记录及检验报告表格的设计

(1)饲料检验原始记录表格的设计 饲料检验原始记录表格可根据某饲料检验项目的检验过程,设计单项记录表格。表格中主要包括生产单位名称、被检样品名称、检测依据、检测用主要仪器设备、检测过程记录、平均值及相对偏差的计算、检验结论、检测人、校对人及审核人。例:饲料中粗灰分的测定原始记录(表 10-4)。

表 10-4　××饲料有限公司(厂)
粗灰分的测定原始记录

样品编号		样品名称	检验日期	检测依据
环境条件		仪器名称	仪器型号	仪器编号
试样编号		$1^{\#}$		$2^{\#}$
空坩埚质量 m_0(g)	第一次			
	第二次			
坩埚加试样质量 m_1(g)				
灰化后坩埚加灰分质量 m_2(g)	第一次			
	第二次			
试样中粗灰分含量 ASH/%				
计算公式		$ASH = \dfrac{m_2 - m_0}{m_1 - m_0} \times 100\%$		
平均值/%				
绝对差值/%				
检验结论		该样品经检验,粗灰分含量为　　　%。		
备注				

检测人:　　　　　　校对人:　　　　　　审核人:

一个样品都要检测多个项目,也可设计在一张表格中。例:饲料样品测定原始记录(表10-5)。

表 10-5　××××饲料有限公司(厂)
饲料样品测定原始记录

No. XXXX

样品名称			样品编号	
规　　格			生产批号	
生产单位				
抽样人			抽样地点	
检验项目:		检验项目:		检验项目:
检验依据:		检验依据:		检验依据:
检验记录:		检验记录:		检验记录:
计算公式:		计算公式:		计算公式:
平均值:		平均值:		平均值:
相对偏差:		相对偏差:		相对偏差:
检验结论:				
备注				

　　检验人:　　　　　复核人:　　　　　检验日期:

(2)检验报告表格的设计　检验报告是对饲料被测定项目的检测结果的汇总,并通过与原料或产品质量标准所标示的指标进行比较,进行判定该原料或产品是合格还是不合格。主要内容包括:单位名称、被检样品基本情况、检测项目、检测依据、判定依据、检验结果、检验结论及编制、审核、批准人员等。例:检验报告单(表10-6)。

表 10-6 ××××饲料有限公司(厂)

检 验 报 告 单

No. XXXX

样品名称		样品编号	
规格		生产日期	
生产单位			
抽样人		抽样地点	
检验日期		报告日期	
检验项目			
检验依据			
判定依据			
所用主要仪器及型号			

检验结果	检验项目	计量单位	标准值	判定值	检验结果	单项判定

结论	样品经检验,符合/不符合××××××质量要求,判定合格/不合格。
检验人		审核人	(由审核人签名)

2. 饲料检验记录及检验报告的填写

(1)饲料检验原始记录的填写

①饲料检验原始记录由化验员认真填写,一律用钢笔,字迹要工整,不许涂改,如发生误记时,在误记处划一横杠以示无效。在横杠上方空白处更改并签字。测定数据要按实际填写。不准伪造,不许任意撕毁。

②有效数字及数值修约规则。应正确记录实际能测得的数字的位数,即有效数字。有效数字保留的位数应根据分析方法与仪器的准确度来确定。一般应使测得的数值中最后一位是可疑的。若使用感量为 0.000 1 g 的分析天平称得称量瓶的质量为 25.034 0 g,因为分析天平只能称准到 0.000 2 g,则称量瓶的实际质量应为(25.034 0±0.000 2)g。上例中称量瓶质量的有效数字为 6 位。容量瓶、滴定管、移液管、吸量管能准确测量溶液体积到 0.01 mL,若用 100 mL 移液管移取溶液时,则应记录为 100 mL。用吸量管移取溶液时也应记录到小数点后第二位,如 6.89 mL。

计算过程中数值修约(通过省略原数值的若干位数字,调整所保留的末位数字,使最后所得到的值最接近原数值的过程)的修约间隔(修约值的最小数值单位)规定如下:

A. 指定修约间隔为 10^{-n}(n 为正整数),或指明将数值修约到 n 为小数。如指定修约间隔为 0.1,修约值应在 0.1 的整倍数中选取,相当于将数值修约到一位小数。

B. 指定修约间隔为 1,或指明将数值修约到个位数。

C. 指定修约间隔为 10^n(n 为正整数),或指明将数值修约到 10^n 数位,或指明将数值修约到"十""百""千"……数位。如指定间隔为 100,修约值应在 100 的整倍数中选取,相当于将数值修约到"百"位数。

D. 0.5 单位修约:指按指定修约间隔对拟修约的数值 0.5 单位进行的修约。0.5 单位修约方法如下:将拟修约数值 $X \times 2$,按指定修约间隔对 2X 依进舍规则的规定修约,所得数值(2X 修约值)再除以 2。

例:将下列数字修约到"个"数位的 0.5 单位修约。

拟修约数值 X	2X	2X 修约值	X 修约值
60.25	120.50	120	60.0
60.38	120.76	121	60.5
60.28	120.56	121	60.5

E. 0.2 单位修约:指按指定修约间隔对拟修约的数值 0.2 单位进行的修约。0.2 单位修约方法如下:将拟修约数值 $X \times 5$,按指定修约间隔对 5X 依进舍规则的规定修约,所得数值(5X 修约值)再除以 5。

例:将下列数字修约到"百"数位的 0.2 单位修约。

拟修约数值 X	5X	5X 修约值	X 修约值
830	4150	4200	840
842	4210	4200	840
832	4160	4200	840

数值进舍规则如下:

A. 拟舍弃数字的最左一位数字小于 5,则舍去,保留其余各位数字不变。

例:将 12.149 8 修约到个位数,得 12;将 12.149 8 修约到一位小数,得 12.1。

B. 拟舍弃数字的最左一位数字大于 5,则进一,即保留数字的末位数字加 1。

例:将 1268 修约到"百"数位,得 13×10^2(特定场合可写为 1 300)。

注:本示例中,"特定场合"系指修约间隔明确时。

C. 拟舍弃数字的最左一位数字是 5,且其后有非 0 数字时进一,即保留数字的末位数字加 1。

例:将 10.5002 修约到个位数,得 11。

D. 拟舍弃数字的最左一位数字是 5,且其后无数字或皆为 0 时,若所保留的末位数字为奇数则进定,即保留数字的末位数字加 1;若所保留的末位数字为偶数,则舍去。

例 1:修约间隔为 0.1(或 10^{-1})

拟修约数值	修约值
1.050	10×10^{-1}(特定场合可写成为 1.0)
0.35	4×10^{-1}(特定场合可写成为 0.4)

例 2:修约间隔为 1 000(或 10^3)

拟修约数值   修约值

 2 500 2×10^3(特定场合可写成为 2 000)

 3 500 4×10^3(特定场合可写成为 4 000)

修约时应注意不允许连续修约。

有效数字的运算规则如下:

A. 加减法:加减法运算中,保留有效数字的位数,以小数点后位数最少的为准,即绝对误差最大的为准。

B. 乘除法:乘除法运算中,保留有效数字的位数,以有效数字位最少的数为准,即以相对误差最大的数为准。

C. 自然数:在定量分析运算中,有时会遇到一些倍数或分数的关系。例如:水的分子量＝$2\times1.008+16.00=18.02$。在这里,2×1.008 中的 2 不能看作为一位有效数字。因为 2 不是测量所得到的数,是自然数,可视为无限有效。

在常量分析中,一般保留 4 位有效数字,而微量分析一般保留 3 位有效数字。

③饲料检验原始记录表中的检验依据是指检测方法的依据。如饲料中粗灰分测定方法采用的标准号是 GB/T 6438—2007。

④表中检测结果的平均值是否有效,要看绝对差值、相对偏差或相对平均偏差是否在允许的范围之内。

绝对差值   绝对差值$=|x_1-x_2|$

绝对偏差 $d=x-\bar{x}$

其中 $\bar{x}$ 为多次测定结果的平均值 $\bar{x}=\dfrac{x_1+x_2+\Lambda+x_n}{n}$

相对偏差 $d=\dfrac{d}{\bar{x}}\times100\%$

相对偏差表示一次测量结果对平均值的偏差,不能表示多次测定结果的数据分散程度。若要描述多次测定结果的精密度,可以应用平均偏差、相对平均偏差或标准差来表示:

平均偏差 $\bar{d}=\dfrac{|d_1|+|d_2|+\Lambda+|d_n|}{n}=\dfrac{\sum|x_i-\bar{x}|}{n}$

相对平均偏差 $\bar{d}=\dfrac{\bar{d}}{\bar{x}}\times100\%$

标准差 $S=\sqrt{\dfrac{\sum(x-\bar{x})^2}{n-1}}$

如粗蛋白测定含量在 25% 以上,允许相对偏差规定为 1%,即某饲料样品粗蛋白含量测定的允许相对偏差≤1%,该样品粗蛋白含量测定的平均值才有效;如实际测定的允许相对偏差＞1％,说明测定结果的精密度没有达到规定要求,应于重新测定,直至符合要求为止。

（2）检验报告的填写

①检验报告表中的判定依据是指饲料产品质量标准和饲料检测结果判定的允许误差（GB/T 18823—2010）

②检验仪器是填写所测项目过程中使用的主要仪器设备,目的是如测定结果有争议,需重复测定,使用同样的测定仪器设备,看其结果是否相一致。

③表中检测项目对应的标准值是指饲料产品质量标准中规定的某项指标的值。

④表中的判定值需要用标准值和饲料检测结果判定的允许误差计算得来。

例:判定值的计算公式:

判定值＝标准值＋允许误差值;或判定值＝标准值－允许误差值;或判定值＝标准值±允许误差值

A. 允许误差值为绝对误差的判定值计算

例1:某饲料产品质量标准中规定粗蛋白≥16.0％,查《饲料检测结果判定的允许误差》表中该项指标的绝对误差为0.8％,则判定值≥(16.0％－0.8％)≥15.2％。

例2:某饲料产品质量标准中规定粗纤维≤5.0％,查《饲料检测结果判定的允许误差》表中该项指标的绝对误差为＋0.6％,则判定值≤(5.0％＋0.6％)≤5.6％。

例3:某饲料产品质量标准中规定砷＜10 mg/kg,查《饲料检测结果判定的允许误差》表中该项指标的绝对误差为1.0 mg/kg,则判定值＜10 mg/kg＋1.0 mg/kg＜11.0 mg/kg。

例4:某配合饲料产品食盐含量的保证值为0.3％～0.8％。查《饲料检测结果判定的允许误差》表,食盐含量保证值的下限值0.3％和上限值0.8％均处于表格中标准规定值的"0.3～1"档次,其对应的允许误差值均为0.1％。则判定合格的下限值为0.3％－0.1％＝0.2％;判定合格的上限值为0.8％＋0.1％＝0.9％。

B. 允许误差值为相对误差的判定值计算

例4:某饲料产品质量标准中规定维生素A≥10 000 mg/kg,查《饲料检测结果判定的允许误差》表中该项指标的相对误差为40％,则判定值≥10 000 mg/kg＋10 000 mg/kg×(－40％)≥6 000 mg/kg。

例5:某饲料产品质量标准中规定铜为2 000～2 500 mg/kg,查《饲料检测结果判定的允许误差》表中该项指标的相对误差为±20％,则判定值的下限为2 000 mg/kg＋2 000 mg/kg×(－20％)＝1 600 mg/kg,判定值的上限为2 500 mg/kg＋2500 mg/kg×20％＝3 000 mg/kg,即判定值为1 600～3 000 mg/kg

C. 若某项检测指标的检测结果的允许误差在《饲料检测结果判定的允许误差》中没有列出,则该指标的判定值＝标准值。

⑤表中检验结果的单项判定。用实际检测结果与判定值相比较,看是否符合要求,若符合则判定该指标为合格,否则为不合格。

⑥表中结论的填写。若所测指标判定全部合格,则结论为"样品经检验,符合××××××（企业产品质量标准号）质量要求,判定合格"。若所测指标判定只要有一项不合格,则结论为"样品经检验,不符合××××××（企业产品质量标准号）质量要求,判定不合格"。

三、任务实施

请根据任务描述内容完成以下原始记录表格及检验报告表格的设计及填写。

(1)粗脂肪测定原始记录表格的设计及填写。

(2)粗脂肪测定检验报告表格的设计及填写。

四、任务小结

作为化验员每天都会接触饲料检验原始记录及检验报告表格,掌握这两种常用表格的设计与填写是化验员的必备技能。

五、任务拓展

误差及其来源

(1)系统误差 也称为可定误差,由分析过程某些经常发生的原因造成,对结果的影响较固定,在同一条件下重复测定时,它会重复出现。因此,系统误差的大小往往可以估计,也可以设法避免或加以校正。系统误差按其产生的原因可以分析以下几类:

①仪器误差:主要是仪器本身不够精密或未经校正所引起的,如天平、砝码和量器刻度不够准确等,在使用过程中就会使测定结果产生系统误差。

②试剂误差:由于试剂不纯或蒸馏水中含有微量杂质所引起的误差。

③方法误差:这种误差是由于分析方法本身所造成的。例如,重量分析中,由于沉淀的溶解造成损失或因吸附某些杂质而产生的误差。在滴定分析中,因为反应进行不完全或干扰离子的影响,以及滴定终点和理论终点不符合等,都会系统地影响测定结果,从而产生系统误差。

④操作误差:指在正常操作情况下,由于分析工作者掌握操作规程与正确控制条件稍有出入而引起的误差。例如,滴定管读数时偏高或偏低,对某种颜色的变化辨别不够敏锐等所造成的误差。

系统误码差影响测定结果的准确度,应尽量排除,可以通过对照试验、空白试验、校正仪器等方法加以校正。

所谓对照试验就是我们在分析某试样时,与已知成分较接近的标准试样按同一方法进行操作。例如,已知某标准试样的真实含量为99.60%,经用被检方法测定结果为99.40%,则说明其分析方法及操作方法的系统误差为-0.2%。所谓空白试验是在不加试样的情况下,按照被测试样的分析步骤和条件进行分析的试验,得到的结果称为"空白值",从试样的分析结果减去"空白值"就可以得到更接近于真实含量的分析结果。这些误差是由试剂、蒸馏水、实验器和环境带入的杂质所引起的。

(2)偶然误差 也叫不定误差,产生的原因和系统误差不同,它是由某些偶然因素(如测定时环境的温度、湿度和气压的微小波动,或由于外界条件影响而使安放在操作台上的天平受到微小的震动,以及仪器性能的微小波动)所引起。偶然误差影响测定结果的精密度,应尽量降低。偶然误差难以察觉,也难以控制。但是,在消除系统误差后,在同样条件下进行多次测定,则可发现偶然误差几乎有相等出现的规律:①小误差出现的概率大;②大误差出现的概率小;③同样大小的正负偶然误差几乎有相等出现的规律,因此它们之间常常能相互完全或部分抵消。偶然误差服从正态分布曲线规律,随着测定次数的增加,偶然误差的算术平均值将逐渐接近于零。因此,多次测定结果的平均值更接近于真实值。多次测定并非测定次数越多越好,因为那样做会浪费很多人力、物力和时间。在一般测定中,有时只做 2～3 次平行测定即可。

六、任务评价

饲料检验原始记录及饲料检验报告的设计及书写的评价标准见表 10-7。

表 10-7 饲料检验原始记录及饲料检验报告的设计及书写的评价标准

评价环节	评分要素	分值	评分标准	得分	备注
相关知识准备	任务相关知识查阅、收集	15	任务相关知识查阅、收集全面、充分		
粗脂肪测定原始记录表格的设计及填写	原始记录表格设计	20	表格中含样品名称或样品编号 表格中含每个测定步骤的原始数据 表格下方有检验人和校核人		
	原始记录填写	15	原始数据填写正确(含有效位数正确) 结果计算正确		
粗脂肪测定检验报告表格的设计及填写	检验报告表格设计	25	表格中含样品相关信息(样本名称、样品编号、生产时间、来源等) 表格中含采样信息(采样人、采样地点、包装规格等) 表格中含检验及报告日期 表格中含检验项目、检验依据、判定依据、所用仪器及型号 表格中含检验结果、判定过程及结论 表格下方有检验人及审核人		
	检验报告填写	15	样品及采样信息填写正确 时间填写正确 检验项目、检验依据、判定依据、所用仪器及型号填写正确 标准值、判定值填写正确 结论描述正确 有检验人签字		
其他	小组合作、态度等	10	小组合作配合好、认真准备、积极参加		
总分		100			

附 录

附录一 国际相对原子质量表

国际相对原子质量表

元素	符号	相对原子质量	元素	符号	相对原子质量	元素	符号	相对原子质量
银	Ag	107.868	汞	Hg	200.59	铑	Rh	102.905 5
铝	Al	26.981 54	钬	Ho	164.93.4	钌	Ru	101.07
氩	Ar	39.948	碘	I	126.904 5	硫	S	32.06
砷	As	74.921 6	铟	In	114.82	锑	Sb	121.76
金	Au	196.966 5	铱	Ir	192.22	钪	Sc	44.955 9
硼	B	10.81	钾	K	39.098 3	硒	Se	78.96
钡	Ba	9.012 18	氪	Kr	83.80	硅	Si	28.085 5
铍	Be	9.012 18	镧	La	138.905 5	钐	Sm	150.4
铋	Bi	208.980 4	锂	Li	6.941	锡	Sn	118.71
溴	Br	79.904	镥	Lu	174.97	锶	Sr	87.62
碳	C	12.011	镁	Mg	24.305	钽	Ta	180.947 9
钙	Ca	40.08	锰	Mn	54.938 0	铽	Tb	158.925 4
镉	Cd	112.41	钼	Mo	95.94	碲	Te	127.60
铈	Ce	140.12	氮	N	14.006 7	钍	Th	232.038 1
氯	Cl	35.453	钠	Na	22.989 77	钛	Ti	47.867
钴	Co	58.933 2	铌	Nb	92.906 4	铊	Tl	204.383 3
铬	Cr	51.996	钕	Nd	144.24	铥	Tm	168.934 2
铯	Cs	132.905 4	氖	Ne	20.179	铀	U	238.029
铜	Cu	63.546	镍	Ni	58.70	钒	V	50.941 5
钴	Co	162.50	镎	Np	237.048 2	钨	W	183.84
铒	Er	167.26	氧	O	15.999 4	氙	Xe	131.30
铕	Eu	151.96	锇	Os	190.2	钇	Y	88.905 9
氟	F	18.998 403	磷	P	30.973 76	镱	Yb	173.04
铁	Fe	55.847	铅	Pb	207.2	锌	Zn	65.39
镓	Ga	69.72	钯	Pd	106.4	锆	Zr	91.22
钆	Gd	157.25	镨	Pr	140.907 7			
锗	Ge	72.64	铂	Pt	195.09			
氢	H	1.007 9	镭	Ra	226.023 4			
氦	He	4.002 60	铷	Rb	85.467 8			
铪	Hf	178.49	铼	Re	186.207			

附录二　酸碱指示剂

常用酸碱指示剂

指示剂	pK$_a$	范围 pH 变色	酸色	碱色	配制方法
百里酚蓝(第一次变色)	1.65	1.2～2.8	红	黄	1 g/L 的 20%乙醇溶液
甲基橙	3.4	3.1～4.4	红	橙黄	0.5 g/L 水溶液
溴甲酚绿	4.9	3.8～5.4	黄	蓝	1 g/L 的 20%乙醇溶液或 0.1 g 指示剂溶于 2.9 mL 0.05 mol/L NaOH 溶液,加水稀释至 100 mL
甲基红	5.0	4.4～6.2	红	黄	1 g/L 的 60%乙醇溶液
溴百里酚蓝	7.3	6.2～7.3	黄	蓝	1 g/L 的 20%乙醇溶液
中性红	7.4	6.8～8.0	红	黄橙	1 g/L 的 60%乙醇溶液
百里酚蓝(第二变色)	8.9	8.0～9.6	黄	蓝	1 g/L 的 20%乙醇溶液
酚酞	9.1	8.0～9.6	无色	红	1 g/L 的 90%乙醇溶液
百里酚酞	10.0	9.4～10.6	无色	蓝	1 g/L 的 90%乙醇溶液

常用混合酸碱指示剂

指示剂组成(体积比)	变色点 pH	酸色	碱色	备注
1 份 1 g/L 的甲基橙水溶液 1 份 2.5 g/L 靛蓝二磺酸钠水溶液	4.1	紫	黄绿	灯光下可滴定
1 份 0.2 g/L 甲基橙水溶液 1 份 1 g/L 溴甲酚绿钠盐水溶液	4.3	橙	蓝紫	pH 3.5 黄色 pH 4.05 绿黄 pH 4.3 浅绿
3 份 1 g/L 溴甲酚绿 20%乙醇溶液 1 份 2 g/L 甲基红 60%乙醇溶液	5.1	酒红	绿	颜色变化明显
1 份 2 g/L 甲基红乙醇溶液 1 份 1 g/L 次甲基蓝乙醇溶液	5.4	红紫	绿	pH 5.2 红紫 pH 5.4 暗蓝 pH 5.6 绿色
1 份 1 g/L 溴甲酚钠盐水溶液 1 份 1 g/L 氯酚红钠盐水溶液	6.1	黄绿	蓝紫	pH 5.6 蓝绿 pH 5.8 蓝色 pH 6.0 浅紫 pH 6.2 蓝紫
1 份 1 g/L 溴甲紫钠盐水溶液 1 份 1 g/L 溴百里酚蓝盐水溶液	6.7	黄	蓝紫	pH 6.2 黄紫 pH 6.6 紫色 pH 6.8 蓝紫
1 份 1 g/L 中性红乙醇溶液 1 份 1 g/L 次甲基蓝乙醇溶液	7.0	蓝紫	紫蓝	pH 7.0 为蓝紫时必须保存在棕色瓶中
1 份 1 g/L 甲酚红钠盐水溶液 3 份 1 g/L 百里酚蓝钠盐水溶液	8.3	黄	绿	pH 8.2 玫瑰色 pH 8.4 紫色
1 份 1 g/L 百里酚蓝 50%乙醇溶液 3 份 1 g/L 酚酞 50%水溶液	9.0	黄	紫	pH 9.0 绿色

附录三　容量分析基准物质的干燥条件

容量分析基准物质的干燥条件

基准物质	干燥温度和时间
碳酸钠(Na_2CO_3)	$270\sim300℃,40\sim50$ min
草酸钠($Na_2C_2O_4$)	$105\sim110℃(130℃)1\sim1.5$ h
草酸($H_2C_2O_4 \cdot 2H_2O$)	室温,空气干燥 $2\sim4$ h
四硼酸钠($Na_2B_4O_7 \cdot 10H_2O$)	室温,在 NaCl 和蔗糖饱和液的干燥器中,4 h
邻苯二甲酸氢钾($KHC_8H_4O_4$)	$100\sim120℃$,干燥至恒重
重铬酸钾($K_2Cr_2O_7$)	$100\sim110℃$,干燥 $3\sim4$ h
氯化物(NaCl)	$500\sim650℃$,干燥 $40\sim50$ min
硝酸银($AgNO_3$)	室温,硫酸干燥器中至恒重
碳酸钙($CaCO_3$)	$120℃$,干燥至恒重
氧化锌(ZnO)	$800℃$灼烧至恒重
锌(Zn)	室温,干燥器 24 h 以上
氧化镁(MgO)	$800℃$灼烧至恒重

附录四　筛号与筛孔直径对照表

筛号与筛孔直径对照表 mm

筛号	孔径	网线直径	筛号	孔径	网线直径
3.5	5.66	1.448	35	0.50	0.290
4	4.76	1.270	40	0.42	0.249
5	4.00	1.117	45	0.35	0.221
6	3.36	1.016	50	0.297	0.188
8	2.38	0.841	60	0.250	0.163
10	2.00	0.759	70	0.210	0.140
12	1.68	0.691	80	0.171	0.119
14	1.41	0.610	100	0.149	0.102
16	1.19	0.541	120	0.125	0.086
18	1.10	0.480	140	0.105	0.074
20	0.84	0.419	170	0.088	0.063
25	0.71	0.371	200	0.074	0.053
30	0.59	0.330	230	0.062	0.046

附录五　滴定分析(容量分析)用标准溶液的制备

(GB/T 601—2016)

4　标准滴定溶液的配制与标定

4.1　氢氧化钠标准滴定溶液

$c(NaOH) = 1\ mol/L$

$c(NaOH) = 0.5\ mol/L$

$c(NaOH) = 0.1\ mol/L$

4.1.1　配制

按表1规定的量称取100 g氢氧化钠,溶于100 mL无二氧化碳的水中,摇匀,注入聚乙烯容器中,密闭放置至溶液清亮。用塑料管虹吸下述规定体积的上层清液,注入1 000 mL无二氧化碳的水中,摇匀。

表1

氢氧化钠标准滴定溶液的浓度[$c(NaOH)$]/mol/L	氢氧化钠溶液的体积(V)/mL
1	54
0.5	27
0.1	5.4

4.1.2　标定

称取表2规定量的于105～110℃烘至恒重的基准邻苯二甲酸氢钾,称准至0.000 1 g,溶于表2规定体积的无二氧化碳的水中,加2滴酚酞指示剂(10 g/L),用配制好的氢氧化钠溶液滴定至溶液呈粉红色,并保持30 s,同时做空白试验。

表2

氢氧化钠标准滴定溶液的浓度 [$c(NaOH)$]/(mol/L)	工作基准试剂邻苯二甲酸氢钾的质量(m)/g	无二氧化碳的水的体积(V)/mL
1	7.5	80
0.5	3.6	80
0.1	0.75	50

氢氧化钠标准滴定溶液浓度[$c(NaOH)$],按式(1)计算:

$$c(NaOH) = \frac{m}{(V_1 - V_2) \times 0.204\ 2} \tag{1}$$

式中:m为邻苯二甲酸氢钾之质量,g;V_1为氢氧化钠溶液之用量,mL;V_2为空白试验氢氧化钠溶液之用量,mL;0.204 2为与1 mL氢氧化钠标准溶液[$c(NaOH) = 1\ mol/L$]相当的以克表示的苯二甲酸氢钾的质量。

4.2　盐酸标准滴定溶液

$c(\mathrm{HCl}) = 1 \ \mathrm{mol/L}$

$c(\mathrm{HCl}) = 0.5 \ \mathrm{mol/L}$

$c(\mathrm{HCl}) = 0.1 \ \mathrm{mol/L}$

4.2.1　配制

量取表 3 规定体积的盐酸,注入 1000 mL 水中,摇匀。

表 3

盐酸标准滴定溶液的浓度[$c(\mathrm{HCl})$]/(mol/L)	盐酸的体积(V)/mL
1	90
0.5	45
0.1	9

4.2.2　标定

称取表 4 规定量的于 270～300℃灼烧至恒重的基准无水碳酸钠,称准至 0.000 1 g。溶于 50 mL 水中,加 10 滴溴甲酚绿-甲基红混合指示液,用配制好的盐酸溶液滴定至溶液由绿色变为暗红色,煮沸 2 min,冷却后继续滴定至溶液呈暗红色。同时做空白试验。

表 4

盐酸标准滴定溶液的浓度[$c(\mathrm{HCl})$]/(mol/L)	工作基准试剂无水碳酸钠的质量(m)/g
1	1.9
0.5	0.95
0.1	0.2

盐酸标准滴定溶液的浓度[$c(\mathrm{HCl})$],按式(2)计算:

$$c(\mathrm{HCl}) = \frac{m}{(V_1 - V_2) \times 0.052\ 99} \tag{2}$$

式中:m 为无水碳酸钠之质量,g;V_1 为盐酸溶液之用量,mL;V_2 为空白试验盐酸溶液之用量,mL;0.052 99 为与 1 mL 盐酸标准溶液[$c(\mathrm{HCl})=1 \ \mathrm{mol/L}$]相当的以克表示的无水碳酸钠的质量。

4.3　硫酸标准滴定溶液

$c(\frac{1}{2}\mathrm{H_2SO_4}) = 1 \ \mathrm{mol/L}$

$c(\frac{1}{2}\mathrm{H_2SO_4}) = 0.5 \ \mathrm{mol/L}$

$c(\frac{1}{2}\mathrm{H_2SO_4}) = 0.1 \ \mathrm{mol/L}$

4.3.1　配制

量取表 5 规定体积的硫酸,缓缓注入 1 000 mL 水中,冷却,摇匀。

表 5

硫酸标准滴定溶液的浓度 $\left[c\left(\frac{1}{2}H_2SO_4\right)\right]/(\text{mol/L})$	硫酸的体积(V)/mL
1	30
0.5	15
0.1	3

4.3.2　标定

按表 6 规定,称取下述规定量的于 270～300℃ 灼烧至恒重的基准无水碳酸钠,称准至 0.000 1 g。溶于 50 mL 水中,加 10 滴溴甲酚绿-甲基红混合指示液,用配制好的硫酸溶液滴定至溶液由绿色变为暗红色,煮沸 2 min,加盖具钠石灰管的橡胶塞,冷却后继续滴定至溶液再呈暗红色。同时做空白试验。

表 6

硫酸标准滴定溶液的浓度 $\left[c\left(\frac{1}{2}H_2SO_4\right)\right]/(\text{mol/L})$	工作基准试剂无水碳酸钠的质量(m)/g
1	1.9
0.5	0.95
0.1	0.2

硫酸标准滴定溶液浓度 $\left[c\left(\frac{1}{2}H_2SO_4\right)\right]$,按式(3)计算:

$$c\left(\frac{1}{2}H_2SO_4\right)=\frac{m}{(V_1-V_2)\times0.052\,99} \qquad (3)$$

式中:m 为无水碳酸钠之质量,g;V_1 为硫酸溶液之用量,mL;V_2 为空白试验硫酸溶液之用量,mL;0.052 99 为与 1 mL 硫酸标准溶液 $c\left(\frac{1}{2}H_2SO_4\right)=1$ mol/L 相当的以克表示的无水碳酸钠的质量。

4.4　碳酸钠标准滴定溶液

$$c\left(\frac{1}{2}Na_2CO_3\right)=1 \text{ mol/L}$$

$$c\left(\frac{1}{2}Na_2CO_3\right)=0.1 \text{ mol/L}$$

4.4.1 方法一

4.4.1.1 配制

量取表 7 规定量的无水碳酸钠,注入 1 000 mL 水中,摇匀。

表 7

碳酸钠标准滴定溶液的浓度 $\left[c\left(\frac{1}{2}Na_2CO_3\right)\right]/(mol/L)$	无水碳酸钠的质量$(m)/g$
1	53
0.1	5.3

4.4.1.2 标定

量取 35~40 mL 上述配制好的碳酸钠溶液,加表 8 规定量的水,加 10 滴溴甲酚绿-甲基红混合指示液,用表 8 规定浓度的盐酸标准溶液滴定至溶液由绿色变为暗红色,煮沸 2 min,加盖具钠石灰管的橡胶塞,冷却后继续滴定至溶液再呈暗红色。同时做空白试验。

表 8

碳酸钠标准滴定溶液的浓度 $\left[c\left(\frac{1}{2}Na_2CO_3\right)\right]/(mol/L)$	加入水的体积$(V)/mL$	盐酸标准滴定溶液的浓度 $\left[c(HCl)\right]/(mol/L)$
1	50	1
0.1	20	0.1

碳酸钠标准滴定溶液浓度 $\left[c\left(\frac{1}{2}Na_2CO_3\right)\right]$,按式(4)计算:

$$c\left(\frac{1}{2}Na_2CO_3\right)=\frac{(V_1-V_2)\times C_1}{V} \tag{4}$$

式中:V_1 为盐酸标准溶液之用量,mL;V_2 为空白试验消耗盐酸标准滴定溶液的体积,mL;c_1 为盐酸标准溶液之物质的量浓度,mol/L;V 为碳酸钠溶液之用量,mL。

4.4.2 方法二

按表 9 的规定量,称取于 270~300℃高温炉中灼烧至恒重的工作基准试剂无水碳酸钠,溶于水,移入 1 000 mL 容量瓶中,稀释至刻度。

表 9

碳酸钠标准滴定溶液的浓度 $\left[c\left(\frac{1}{2}Na_2CO_3\right)\right]/(mol/L)$	工作基准试剂无水碳酸钠的质量$(m)/g$
1	53±1
0.1	5.3±0.20

碳酸钠标准滴定溶液浓度$\left[c\left(\frac{1}{2}Na_2CO_3\right)\right]$，按式(5)计算：

$$c\left(\frac{1}{6}K_2Cr_2O_7\right)=\frac{m\times1\ 000}{V\times M} \tag{5}$$

式中：m 为无水碳酸钠的质量，g；V 为无水碳酸钠溶液的体积，mL；M 为无水碳酸钠的摩尔质量，g/mol$\left[M\left(\frac{1}{2}Na_2CO_3\right)=52.994\right]$。

4.5　重铬酸钾标准滴定溶液

$$c\left(\frac{1}{6}K_2Cr_2O_7\right)=0.1\ mol/L$$

4.5.1　方法一

4.5.1.1　配制

称取 5 g 重铬酸钾，溶于 1 000 mL 水中，摇匀。

4.5.1.2　标定

量取 35～40 mL 配制好的重铬酸钾溶液$\left[c\left(\frac{1}{6}K_2Cr_2O_7\right)=0.1\ mol/L\right]$，置于碘量瓶中，加 2 g 碘化钾及 20 mL 硫酸溶液(20%)，摇匀，于暗处放置 10 min。加 150 mL 水(15～20℃)，用硫代硫酸钠标准溶液$[c(Na_2S_2O_3)=0.1\ mol/L]$滴定，近终点时加 2 mL 淀粉指示液(10 g/L)，继续滴定至溶液由蓝色变为亮绿色。同时做空白试验。

重铬酸钾标准溶液浓度$\left[c\left(\frac{1}{6}K_2Cr_2O_7\right)\right]$，按式(6)计算：

$$c\left(\frac{1}{6}K_2Cr_2O_7\right)=\frac{(V_1-V_2)\cdot c_1}{V} \tag{6}$$

式中：V_1 为硫代硫酸钠标准溶液之用量，mL；V_2 为空白试验硫代硫酸钠标准溶液之用量，mL；c_1 为硫代硫酸钠标准溶液之物质的量浓度，mol/L；V 为重铬酸钾溶液之用量，mL。

4.5.2　方法二

称取(4.90±0.20)g 已于(120±2)℃的烘箱中干燥至恒重的工作基准试剂重铬酸钾，溶于水，移入 1 000 mL 容量瓶中，稀释至刻度。

重铬酸钾标准滴定溶液的浓度$\left[c\left(\frac{1}{6}K_2Cr_2O_7\right)\right]$，按式(7)计算

$$c\left(\frac{1}{6}K_2Cr_2O_7\right)=\frac{m\times1\ 000}{V\times M} \tag{7}$$

式中：m 为重铬酸钾质量，g；V 为重铬酸钾溶液体积，mL；M 为重铬酸钾的摩尔质量，g/mol$\left[M\left(\frac{1}{6}K_2Cr_2O_7\right)=49.031\right]$

4.6　硫代硫酸钠标准滴定溶液

$$c(Na_2S_2O_3)=0.1\ mol/L$$

4.6.1 配制

量取 26 g 硫代硫酸钠（$Na_2S_2O_2 \cdot 5H_2O$）（或 16 g 无水硫代硫酸钠），加 0.2 g 无水碳酸钠，溶于 1 000 mL 水中，缓缓煮沸 10 min，冷却，放置 2 周后用四号玻璃滤锅过滤备用。

4.6.2 标定

4.6.2.1 测定方法

称取 0.18 g 于（120±2）℃烘至恒重的工作基准试剂重铬酸钾，称准至 0.000 1 g，置于碘瓶中，溶于 25 mL 水，加 2 g 碘化钾及 20 mL 硫酸溶液（20%），摇匀，于暗处放置 10 min。加 150 mL 水（15～20℃），用配制好的硫代硫酸钠溶液 $[c(Na_2S_2O_2) = 0.1\ mol/L]$ 滴定。近终点时加 2 mL 淀粉指示液（10 g/L），继续滴定至溶液由蓝色变为亮绿色。同时做空白试验。

4.6.2.2 计算

硫代硫酸钠标准滴定溶液浓度 $[c(Na_2S_2O_3)]$，按式（8）计算：

$$c(Na_2S_2O_3) = \frac{m}{(V_1 - V_2)0.049\ 03} \tag{8}$$

式中：m 为重铬酸钾之质量，g；V_1 为硫代硫酸钠溶液之用量，mL；V_2 为空白试验硫酸钠溶液之用量，mL；0.049 03 为与 1 mL 硫代硫酸钠标准溶液 $[c(Na_2S_2O_3) = 1\ mol/L]$ 相当的以克表示的重铬酸钾的质量。

4.7 溴标准滴定溶液

$$c\left(\frac{1}{2}Br_2\right) = 0.1\ mol/L$$

4.7.1 配制

称取 3 g 溴酸钾及 25 g 溴化钾，溶于 1 000 mL 水中，摇匀。

4.7.2 标定

4.7.2.1 测定方法

量取 35～40 mL 配制好的溴溶液，置于碘量瓶中，加 2 g 碘化钾及 5 mL 盐酸溶液（20%），摇匀。于暗处放置 5 min。加 150 mL 水（15～20℃），用硫代硫酸钠标准溶液 $[c(Na_2S_2O_3) = 0.1\ mol/L]$ 滴定，近终点时加 2 mL 淀粉指示液（10 g/L），继续滴定至溶液蓝色消失。同时做空白试验。

4.7.2.2 计算

溴标准滴定溶液浓度 $\left[c\left(\frac{1}{2}Br_2\right)\right]$，按式（9）计算：

$$c\left(\frac{1}{6}KBrO_3\right) = \frac{(V_1 - V_2)c_1}{V} \tag{9}$$

式中：V_1 为硫代硫酸钠标准溶液之用量，mL；V_2 为空白试验硫代硫酸钠标准溶液之用量，mL；c_1 为硫代硫酸钠标准溶液之物质的量浓度，mol/L；V 为溴溶液之用量，mL。

4.8 溴酸钾标准滴定溶液

$$c\left(\frac{1}{6}\,KBrO_3\right) = 0.1\,mol/L$$

4.8.1 配制

称取 3 g 溴酸钾,溶于 1 000 mL 水中,摇匀。

4.8.2 标定

4.8.2.1 测定方法

量取 35～40 mL 配制好的溴酸钾溶液$\left[c\left(\frac{1}{6}\,KBrO_3\right) = 0.1\,mol/L\right]$,置于碘量瓶中,加 2 g 碘化钾及 5 mL 盐酸溶液(20%)摇匀,于暗处放置 5 min。加 150 mL 水(15～20℃),用硫代硫酸钠标准溶液$\left[c(Na_2S_2O_3) = 0.1\,mol/L\right]$滴定,近终点时加 2 mL 淀粉指示液(10 g/L),继续滴定至溶液蓝色消失。同时做空白试验。

4.8.2.2 计算

溴酸钾标准滴定溶液浓度$\left[c\left(\frac{1}{6}\,KBrO_3\right)\right]$,按式(10)计算:

$$c\left(\frac{1}{6}\,KBrO_3\right) = \frac{(V_1 - V_2)c_1}{V} \tag{10}$$

式中:V_1 为硫代硫酸钠标准溶液之用量,mL;V_2 为空白试验硫代硫酸钠标准溶液之用量,mL;c_1 为硫代硫酸钠标准溶液之物质的量浓度,mol/L;V 为溴酸钾溶液之用量,mL。

4.9 碘标准滴定溶液

$$c\left(\frac{1}{2}\,I_2\right) = 0.1\,mol/L$$

4.9.1 配制

称取 13 g 碘及 35 g 碘化钾,溶于 100 mL 水中,置于棕色瓶中,放置两天。稀释至 1 000 mL,摇匀。

4.9.2 标定

4.9.2.1 方法一

称取 0.18 g 预先在硫酸干燥器中干燥至恒重的基准三氧化二砷,称准至 0.000 1 g。置于碘量瓶中,加 6 mL 氢氧化钠标准滴定溶液[c(NaOH) = 1 mol/L]溶解,加 50 mL 水,加 2 滴酚酞指示液(10 g/L),用硫酸标准滴定溶液$\left[c\left(\frac{1}{2}\,H_2SO_4\right) = 1\,mol/L\right]$中和,加 3 g 碳酸氢钠及 2 mL 淀粉指示液(10 g/L),用配制好碘溶液$\left[c\left(\frac{1}{2}\,I_2\right) = 0.1\,mol/L\right]$滴定至溶液呈浅蓝色。同时做空白试验。

碘标准滴定溶液浓度$\left[c\left(\frac{1}{2}\,I_2\right)\right]$,按式(11)计算:

$$c\left(\frac{1}{2}\,I_2\right) = \frac{m}{(V_1 - V_2) \times 0.049\,46} \tag{11}$$

式中：$c\left(\dfrac{1}{2}\,I_2\right)$ 为碘标准溶液之物质的量浓度，mol/L；m 为三氧化二砷质量，g；V_1 为碘溶液之用量，mL；V_2 为空白试验碘溶液之用量，mL；0.049 46 为与 1 mL 碘标准溶液 $\left[c\left(\dfrac{1}{2}\,I_2\right)=1\text{ mol/L}\right]$ 相当的以克表示三氧化二砷的质量。

4.9.2.2　方法二

准确量取 35～40 mL 配制好的碘溶液 $\left[c\left(\dfrac{1}{2}\,I_2\right)=0.1\text{ mol/L}\right]$，置于碘量瓶中，加 150 mL 水 15～20℃，用硫代硫酸钠溶液 $[c(Na_2S_2O_3)=0.1\text{ mol/L}]$ 滴定，近终点时加 2 mL 淀粉指示液（10 g/L），继续滴定至溶液蓝色消失。

同时做水所消耗碘的空白试验：取 250 mL 水 15～20℃，加 5 mL 盐酸溶液 $[c(HCl)=0\text{ mol/L}]$，加 0.05～0.20 mL 配制的碘标准溶液 $\left[c\left(\dfrac{1}{2}\,I_2\right)=0.1\text{ mol/L}\right]$ 及 2 mL 淀粉指示液（10 g/L），用硫代硫酸钠标准溶液 $[c(Na_2S_2O_3)=0.1\text{ mol/L}]$ 滴定至溶液蓝色消失。

碘标准溶液浓度 $\left[c\left(\dfrac{1}{2}\,I_2\right)\right]$，按式（12）

$$c\left(\frac{1}{2}\,I_2\right)=\frac{(V_1-V_2)\times c_1}{V_3-V_4} \tag{12}$$

式中：$c\left(\dfrac{1}{2}\,I_2\right)$ 为硫代硫酸钠之物质的量浓度，mol/L；V_1 为硫代硫酸钠标准溶液之用量，mL；V_2 为空白试验硫代硫酸钠标准溶液之用量，mL；c_1 为硫代硫酸标准溶液之物质的量浓度，mol/L；V_3 为碘溶液之用量，mL。V_4 为空白试验中加入碘溶液之用量，mL。

4.10　碘酸钾标准滴定溶液

$$c\left(\frac{1}{6}\,KIO_3\right)=0.3\text{ mol/L}$$

$$c\left(\frac{1}{6}\,KIO_3\right)=0.1\text{ mol/L}$$

4.10.1　方法一

4.10.1.1　配制

称取表 10 规定量的碘酸钾，溶入 1 000 mL 水中，摇匀。

表 10

碘酸钾标准滴定溶液的浓度 $\left[c\left(\dfrac{1}{6}\,KIO_3\right)\right]/(mol/L)$	碘酸钾的质量（m）/g
0.3	11
0.1	3.6

4.10.1.2　标定

按表 11 规定体积量取配制好的碘酸钾溶液，置于碘量瓶中，并按表 11 加规定体积的水及规定量的碘化钾,加 5 mL 盐酸溶液(20%),摇匀,于暗处放置 5 min。加 150 mL 水(15～20℃),用硫代硫酸钠标准溶液$[c(Na_2S_2O_3) = 0.1 \text{ mol/L}]$滴定,近终点时加 2 mL 淀粉指示液(10 g/L),继续滴定至溶液蓝色消失,同时做空白试验。

表 11

碘酸钾标准滴定溶液的浓度 $\left[c\left(\dfrac{1}{6}\ KIO_3\right)\right]$/(mol/L)	碘酸钾溶液的体积 (V)/mL	水的体积(V) /mL	碘化钾的 质量(m)/g
0.3	11～13	20	3
0.1	35～40	0	2

碘酸钾标准滴定溶液浓度$\left[c\left(\dfrac{1}{6}\ KIO_3\right)\right]$,按式(13)计算:

$$c\left(\frac{1}{6}\ KIO_3\right) = \frac{(V_1 - V_2) \times c_1}{V} \tag{13}$$

式中:V_1 为硫代硫酸钠标准溶液之用量,mL;V_2 为空白试验硫代硫酸钠标准溶液之用量,mL;c_1 为硫代硫酸钠标准溶液之物质的量浓度,mol/L;V 为碘酸钾溶液之用量,mL。

4.10.2 方法二

按表 12 规定的量称取已于(180±2)℃的电烘箱中干燥至恒重的工作基准试剂碘酸钾,溶于水,移入 1 000 mL 容量瓶中,稀释至刻度。

表 12

碘酸钾标准滴定溶液的浓度$\left[c\left(\dfrac{1}{6}\ KIO_3\right)\right]$/(mol/L)	工作基准试剂碘酸钾的质量(m)/g
0.3	10.70±0.50
0.1	3.57±0.15

碘酸钾标准滴定溶液浓度$\left[c\left(\dfrac{1}{6}\ KIO_3\right)\right]$,按式(14)计算:

$$c\left(\frac{1}{6}\ KIO_3\right) = \frac{m \times 1\ 000}{V \times M} \tag{14}$$

式中:m 为碘酸钾质量,g;V 为碘酸钾溶液体积,mL;M 为碘酸钾的摩尔质量,g/mol $\left[M\left(\dfrac{1}{6}\ KIO_3\right) = 35.667\right]$。

4.11 草酸(或草酸钠)标准滴定溶液

$$c\left(\frac{1}{2}\ H_2C_2O_4\right) = 0.1 \text{ mol/L} \text{ 或 } c\left(\frac{1}{2}\ Na_2C_2O_4\right) = 0.1 \text{ mol/L}$$

4.11.1　方法一

4.11.1.1　配制

称取 6.4 g 二水合草酸($C_2H_2O_4 \cdot 2H_2O$)或 6.7 g 草酸钠,溶于 1 000 mL 水中,摇匀。

4.11.1.2　标定

准确量取 35~40 mL 配制好的草酸(或草酸钠)溶液,加 100 mL 硫酸溶液(8+92),用高锰酸钾标准溶液$\left[c\left(\dfrac{1}{5} KMnO_4 \right) = 0.1\ mol/L \right]$滴定,近终点时加热至 65℃,继续滴定至溶液呈粉红色保持 30 s。同时做空白试验。

草酸(或草酸钠)标准滴定溶液浓度按式(15)计算:

$$c = \frac{(V_1 - V_2) \times c_1}{V} \tag{15}$$

式中:c 为草酸或草酸钠标准滴定溶液之物质的量浓度,mol/L;V_1 为高锰酸钾标准溶液之用量,mL;V_2 为空白试验高锰酸钾标准溶液之用量,mL;c_1 为高锰酸钾标准溶液之物质的量浓度,mol/L;V 为草酸或草酸钠溶液之用量,mL。

4.11.2　方法二

称取(6.7±0.3)g 已于(105±2)℃的电烘箱中干燥至恒重的工作基准试剂草酸钠,溶于水,移入 1 000 mL 容量瓶中,稀释至刻度。

草酸钠标准滴定溶液浓度$\left[c\left(\dfrac{1}{2} Na_2H_2O_4 \right) \right]$,按式(16)计算

$$c\left(\frac{1}{2} Na_2H_2O_4 \right) = \frac{m \times 1\ 000}{V \times M} \tag{16}$$

式中:m 为草酸钠的质量,g;V 为草酸钠溶液的体积,mL;M 为草酸钠的摩尔质量,g/mol$\left[M\left(\dfrac{1}{2} Na_2H_2O_4 \right) = 66.999 \right]$。

4.12　高锰酸钾标准滴定溶液

$$c\left(\frac{1}{5} KMnO_4 \right) = 0.1\ mol/L$$

4.12.1　配制

称取 3.3 g 高锰酸钾,溶于 1 050 mL 水中,缓缓煮沸 15 min,冷却后置于暗处保存 2 周。玻璃滤埚过滤于棕色瓶中。

注:过滤高锰酸钾溶液所使用的 4 号玻璃滤埚预先应以同样的高锰酸钾溶液缓缓煮沸 5 min,收集瓶也要用此高锰酸钾溶液洗涤 2~3 次。

4.12.2　标定

称取 0.25 g 于 105~110℃烘至恒重的基准草酸钠,称准至 0.000 1 g。溶于 100 mL 硫酸溶液(8+92)中,用配制好的高锰酸钾溶液$\left[c\left(\dfrac{1}{5} KMnO_4 \right) = 0.1\ mol/L \right]$滴定,近终点时加热至 65℃,继续滴定至溶液呈粉红色并保持 30 s。同时做空白试验。

高锰酸钾标准滴定溶液浓度$\left[c\left(\dfrac{1}{5}\,KMnO_4\right)\right]$，按式(17)计算：

$$c\left(\frac{1}{5}\,KMnO_4\right)=\frac{m}{(V_1-V_2)\times 0.067\,00} \qquad (17)$$

式中：m 为草酸钠之质量，g；V_1 为高锰酸钾液之用量，mL；V_2 为空白试验高锰酸钾溶液之用量，mL；0.067 00 为与 1 mL 高锰酸钾标准溶液$\left[c\left(\dfrac{1}{5}\,KMnO_4\right)=1\,mol/L\right]$相当的以克表示的草酸钠的质量。

4.13　硫酸铁(Ⅱ)铵标准滴定溶液

$$c\left[(NH_4)_2Fe(SO_4)_2\right]=0.1\,mol/L$$

4.13.1　制剂配制

4.13.1.1　硫磷混酸溶液

于 100 mL 水中缓慢加入 150 mL 硫酸和 150 mL 磷酸，摇匀，冷却至室温，用高锰酸钾溶液调至微红色。

4.13.1.2　N-苯代邻氨基苯甲酸指示剂(2 g/L)(临用前配制)

称取 0.2 g N-苯代邻氨基苯甲酸，溶于少量水，加 0.2 g 无水碳酸钠，温热溶解，稀释至 100 mL。

4.13.2　配制

称取 40 g 六水合硫酸铁(Ⅱ)铵$\left[(NH_4)_2Fe(SO_4)_2\cdot 6H_2O\right]$，溶于 300 mL 硫酸溶液(20%)中，加 700 mL 水，摇匀。

4.13.3　标定(临用前标定)

4.13.3.1　方法一

称取 0.18 g 已于(120±2)℃的电烘箱中干燥至恒重的工作基准试剂重铬酸钾，溶于 25 mL 水中，加 10 mL 硫磷混酸溶液，加 70 mL 水，用配制的硫酸铁(Ⅱ)铵溶液滴定至橙黄色消失，加 2 滴 N-苯代邻氨基苯甲酸指示剂(2 g/L)，继续滴定至溶液由紫红色变为亮绿色。

硫酸铁(Ⅱ)铵标准滴定溶液的浓度$\{c\left[(NH_4)_2Fe(SO_4)_2\right]\}$，按式(18)计算

$$c\left[(NH_4)_2Fe(SO_4)_2\right]=\frac{m\times 1\,000}{V\times M} \qquad (18)$$

式中：m 为重铬酸钾的质量，g；V 为消耗硫酸铁(Ⅱ)铵标准溶液体积，mL；M 为重铬酸钾的摩尔质量，g/mol$\left[M\left(\dfrac{1}{6}\,K_2Cr_2O_7\right)=49.031\right]$。

4.13.3.2　方法二

量取 35～40 mL 配制好的硫酸铁(Ⅱ)铵溶液 $c\left[(NH_4)_2Fe(SO_4)_2\right]=0.1\,mol/L$，加 25 mL 无氧的水，用高锰酸钾标准溶液$\left[c\left(\dfrac{1}{5}\,KMnO_4\right)=0.1\,mol/L\right]$滴定至溶液呈粉红色，保持 30 s。同时做空白试验。

硫酸铁(Ⅱ)铵标准滴定溶液浓度{$c[(NH_4)_2Fe(SO_4)_2]$},按式(19)计算:

$$c[(NH_4)_2Fe(SO_4)_2] = \frac{(V_1 - V_2) \times c_1}{V} \qquad (19)$$

式中:V_1 为高锰酸钾标准溶液之用量,mL;V_2 为空白试验消耗高锰酸钾标准滴定溶液的体积,mL。c_1 为高锰酸钾标准溶液之物质的量浓度,mol/L;V 为硫酸铁(Ⅱ)铵溶液之用量,mL。

4.14　硫酸铈(或硫酸铈铵)标准滴定溶液

$c[Ce(SO_4)_2] = 0.1$ mol/L 或 $c[2(NH_4)_2SO_4 \cdot Ce(SO_4)_2] = 0.1$ mol/L

4.14.1　配制

称取 40 g 四水合硫酸铈或 67 g 硫酸铈铵,加 30 mL 水及 28 mL 硫酸,再加 300 mL 水,加热溶解,再加入 650 mL 水,摇匀。

4.14.2　标定

称取 0.25 g 于 105～110℃烘至恒重的工作基准试剂草酸钠,称准至 0.000 1 g。溶于 75 mL 水中,加 4 mL 硫酸溶液(20%)及 10 mL 盐酸,加热至 65～70℃,用配制好的硫酸铈(或硫酸铈铵)溶液滴定至溶液呈浅黄色。加入 0.1 mL 1,10-菲罗啉-亚铁指示液[1]使溶液变为橘红色,继续滴定至溶液呈浅蓝色。同时做空白试验。

注:(1)1,10-菲罗啉-亚铁指示液的配制:称取 0.7 g 硫酸亚铁(FeSO$_4$ · 7H$_2$O)置于小烧杯中,加 30 mL 硫酸溶液$\left[c\left(\frac{1}{2}H_2SO_4\right) = 0.02 \text{ mol/L}\right]$溶解,再加入 1.6 g 邻菲罗啉振摇溶解后,用硫酸溶液$\left[c\left(\frac{1}{2}H_2SO_4\right) = 0.02 \text{ mol/L}\right]$稀释至 100 mL,贮存于棕色瓶中。

硫酸铈标准溶液浓度按下式(20)计算:

$$c[Ce(SO_4)_2] = \frac{m}{(V_1 - V_2) \times 0.067\ 00} \qquad (20)$$

式中:$c[Ce(SO_4)_2]$为硫酸铈标准溶液之物质的量浓度,mol/L;m 为草酸钠质量,g;V_1 为硫酸铈溶液之用量,mL;V_2 为空白试验硫酸铈溶液之用量,mL;0.067 00 为与 1 mL 硫酸铈标准溶液{$c[Ce(SO_4)_2] = 0.1$ mol/L}相当的以克表示草酸钠的质量。

4.15　乙二胺四乙酸二钠标准滴定溶液

$c(EDTA) = 0.1$ mol/L

$c(EDTA) = 0.05$ mol/L

$c(EDTA) = 0.02$ mol/L

4.15.1　方法一

4.15.1.1　配制

称取表 13 规定量的乙二胺四乙酸二钠,加 1 000 mL 水中,加热溶解,冷却,摇匀。

表 13

乙二胺四乙酸二钠标准滴定溶液的浓度[c(EDTA)]/(mol/L)	乙二胺四乙酸二钠的质量(m)/g
0.1	40
0.05	20
0.02	8

4.15.1.2　标定

4.15.1.2.1　乙二胺四乙酸二钠标准滴定溶液[c(EDTA) = 0.1 mol/L、c(EDTA) = 0.05 mol/L]

称取表 14 规定量的于(800±50)℃灼烧至恒重的工作基准试剂氧化锌,称准至 0.000 2 g。用少量水湿润,加 2 mL 盐酸溶液(20%)至样品溶解,加 100 mL 水,用氨水溶液(10%)中和至 pH 7~8,加 10 mL 氨-氯化铵缓冲溶液甲(pH≈10)及 5 滴铬黑 T 指示液(5 g/L),用配制好的乙二胺四乙酸二钠溶液滴定至溶液由紫色变为纯蓝色。同时做空白试验。

表 14

乙二胺四乙酸二钠标准滴定溶液的浓度[c(EDTA)]/(mol/L)	工作基准试剂氧化锌的质量(m)/g
0.1	0.3
0.05	0.15

乙二胺四乙酸二钠标准滴定溶液浓度[c(EDTA)],按式(21)计算:

$$c(\text{EDTA}) = \frac{m}{(V_1 - V_2) \times 0.081\ 38} \tag{21}$$

式中:m 为氧化锌质量,g;V_1 为乙二胺四乙酸二钠溶液之用量,mL;V_2 为空白试验乙二胺四乙酸二钠溶液之用量,mL;0.081 38 为与 1 mL 乙二胺四乙酸二钠标准溶液[c(EDTA) = 1 mol/L]相当的以克表示的氧化锌的质量。

4.15.1.2.2　乙二胺四乙酸二钠标准滴定溶液[c(EDTA) = 0.02 mol/L]

称取 0.42 g 于(800±50)℃灼烧至恒重的基准氧化锌,称准至 0.000 1 g。用少量水湿润,加 3 mL 盐酸溶液(20%)使样品溶解,移入 250 mL 容量瓶中,稀释至刻度摇匀。取 35~40 mL,加 70 mL 水,用氨水溶液(10%)中和至 pH 7~8,加 10 mL 氨-氯化铵缓冲溶液甲(pH≈10)及 5 滴铬黑 T 指示液(5 g/L),用配制好的乙二胺四乙酸二钠溶液[c(EDTA) = 0.1 mol/L]滴定至溶液由紫色变为纯蓝色。同时做空白试验。

乙二胺四乙酸二钠标准滴定溶液的浓度[c(EDTA)],按式(22)计算:

$$c(\text{EDTA}) = \frac{m \times (V_1/250) \times 1\ 000}{(V_2 - V_3) \times M} \tag{22}$$

式中:m 为氧化锌质量,g;V_1 为氧化锌溶液体积,mL;V_2 为乙二胺四乙酸二钠溶液体积,mL;V_3 为空白试验消耗乙二胺四乙酸二钠溶液体积,mL;M 为氧化锌的摩尔质量,g/mol

$[M(ZnO)=81.408]$。

4.15.2 方法二

按表 15 的规定量,称取经硝酸镁饱和溶液恒湿器中放置 7 天后的工作基准试剂乙二胺四乙酸二钠,溶于热水中,冷却至室温,移入 1 000 mL 容量瓶中,稀释至刻度。

表 15

乙二胺四乙酸二钠标准滴定溶液的浓度$[c(EDTA)]/(mol/L)$	乙二胺四乙酸二钠的质量$(m)/g$
0.1	37.22±0.50
0.05	18.61±0.50
0.02	7.44±0.30

乙二胺四乙酸二钠标准滴定溶液的浓度$[c(EDTA)]$,按式(23)计算:

$$c(EDTA)=\frac{m\times1000}{V\times M} \tag{23}$$

式中:m 为乙二胺四乙酸二钠质量,g;V 为乙二胺四乙酸二钠体积,mL;M 为乙二胺四乙酸二钠的摩尔质量,g/mol$[M(EDTA)=372.24]$。

4.16 氯化锌标准滴定溶液

4.16.1 方法一

4.16.1.1 配制

按表 16 的规定量,称取氯化锌,溶于 1 000 mL 盐酸溶液(1+2 000)中,摇匀。

表 16

氯化锌标准滴定溶液的浓度$[c(ZnCl_2)]/(mol/L)$	氯化锌的质量$(m)/g$
0.1	14
0.05	7
0.02	2.8

4.16.1.2 标定

按表 17 的规定量,称取经硝酸镁饱和溶液恒湿器中放置 7 天后的工作基准试剂乙二胺四乙酸二钠溶于 100 mL 热水中,加 10 mL 氨-氯化铵缓冲溶液甲(pH≈10),用配制好的氯化锌溶液滴定,近终点时,加 5 滴铬黑 T 指示液(5 g/L),继续滴定至溶液由蓝色变为紫红色。同时做空白试验。

表 17

氯化锌标准滴定溶液的浓度$[c(ZnCl_2)]/(mol/L)$	工作基准试剂乙二胺四乙酸二钠的质量$(m)/g$
0.1	1.4
0.05	0.7
0.02	0.28

氯化锌标准滴定溶液浓度$[c(ZnCl_2)]$,按式(24)计算:

$$c(ZnCl_2) = \frac{m \times 1\,000}{(V_1 - V_2)M} \qquad (24)$$

式中:m 为乙二胺四乙酸二钠的质量,g;V_1 为氯化锌溶液之用量,mL;V_2 为空白试验氯化锌溶液之用量,mL;M 为乙二胺四乙酸二钠的摩尔质量,g/mol$[M(EDTA)=372.24]$。

4.16.2 方法二

按表18的规定量,称取于(800 ± 50)℃的高温炉中灼烧至恒量的工作基准试剂氯化锌,用少量水湿润,加如下表的规定量的盐酸溶液(20%)溶解,移入 1 000 mL 容量瓶中,稀释至刻度。

表 18

氯化锌标准滴定溶液的浓度 $[c(ZnCl_2)]$/(mol/L)	工作基准试剂氯化锌的质量 (m)/g	盐酸溶液的体积 (V)/mL
0.1	8.14±0.40	36.0
0.05	4.07±0.20	18.0
0.02	1.63±0.08	7.2

氯化锌标准滴定溶液的浓度$[c(ZnCl_2)]$,按式(25)计算:

$$c(ZnCl_2) = \frac{m \times 1\,000}{V \times M} \qquad (25)$$

式中:m 为氯化锌质量,g;V 为氯化锌溶液体积,mL;M 为氯化锌的摩尔质量,g/mol$[M(ZnCl_2)=136.296]$。

4.17 氯化镁(或硫酸镁)标准滴定溶液

$c(MgCl_2) = 0.1$ mol/L或$c(MgSO_4) = 0.1$ mol/L

4.17.1 配制

称取 21 g 六水合氯化镁($MgCl_2 \cdot 6H_2O$)[或 25 g 七水合硫酸镁($MgSO_4 \cdot 7H_2O$)]溶于 1 000 mL 盐酸溶液(1+2 000)中,放置 1 个月后,用 3 号玻璃滤坩过滤,摇匀。

4.17.2 标定

称取 1.4 g 经硝酸镁饱和溶液恒湿器中放置 7 天后的工作基准试剂乙二胺四乙酸二钠,溶于 100 mL 热水中,加 10 mL 氨-氯化铵缓冲溶液甲(pH≈10)。用配制好的氯化镁(或硫酸镁)溶液滴定,近终点时加 5 滴铬黑 T 指示剂(5 g/L),继续滴定至溶液由蓝色变为紫红色。同时做空白试验。

氯化镁(或硫酸镁)标准滴定溶液的浓度(c),按式(26)计算:

$$c = \frac{m \times 1\,000}{(V_1 - V_2) \times M} \qquad (26)$$

式中:m 为乙二胺四乙酸二钠的质量的准确数值,g;V_1 为氯化镁(或硫酸镁)溶液的体积的数值,mL;V_2 为空白试验氯化镁(或硫酸镁)溶液的体积的数值,mL;M 为乙二胺四乙酸二钠的摩尔质量的数值,g/mol[M(EDTA)=372.24]。

4.18 硝酸铅标准滴定溶液

$$c[Pb(NO_3)_2] = 0.05 \text{ mol/L}$$

4.18.1 配制

称取 17 g 硝酸铅,溶于 1 000 mL 硝酸溶液(1+2 000)中,摇匀。

4.18.2 标定

量取 35~40 mL 配制好的硝酸铅溶液{$c[Pb(NO_3)_2] = 0.05$ mol/L}加 3 mL 冰乙酸及 5 g 六次甲基四胺,加 70 mL 水及 2 滴二甲酚橙指示液(2 g/L),用乙二胺四乙酸二钠标准溶液[c(EDTA)= 0.05 mol/L]滴定至溶液呈亮黄色。同时做空白试验。

硝酸铅标准滴定溶液浓度{$c[Pb(NO_3)_2]$},按下式(27)计算:

$$c[Pb(NO_3)_2] = \frac{(V_1 - V_2) \times c_1}{V} \tag{27}$$

式中:V_1 为乙二胺四乙酸二钠标准溶液之用量,mL;V_2 为空白试验乙二胺四乙酸二钠标准溶液之用量,mL;c_1 为乙二胺四乙酸二钠标准溶液之物质的量浓度,mol/L;V 为硝酸铅溶液用量,mL。

4.19 氯化钠标准滴定溶液

$$c(NaCl) = 0.1 \text{ mol/L}$$

4.19.1 方法一

4.19.1.1 配制

称取 5.9 g 氯化钠,溶于 1 000 mL 水中,摇匀。

4.19.1.2 标定

按 GB/T 9725—2007 的规定测定。量取 35~40 mL 配制好的氯化钠溶液,加 40 mL 水及 10 mL 淀粉溶液(10 g/L),以 216 型银电极作指示电极,217 型双盐桥饱和甘汞电极作参比电极,用硝酸银标准溶液[c(AgNO$_3$)= 0.1 mol/L]滴定。按 GB 9725—2007 中 6.2.2 的规定计算 V_1。

氯化钠标准溶液浓度[c(NaCl)],按式(28)计算:

$$c(NaCl) = \frac{V_1 c_1}{V} \tag{28}$$

式中:V_1 为硝酸银标准溶液之用量,mL;c_1 为硝酸银标准溶液之物质的量浓度,mol/L;V 为氯化钠溶液之用量,mL。

4.19.2 方法二

称取(5.84±0.30)g 已在(550±50)℃的高温炉中灼烧至恒量的工作基准试剂氯化钠,溶于水,移入 1 000 mL 容量瓶中,稀释至刻度。

氯化钠标准滴定溶液的浓度[c(NaCl)],数值以 mol/L 表示,按式(29)计算:

$$c(\text{NaCl}) = \frac{m \times 1\,000}{V \times M} \qquad (29)$$

式中:m 为氯化钠的质量的准确数值,g;V 为氯化钠溶液的体积的数值,mL;M 为氯化钠的摩尔质量的数值,g/mol[$M(\text{NaCl}) = 58.442$]。

4.20　硫氰酸钠(或硫氰酸钾或硫氰酸铵)标准滴定溶液

$c(\text{NaSCN}) = 0.1 \text{ mol/L}$、$c(\text{KSCN}) = 0.1 \text{ mol/L}$、$c(\text{NH}_4\text{SCN}) = 0.1 \text{ mol/L}$

4.20.1　配制

称取 8.2 g 硫氰酸钠(或 9.7 g 硫氰酸钾或 7.9 g 硫氰酸铵)溶于 1 000 mL 水中,摇匀。

4.20.2　标定

4.20.2.1　方法一

按 GB/T 9725—2007 的规定测定。称取 0.6 g 于硫酸干燥器中干燥至恒重的基准硝酸银,称准至 0.000 1 g。溶于 90 mL 水中,加 10 mL 淀粉溶液(10 g/L)及 10 mL 硝酸溶液(25%),以 216 型银电极作指示电极,217 型双盐桥饱和甘汞电极作参比电极,用配制好的硫氰酸钠(或硫氰酸钾或硫氰酸铵)溶液滴定,并按 GB/T 9725—2007 中的 6.2.2 的规定计算 V。

硫氰酸钠(或硫氰酸钾或硫氰酸铵)标准滴定溶液浓度 c 按式(30)计算:

$$c = \frac{m}{V \times 0.169\,9} \qquad (30)$$

式中:m 为硝酸银质量,g;V 为硫氰酸钠(或硫氰酸钾或硫氰酸铵)溶液的用量,mL;0.169 9 为与 1 mL 硫氰酸钠标准溶液[$c(\text{NaCNS}) = 1 \text{ mol/L}$]相当的以克表示的硝酸银的质量。

4.20.2.2　方法二

按 GB/T 9725—2007 的规定测定。量取 35~40 mL 硝酸银标准溶液[$c(\text{AgNO}_3) = 0.1 \text{ mol/L}$],加 60 mL 水、10 mL 淀粉溶液(10 g/L)及 10 mL 硝酸溶液(25%),以 216 型银电极作指示电极,217 型双盐桥饱和甘汞电极作参比电极,用配制好的硫氰酸钠(或硫氰酸钾或硫氰酸铵)溶液滴定,并按 GB/T 9725—2007 中的 6.2.2 的规定计算 V。

硫氰酸钠(或硫氰酸钾或硫氰酸铵)标准滴定溶液浓度 c 按式(31)计算:

$$c = \frac{V_1 c_1}{V} \qquad (31)$$

式中:V_1 为硝酸银标准溶液之用量,mL;c_1 为硝酸银标准溶液之物质的量浓度,mol/L;V 为硫氰酸钠(或硫氰酸钾或硫氰酸铵)标准溶液的用量,mL。

4.21　硝酸银标准滴定溶液

$c(\text{AgNO}_3) = 0.1 \text{ mol/L}$

4.21.1　配制

称取 17.5 g 硝酸银,溶于 1 000 mL 水中,摇匀。溶液保存于密闭的棕色瓶中。

4.21.2 标定

按 GB/T 9725—2007 的规定测定。称取 0.22 g 于 500～600℃ 的烧至恒重的工作基准试剂氯化钠,称准至 0.000 1 g。溶于 70 mL 水中,加 10 mL 淀粉溶液(10 g/L),用 216 型银电极作指示电极,用 217 型双盐桥饱和甘汞电极作参比电极。用配制好的硝酸银溶液[$c(AgNO_3)$= 0.1 mol/L]滴定。按 GB 9725—2007 中 6.2.2 条的规定计算 V。

硝酸银标准滴定溶液浓度[$c(AgNO_3)$],按式(32)计算:

$$c(AgNO_3) = \frac{m}{V \times 0.058\ 44} \tag{32}$$

式中:m 为氯化钠质量,g;V 为硝酸银溶液的用量,mL;0.058 44 为与 1 mL 硝酸银标准溶液[$c(AgNO_3)$=1 mol/L]相当的以克表示的氯化钠质量。

4.22 硝酸汞标准滴定溶液

4.22.1 配制

按表 19 的规定量,称取硝酸汞或氧化汞,置于 250 mL 烧杯中,加入硝酸溶液(1+1)及少量水溶解,必要时过滤,稀释至 1 000 mL,摇匀。溶液贮存于密闭的棕色瓶中。

表 19

硝酸汞标准滴定溶液的浓度 $c\left[\left(\frac{1}{2}Hg(NO_3)_2\right)/(mol/L)\right]$	硝酸汞的质量 $(m)/g$	硝酸(1+1) $(V)/mL$	氧化汞的质量 $(m)/g$	硝酸(1+1) $(V)/mL$
0.1	17.2	7	10.9	20
0.05	8.6	4	5.5	10

4.22.2 标定

按表 20 的规定量,称取于 500～600℃ 的高温炉中燃烧至恒量的工作基准试剂氯化钠,溶于 100 mL 水中,加 3～4 滴溴酚蓝指示剂,若溶液颜色呈蓝紫色,滴加硝酸溶液(8+92)至溶液变为黄色,再过量 5～6 滴;若溶液颜色呈黄色,则滴加氢氧化钠溶液(40 g/L),至溶液变为蓝紫色,再滴加硝酸溶液(8+92)至溶液变为黄色,再过量 5～6 滴。加 10 滴新配制的二苯偶氮碳酰肼指示液(5 g/L 乙醇溶液)用配制的硝酸汞溶液滴定至溶液由黄色变为紫红色。同时做空白试验。(收集废液,处理方法参见 GB/T 601—2016 附录 E)

表 20

硝酸汞标准滴定溶液的浓度 $c\left[\frac{1}{2}Hg(NO_3)_2\right]/(mol/L)$	工作基准试剂氯化钠的质量 $(m)/g$
0.1	0.2
0.05	0.1

硝酸汞标准滴定溶液的浓度 $\left\{c\left[\frac{1}{2}Hg(NO_3)_2\right]\right\}$,按式(33)计算:

$$c\left[\frac{1}{2}Hg(NO_3)_2\right]=\frac{m\times1\ 000}{V_0\times M} \tag{33}$$

式中：m 为氯化钠的质量，g；V_0 为硝酸汞溶液体积，mL；M 为氯化钠的摩尔质量的数值，g/mol $[M(NaCl)=58.442\ g/mol]$。

4.23 亚硝酸钠标准滴定溶液

$c(NaNO_2)=0.5\ mol/L$

$c(NaNO_2)=0.1\ mol/L$

4.23.1 配制

称取表 21 规定量的亚硝酸钠、氢氧化钠及无水碳酸钠，溶于 1 000 mL 水中，摇匀。

表 21

亚硝酸钠标准滴定溶液的浓度 $[c(NaNO_2)]/(mol/L)$	亚硝酸钠的质量 $(m)/g$	氢氧化钠的质量 $(m)/g$	无水碳酸钠的质量 $(m)/g$
0.5	36	0.5	1
0.1	7.2	0.1	0.2

4.23.2 标定 $[c(NaNO_2)=0.5\ mol/L$ 需临用前标定$]$。

4.23.2.1 方法一

称取表 22 规定量的于(120 ± 2)℃烘至恒重的工作基准试剂无水对氨基苯磺酸，称准至 0.000 1 g。加氨水溶解，加 200 mL 水（冰水）及 20 mL 盐酸，按永停滴定法安装好电极和测量仪表（图 1）。将装有配制好的亚硝酸钠溶液的滴定管下口插入溶液内约 10 mm 处，在搅拌下于 15～20℃进行滴定，近终点时将滴管的尖端提出液面用少量水淋洗尖端，洗液并入溶液中继续慢慢滴定，并观察检流计读数和指针偏转情况，直至加入滴定液搅拌后电流突增，并不再回复时为滴定终点。同时做空白试验。

表 22

亚硝酸钠标准滴定溶液的浓度 $[c(NaNO_2)]/(mol/L)$	工作基准试剂无水对氨基苯磺酸的质量$(m)/g$	氨水的体积$(V)/mL$
0.5	3	3
0.1	0.6	2

亚硝酸钠标准滴定溶液浓度$[c(NaNO_2)]$，按式（34）计算：

$$c(NaNO_2)=\frac{m\times1\ 000}{(V_1-V_2)\times M} \tag{34}$$

式中：m 为无水对氨基苯磺酸质量，g；V_1 为亚硝酸钠溶液之用量，mL；V_2 为空白试验消耗亚硝酸钠溶液的体积，mL；M 为无水对氨基苯磺酸的摩尔质量，g/mol$\{M[C_6H_4(NH_2)(SO_3H)]=173.19\}$。

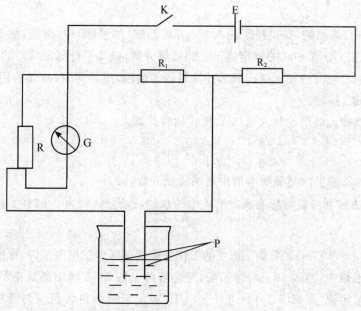

图1 测定仪表安装示意图

R.电阻,其阻值与检流计临界阻尼电阻值近似;R_1.电阻,60~70 Ω(或用可变电阻),使加于二电极上的电压约为 50 mV;R_2.电阻,2 000 Ω;E.1.5 V干电池;K.开关;G.检流计,灵敏度为 10^{-9}A/格;P.铂电极

4.23.2.2 方法二

称取上述(表)规定量的于(120±2)℃烘至恒重的工作基准试剂无水对氨基苯磺酸,称准至 0.000 1 g。加氨水溶解,加 200 mL 水(冰水)及 20 mL 盐酸,将装有配制好的亚硝酸钠溶液的滴管下口插入溶液内约 10 mm 处,在搅拌下于 15~20℃进行滴定,近终点时将滴管的尖端提出液面用少量水淋洗尖端,洗液并入溶液中继续慢慢滴定,当淀粉-碘化钾试纸(外用)出现明显蓝色时,放置 5 min,再用试纸试之,如仍产生明显蓝色即为滴定终点,同时做空白实验。

亚硝酸钠标准滴定溶液的浓度[$c(NaNO_2)$],按式(35)计算:

$$c(NaNO_2) = \frac{m \times 1\ 000}{(V_1 - V_2) \times M} \tag{35}$$

式中:m 为无水对氨基苯磺酸质量,g;V_1 为亚硝酸钠溶液之用量,mL;V_2 为空白试验消耗亚硝酸钠溶液的体积,mL;M 为无水对氨基苯磺酸的摩尔质量,g/mol{$M[C_6H_4(NH_2)(SO_3H)]$＝173.19}。

4.24 高氯酸标准滴定溶液

$c(HClO_4) = 0.1$ mol/L

4.24.1 配制

4.24.1.1 方法一

量取 8.7 mL 高氯酸,在搅拌下注入 500 mL 冰乙酸中,混匀。在室温下滴加 20 mL 乙酸酐,搅拌至溶液均匀。冷却后用冰乙酸稀释至 1 000 mL,摇匀。

4.24.1.2 方法二*

量取 8.7 mL 高氯酸,在搅拌下注入 950 mL 乙酸(冰醋酸)中,混匀,取 5 mL,共两份,用吡啶做溶剂,按 GB/T 606 的规定测定水的质量分数,以二平行测定结果的平均值(w_1)计算高氯酸溶液中乙酸酐的加入量。滴加计算量的乙酸酐,搅拌均匀,冷却后用乙酸(冰醋酸)稀释至 1 000 mL,摇匀。

高氯酸溶液中乙酸酐的加入量(V),按式(36)计算:

$$V = 5\ 320 \times w_1 - 2.8 \tag{36}$$

式中:w_1 为未加乙酸酐的高氯酸溶液中水的质量分数,%。

注:* 本方法控制高氯酸标准滴定溶液中的水的质量分数约为 0.05%。

4.24.2 标定

称取 0.75 g 于 105～110℃ 烘至恒重的工作基准试剂邻苯二甲酸氢钾,称准至 0.000 1 g。置于干燥的锥形瓶中,加入 50 mL 冰乙酸,温热溶解。加 2～3 滴结晶紫指示液(5 g/L),用配制好的高氯酸溶液[$c(HClO_4) = 0.1$ mol/L]滴定至溶液由紫色变为蓝色(微带紫色)。同时做空白试验。

高氯酸标准滴定溶液浓度[$c(HClO_4)$],按式(37)计算:

$$c(HClO_4) = \frac{m \times 1\ 000}{(V_1 - V_2) \times M} \tag{37}$$

式中:m 为邻苯二甲酸氢钾质量,g;V_1 为高氯酸溶液之用量,mL;V_2 为空白试验消耗高氯酸标准溶液的体积,mL;M 为邻苯二甲酸氢钾的摩尔质量,g/mol[$M(KHC_8H_4O_4) = 204.22$]。

4.24.3 修正方法

使用时高氯酸标准溶液的温度应与标定时的温度相同;若其温度差小于 4℃ 时,应将高氯酸标准滴定溶液的浓度修正到使用温度下的浓度;若其温度差大于 4℃ 时,应重新标定。

高氯酸标准滴定溶液修正后浓度[$c_1(HClO_4)$],按式(38)计算:

$$c_1(HClO_4) = \frac{c}{1 + 0.001\ 1 \times (t_1 - t)} \tag{38}$$

式中:c 为标定温度下高氯酸标准滴定溶液浓度,mol/L;t_1 为使用时高氯酸标准滴定溶液温度,℃;t 为标定时高氯酸标准滴定溶液温度,℃;0.001 1 为高氯酸标准滴定溶液每改变 1℃ 时的体积膨胀系数,℃$^{-1}$。

4.25 氢氧化钾-乙醇标准滴定溶液

$c(KOH) = 0.1$ mol/L

4.25.1 配制

称取约 500 g 氢氧化钾,置于烧杯中,加约 420 mL 水溶解,冷却,移入聚乙烯容器中,放置。用塑料管量取 7 mL 上层清液,用乙醇(95%)稀释至 1 000 mL,密闭避光放置 2～4 天,至溶液清亮后,用塑料管虹吸上层清液至另一聚乙烯容器中(避光保存或用深色聚乙烯容器)。

4.25.2 标定

称取 0.75 g 于 105～110℃ 电烘箱中干燥至恒重的工作基准试剂邻苯二甲酸氢钾,溶于 50 mL 无二氧化碳的水中,加 2 滴酚酞指示液(10 g/L),用配制的氢氧化钾-乙醇溶液滴定至溶液呈现粉红色。同时做空白试验。

氢氧化钾-乙醇标准滴定溶液的浓度[$c(KOH)$],按式(39)计算

$$c(KOH) = \frac{m \times 1\ 000}{(V_1 - V_2) \times M} \tag{39}$$

式中:m 为邻苯二甲酸氢钾质量,g;V_1 为氢氧化钾-乙醇溶液体积,mL;V_2 为空白试验消耗氢氧化钾-乙醇溶液体积,mL,M 为邻苯二甲酸氢钾的摩尔质量,g/mol[$M(KHC_8H_4O_4)$ = 204.22]。

4.26 盐酸-乙醇标准滴定溶液

$c(HCl) = 0.5\ mol/L$

4.26.1 配制

量取 45 mL 盐酸,用乙醇(95%)稀释至 1 000 mL,摇匀。

4.26.2 标定(临用前标定)

4.26.2.1 方法一

称取 0.95 g 于 270～300℃ 高温炉中灼烧至恒重的工作基准试剂无水碳酸钠,溶于 50 mL 水中,加 10 滴甲基红-溴甲酚绿指示液,用配制好的盐酸乙醇溶液滴定至溶液由绿色变为暗红色,煮沸 2 min,加盖具钠石灰管的橡胶塞,冷却,继续滴定至溶液再呈现暗红色。同时做空白试验。

盐酸-乙醇标准滴定溶液浓度[$c(HCl)$],按式(40)计算:

$$c(HCl) = \frac{m}{(V_1 - V_2) \times 0.052\ 99} \tag{40}$$

式中:m 为无水碳酸钠之质量,g;V_1 为盐酸溶液之用量,mL;V_2 为空白试验盐酸溶液之用量,mL;0.052 99 为与 1 mL 盐酸标准溶液[$c(HCl) = 1\ mol/L$]相当的以克表示的无水碳酸钠的质量。

4.26.2.2 方法二

量取 35～40 mL 配制的盐酸-乙醇溶液,加 2 滴酚酞指示液(10 g/L),用氢氧化钠标准滴定溶液[$c(NaOH) = 0.5\ mol/L$]滴定至溶液呈粉红色。

盐酸-乙醇标准滴定溶液浓度[$c(HCl)$],按式(41)计算:

$$c(HCl) = \frac{V_1 \times c_1}{V} \tag{41}$$

式中:V_1 为氢氧化钠标准滴定溶液体积,mL;c_1 为氢氧化钠标准滴定溶液浓度,mol/L;V

为盐酸-乙醇溶液体积,mL。

4.27 硫酸铁(Ⅲ)铵标准滴定溶液

$$c[NH_4Fe(SO_4)_2]=0.1\ mol/L$$

4.27.1 配制

称取 48 g 十二水合硫酸铁(Ⅲ)铵,加 500 mL 水,缓慢加入 50 mL 硫酸,加热溶解,冷却,稀释至 1 000 mL。

4.27.2 标定

量取 35~40 mL 配制的硫酸铁(Ⅲ)铵溶液,加 10 mL 盐酸溶液(1+1),加热至近沸,滴加氯化亚锡溶液(400 g/L)至溶液无色,过量 1~2 滴,冷却,加入 10 mL 氯化汞饱和溶液,摇匀,放置 2~3 min,加入 10 mL 硫磷混酸溶液(见 4.13),稀释至 100 mL,加 1 mL 二苯胺磺酸钠指示液(5 g/L),用重铬酸钾标准滴定溶液 $\left[c\left(\dfrac{1}{6}K_2Cr_2O_7\right)=0.1\ mol/L\right]$ 滴定至溶液呈紫色,并保持 30 s,同时做空白试验。(收集废液,处理方法见 GB/T 601—2016 附录 E。)

硫酸铁(Ⅲ)铵标准滴定溶液的浓度{ $c[NH_4Fe(SO_4)_2]$ },按式(42)计算:

$$c[NH_4Fe(SO_4)_2]=\frac{(V_1-V_0)\times c_1}{V} \tag{42}$$

式中:V_1 为重铬酸钾标准滴定溶液,mL;V_0 为空白试验重铬酸钾标准滴定溶液,mL;c_1 为重铬酸钾标准滴定溶液的浓度,mol/L;V 为硫酸铁(Ⅲ)铵溶液体积,mL。

附录六　微量元素饲料添加剂原料质量标准

化合物		元素		性状	重金属铅/(mg/kg)	砷/(mg/kg)	w(水不溶物或水分)/%	细度
名称	w/%	元素	w/%					
硫酸铜 ($CuSO_4 \cdot 5H_2O$)	≥98.5	Cu	≥25.1	浅蓝色结晶颗粒或粉末	≤5	≤4	≤0.5	通过 $\Phi=$ 800 μm 试验筛 ≥95%
硫酸铜 ($CuSO_4 \cdot H_2O$)	≥98.5	Cu	≥35.7	白色略带浅蓝色粉末	≤5	≤4	≤0.5	通过 $\Phi=$ 200 μm 试验筛 ≥95%
硫酸锌 ($ZnSO_4 \cdot 7H_2O$)	≥97.3	Zn	≥22.0	白色结晶性粉末	≤10	≤5	—	通过 $\Phi=$ 800 μm 试验筛 ≥95%
硫酸锌 ($ZnSO_4 \cdot H_2O$)	≥94.7	Zn	≥34.5	白色粉末	≤10	≤5	—	通过 $\Phi=$ 250 μm 试验筛 ≥95%
硫酸亚铁 ($FeSO_4 \cdot H_2O$)	≥91.3	Fe	≥30.0	灰白色粉末	≤15	≤2	—	通过 $\Phi=$ 180 μm 试验筛 ≥95%
硫酸锰 ($MnSO_4 \cdot H_2O$)	≥98.0	Mn	≥31.8	略带粉红色的结晶粉末	≤5	≤3	≤0.1	通过 $\Phi=$ 250 μm 试验筛 ≥95%
碘酸钙 [$Ca(IO_3)_2 \cdot H_2O$]	99.32~101.0	I	61.8~62.8	白色结晶或结晶性粉末	≤10	≤5	—	通过 $\Phi=$ 180 μm 试验筛 ≥95%
硫酸钴 ($CoSO_4 \cdot H_2O$)	—	Co	≥33.0	粉红色结晶粉末或红棕色结晶	≤20	≤5	—	通过 $\Phi=$ 280 μm 试验筛 ≥95%
硫酸钴 ($CoSO_4 \cdot 7H_2O$)	—	Co	≥20.5	粉红色结晶粉末或红棕色结晶	≤10	≤3	≤0.02	通过 $\Phi=$ 800 μm 试验筛 ≥95%

数据来源：GB 34459—2017《饲料添加剂 硫酸铜》、GB/T 25865—2010《饲料添加剂 硫酸锌》、GB 34468—2017《饲料添加剂 硫酸锰》、GB 34465—2017《饲料添加剂 硫酸亚铁》、HG/T 2418—2011《碘酸钙》和 HG/T 3775—2005《硫酸钴》。

附录七　饲料检测结果判定的允许误差

（GB/T 18823—2010）

1　要求

饲料营养成分与卫生指标检测结果判定的允许误差见表1至表5的规定。

表1　饲料一般营养指标检测结果判定允许误差　　　　%

测定项目	标准规定值	允许误差（绝对误差）	测定项目	标准规定值	允许误差（绝对误差）
水分	＜5	0.2	粗纤维	＞12～15	1.4
	5～10	0.3		＞15	1.6
	＞10～15	0.4	粗灰分	＜5	0.1
	＞15～20	0.5		5～7	0.2
	＞20～30	0.6		＞7～9	0.3
	＞30～40	0.8		＞9～11	0.4
	＞40	1.0		＞11～13	0.5
粗蛋白	＜5	0.3		＞13～16	0.6
	5～10	0.4		＞16～20	0.7
	＞10～15	0.6		＞20	0.8
	＞15～20	0.8	钙镁总磷	＜0.1	0.01
	＞20～25	1.0		0.1～0.3	0.05
	＞25～30	1.1		＞0.3～0.5	0.1
	＞30～40	1.2		＞0.5～1	0.15
	＞40～50	1.3		＞1～2	0.2
	＞50～60	1.4		＞2～3	0.3
	＞60～70	1.5		＞3～4	0.4
	＞70	1.6		＞4～5	0.6
粗脂肪	＜2	0.2		＞5～10	0.9
	2～3	0.3		＞10～15	1.2
	＞3～4	0.4		＞15	1.5
	＞4～6	0.5	食盐	＜0.3	0.05
	＞6～9	0.6		＞0.3～1	0.1
	＞9～12	0.7		＞1～2	0.2
	＞12～15	0.8		＞2～3	0.3
	＞15	1.0		＞3～4	0.4
粗纤维	＜3	0.4		＞4～5	0.5
	3～5	0.6		＞5	0.6
	＞5～7	0.8	中性洗涤纤维	＜10	1.2
	＞7～9	1.0		10～20	1.5
	＞9～12	1.2		＞20～30	2.0

续表1 %

测定项目	标准规定值	允许误差(绝对误差)	测定项目	标准规定值	允许误差(绝对误差)
中性洗涤纤维	>30	2.5		<0.2	0.04
盐酸不溶灰分/沙分	<0.5	0.1		0.2~0.5	0.08
	0.5~2	0.2		>0.5~1	0.12
	>2~5	0.4	除色氨酸外其他氨基酸	>1~2	0.20
	>5~10	0.6		>2~3	0.30
	>10~15	1.0		>3~4	0.40
	>15	1.5		>4~5	0.50
色氨酸	<0.2	0.04		>5~8	0.70
	0.2~0.5	0.06		>8	1.0
	>0.5~1	0.10			
	>1~2	0.15			
	>2~3	0.20			
	>3	0.30			

表2 饲料中维生素含量检测结果判定允许误差

测定项目	标准规定值/[(mg/kg)(或 IU/kg)]	允许误差(相对误差)/%	测定项目	标准规定值/[(mg/kg)(或 IU/kg)]	允许误差(相对误差)/%
维生素 A	<5 000	50		<5	40
	5 000~10 000	40		5~50	30
	>10 000~100 000	30	维生素 B₁	>50~500	20
	>100 000~500 000	20		>500~2 000	15
	>500 000~1 000 000	15		>2 000	10
	>1 000 000~10 000 000	10		<10	40
	>10 000 000	5		10~100	30
维生素 D₃ 维生素 D₂	<1 000	50	维生素 B₂	>100~1 000	20
	1 000~10 000	40		>1 000~4 000	15
	>10 000~100 000	30		>4 000	10
	>100 000~800 000	20		<10	40
	>800 000	15		10~100	30
维生素 E	<50	50	维生素 B₆	>100~1 000	20
	50~500	40		>1 000~2 000	15
	>500~5 000	30		>2 000	10
	>5 000~10 000	20		<0.5	50
	>10 000	10		0.5~2	40
维生素 K	<5	50	维生素 B₁₂	>2~5	30
	5~50	40		>5~8	20
	>50~500	30		>8	15
	>500~1 000	20	烟酸	<50	40
	>1 000	10		50~500	30

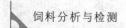

续表2

测定项目	标准规定值/[(mg/kg)(或 IU/kg)]	允许误差(相对误差)/%	测定项目	标准规定值/[(mg/kg)(或 IU/kg)]	允许误差(相对误差)/%
烟酸	>500~5 000	20		<1 000	40
	>5 000~15 000	15		1 000~10 000	30
	>15 000	10	氯化胆碱	>10 000~40 000	20
泛酸	<40	40		>40 000~80 000	15
	40~400	30		>80 000	10
	>400~4 000	20		<500	40
	>4 000~8 000	15		500~5 000	30
	>8 000	10	维生素 C	>5 000~1 0000	20
叶酸	<5	40		>10 000~50 000	15
	5~50	30		>50 000	10
	>50~500	20		<200	40
	>500~1 000	15		200~500	35
	>1 000	10		>500~1 000	30
生物素	<2	50	肉碱	>1 000~5 000	25
	2~20	40		>5 000~10 000	20
	>20~200	30		>10 000~50 000	15
	>200~500	20		>50 000	10
	>500	15			

标准规定值的单位为 IU/kg;其他测定项目的标准规定值的单位为 mg/kg。

表3 饲料中微量元素含量检测结果判定允许误差

测定项目	标准规定值/(mg/kg)	允许误差(相对误差)/%	测定项目	标准规定值/(mg/kg)	允许误差(相对误差)/%
铁	<100	35		>1 500~5 000	20
	100~500	30	锰	>5 000~10 000	15
	>500~2000	25		>10 000	10
	>2 000~8 000	20		<2	45
	>8 000~15 000	15		2~20	40
	>15 000	10		>20~50	35
铜	<50	35	碘	>50~100	30
	50~400	30		>100~200	20
	>400~2 000	25		>200	15
	>2 000~8 000	20		<0.5	50
	>8 000~20 000	15		0.5~5	40
	>20 000	10	硒	>5~10	35
锌	<100	40		>10~30	30
	100~500	35		>30~50	20
	>500~2 000	30		>50	15
	>2 000~8 000	25		<2	45
	>8 000~15 000	20		2~20	40
	>15 000~25 000	15		>20~50	35
	>25 000	10	钴	>50~100	30
锰	<100	35		>100~200	20
	100~500	30		>200	15
	>500~1500	25			

表 4　饲料卫生指标测定结果判定允许误差(I)

测定项目	标准规定值/(mg/kg)	允许误差(相对误差)/%	测定项目	标准规定值/(mg/kg)	允许误差(相对误差)/%
砷(以总砷计)	<2	0.3	汞(以 Hg 计)	<0.1	0.04
	2~3	0.4		0.1~0.2	0.05
	>3~5	0.6		>0.2~0.4	0.08
	>5~8	0.8		>0.4~0.6	0.10
	>8~11	1.0		>0.6	0.12
	>11~15	1.2	镉(以 Cd 计)	<0.3	0.1
	>15~20	1.4		0.3~0.5	0.2
	>20~30	1.7		>0.5~1	0.3
	>30~40	2.0		>1~2	0.4
	>40	2.2		>2~3	0.5
铅(以 Pb 计)	<5	1.0		>3~8	0.6
	5~8	1.2		>8~15	0.8
	>8~12	1.5		>15	1.0
	>12~15	1.8	锡(以 Sn 计)	<20	8
	>15~20	2.0		20~50	15
	>20~30	2.2		>50~150	20
	>30~40	2.4		>150~250	30
	>40~60	2.8		>250	40
	>60~80	3.2	异硫氰酸酯(以丙烯基异硫氰酸酯计)	<100	20
	>80	3.5		100~300	40
氟(以 F 计)	<50	10		>300~500	80
	50~100	20		>500~1 000	120
	>100~200	30		>1 000~2 000	160
	>200~300	35		>2 000~3 000	240
	>300~400	40		>3 000~4 000	320
	>400~500	50		>4 000	400
	>500~800	80	氰化物(以 HCN 计)	<50	8
	>800~1 200	100		50~100	10
	>1 200~1 700	140		>100~200	20
	>1 700~2 400	190		>200~300	30
	>2400	240		>300	35
铬(以 Cr 计)	<10	2	亚硝酸盐(以 NaNO₂ 计)	<2	0.5
	10~20	4		2~5	1.0
	>20~40	8		>5~10	2.0
	>40~60	12		>10~15	3.0
	>60~80	16		>15~30	5.0
	>80~120	22		>30~60	7.0
	>120~200	28		>60~90	9.0
	>200	32		>90	10.0

续表 4

测定项目	标准规定值/(mg/kg)	允许误差(相对误差)/%	测定项目	标准规定值/(mg/kg)	允许误差(相对误差)/%
游离棉酚	<50	8	六六六	<0.05	0.02
	50~100	15		0.05~0.1	0.03
	>100~200	25		>0.1~0.3	0.05
	>200~300	40		>0.3~0.5	0.08
	>300~400	60		>0.5~1.0	0.15
	>400~600	80		>1.0~1.5	0.23
	>600~900	100		>1.5~2.0	0.30
	>900~1 200	110		>2.0	0.35
	>1 200	120	滴滴涕	<0.05	0.01
噁唑烷硫酮	<500	80		0.05~0.1	0.02
	500~1 000	120		>0.1~0.2	0.04
	>1 000~2 000	180		>0.2~0.5	0.08
	>2 000~3 000	260		>0.5~0.8	0.12
	>3 000~4 000	340		>0.8~1.2	0.16
	>4 000~5 000	420		>1.2	0.20
	>5 000~6 000	500			
	>6 000	580			

表 5　饲料卫生指标测定结果判定允许误差(Ⅱ)

测定项目	标准规定值/(mg/kg)	允许误差(相对误差)/%	测定项目	标准规定值/(mg/kg)	允许误差(相对误差)/%
有机磷杀虫剂	<0.2	35	拟除虫菊酯类杀虫剂	>5~10	10
	0.2~0.5	30		>10	5
	>0.5~1	25	霉菌毒素	<0.01	35
	>1~2	20		0.01~0.05	30
	>2~3	15		>0.05~0.1	25
	>3~5	10		>0.1~0.5	20
	>5	5		>0.5~1	15
氨基甲酸酯类杀虫剂	<0.1	40		>1~2	10
	0.1~0.3	35		>2	5
	>0.3~0.5	30	苯并(a)芘	<4	30
	>0.5~1	25		4~6	25
	>1~2	20		>6~8	20
	>2~3	10		>8~10	15
	>3	5		>10	10
拟除虫菊酯类杀虫剂	<0.2	40	多氯联苯	<0.5	30
	0.2~0.5	35		0.5~2	25
	>0.5~1	30		>2~3	20
	>1~3	25		>3~5	15
	>3~5	20		>5	10

续表5

测定项目	标准规定值 /(mg/kg)	允许误差(相对误差)/%	测定项目	标准规定值/(mg/kg)	允许误差(相对误差)/%
酸价[b]	<3	30	挥发性盐基氮[c]	>150~170	20
	3~7	25		>170~190	15
	>7~11	20		>190	10
	>11~15	15	过氧化值[d]	<5	35
	>15~20	10		5~8	30
	>20	5		>8~10	25
挥发性盐基氮[c]	<110	35		>10~12	20
	110~130	30		>12~15	15
	>130~150	25		>15	10

[a] 标准规定值单位为 μg/kg。

[b] 标准规定值单位为 mg/g。

[c] 标准规定值单位为 mg/100g。

[d] 标准规定值单位为 mmol/kg。

2 判定方法与规则

2.1 在判定饲料产品某测定项目的检测结果是否合格时,应按该测定项目的保证值在以上相应表格的标准规定值范围中查出对应的允许误差值。

2.2 当饲料产品某测定项目的保证值正好处在本标准规定值分档的界限值时,应按该测定项目保证值数值所在的档次来查出对应的允许误差值。例如,某产品粗蛋白质保证值(%)为≥20时,"20"是处在">15~20"档次,此时允许误差值应取与">15~20"相对应的"0.8％",而不取与">20~25"相对应的"1.0％"。

2.3 如果在饲料产品某测定项目的保证值中仅规定有下限值(最低含量)时,在产品保证值上减去相应的允许误差值后进行判定。

2.4 如果在饲料产品某测定项目的保证值中仅规定有上限值(最高含量)时,在产品保证值上加上相应的允许误差值后进行判定。

2.5 如果在饲料产品某测定项目的保证值中同时规定有下限值和上限值时,对下限值的判定按 3.3 进行,对上限值的判定按 3.4 进行。

2.6 本标准中所列的允许误差有绝对误差和相对误差两种表示方式。

2.7 数据修约按照 GB/T 8170 执行。产品项目检测结果与保证值的比较按 GB/T 8170 中的"修约值比较法"执行。

参 考 文 献

［1］李自刚,弓建红.现代仪器分析技术.北京:中国轻工业出版社,2011.

［2］农业部人事劳动司、农业职业技能培训教材编审委员会组织.饲料检验化验员.2版.北京:中国农业出版社,2016.

［3］中国质检出版社第一编辑室.饲料工业标准汇编(上册).3版.北京:中国质检出版社,中国标准出版社,2019.

［4］中国质检出版社第一编辑室.饲料工业标准汇编(下册).3版.北京:中国质检出版社,中国标准出版社,2019.

［5］玉米标准图片,畜牧农庄网站.

［6］杨海鹏.饲料显微镜检查图谱.武汉:武汉出版社,2006.